大学物理学习指导

（第二版）

主　编　戴　兵　杨建华

副主编　成鸣飞　周　玲

孙炳华

苏州大学出版社

图书在版编目(CIP)数据

大学物理学习指导 / 戴兵，杨建华主编. —2 版. —苏州：苏州大学出版社，2014. 11(2025.2 重印)
ISBN 978-7-5672-1139-1

Ⅰ. ①大…　Ⅱ. ①戴…　②杨…　Ⅲ. ①物理学—高等学校—教学参考资料　Ⅳ. ①O4

中国版本图书馆 CIP 数据核字(2014)第 266947 号

大学物理学习指导(第二版)
戴　兵　杨建华　主编
责任编辑　周建兰

苏州大学出版社出版发行
(地址：苏州市十梓街 1 号　邮编：215006)
常熟市华顺印刷有限公司印装
(地址：常熟市梅李镇梅南路218号　邮编：215511)

开本 787 mm×1 092 mm　1/16　印张 15.25　字数 382 千
2014 年 11 月第 2 版　2025 年 2 月第 10 次修订印刷
ISBN 978-7-5672-1139-1　定价：32.00 元

苏州大学版图书若有印装错误，本社负责调换
苏州大学出版社营销部　电话：0512-65225020
苏州大学出版社网址　http://www.sudapress.com

Preface 前言

物理学是高等院校理工科学生的一门重要的基础课，在培养学生的科学素质中起到不可或缺的作用.

为了配合新编教材《大学物理》的教学，由长期从事大学物理教学的教师编写了《大学物理学习指导》，目的是加深学生对基本概念、基本规律的理解，提高分析问题、解决问题的能力.

全书按教材的章节次序编写，每章由“基本要求”“内容提要与重点提示”“疑难分析与问题讨论”“解题示例”“自测练习”组成，最后有上下学期的模拟试卷和全部的自测练习与模拟试卷答案.“基本要求”说明了教学大纲规定的要求；“内容提要与重点提示”说明了本章的主要内容，并对重点给出了提示；“疑难分析与问题讨论”着重对本章的一些疑难问题进行讨论分析；“解题示例”就本章的一些典型题目进行解题示范；“自测练习”就本章的内容进行自测练习，有选择、填空、计算、问答等题型. 值得一提的是，每章开始都有一“引言”，主要是针对低年级学生从中学到大学物理学习的衔接过程中易出现的问题而展开的，说明了中学已学的主要内容、大学与中学内容的衔接及区别、注意点等.

本书由戴兵、杨建华任主编，成鸣飞、周玲、孙炳华任副主编. 第 1 章、第 2 章、第 3 章主要由成鸣飞编写，第 4 章、第 5 章、第 6 章主要由周玲编写，第 9 章、第 10 章、第 11 章主要由孙炳华编写，第 12 章、第 13 章主要由戴兵编写，第 7 章、第 8 章、第 14 章主要由杨建华编写，姚力、秦玉明、袁国秋、林晓燕、罗达锋参与了部分编写工作. 全书由戴兵统稿.

由于时间和水平有限，书中难免有不足及错误之处，敬请读者批评指正.

编　者

2017 年 9 月

Contents 目录

第1章　质点运动学

大学物理教材中包含了很多中学物理的内容体系，很多学生往往忽略了它们之间的不同，因此产生了这样的观点：大学物理很好学，一点都不难，对这门课掉以轻心，从而导致了对物理概念、定律的理解似是而非，似懂非懂，这就形成了一个恶性循环，这种情况在力学部分尤其明显. 在质点运动学中，速度、加速度等基本概念都是中学里介绍的重点和难点，但其概念引入的严密性、推理的逻辑性、应用的广泛性以及理解的深度等方面与大学物理有着很大的差异，所以这些概念的矢量性理解和计算成为本章学习的难点；其次在本章的学习中需要用微积分、矢量等高等数学工具对质点运动进行定量讨论和定性研究；本章增加了曲线运动的研究，主要引入角量描述物体运动的方法，以及角量与线量之间的关系；中学里只需定性地了解相对运动，本章通过矢量式建立了相对运动的关系式. 总之，通过本章的学习，可了解中学物理和大学物理最本质的一些区别，强化质点运动描述的基本概念，学习使用高等数学的知识来分析和解决问题.

一、基本要求

1. 了解描述运动的三个必要条件：参照系(坐标系)、物理模型(质点、刚体)以及初始条件.

2. 理解描述质点运动的基本物理量：位置矢量、位移、速度、加速度的定义和性质，明确这些物理量的矢量性、相对性，速度、加速度的瞬时性.

3. 掌握质点运动学两类问题：用微分方法由已知的运动学方程求速度、加速度；用积分方法由已知质点的速度或加速度及初始条件求质点的运动学方程.

4. 掌握圆周运动的角量表示、角量描述以及角量和线量之间的关系.

5. 理解相对运动的有关概念，并学会运用变换式进行质点相对运动的基本计算.

二、内容提要与重点提示

1. 描述物体运动的三个条件，学会确定质点位置的方法.

(1) 参照系：由于自然界物体的运动是绝对的，所以讨论物体的运动情况只能具有相对的意义，故需建立参照系. 同时如果要定量描述物体的运动还必须建立坐标系，比较常用的坐标系有笛卡尔坐标系(直角坐标系)、极坐标系、球面坐标系和柱面坐标系等.

(2) 物理模型：即理想化的模型，本章主要介绍质点这个物理模型.

质点：把物体抽象为只有质量的几何点，这样的点称为质点. 一般要求满足以下两个条件之一的方可以称为质点：物体做平动，各点具有相同的速度和加速度；或者运动物体的形状、大小与其运动的空间相比可以忽略不计.

(3) 初始条件:指开始计时时刻物体的位置和速度(或角位置、角速度),它会影响接下来物体的运动状态.

2. 描述质点运动的基本物理量.

(1) 位矢和位移.

位置矢量:用 $\boldsymbol{r}$ 表示(图 1-1),由坐标原点引向质点所在处的有向线段,$\boldsymbol{r}=x\boldsymbol{i}+y\boldsymbol{j}+z\boldsymbol{k}$.

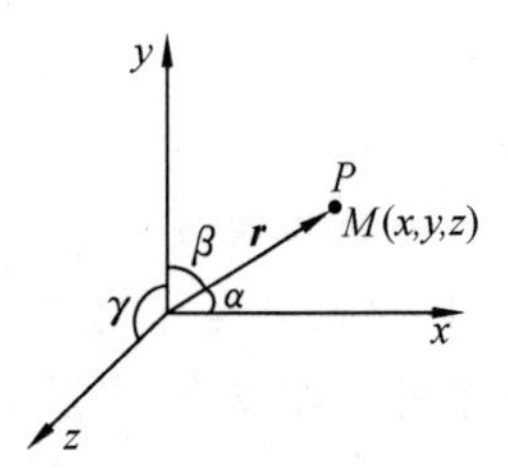

图 1-1

大小:$r=|\boldsymbol{r}|=\sqrt{x^2+y^2+z^2}$

方向:$\cos\alpha=\dfrac{x}{r}$,$\cos\beta=\dfrac{y}{r}$,$\cos\gamma=\dfrac{z}{r}$.

位移:$\Delta\boldsymbol{r}=\boldsymbol{r}_2-\boldsymbol{r}_1$,由起点指向终点的有向线段,只与始、末位置有关.

运动方程:$\boldsymbol{r}=\boldsymbol{r}(t)$,表示质点位置随时间变化的情况.

(2) 速度:表示位矢变化的快慢.

$$\boldsymbol{v}=\frac{\mathrm{d}\boldsymbol{r}}{\mathrm{d}t}=\frac{\mathrm{d}x}{\mathrm{d}t}\boldsymbol{i}+\frac{\mathrm{d}y}{\mathrm{d}t}\boldsymbol{j}+\frac{\mathrm{d}z}{\mathrm{d}t}\boldsymbol{k}=v_x\boldsymbol{i}+v_y\boldsymbol{j}+v_z\boldsymbol{k}$$

(3) 加速度:表示速度变化快慢的物理量.

$$\boldsymbol{a}=\frac{\mathrm{d}\boldsymbol{v}}{\mathrm{d}t}=\frac{\mathrm{d}^2\boldsymbol{r}}{\mathrm{d}t^2}$$

(4) 运动的独立性原理或运动的叠加原理:任意曲线运动都可以视为沿 x、y、z 轴的三个独立的直线运动的叠加(矢量加法).

3. 质点运动学两类问题.

一是由运动方程求质点的各物理量以及运动轨迹,比如给出运动方程,通过消去参数来求轨迹方程,求导来得到速度和加速度的情况,判断其运动.

二是由某个物理量和初始条件求运动方程.比如给出速度或加速度的方程以及初始条件,通过积分来求位置矢量的表达式.

4. 圆周运动的角量表示.

(1) 平面极坐标系中的加速度:$\boldsymbol{a}=\boldsymbol{a}_t+\boldsymbol{a}_n=\dfrac{\mathrm{d}v}{\mathrm{d}t}\boldsymbol{\tau}+\dfrac{v^2}{R}\boldsymbol{n}$.

(2) 圆周运动的切向加速度 $a_t=\dfrac{\mathrm{d}v}{\mathrm{d}t}$,反映了速度大小的改变;法向加速度 $a_n=\dfrac{v^2}{R}$,反映了速度方向的改变.

(3) 圆周运动的角量表示.

角位置 θ:质点做圆周运动时的位置用角度来表示,它的单位是弧度,一般以逆时针转动的 θ 为正,顺时针转动的 θ 为负.

角位移 $\Delta\theta$:在 t 时刻,质点在 A 处(θ_A),在 $t+\Delta t$ 时刻,质点到达 B 处(θ_B),定义角位移为 $\Delta\theta=\theta_B-\theta_A$.

角速度 ω:表示圆周运动快慢的物理量 $\omega=\dfrac{\mathrm{d}\theta}{\mathrm{d}t}$.

角加速度 α：表示圆周运动变化快慢的物理量 $\alpha=\frac{d^2\theta}{dt^2}=\frac{d\omega}{dt}$.

角量表示的运动方程：$\theta=\theta(t)$.

(4) 角量和线量的关系.

ω 与 v 之间的关系：$v=R\omega$.

α 与 a 之间的关系：$a_t=R\alpha, a_n=R\omega^2$.

(5) 匀变速率圆周运动.

$$\omega=\omega_0+\alpha t$$

$$\theta=\theta_0+\omega_0 t+\frac{1}{2}\alpha t^2$$

$$\omega^2=\omega_0{}^2+2\alpha(\theta-\theta_0)$$

5. 相对运动的有关概念.

(1) 在讨论质点运动时，在不同的参照系中看到的效果不同，在这里我们只讨论两个参照系的相对运动是平动，并且低速状态之下的相对位移、相对速度和相对加速度的概念. 分别建立两坐标系 K 和 K'，用 $\boldsymbol{R}$ 表示运动参照系原点 O' 对基本参照系的位置矢量. 质点 P 在空间运动，在 K 系和 K' 系中的位矢、速度、加速度分别用 $\boldsymbol{r}$、$\boldsymbol{v}$、$\boldsymbol{a}$ 与 $\boldsymbol{r}'$、$\boldsymbol{v}'$、$\boldsymbol{a}'$ 来表示，当 K' 相对于 K 系以 $\boldsymbol{u}$ 沿着 x 轴做平动时，它们之间的关系为 $\boldsymbol{r}=\boldsymbol{R}+\boldsymbol{r}'$.

对上式一次求导得 $\boldsymbol{v}=\boldsymbol{u}+\boldsymbol{v}'$，对上式二次求导得 $\boldsymbol{a}=\boldsymbol{a}_{O'}+\boldsymbol{a}'$.
其中 $\boldsymbol{v}$ 称为绝对速度，$\boldsymbol{u}$ 称为牵连速度，$\boldsymbol{v}'$ 称为相对速度.

(2) 在日常解决三个物体的相对运动时，可用字母 A、B、C 来表示三个质点，使用下式来解决相对运动的问题：

$$\boldsymbol{v}_{AB}=-\boldsymbol{v}_{BA}, \boldsymbol{v}_{AC}=\boldsymbol{v}_{AB}+\boldsymbol{v}_{BC}$$

重点提示：

(1) 位移、速度、加速度的概念与定义，注意位移和路程的区别、平均速度和平均速率的区别.

(2) 运动学的两类问题. 掌握由运动方程求导得到质点速度和加速度的方法以及由初始条件通过积分求质点运动方程的方法，注意其矢量运算. 注意 $a=\frac{dv}{dt}=\frac{dv}{dx}\cdot\frac{dx}{dt}=v\frac{dv}{dx}\Rightarrow a dx=v dv$ 的变换使用.

(3) 圆周运动的角量描述，切向加速度和法向加速度的物理意义及计算，角量和对应线量之间的关系.

(4) 匀变速圆周运动的三个关系式.

三、疑难分析与问题讨论

1. 描述运动物理量的矢量性.

质点的运动常常随着大小和方向的变化而变化，因此描述质点运动的物理量——位置矢量、位移、速度、加速度都是矢量，它们的运算遵循矢量的运算法则. 要注意位移和路程、平均速度和平均速率的区别.

[问题 1-1]　在曲线运动中,$|\Delta \boldsymbol{r}|$与Δr是否相同?$|\Delta \boldsymbol{v}|$与Δv是否相同?$\frac{\mathrm{d}\boldsymbol{r}}{\mathrm{d}t}$与$\frac{\mathrm{d}r}{\mathrm{d}t}$有何区别?$\frac{\mathrm{d}\boldsymbol{v}}{\mathrm{d}t}$和$\frac{\mathrm{d}v}{\mathrm{d}t}$有何区别?请举例说明.

要点与分析:本题测试的是位移、速度、加速度的矢量概念.

答:(1) $|\Delta \boldsymbol{r}|$与Δr不相同.$\Delta \boldsymbol{r}$是两矢量之差,即$\Delta \boldsymbol{r}=\boldsymbol{r}_2-\boldsymbol{r}_1$,模表示它的大小,而$\Delta r$是两个矢量的大小之差,即$\Delta r=|\boldsymbol{r}_2|-|\boldsymbol{r}_1|$,由图 1-2(a)标注可见.

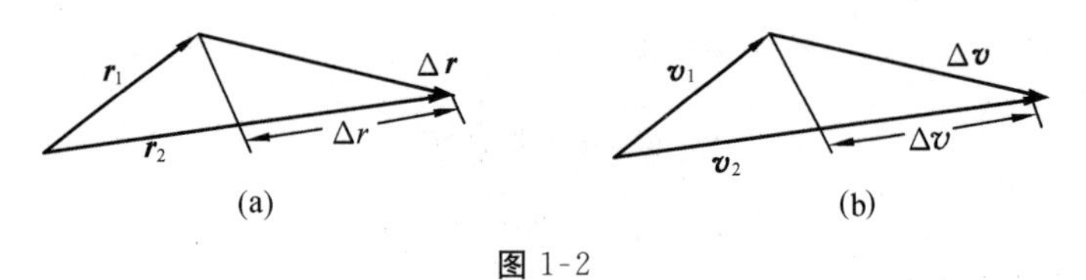

图 1-2

(2) 同上题分析,可知$|\Delta \boldsymbol{v}|$与Δv也不相同,由图 1-2(b)可见.

(3) $\frac{\mathrm{d}\boldsymbol{r}}{\mathrm{d}t}$表示质点运动的速度,是矢量,有大小和方向;而$\frac{\mathrm{d}r}{\mathrm{d}t}$是矢径大小的变化率,只有大小.

(4) $\frac{\mathrm{d}\boldsymbol{v}}{\mathrm{d}t}=\boldsymbol{a}$是质点运动的总加速度,表示速度大小和方向的改变率;而$\frac{\mathrm{d}v}{\mathrm{d}t}=a_t$仅仅是质点运动的切向加速度,只反映出速度大小的改变率.

[问题 1-2]　质点沿半径为R的圆周做匀速率运动,每T秒转一圈.在$2T$时间间隔中,求其平均速度大小与平均速率大小.

要点与分析:本题测试的概念是平均速率和平均速度的区别.平均速度是位移除以时间,平均速率是路程除以时间.

答:在本题中,$2T$时间内的位移是 0,在$2T$时间内的路程是$4\pi R$,所以对应的平均速度是 0,平均速率是$\frac{2\pi R}{T}$.

2. 物体速度与加速度的关系.

[问题 1-3]　分析以下三种说法是否正确:

(1) 运动物体的加速度越大,速度也越大.

(2) 物体在直线上向前运动时,若物体向前的加速度减小了,则物体前进的速度也随之减小.

(3) 物体加速度的值很大,而物体速度的值不变,这是不可能的.

要点与分析:物体所具有的加速度是速度函数在该时刻的时间变化率,所以加速度与速度的变化率有关,两者的对应关系要找准.

答:(1) 物体的加速度大,说明物体运动速度的变化率大,但速度本身不一定很大,甚至可以是零.比如弹簧振子在运动过程中,在最大位移处加速度最大,而此时速度为零.所以本句话是错误的.

(2) 物体做直线运动时,向前的加速度在减小,说明此时物体运动的速度的变化率在减小,也就是单位时间内速度的增加量在变小,但速度本身仍然是在增加的,只不过增加得慢了. 所以本句话是错误的.

(3) 物体加速度的值很大,而物体速度的值不变是可以的. 因为速度的值不变意味着速度的大小不变,是一个匀速率的运动,但此时它的方向是可以改变的,方向的改变同样可以带来很大的加速度,所以本句话是错误的.

3. 运动的相对性.

物体运动的描述在不同的参照系中是不一样的,因此在对物体的运动进行描述之前要选择合适的坐标系,弄清楚有关物理量在各个参照系中的数值和方向,在解题中要特别注意运算时物理量的矢量性.

［问题 1-4］ 装有竖直遮风玻璃的汽车,在大雨中以速率 v 前进,雨滴则以速率 v' 竖直下降,问雨滴将以什么角度打击遮风玻璃?

要点与分析: 本题测试的是相对速度的概念.

解: 根据速度合成定律,有

$$\boldsymbol{v}_{雨对地}=\boldsymbol{v}_{雨对车}+\boldsymbol{v}_{车对地}$$

如图 1-3 所示. 所以

$$\boldsymbol{v}_{雨对车}=\boldsymbol{v}_{雨对地}-\boldsymbol{v}_{车对地}=\boldsymbol{v}_{雨对地}+(-\boldsymbol{v}_{车对地})$$

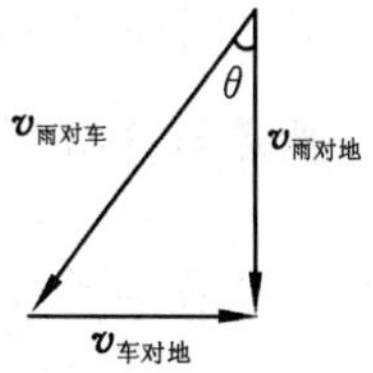

图 1-3

雨滴相对于遮风玻璃的速率为

$$v_{雨对车}=\sqrt{v_{雨对地}^2+v_{车对地}^2}$$

与竖直方向的夹角为

$$\theta=\arctan\frac{v_{车对地}}{v_{雨对地}}=\arctan\frac{v}{v'}$$

四、解题示例

［例题 1-1］ 一质点在 xOy 平面上运动,其运动方程为

$$x=3t+5,\ y=\frac{1}{2}t^2+3t-4$$

式中 t 以 s 计,x、y 以 m 计.

(1) 计算从 $t=0$ 时刻到 $t=4$ s 时刻内的平均速度;

(2) 求出任意时刻的速度;

(3) 计算从 $t=0$ 时刻到 $t=4$ s 时刻内的平均加速度;

(4) 求出任意时刻的加速度.

要点与分析: 关于位置矢量和速度、加速度的概念的理解.

解: (1)
$$\boldsymbol{r}_0=(3t+5)\boldsymbol{i}+\left(\frac{1}{2}t^2+3t-4\right)\boldsymbol{j}$$

分别将 $t=0$,$t=4$ s 代入上式即有 $\boldsymbol{r}_0=5\boldsymbol{i}-4\boldsymbol{j}$, $\boldsymbol{r}_4=17\boldsymbol{i}+16\boldsymbol{j}$.

$$\overline{\boldsymbol{v}}=\frac{\Delta r}{\Delta t}=\frac{\boldsymbol{r}_4-\boldsymbol{r}_0}{4-0}\ \mathrm{m\cdot s^{-1}}=(3\boldsymbol{i}+5\boldsymbol{j})\ \mathrm{m\cdot s^{-1}}$$

(2)
$$\boldsymbol{v}=\frac{\mathrm{d}\boldsymbol{r}}{\mathrm{d}t}=[3\boldsymbol{i}+(t+3)\boldsymbol{j}]\ \mathrm{m\cdot s^{-1}}$$

(3) 因为
$$\boldsymbol{v}_0=3\boldsymbol{i}+3\boldsymbol{j},\ \boldsymbol{v}_4=3\boldsymbol{i}+7\boldsymbol{j}$$

$$\overline{\boldsymbol{a}}=\frac{\Delta\boldsymbol{v}}{\Delta t}=\frac{\boldsymbol{v}_4-\boldsymbol{v}_0}{4-0}\ \mathrm{m\cdot s^{-2}}=1\boldsymbol{j}\ \mathrm{m\cdot s^{-2}}$$

(4)
$$\boldsymbol{a}=\frac{\mathrm{d}\boldsymbol{v}}{\mathrm{d}t}=1\boldsymbol{j}\ \mathrm{m\cdot s^{-2}}$$

这说明该点只有 y 方向的加速度,且为恒量.

读者常见的错误是:关于矢量的计算很容易出错,可通过本题进行多重练习.

[例题 1-2] 一质点沿半径为 R 的圆周按规律 $s=v_0t-\frac{1}{2}bt^2$ 运动,v_0、b 都是常数.

(1) 求 t 时刻质点的总加速度;

(2) t 为何值时总加速度在数值上等于 b?

(3) 当加速度达到 b 时,质点已沿圆周运动了多少圈?

要点与分析: 本题测试的是角量的有关概念:角速度是角位置的一阶导数 $\omega=\frac{\mathrm{d}\theta}{\mathrm{d}t}$,角加速度是角位置的二阶导数 $\alpha=\frac{\mathrm{d}^2\theta}{\mathrm{d}t^2}$;角量和线量之间的关系:$v=R\omega,a_t=R\alpha,a_n=R\omega^2$.

解:(1)
$$v=\frac{\mathrm{d}s}{\mathrm{d}t}=v_0-bt,\ a_t=\frac{\mathrm{d}v}{\mathrm{d}t}=-b,\ a_n=\frac{v^2}{R}=\frac{(v_0-bt)^2}{R}$$

则

$$a=\sqrt{{a_t}^2+{a_n}^2}=\sqrt{b^2+\frac{(v_0-bt)^4}{R^2}}$$

加速度与半径的夹角为

$$\varphi=\arctan\frac{a_t}{a_n}=\frac{-Rb}{(v_0-bt)^2}$$

(2) 由题意应有

$$a=b=\sqrt{b^2+\frac{(v_0-bt)^4}{R^2}}$$

即 $b^2=b^2+\frac{(v_0-bt)^4}{R^2}$,得 $(v_0-bt)^4=0$,故当 $t=\frac{v_0}{b}$ 时 $a=b$.

(3) 当加速度达到 b 时,此时 $t=\frac{v_0}{b}$,质点沿圆周运行.

$$s=v_0t-\frac{1}{2}bt^2=\frac{{v_0}^2}{b}-\frac{{v_0}^2}{2b}=\frac{{v_0}^2}{2b}$$

质点沿圆周运动的圈数为

$$\frac{s}{2\pi R}=\frac{{v_0}^2}{4\pi Rb}$$

[例题 1-3] 湖中有一小船 B,岸边有人用绳子跨过一高处的滑轮 A 拉船,如图 1-4 所示.当人拉绳的速率大小为 u 时,问:

(1) 船的运动速率 v(沿水平方向)比 u 大还是小?

(2) 如果保持绳的速率 u 不变,小船向岸边移动的加速度为多少?

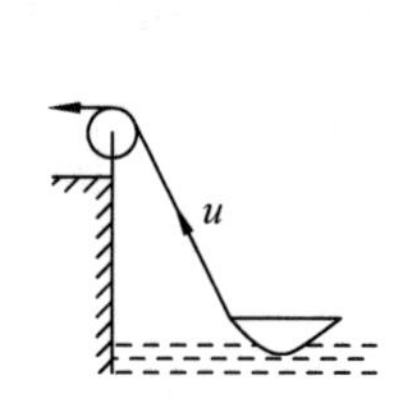

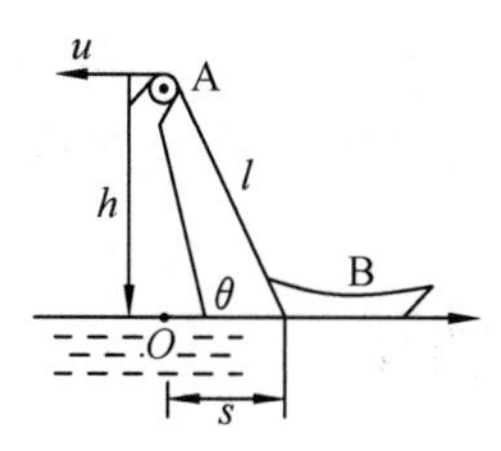

图 1-4

要点与分析：本题测试的是求出质点的运动方程，再求导可得其速度.

解：设人到船之间绳的长度为 l，此时绳与水面成 θ 角，由图 1-4 可知

$$l^2=h^2+s^2$$

将上式对时间 t 求导，得

$$2l\frac{\mathrm{d}l}{\mathrm{d}t}=2s\frac{\mathrm{d}s}{\mathrm{d}t}$$

根据速度的定义，并注意到 l、s 是随 t 的减少而减少，故 $v_{绳}=-\frac{\mathrm{d}l}{\mathrm{d}t}=u$，$v_{船}=-\frac{\mathrm{d}s}{\mathrm{d}t}$，即

$$v_{船}=-\frac{\mathrm{d}s}{\mathrm{d}t}=-\frac{l}{s}\frac{\mathrm{d}l}{\mathrm{d}t}=\frac{l}{s}u=\frac{u}{\cos\theta}$$

所以船的速率比 u 大. 或

$$v_{船}=\frac{lu}{s}=\frac{(h^2+s^2)^{1/2}u}{s}$$

将 $v_{船}$ 再对 t 求导，即得船的加速度的大小为

$$a=\frac{\mathrm{d}v_{船}}{\mathrm{d}t}=\frac{s\frac{\mathrm{d}l}{\mathrm{d}t}-l\frac{\mathrm{d}s}{\mathrm{d}t}}{s^2}u=\frac{-us+lv_{船}}{s^2}u=\frac{\left(-s+\frac{l^2}{s}\right)u^2}{s^2}=\frac{h^2u^2}{s^3}$$

[例题 1-4]　河水自西向东流动，速度为 10 km・h^{-1}. 一轮船在水中航行，船相对于河水的航向为北偏西 30°，相对于河水的航速为 20 km・h^{-1}. 此时风向为正西，风速为 10 km・h^{-1}. 试求在船上观察到的烟囱冒出的烟缕的飘向.（设烟离开烟囱后很快就获得与风相同的速度）

要点与分析：本题测试的是相对运动.

解：记水、风、船和地球分别为 w、f、s 和 e，则水与地、风与船、风与地和船与地间的相对速度分别为 $\boldsymbol{v}_{we}$、$\boldsymbol{v}_{fs}$、$\boldsymbol{v}_{fe}$ 和 $\boldsymbol{v}_{se}$.

由已知条件知

$v_{we}=10$ km・h^{-1}，正东方向.

$v_{fe}=10$ km・h^{-1}，正西方向.

$v_{sw}=20$ km・h^{-1}，北偏西 30°方向.

根据速度合成法则，有

$$\boldsymbol{v}_{se}=\boldsymbol{v}_{sw}+\boldsymbol{v}_{we}$$

由图 1-5 可得：$v_{se}=10\sqrt{3}$ km・h^{-1}，方向为正北.

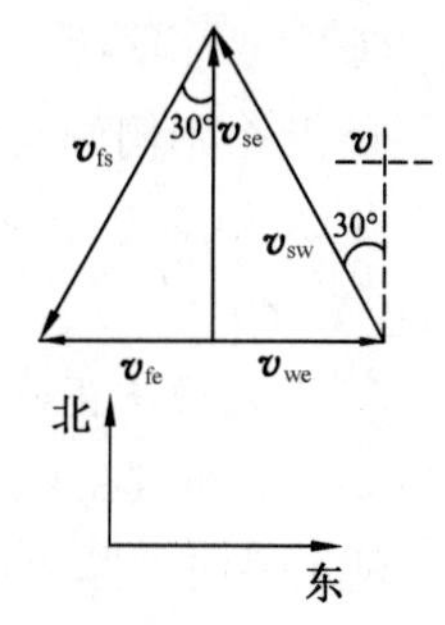

图 1-5

同理 $v_{fs}=v_{fe}-v_{se}$，由于 $v_{fe}=v_{we}$，故 $v_{fs}=v_{sw}$，$\boldsymbol{v}_{fs}$ 的方向为南偏西 30°.

在船上观察烟缕的飘向即 $\boldsymbol{v}_{fs}$ 的方向，它为南偏西 30°.

自测练习1

(一) 选择题

1. 根据瞬时速度 $\boldsymbol{v}$ 的定义及其坐标表示，它的大小可表示为(1) $\frac{dr}{dt}$；(2) $\left|\frac{d\boldsymbol{r}}{dt}\right|$；(3) $\frac{ds}{dt}$；(4) $\left|\frac{dx}{dt}\boldsymbol{i}+\frac{dy}{dt}\boldsymbol{j}+\frac{dz}{dt}\boldsymbol{k}\right|$；(5) $\left[\left(\frac{dx}{dt}\right)^2+\left(\frac{dy}{dt}\right)^2+\left(\frac{dz}{dt}\right)^2\right]^{\frac{1}{2}}$. [ ]

(A) 只有(1)、(4)正确 (B) 只有(2)、(3)、(4)、(5)正确

(C) 只有(2)、(3)正确 (D) 全部正确

2. 一质点在平面上运动，已知质点位置矢量的表示式为 $\boldsymbol{r}(t)=(3t^2+2)\boldsymbol{i}+6t^2\boldsymbol{j}$，则该质点做 [ ]

(A) 匀速直线运动 (B) 变速直线运动 (C) 抛物线运动 (D) 一般曲线运动

3. 一质点沿 x 轴做直线运动，其 v-t 曲线如图 1-6 所示，如 $t=0$ 时，质点位于坐标原点，则 $t=4.5$ s 时，质点在 x 轴上的位置为 [ ]

(A) 5 m (B) −5 m

(C) 2 m (D) −2 m

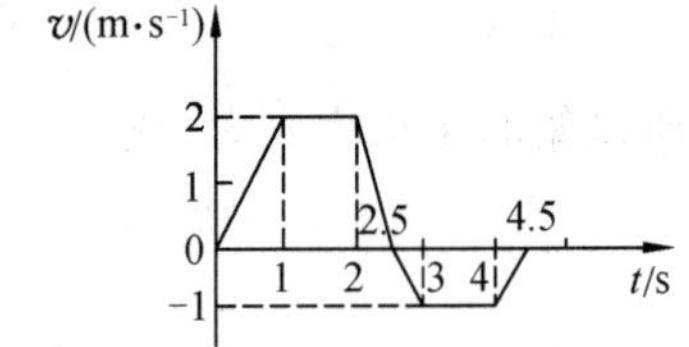

图 1-6

4. 质点沿半径为 R 的圆周做匀速率运动，每 T s 转一圈. 在 $2T$ 时间间隔中，其平均速度大小与平均速率大小分别为 [ ]

(A) $\frac{2\pi R}{T}$、$\frac{2\pi R}{T}$ (B) $\frac{2\pi R}{T}$、0

(C) 0、0 (D) 0、$\frac{2\pi R}{T}$

5. 一做直线运动的物体的运动规律是 $x(t)=t^3-40t$，从时刻 t_1 到 t_2 间的平均速度大小为 [ ]

(A) $(t_2{}^2+t_1t_2+t_1{}^2)-40$ (B) $3t_1{}^2-40$

(C) $3(t_2-t_1)^2-40$ (D) $(t_2-t_1)^2-40$

6. 几个不同倾角的光滑斜面有共同的底边，顶点也在同一竖直面上. 若使一物体(视为质点)从斜面上端由静止滑到下端的时间最短，则斜面的倾角应选 [ ]

(A) 60° (B) 45° (C) 30° (D) 15°

7. 下列说法正确的是 [ ]

(A) 一质点在某时刻的瞬时速度为 2 m/s，说明它在此后 1 s 内一定要经过 2 m 的路程

(B) 斜向上抛的物体，在最高点处的速度最小，加速度最大

(C) 物体做曲线(非直线)运动时，有可能在某时刻的法向加速度为零

(D) 物体的加速度越大,则速度越大

8. 质点做曲线运动,$\boldsymbol{r}$ 表示位置矢量,$\boldsymbol{v}$ 表示速度,$\boldsymbol{a}$ 表示加速度,s 表示路程,a_t 表示切向加速度,下列表达式中,(1) $\frac{\mathrm{d}v}{\mathrm{d}t}=a$;(2) $\frac{\mathrm{d}r}{\mathrm{d}t}=v$;(3) $\frac{\mathrm{d}s}{\mathrm{d}t}=v$;(4) $\left|\frac{\mathrm{d}\boldsymbol{v}}{\mathrm{d}t}\right|=a_t$. [　　]

(A) 只有(1)、(4)是对的　　(B) 只有(2)、(4)是对的

(C) 只有(2)是对的　　(D) 只有(3)是对的

9. 某物体的运动规律为$\frac{\mathrm{d}v}{\mathrm{d}t}=-kv^2t$,式中 k 为大于零的常量. 当 $t=0$ 时,初速度为 v_0,则速度 v 与时间 t 的函数关系为 [　　]

(A) $v=\frac{1}{2}kt^2+v_0$　　(B) $v=-\frac{1}{2}kt^2+v_0$

(C) $\frac{1}{v}=\frac{1}{2}kt^2+\frac{1}{v_0}$　　(D) $\frac{1}{v}=-\frac{1}{2}kt^2+\frac{1}{v_0}$

10. 以初速度$\boldsymbol{v}_0$将一物体斜向上抛,抛射角为 θ,忽略空气阻力,则物体飞行轨道最高点处的曲率半径为 [　　]

(A) $\frac{v_0\sin\theta}{g}$　　(B) $\frac{{v_0}^2}{g}$　　(C) $\frac{{v_0}^2\cos^2\theta}{g}$　　(D) $\frac{{v_0}^2\sin^2\theta}{2g}$

11. 在相对地面静止的坐标系内,A、B 二船都以 2 m·s^{-1}速率匀速行驶,A 船沿 x 轴正向,B 船沿 y 轴正向. 今在 A 船上设置与静止坐标系方向相同的坐标系(x、y 方向单位矢用 $\boldsymbol{i}$、$\boldsymbol{j}$ 表示),那么在 A 船上的坐标系中,B 船的速度(以 m/s 为单位)为 [　　]

(A) $-2\boldsymbol{i}+2\boldsymbol{j}$　　(B) $2\boldsymbol{i}+2\boldsymbol{j}$　　(C) $-2\boldsymbol{i}-2\boldsymbol{j}$　　(D) $2\boldsymbol{i}-2\boldsymbol{j}$

12. 某人骑自行车以速率 v 向西行驶,今有风以相同速率从北偏东 30°方向吹来,试问人感到风从哪个方向吹来? [　　]

(A) 北偏东 30°　　(B) 南偏东 30°　　(C) 西偏南 30°　　(D) 北偏西 30°

(二) 填空题

1. 一质点沿直线运动,其运动方程为 $x=5+3t^2-t^3$(SI). 则在 t 由 1 s 到 3 s 的时间间隔内,质点的位移大小为________ m,质点走过的路程为________ m.

2. 已知质点的运动学方程为 $\boldsymbol{r}=\left(5+2t-\frac{1}{2}t^2\right)\boldsymbol{i}+\left(4t+\frac{1}{3}t^3\right)\boldsymbol{j}$(SI),则其速度与时间的关系为$\boldsymbol{v}=$________,当 $t=2$ s 时,加速度 $\boldsymbol{a}=$________.

3. 已知质点的运动方程为 $\boldsymbol{r}(t)=(4t^2+3)\boldsymbol{i}+6t\boldsymbol{j}$ (m),则该质点的轨道方程为________________.

4. 在 x 轴上做变加速直线运动的质点,已知其初速度为$\boldsymbol{v}_0$,初始位置为 x_0,加速度 $a=Ct^2$(其中 C 为常量),则其速度与时间的关系为$\boldsymbol{v}=$__________,运动学方程为 $x=$__________.

5. 在平面内有一运动质点,其运动方程为 $\boldsymbol{r}=R\cos\omega t\boldsymbol{i}+R\sin\omega t\boldsymbol{j}$ (SI),其中 R 和 ω 为大于零的常数. 则 t 时刻其速度$\boldsymbol{v}=$________,其切向加速度的大小为________,该质点的运动轨迹为________.

6. 一质点沿半径为 0.10 m 的圆周运动,其角位移 θ 可用下式表示:

$$\theta=2+4t^3 \quad (SI)$$

(1) 当 $t=2$ s时,切向加速度 $a_t=$__________ $m\cdot s^{-2}$;

(2) 当 a_t 的大小恰为总加速度 $\boldsymbol{a}$ 大小的一半时,$\theta=$__________ rad.

7. 半径为 R 的飞轮,从静止开始以 α 的匀角加速度转动,则飞轮边缘上一点在飞轮转过 $\frac{4}{3}\pi$ 时的切向加速度大小 $a_t=$________,法向加速度大小 $a_n=$________.

8. 一质点沿半径 $R=1$ m 的圆周运动,运动学方程为 $s=2\pi t^2+\pi t$(SI),则质点运动一周的路程为________ m,位移大小为 ________ m,平均速度大小为 ________ $m\cdot s^{-1}$,平均速率为________ $m\cdot s^{-1}$.

9. 以速率 v_0、仰角 θ_0 斜向上抛出的物体,不计空气阻力,其切向加速度的大小从抛出到到达最高点之前越来越________.

10. 在水平飞行的飞机上向前发射一颗炮弹,发射后飞机的速率为 v_0,炮弹相对于飞机的速率为 v.略去空气阻力,则以地球为参考系,炮弹的轨迹方程为________________.

11. 两条直路交叉成 α 角,两辆汽车分别以速率 v_1 和 v_2 沿两条路行驶,一车相对另一车的速度大小为________________.

12. 当一列火车以 10 $m\cdot s^{-1}$的速率向东行驶时,若相对于地面竖直下落的雨滴在列车的窗子上形成的雨迹偏离竖直方向 30°,则雨滴相对于地面的速率为________ $m\cdot s^{-1}$,相对于列车的速率为________ $m\cdot s^{-1}$.

(三) 计算题

1. 有一质点沿 x 轴做直线运动,t 时刻的坐标为 $x=4.5t^2-2t^3$(SI).试求:

(1) 第 2 s 内的平均速度;

(2) 第 2 s 末的瞬时速度;

(3) 第 2 s 内的路程.

2. 一质点沿 x 轴运动,其加速度为 $a=4+3t$,式中 t 以 s 计,a 以 $m\cdot s^{-2}$计. $t=0$ 时 $x=2$ m,$v=5$ $m\cdot s^{-1}$.求该质点在 $t=10$ s 时的速度和位置.

3. 一质点做直线运动,其瞬时加速度的变化规律为 $a=-A\omega^2\cos\omega t$,在 $t=0$ 时,$v_x=0$, $x=A$,其中 A、ω 均为正常数.求此质点的运动学方程.

4. 运动员自 10 m 跳台自由下落,入水后因受水的阻碍而减速,设加速度$a=-kv^2$, $k=0.4$ m^{-1}.求运动员速度减为入水速度的 10%时的入水深度.

5. 一质点沿半径为 2 m 的圆周运动，其角速度与时间的关系为 $\omega=4t^2$，式中 t 以 s 计，ω 以 rad·s^{-1}计. 试求 $t=0.50$ s 时质点的线速度和加速度大小.

6. 一质点沿半径为 0.1 m 的圆周运动，其角位置 θ(以弧度表示)可用下式表示：$\theta=2+4t^3$，式中 t 以 s 计. 问：

(1) 在 $t=2$ s 时，它的法向加速度和切向加速度各为多少？在 $t=4$ s 时又如何呢？

(2) 当切向加速度的大小恰好是总加速度大小的一半时，θ 的值是多少？

(3) 在哪一时刻，切向加速度和法向加速度恰好有相等的值？

7. 以初速度 $v_0=10$ m·s^{-1}抛出一小球，其抛出方向与水平面成 60°的夹角. 求：

(1) 小球在轨迹最高点的曲率半径；

(2) 小球在落地点的曲率半径.(取 $g=10$ m·s^{-2})

8. 一人能在静水中以 1.1 m·s^{-1}的速度划船前进. 今欲横渡一宽为4 000 m、水流速度为 0.55 m·s^{-1}的大河.

(1) 他若要从出发点横渡这条河，而达到对岸的一点，那么应如何确定划行方向？到达正对岸需多少时间？

(2) 如果希望用最短的时间过河，应如何确定划行方向？船到达对岸的位置在什么地方？

(四) 思考题

一质点做抛体运动(忽略空气阻力)，如图 1-7 所示，回答下列问题：质点在运动过程中，

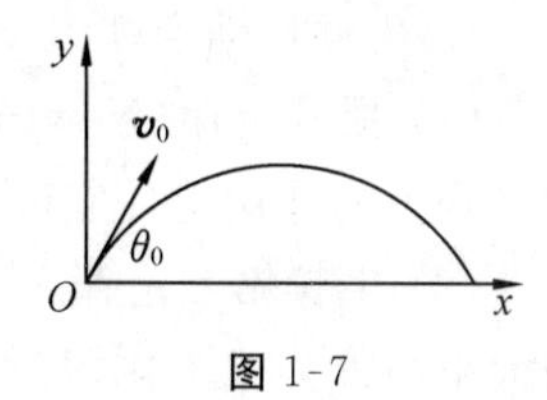

图 1-7

(1) $\dfrac{dv}{dt}$是否变化？

(2) $\dfrac{d\boldsymbol{v}}{dt}$是否变化？

(3) 法向加速度是否变化？

(4) 轨迹何处曲率半径最大？其数值是多少？

第2章 质点动力学

本章中的牛顿运动定律、动量定理、动量守恒定律、功、势能等概念，在大学和中学教材中是相同的，但中学里的研究对象主要是单个质点，大学里研究的主要是质点组(即系统). 扎实的数学功底是学好大学物理的基础. 中学里引入的这些概念多是"常量"、"标量"，讨论的是质点在恒力作用下的力学规律和相关物理问题；而大学中研究的大都是"变量"、"矢量"，如质点动量变化涉及矢量的分解计算，变力产生的冲量、变力所做的功涉及微积分的应用. 总之，通过本章的学习，重点学会确定研究对象，选择合适的运动学规律(牛顿运动学、动量定理、功能原理)，使用矢量分解、微积分等数学工具分析和解决问题.

一、基本要求

1. 理解牛顿运动定律的内容和实质，明确牛顿运动定律的使用范围及条件；掌握用隔离法分析质点受力和解题的基本方法，能用微积分求解一维变力作用下简单的质点动力学问题.

2. 了解惯性力的概念和特点以及在非惯性系中运用牛顿运动定律求解质点动力学的方法.

3. 准确理解动量、冲量的物理概念，掌握质点系的动量定理和动量守恒定律，掌握运用守恒定律分析问题的思想和方法，能分析简单系统在平面内运动的力学问题.

4. 准确理解功和功率的概念，能计算直线运动下变力的功，理解保守力做功的特点和势能的概念，会计算重力、弹性力和万有引力的势能.

5. 掌握质点系的动能定理、功能原理和机械能守恒定律，掌握运用守恒定律分析问题的思想和方法.

二、内容提要与重点提示

1. 牛顿运动定律.

(1) 惯性定律(Newton first law)：任何物体都保持静止或匀速直线运动的状态，直到受到力的作用迫使它改变这种状态为止.

(2) 牛顿第二定律(Newton second law)：在受到外力作用时，物体所获得的加速度的大小与外力成正比，与物体的质量成反比；加速度的方向与外力的矢量和的方向相同.

(3) 牛顿第三定律(Newton third law)：两个物体之间对各自对方的相互作用总是相等的，而且指向相反的方向.

2. 常用的力.

(1) 万有引力：任何两个物体之间都要相互吸引,其大小为 $F=G\frac{m_1m_2}{r^2}$,方向为两质点的连线方向,式中 $G=6.672\,59\times10^{-11}\ \text{N}\cdot\text{m}^2\cdot\text{kg}^{-2}$,称为引力常量.

(2) 弹力：也称弹性力,是指弹性物体受外力作用发生形变后产生的一种回复力. 比如：弹簧伸长或压缩产生的力,绳子的拉力,桌面的支持力等.

(3) 摩擦力：两接触的物体沿接触面发生阻止相对运动或相对运动趋势的力. 可将摩擦力分成动摩擦力和静摩擦力.

动摩擦力的大小为 $f=\mu N$,其中 μ 是动摩擦因数,与两物体材料特性及接触面的状态有关. 它的方向与两物体相对运动的方向相反.

静摩擦力的大小为 $f_s=\mu_s N$,其中 μ_s 是静摩擦因数,与两物体材料特性及接触面的状态有关. 它的大小介于0和某个最大值之间,它的方向与两物体相对运动趋势的方向相反.

3. 牛顿运动定律的应用.

牛顿运动定律只在惯性系中成立,所以在运用牛顿运动定律解题时,首先要确认所选的参照系是惯性系,然后按照下列一般步骤来进行解题：

(1) 确定研究对象,并进行受力分析(隔离物体,画受力图).

(2) 选取坐标系.

(3) 列方程(一般用分量式).

(4) 利用其他的约束条件列补充方程.

(5) 先用文字符号求解,后代入数据计算结果.

4. 质点的动量、冲量的概念,动量定理.

(1) 质点的动量定义：$\boldsymbol{p}=m\boldsymbol{v}$(单个质点),$\boldsymbol{p}$ 为矢量,也是状态量.

冲量定义：$\boldsymbol{I}=\int_{t_0}^{t}\boldsymbol{F}\mathrm{d}t$,它也是矢量,是过程量.

(2) 动量定理：$\boldsymbol{I}=\boldsymbol{p}-\boldsymbol{p}_0$.

文字表述：作用在质点上的合外力的冲量等于质点的动量的增量.

分量形式(两维直角坐标)为

$$\begin{cases} mv_{2x}-mv_{1x}=\int_{t_1}^{t_2}F_x\mathrm{d}t \\ mv_{2y}-mv_{1y}=\int_{t_1}^{t_2}F_y\mathrm{d}t \end{cases}$$

(3) 应用动量定理去解决冲击、碰撞问题：将两个物体在碰撞瞬间相互作用力称为冲力,冲力的作用时间短,量值变化也很大,很难确定每一时刻的冲力,常用平均冲力的冲量来代替变力的冲量.

5. 质点组的动量定理,动量守恒定律.

(1) 质点组的动量定理. $\int_{t_0}^{t}\left(\sum_i\boldsymbol{F}_i\right)\mathrm{d}t=\boldsymbol{p}-\boldsymbol{p}_0$

文字表述：一段时间内质点组的动量的增量等于作用在质点组上的外力的矢量和在这段时间内产生的冲量.

(2) 动量守恒定律.

① 当合外力为0,即 $\sum_i \boldsymbol{F}_i = 0$ 时, $\boldsymbol{p} = \boldsymbol{p}_0 = C$.

即某段时间内,若质点组所受的合外力始终为0,则该时间内质点组的总动量守恒.

② 下面以两个质点为例:

当动量守恒时: $m_1\boldsymbol{v}_1 + m_2\boldsymbol{v}_2 = m_1\boldsymbol{v}_{10} + m_2\boldsymbol{v}_{20}$,写成分量式为

$$\begin{cases} m_1 v_{1x} + m_2 v_{2x} = m_1 v_{10x} + m_2 v_{20x} \\ m_1 v_{1y} + m_2 v_{2y} = m_1 v_{10y} + m_2 v_{20y} \end{cases}$$

6. 功和功率.

(1) 功: 质点沿路径 L 从 A 运动到 B,力 F 对它做的功 W_{AB} 就是

$$W_{AB} = \int_A^B \mathrm{d}W = \int_A^B \boldsymbol{F} \cdot \mathrm{d}\boldsymbol{r}$$

(2) 功率: 描述物体做功的快慢. $P = \lim\limits_{\Delta t \to 0} \dfrac{\Delta W}{\Delta t} = \dfrac{\mathrm{d}W}{\mathrm{d}t}$,也可以表示为

$$P = \frac{\mathrm{d}W}{\mathrm{d}t} = \frac{\boldsymbol{F} \cdot \mathrm{d}\boldsymbol{r}}{\mathrm{d}t} = \boldsymbol{F} \cdot \frac{\mathrm{d}\boldsymbol{r}}{\mathrm{d}t} = \boldsymbol{F} \cdot \boldsymbol{v}$$

7. 动能定理.

(1) 动能定义.

质点的动能为 $E_\mathrm{k} = \dfrac{1}{2}mv^2$,质点系统的动能为 $E_\mathrm{k} = \sum\limits_i E_{\mathrm{k}i} = \sum\limits_i \dfrac{1}{2}m_i {v_i}^2$.

(2) 质点的动能定理.

$$W_{AB} = \frac{1}{2}m{v_B}^2 - \frac{1}{2}m{v_A}^2 = E_{\mathrm{k}B} - E_{\mathrm{k}A}$$

物体受外力 F 作用下,从 A 运动 B,其速度从 $\boldsymbol{v}_A$ 变化到 $\boldsymbol{v}_B$,合外力对质点所做的功等于质点动能的增量.

(3) 质点系的动能定理.

$$W = E_\mathrm{k} - E_{\mathrm{k}0}$$

E_k 和 $E_{\mathrm{k}0}$ 分别表示系统在终态和初态的总动能,W 表示作用在各质点上所有的力所做功的总和.

8. 保守力做功和势能的概念.

(1) 保守力做功的特点是: 与运动路径无关,只与始末位置有关. 我们常见的重力、弹力、引力都属于保守力.

(2) 势能是物体系统内各物体间(或物体内部各部分之间)由于存在相互作用而由相对位置决定的能量. 引入势能概念的前提是系统内各质点的相互作用力是保守力. 保守力做正功等于相应势能的减少;保守力做负功等于相应势能的增加.

根据定义的势能差: $W_{\text{保守内力}} = -(E_\mathrm{p} - E_{\mathrm{p}0})$.

重力势能(以地面为零势能点): mgy.

弹性势能(以弹簧原长为零势能点): $\dfrac{1}{2}kx^2$.

引力势能(以无穷远为零势能点)：$-G_0\dfrac{Mm}{r}$.

(3) 系统的机械能：$E=E_k+E_p$.

9. 机械能守恒定律和能量守恒定律.

(1) 质点系的功能原理：质点系在运动过程中，外力所做的功与系统内非保守力的功的总和等于它的机械能的增量. $W_{外}+W_{非保守内力}=E_B-E_A$.

(2) 机械能守恒定律：一个系统内如果只有保守内力做功，其他内力和一切外力都不做功，或者它们的总功为零，则系统内各物体的动能和势能可以互相转换，但机械能的总值不变.

(3) 能量守恒定律：在不与外界发生相互作用的孤立系统中，物体的各种运动形式能量的总和保持不变. 能量守恒定律是物理学中最基本、最普通的三大守恒定律之一，也是自然界的普遍规律，它不仅适用于物质的机械运动、热运动、电磁运动、核子运动等物理运动形式，而且适用于化学运动、生物运动等形式.

重点提示：

(1) 牛顿第二定律的应用. 使用隔离法正确分析物体的受力，列出方程组，注意分量式及补齐其他约束关系方程.

(2) 动量定理的应用. 注意质点(质点系)动量变化时的矢量性.

(3) 动量守恒的应用. 注意适用条件，注意分量式的应用.

(4) 动能定理的应用. 注意功的积分计算方法.

(5) 机械能守恒定律的应用. 注意适用条件，注意零势能点的选择，注意式中的速度必须相对于同一惯性系.

三、疑难分析与问题讨论

1. 弹性力和摩擦力的问题.

在受力分析时，比较复杂的是弹性力和摩擦力. 弹性力的大小和物体所受的其他力及运动状态有关，比较容易判断的是力的方向，它总是垂直于物体接触点的切面，而它们的大小则往往需要通过牛顿运动定律求出. 同样在解题时要注意，在实际问题中静摩擦力往往也是未知的，并且不能随意套用公式计算出来，只能根据物体的运动情况和受力分析. 静摩擦力的方向可先假设，再由计算结果来给予检验，如果计算结果是正值，那么它的方向就与假设相同；如果计算结果是负值，那么它的方向就与假设相反.

[问题 2-1]　如图 2-1 所示，用一斜向上的力 $\boldsymbol{F}$(与水平面成 30°角)，将一重为 $\boldsymbol{G}$ 的木块压靠在竖直壁面上，如果不论用怎样大的力 $\boldsymbol{F}$，都不能使木块向上滑动，则木块与壁面间的静摩擦因数 μ 为多少？

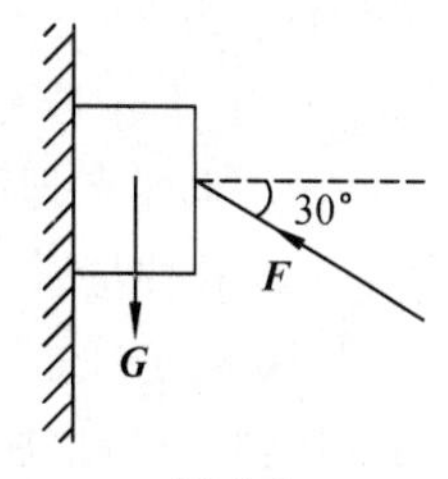

图 2-1

要点与分析： 本题测试的是牛顿力学的知识，对物体处于平衡状态的分析、静摩擦力的分析等.

解： 假设墙壁对木块的压力为 $\boldsymbol{N}$，将 $\boldsymbol{F}$ 进行分解后，判断出摩擦力的方向向下(题中：$\boldsymbol{F}$ 不能使木块向上滑动)，由受力分析图可知

$$\begin{cases}F\sin\alpha=G+\mu N\\ N=F\cos\alpha\end{cases}$$

整理上式,并且根据题意,如果不论用怎样大的力 $\boldsymbol{F}$,都不能使木块向上滑动,则 $\frac{1}{2}F\leqslant G+\mu\frac{\sqrt{3}}{2}F$,即当 $\frac{1}{2}F<\mu\frac{\sqrt{3}}{2}F$ 时此式中 F 无论为多大总成立,则可得 $\mu>\frac{\sqrt{3}}{3}$.

2. 牛顿运动定律的应用.

在运用牛顿运动定律解题时,要注意它仅适用于宏观、低速、并能看成质点的物体,而且只在惯性系中成立,所以首先一定要先判断是否在其适用范围之内,否则就会得出错误的结论. 其次是在列出牛顿第二定律的分量式时,要注意力和加速度的方向的确定,若与坐标轴正方向相同,则力和加速度的大小为正值,反之为负值. 若方向一时无法判定,则可先假定一个方向,然后根据计算结果来确定. 同时要根据质点所做的运动情况来选择合适的方程:如果质点做直线运动,那么方程为 $F=ma$ 即可;如果质点做曲线运动(一般是圆周运动),则一般分解为切向和法向,对应的方程分别为

$$\sum F_t = m\frac{\mathrm{d}v}{\mathrm{d}t},\ \sum F_n = m\frac{v^2}{R}$$

[问题 2-2] 如图 2-2 所示,小球 A 用轻质弹簧 O_1A 与轻绳 O_2A 系住;小球 B 用轻绳 $O_1'B$ 与 $O_2'B$ 系住,今剪断 O_2A 绳和 $O_2'B$ 绳,在刚剪断的瞬间,A、B 两球的加速度量值和方向是否相同?

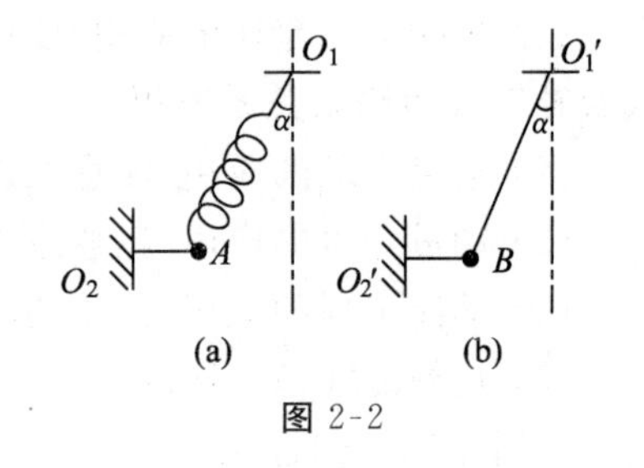

图 2-2

要点与分析: 本题测试的是牛顿力学,物体进行的是圆周运动,所以要用向心加速度,由此得到的是向心力.

解: A、B 两球的加速度量值和方向均不同. 对于图 2-2(a),在剪断绳子的瞬间,弹簧的伸长没有变化,所以弹簧的拉力 $\boldsymbol{F}$ 不变,A 的加速度应该是由重力和弹簧的拉力的合力 $\boldsymbol{T}$ 提供的,所以

$$\begin{cases} F\sin\alpha = T = ma \\ F\cos\alpha = mg \end{cases}$$

加速度大小为 $a=g\tan\alpha$,方向为水平方向.

对于图 2-2(b),在剪断绳子的瞬间,绳子拉力 $\boldsymbol{F}$ 变化,它将提供物体做圆周运动的向心力,其加速度应该有切向加速度和法向加速度. 所以

$$mg\sin\alpha = ma_t,\ T - mg\cos\alpha = ma_n = m\frac{v^2}{R} = 0$$

加速度大小为 $a=g\sin\alpha$,方向为与绳相垂直的切线方向.

3. 关于动量定理的应用.

在运用动量定理解题时,要注意以下几点:

(1) 计算冲量时,如果是变力,则须明确力函数的形式,并积分.

(2) 动量定理是一个矢量式,在实际应用时要注意矢量性,即方向性,所以要选择合适的坐标轴,分析出质点的始、末状态的动量,并进行投影,特别要注意动量在坐标轴上分量的正负号.

(3) 冲击、碰撞问题中两个物体在碰撞瞬间的相互作用力(冲力)作用时间短,量值变化很大.

[问题 2-3]　一根线的上端固定，下端系一重物，重物下面再系一同样的线，如果用力拉下面的线，若很缓慢地增加拉力，则上面的线易断；若突然猛拉下面的线，则下面的线易断，而上面的线依然完好，试说明其道理.

要点与分析： 本题测试的是关于牛顿力学和动量定理的应用.

答： 不论何种拉法，线之所以断，是因其所受的拉力大于它所能承受的极限张力.

第一种情况：缓慢地加大拉力，则拉力通过重物均匀地作用于球上面的线，而上面的线除了受拉力外，还受到重物对它的作用力(大小等于物体的重力)，所以在加大拉力的情况下，上面的线中的张力将先达到极限而被拉断.

第二种情况：突然猛拉下面的线，意味着作用力较大而作用时间较短，则该拉力就是冲力，冲力通过线的作用首先作用于重物，由于重物的惯性很大，动量改变极小，在冲力尚未通过重物的位移传递给球上的线之前，球下的线所受的冲力已大于其所能承受的张力之极限，因此下面的线先断.

4. 关于质点系的动量守恒.

在应用质点系的动量守恒定律时要注意以下几点：

(1) 首先要确定系统的范围，从而正确地分析出内力和外力.

(2) 若系统整体的合外力不为零，但某个方向上为零，则该方向上的动量守恒.

(3) 动量守恒的条件是$\sum F_i=0$，然而，像碰撞、打击、爆炸等一类问题，其相互作用的内力往往比一般外力(比如摩擦力、重力等)大得多，这时外力可以忽略不计，所以可近似认为动量守恒.

(4) 动量定理和动量守恒定律仅在惯性参照系中才成立，且需注意其中所有的速度是针对同一参照系的.

[问题 2-4]　在一个以匀速行驶、质量为M的船上，分别向前和向后同时水平抛出了两个质量相等(均为m)的物体，抛出时两物体相对船的速率相同(均为u)，试写出该过程中的船与物这个系统动量守恒定律的表达式(不必简化，以地面为参照系).

要点与分析： 本题测试的是相对运动和动量守恒定律的表达式的正确写法.

解： $\boldsymbol{v}_{\text{物对地}}=\boldsymbol{v}_{\text{物对船}}+\boldsymbol{v}_{\text{船对地}}$，同时设$\boldsymbol{v}_{\text{船对地}}=\boldsymbol{v}'$，在本题中，因为在同一条直线上，用“+”、“-”号来代替矢量的方向性.

对物(1)：$v=u+v'$，对物(2)：$v=-u+v'$.

动量守恒定律的表达式：$(2m+M)v=m(u+v')+m(-u+v')+Mv'$.

[问题 2-5]　试用所学的力学原理解释逆风行舟的现象.

要点与分析： 本题测试的是动量守恒定律的应用.

答： 本现象可用动量定理来解释. 设风沿与航向成α角的方向从右前方吹来，以风中一小块沿帆面吹过来的空气为研究对象，Δm表示这块空气的质量，$\boldsymbol{v}_1$和$\boldsymbol{v}_2$分别表示它吹向帆面和离开帆面时的速度，由于帆面比较光滑，风速大小基本不变，但是由于Δm的速度方向改变了，所以一定会受到帆的作用力，根据牛顿第三定律，Δm必然对帆有一个反作用力$\boldsymbol{f}'$，此力的方向偏向船前进的方向，将$\boldsymbol{f}'$分解为两个分量：垂直船体的分量与水对船的阻力相平衡，与船的航向平行的分量就是推动帆及整个船体前进的作用力.

5. 变力做功的问题.

关于变力做功的问题有两个难点：一是根据功的计算式 $W_{AB}=\int_A^B \mathrm{d}W=\int_A^B \boldsymbol{F}\cdot \mathrm{d}\boldsymbol{r}$ 计算时,如果力函数的变量与元位移变量不一致时,要尽量化成统一积分对象,否则积分无法进行;二是注意功的定义来自恒力的功,所以选取积分元(一般是位移元)的时候,积分元 $\mathrm{d}\boldsymbol{r}$ 上的力是恒定的力才可以用这个公式.

［问题 2-6］ 质量 $m=2$ kg 的质点在力 $\boldsymbol{F}=12t\boldsymbol{i}$ 的作用下,从静止出发沿 x 轴做直线运动,求前 3 s 力 $\boldsymbol{F}$ 所做的功.

要点与分析：本题测试的是变力所做的功,请注意体会在力与位移积分对象不一致时,本题所做的转化工作.

解： $\mathrm{d}W=F\mathrm{d}x$, $\mathrm{d}x=v\mathrm{d}t$,故 $\mathrm{d}W=12tv\mathrm{d}t$,又

$$v=\int_0^t a\mathrm{d}t=\int_0^t \frac{F}{m}\mathrm{d}t=\int_0^t 6t\mathrm{d}t=3t^2$$

所以

$$\mathrm{d}W=12tv\mathrm{d}t=36t^3\mathrm{d}t$$

$$W=\int_0^3 36t^3\mathrm{d}t=729\ \mathrm{J}$$

6. 关于保守力和势能函数.

势能函数的定义是从保守力做功的过程中得到的,但是需要指出的是势能函数是一个状态函数,一般是坐标的函数,只与物体所处的相对位置有关,与它的运动过程无关.另外,势能函数的形式与大小还与势能零点的位置选取有关,所以它具有相对性.

［问题 2-7］ 为什么重力势能有正负,弹性势能只有正值,而引力势能只有负值?

要点与分析：本题测试的是质点的势能的概念,注意它所选取的零势能点位置.

答：势能函数是空间位置的函数,在保守力场中一定位置处的物体具有确定的势能值,其大小与零势能点的选择有关.由于零势能点选择的任意性,非但重力势能有正负,弹性势能和引力势能也可有正负.但在习惯上,为处理问题方便,通常重力势能根据其相对位置(以解题方便为原则)可取正负;而弹性势能一般以弹簧原长为零势能点,取正值;引力势能以无穷远处为零势能点,取负值.

［问题 2-8］ 一物体可否只具有机械能而无动量?一物体可否只有动量而无机械能?试举例说明之.

要点与分析：本题测试的是质点的机械能的概念.

答：一物体可以具有机械能而无动量.因为动量取决于物体运动的速度,当物体静止的时候,它就没有动量,同样此时它也没有动能,但是由于它可以具有与位置有关的势能,所以物体可以有机械能.比如做简谐运动的物体,当它在最大位移处时,速度为零,此时动量和动能均为零,而弹性势能却最大,机械能不为零.

同样,一物体也可以只有动量而无机械能.物体有动量时,此时也一定有动能,但是由于势能可以取负值,而物体的机械能是动能和势能之和,可能为零.

7. 功能原理和机械能守恒定律的应用.

在运用功能原理、机械能守恒定律时,要注意以下几个问题:

(1) 系统的选择:定律的使用将和选择的系统有关,不同的研究系统,运动规律不一

样，所以解题时，要寻找一个合适的系统，以区别内力和外力，并且对于内力，还要分清保守内力和非保守内力，并判断守恒条件是否成立.

(2) 过程的分析：在一些系统的运动过程中，机械能守恒的条件往往不都满足，但是若在某个分过程中条件满足，那么这个分过程就可以用机械能守恒定律，当然要注意准确把握此分过程所对应的起始状态和末状态的各个物理量的值.

(3) 状态量的书写中要特别注意势能，首先要交代相关势能的零点位置，在这统一的标准下，明确始末状态的势能各为多少，这样才能列出正确的机械能守恒定律公式.

[问题 2-9]　一轻绳两端各系着一球形物体，质量分别为 m 和 M，跨放在一光滑固定的半圆柱上，圆柱半径为 R，两球正好贴在圆柱截面的水平直径 AB 两端. 今让小球 m 由静止开始运动，当 m 刚好到圆柱最高点 C 时脱离圆柱体，如图 2-3 所示. 求：

(1) m 到达最高点的速度；

(2) M 与 m 的比值.

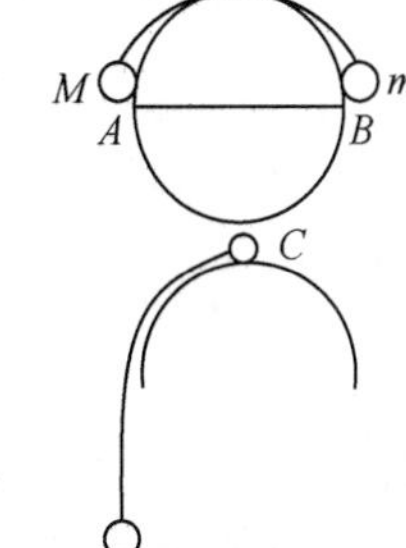

图 2-3

要点与分析：本题测试的是机械能守恒定律的应用. 注意选择合适的系统，并能正确写出始末状态的重力势能.

解：(1) 由小球脱离柱面可知 $N=0$，则由小球的重力提供向心力，

$$mg=m\frac{v^2}{R}$$

得 $v=\sqrt{gR}$，M 与 m 的速度大小相同.

(2) 整个过程中只有重力做功，故 m 和 M 组成的系统机械能守恒. 以水平直径 AB 为零势能的位置.

初态：$E_p=0, E_k=0$.

末态：
$$\begin{cases} E_p=mgR-Mgh \\ E_k=\frac{1}{2}(m+M)v^2=\frac{1}{2}(m+M)gR \end{cases}$$

式中 $h=\frac{1}{2}\pi R$，所以

$$\frac{1}{2}(m+M)v^2+mgR-Mg\frac{1}{2}\pi R=0$$

$$\frac{M}{m}=\frac{3}{\pi-1}$$

四、解题示例

[例题 2-1]　如图 2-4 所示，一倾角为 θ 的斜面放在水平面上，斜面上放一木块，两者间的摩擦因数为 $\mu(<\tan\theta)$. 为使木块相对斜面静止，求斜面加速度 a 的范围.

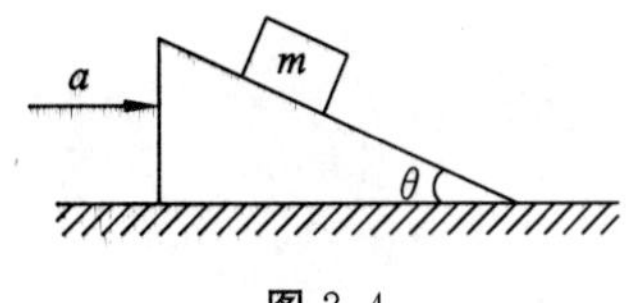

图 2-4

要点与分析：本题测试的是牛顿第二定律的应用，注意摩擦力和加速度的方向的确定.

解：在斜面具有不同的加速度的时候，木块将分别具有向上和向下滑动的趋势.

(1) 当木块具有向下滑动的趋势时，如图 2-5(a)所示，有

$$\begin{cases} f\sin\theta + N\cos\theta = mg \\ N\sin\theta - f\cos\theta = ma_1 \\ f = \mu N \end{cases}$$

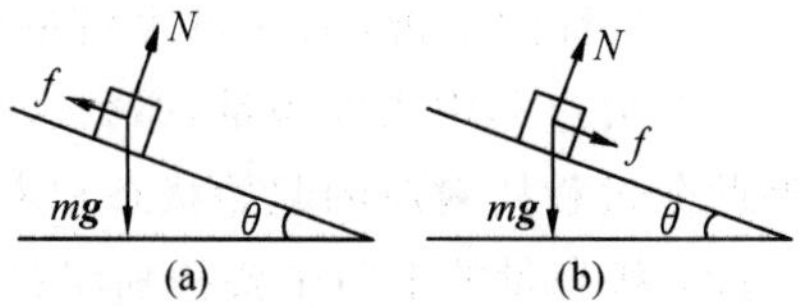

图 2-5

得
$$a_1 = \frac{\tan\theta - \mu}{1 + \mu\tan\theta}$$

(2) 当木块具有向上滑动的趋势时，如图 2-4(b)所示，有

$$\begin{cases} f\sin\theta + mg = N\cos\theta \\ N\sin\theta + \mu N\cos\theta = ma_2 \\ f = \mu N \end{cases}$$

得
$$a_2 = \frac{\tan\theta + \mu}{1 - \mu\tan\theta}$$

所以
$$\frac{\tan\theta - \mu}{1 + \mu\tan\theta} < a < \frac{\tan\theta + \mu}{1 - \mu\tan\theta}$$

[例题 2-2] 一小环套在光滑细杆上，细杆以倾角 θ 绕竖直轴做匀角速度转动，角速度为 ω，如图 2-6 所示. 求小环平衡时距杆端点 O 的距离 r.

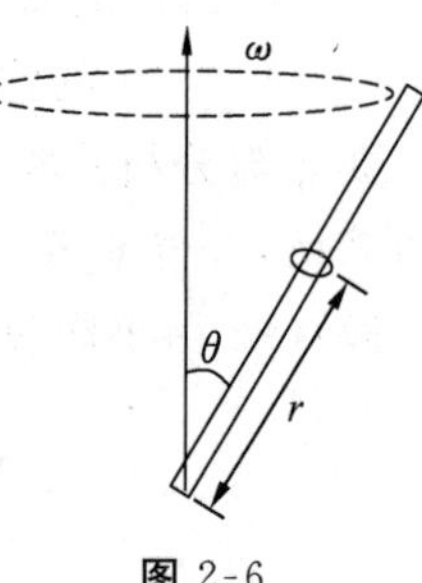

图 2-6

要点与分析：本题测试的是结合质点运动学的知识，物体做圆周运动时的受力分析与牛顿第二定律的应用.

解：根据题意，当小环能平衡时，其运动为绕 z 轴的圆运动，所以可列式：

$$\begin{cases} N\sin\theta = mg \\ N\cos\theta = m\omega^2 r\sin\theta \end{cases}$$

得
$$r = \frac{g}{\omega^2\tan\theta\sin\theta}$$

[例题 2-3] 质量为 m、速率为 v_0 的机车，在关闭发动机以后沿直线滑行，它受到的阻力 $f = -kv$，式中 k 为正的常量. 试求：

(1) 关闭发动机后 t 时刻的速度；

(2) 关闭发动机后 t 时间内的路程.

要点与分析：本题测试的是结合质点运动学的知识来解决相关动力学问题.

解：(1) 因为 $a = \frac{-kv}{m} = \frac{\mathrm{d}v}{\mathrm{d}t}$，分离变量，得

$$\frac{\mathrm{d}v}{v} = \frac{-k\mathrm{d}t}{m}$$

即
$$\int_{v_0}^{v} \frac{\mathrm{d}v}{v} = \int_0^t \frac{-k\mathrm{d}t}{m}$$

$$\ln\frac{v}{v_0} = -\frac{k}{m}t$$

$$v = v_0 \mathrm{e}^{-\frac{k}{m}t}$$

(2) $$x=\int v\mathrm{d}t=\int_0^t v_0\mathrm{e}^{-\frac{k}{m}t}\mathrm{d}t=\frac{mv_0}{k}(1-\mathrm{e}^{-\frac{k}{m}t})$$

［例题 2-4］ 一颗子弹由枪口射出时的速率为 v_0，当子弹在枪筒内被加速时，它所受的合力为 $F=(a-bt)$(SI)，式中 a、b 为常量.

(1) 假设子弹运行到枪口处合力刚好为零，试计算子弹走完枪筒全长所需的时间；

(2) 求子弹所受的冲量；

(3) 求子弹的质量.

要点与分析： 本题测试的是冲量的定义和质点的动量定理.

解： (1) 由题意知，子弹到枪口时有 $F=(a-bt)=0$，得 $t=\frac{a}{b}$.

(2) 子弹所受的冲量为

$$I=\int_0^t(a-bt)\mathrm{d}t=at-\frac{1}{2}bt^2$$

将 $t=\frac{a}{b}$ 代入，得 $I=\frac{a^2}{2b}$.

(3) 由动量定理可求得子弹的质量为

$$m=\frac{I}{v_0}=\frac{a^2}{2bv_0}$$

［例题 2-5］ 一质量为 3.0 kg 的物体被一压缩的弹簧弹出，劲度系数 $k=120\ \mathrm{N\cdot m^{-1}}$，物体离开弹簧后在一水平面上滑行 8.0 m，然后停止. 若水平面的摩擦因数为 0.2. 求：

(1) 物体的最大动能；

(2) 该弹簧被压缩的距离.

要点与分析： 本题测试的是质点的动能定理和弹力、摩擦力做功的问题.

解： $$E=W=\mu mgs=0.2\times3\times9.8\times8\ \mathrm{J}\approx47\ \mathrm{J}$$

因 $E=\frac{1}{2}kx^2$，故 $x=\sqrt{\frac{2E}{k}}\approx0.89$ m.

［例题 2-6］ 一链条放置在光滑桌面上，用手揿住一端，另一端有五分之一长度由桌边下垂，设链条长为 L，质量为 m，试问将链条全部拉上桌面要做多少功?

要点与分析： 本题测试的是质点的重力势能的计算.

解： 直接考虑垂下的链条的质心位置变化来求做功，则

$$W=\Delta E_\mathrm{p}=\frac{1}{5}mg\times\frac{1}{2}\times\frac{1}{5}l=\frac{1}{50}mgl$$

［例题 2-7］ 用铁锤将一铁钉击入木板(图 2-7)，设木板对铁钉的阻力与铁钉进入木板的深度成正比，在铁锤击第一次时，能将小钉击入木板 1 cm，问击第二次时能击入多深? 假定铁锤两次打击铁钉时的速度相同.

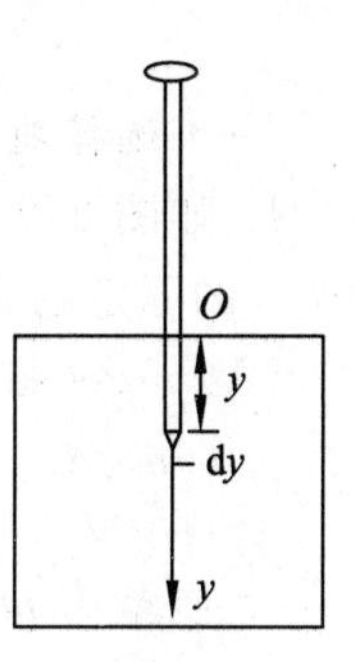

图 2-7

要点与分析： 本题测试的是变力做功和功能原理.

解： 以木板上界面为坐标原点，向内为 y 轴正向，则铁钉所受阻力为 $f=-ky$.

由于两次锤击条件相同，锤击后钉子获得的速度也相同，所具有的初

动能也相同,这个初动能正是用于克服阻力做功的,由功能原理可得两次阻力做功相等.

第一次钉子做功为

$$W_1=\int_0^1 -f\mathrm{d}y=\int_0^1 ky\mathrm{d}y=\frac{k}{2} \tag{1}$$

第二次钉子做功为

$$W_2=\int_1^{y_2} ky\mathrm{d}y=\frac{1}{2}ky_2^{\ 2}-\frac{k}{2} \tag{2}$$

由题意,有

$$W_2=W_1=\Delta\left(\frac{1}{2}mv^2\right)=\frac{k}{2} \tag{3}$$

即$\frac{1}{2}ky_2^{\ 2}-\frac{k}{2}=\frac{k}{2}$,所以,$y_2=\sqrt{2}$ cm.

于是钉子第二次能进入的深度为

$$\Delta y=y_2-y_1=(\sqrt{2}-1)\ \text{cm}=0.414\ \text{cm}$$

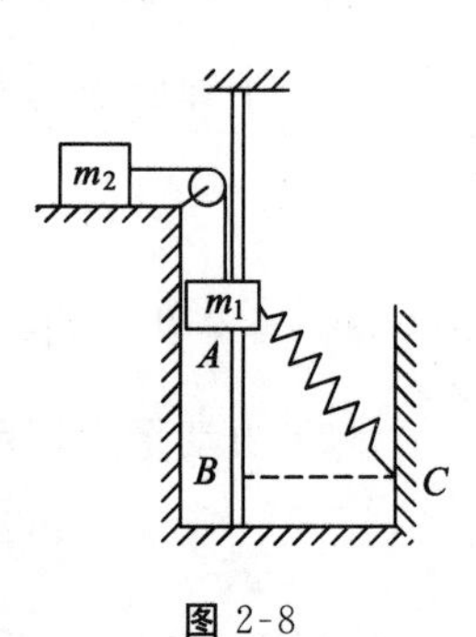

图 2-8

[例题 2-8] 由水平桌面、光滑铅直杆、不可伸长的轻绳、轻质弹簧、理想滑轮以及质量为 m_1 和 m_2 的滑块组成如图 2-8 所示的装置,弹簧的劲度系数为 k,自然长度等于水平距离 BC,m_2 与桌面间的摩擦因数为 μ,最初 m_1 静止于 A 点,$\overline{AB}=\overline{BC}=h$,绳已拉直,现令滑块 m_1 落下,求它下落到 B 处时的速率.

要点与分析: 本题测试的是动能原理的应用,注意判断题目中两个势能的大小.

解: 取 B 点为重力势能零点,弹簧原长为弹性势能零点,则由功能原理,有

$$-\mu m_2gh=\frac{1}{2}(m_1+m_2)v^2-\left[m_1gh+\frac{1}{2}k(\Delta l)^2\right]$$

式中,Δl 为弹簧在 A 点时比原长的伸长量,则 $\Delta l=\overline{AC}-\overline{BC}=(\sqrt{2}-1)h$.

联立上述两式,得

$$v=\sqrt{\frac{2(m_1-\mu m_2)gh+kh^2(\sqrt{2}-1)^2}{m_1+m_2}}$$

自测练习2

(一) 选择题

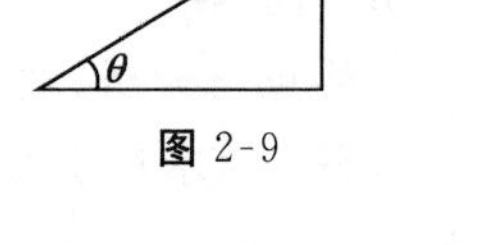

图 2-9

1. 如图 2-9 所示,质量为 m 的物体用细绳水平拉住,静止在倾角为 θ 的固定的光滑斜面上,则斜面对物体的支持力为 [ ]

(A) $mg\cos\theta$ (B) $mg\sin\theta$

(C) $\frac{mg}{\cos\theta}$ (D) $\frac{mg}{\sin\theta}$

2. 质量为 m 的物体自空中落下,它除受重力外,还受到一个与速度平方成正比的阻力的作用,比例系数为 k,k 为正值常量. 该下落物体的收尾速度(即

最后物体做匀速运动时的速度)为　[　　]

(A) $\sqrt{\frac{mg}{k}}$　　(B) $\frac{g}{2k}$　　(C) gk　　(D) $\sqrt{gk}$

3. 如图 2-10 所示,竖立的圆筒形转笼,半径为 R,绕中心轴 OO'转动,物块 A 紧靠在圆筒的内壁上,物块与圆筒间的摩擦因数为 μ,要使物块 A 不下落,圆筒转动的角速度 ω 至少应为　[　　]

(A) $\sqrt{\frac{\mu g}{R}}$　　(B) $\sqrt{\mu g}$　　(C) $\sqrt{\frac{g}{\mu R}}$　　(D) $\sqrt{\frac{g}{R}}$

4. 如图 2-11 所示,滑轮、绳子质量及运动中的摩擦阻力都忽略不计,物体 A 的质量 m_1 大于物体 B 的质量 m_2. 在 A、B 运动过程中弹簧秤 S 的读数为　[　　]

(A) $(m_1+m_2)g$　　(B) $(m_1-m_2)g$　　(C) $\frac{2m_1m_2}{m_1+m_2}g$　　(D) $\frac{4m_1m_2}{m_1+m_2}g$

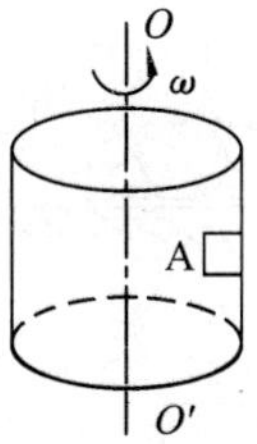

图 2-10 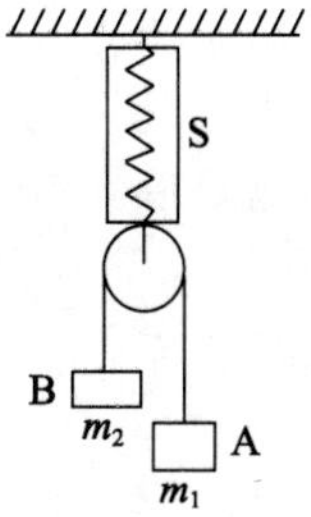　　图 2-11 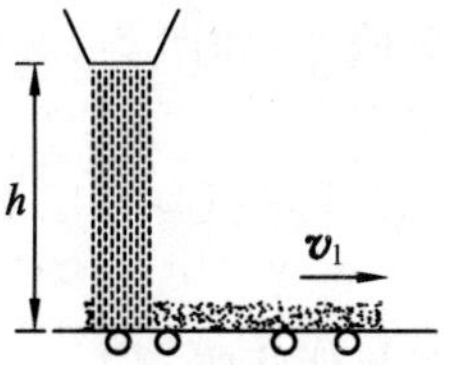　　图 2-12 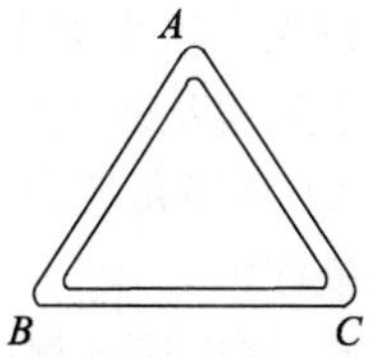　　图 2-13

5. 如图 2-12 所示,砂子从 $h=0.8$ m 高处下落到以 3 m · s^{-1}的速率水平向右运动的传送带上. 取重力加速度 $g=10$ m · s^{-2}. 传送带给予刚落到传送带上的砂子的作用力的方向为　[　　]

(A) 与水平夹角 37°向上　　(B) 与水平夹角 37°向下

(C) 与水平夹角 53°向上　　(D) 与水平夹角 53°向下

6. 质量为 m 的质点,以不变速率 v 沿图 2-13 中正三角形 ABC 的水平光滑轨道运动. 质点越过 A 角时,轨道作用于质点的冲量的大小为　[　　]

(A) mv　　(B) $\sqrt{2}mv$　　(C) $\sqrt{3}mv$　　(D) $2mv$

7. 质量为 20 g 的子弹,以 400 m · s^{-1}的速率沿图 2-14 所示方向射入一原来静止的质量为 980 g 的摆球中,摆线长度不可伸缩. 子弹射入后开始与摆球一起运动的速率为　[　　]

(A) 2 m · s^{-1}　　(B) 4 m · s^{-1}

(C) 7 m · s^{-1}　　(D) 8 m · s^{-1}

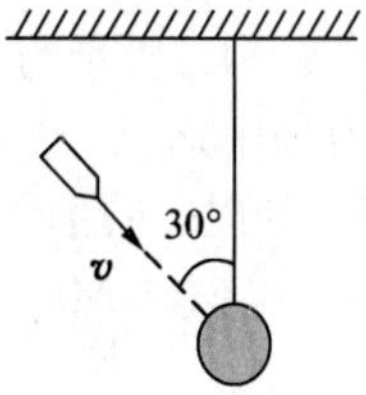

图 2-14

8. 一个质点同时在几个力作用下的位移为 $\Delta\boldsymbol{r}=4\boldsymbol{i}-5\boldsymbol{j}+6\boldsymbol{k}$(SI),其中一个力为恒力 $\boldsymbol{F}=-3\boldsymbol{i}-5\boldsymbol{j}+9\boldsymbol{k}$(SI),则此力在该位移过程中所做的功为　[　　]

(A) 67 J　　(B) 17 J　　(C) −67 J　　(D) 91 J

9. 在如图 2-15 所示系统中(滑轮质量不计,轴光滑),外力 $\boldsymbol{F}$ 通过不可伸长的绳子和一劲度系数 $k=200$ N · m^{-1}的轻质弹簧缓慢地拉地面上的物体. 物体的质量 $M=2$ kg,初始时弹簧为自然长度,在把绳子拉下 20 cm 的过程中,**F** 所做的功为(重力加速度 g 取 10 m·s^{-2}) [　　]

(A) 1 J　　(B) 2 J　　(C) 3 J　　(D) 4 J

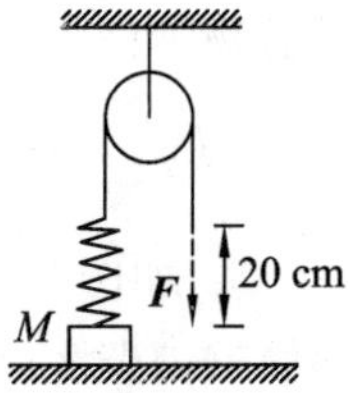

图 2-15

10. 下列叙述正确的是 [　　]

(A) 物体的动量不变,其动能也不变

(B) 物体的动能不变,其动量也不变

(C) 物体的动量变化,其动能也一定变化

(D) 物体的动能变化,其动量却不一定变化

11. 速率为 v 的子弹,打穿一块不动的木板后速率变为零.设木板对子弹的阻力是恒定的.那么,当子弹射入木板的深度等于其厚度的一半时,子弹的速率为 [　　]

(A) $\frac{1}{4}v$　　(B) $\frac{1}{3}v$　　(C) $\frac{1}{2}v$　　(D) $\frac{1}{\sqrt{2}}v$

12. 两木块 A、B 的质量分别为 m_1 和 m_2,用一个质量不计、劲度系数为 k 的弹簧连接起来.把弹簧压缩 x_0 并用线扎住,放在光滑水平面上,A 紧靠墙壁,如图 2-16 所示,然后烧断扎线.下列说法正确的是 [　　]

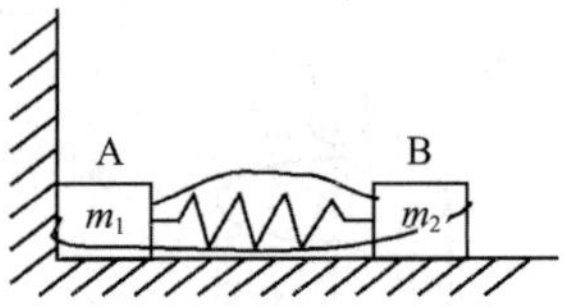

图 2-16

(A) 弹簧由初态恢复为原长的过程中,以 A、B、弹簧为系统,动量守恒

(B) 在上述过程中系统机械能守恒

(C) 当 A 离开墙后,整个系统动量守恒,机械能不守恒

(D) A 离开墙后,整个系统的总机械能为 $\frac{1}{2}kx_0^{\,2}$,总动量为零

13. 如图 2-17 所示,一物体挂在一弹簧下面,平衡位置在 O 点,现用手向下拉物体,第一次把物体由 O 点拉到 M 点,第二次由 O 点拉到 N 点,再由 N 点送回 M 点.则在这两个过程中 [　　]

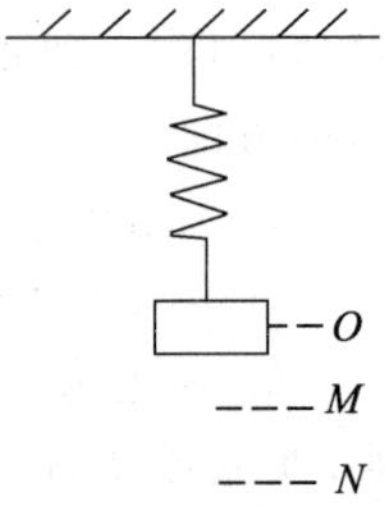

(A) 弹力做的功相等,重力做的功不相等

(B) 弹力做的功相等,重力做的功也相等

(C) 弹力做的功不相等,重力做的功相等

(D) 弹力做的功不相等,重力做的功也不相等

图 2-17

14. 质量为 m 的一艘宇宙飞船关闭发动机返回地球时,可认为该飞船只在地球的引力场中运动.已知地球质量为 M,万有引力恒量为 G,则当它从距地球中心 R_1 处下降到 R_2 处时,飞船增加的动能应等于 [　　]

(A) $\frac{GMm}{R_2}$　　(B) $\frac{GMm}{R_2^{\,2}}$　　(C) $GMm\frac{R_1-R_2}{R_1R_2}$　　(D) $GMm\frac{R_1-R_2}{R_1^{\,2}R_2^{\,2}}$

(二) 填空题

1. 轻型飞机连同驾驶员总质量为 1.0×10^3 kg,飞机以 55.0 m·s^{-1}的速率在水平跑道上着陆后,驾驶员开始制动.若阻力与时间成正比,比例系数 $\alpha=5.0\times10^2$ N·s^{-1},空气对飞机的升力不计.则 10 s 后飞机的速率为________ m·s^{-1},飞机着陆后 10 s 内滑行的距离为________ m.

2. 在如图 2-18 所示的装置中,两个定滑轮与绳的质量以及滑轮与其轴之间的摩擦都可忽略不计，绳子不可伸长，m_1 与平面之间的摩擦也可不计，在水平外力 $\boldsymbol{F}$ 的作用下，物体 m_1 与 m_2 的加速度 $a=$________，绳中的张力 $T=$________.

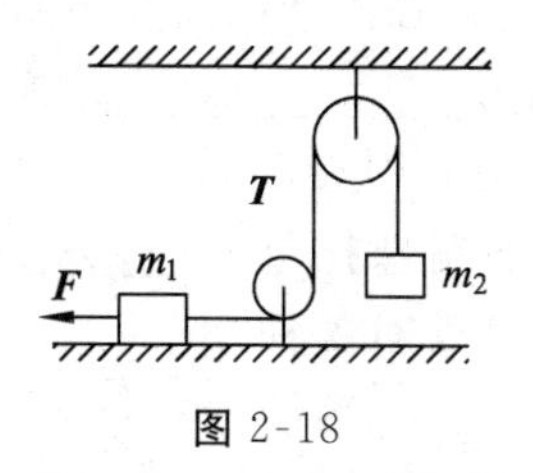

图 2-18

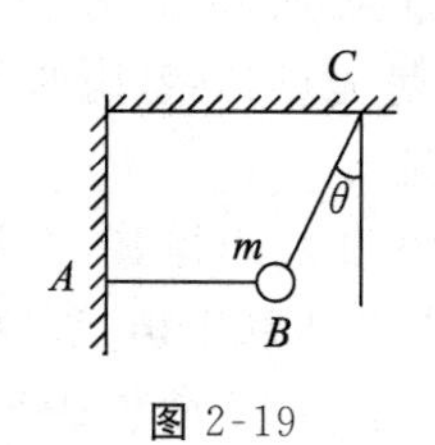

图 2-19

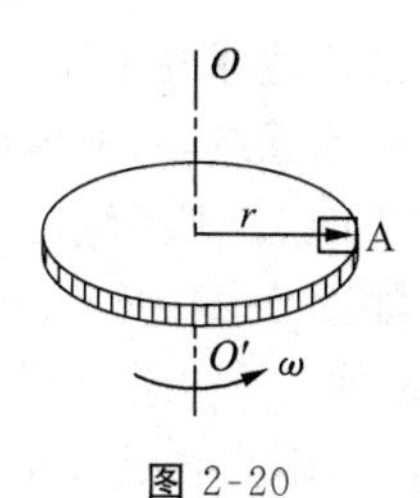

图 2-20

3. 质量为 m 的小球，用轻绳 AB、BC 连接，如图 2-19 所示，其中 AB 水平. 剪断绳 AB 前后的瞬间，绳 BC 中的张力之比 $T:T'=$__________.

4. 如图 2-20 所示，一水平圆盘，半径为 r，边缘放置一质量为 m 的物体 A，它与盘的静摩擦因数为 μ，圆盘绕中心轴 OO' 转动，当其角速度 ω 小于或等于________时，物体 A 不致于飞出.

5. 一质量为 5 kg 的物体，其所受的作用力 F 随时间的变化关系如图 2-21 所示. 设物体从静止开始沿直线运动，则 20 s 末物体的速率 $v=$____________ $\mathrm{m\cdot s^{-1}}$.

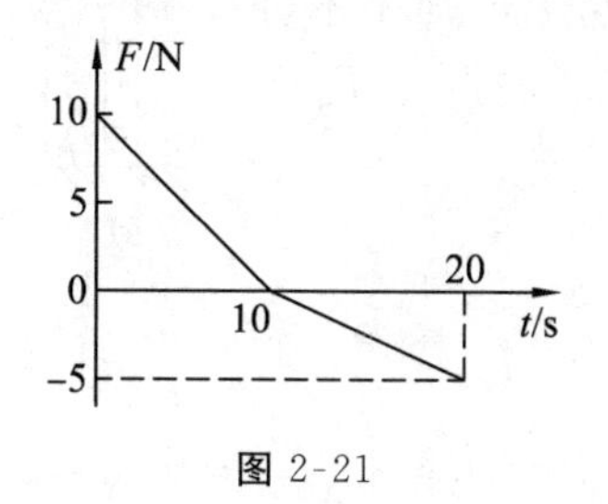

图 2-21

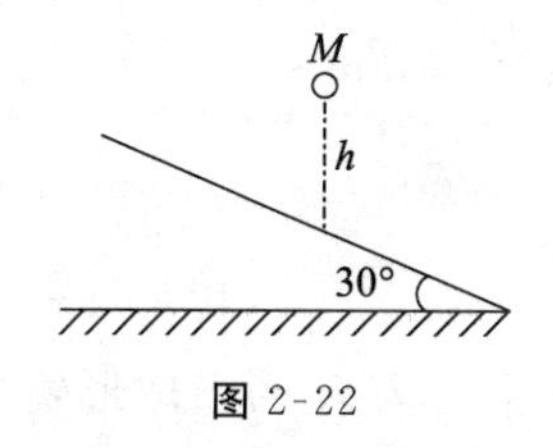

图 2-22

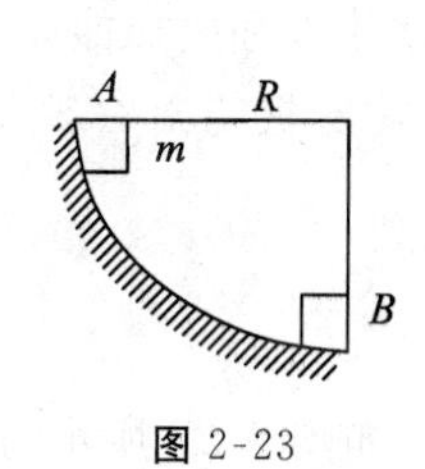

图 2-23

6. 一物体质量为 10 kg，受到方向不变的力 $F=30+40t$ (SI)作用，在开始的两秒内，此力冲量的大小等于____________ N·s；若物体的初速度大小为 10 $\mathrm{m\cdot s^{-1}}$，方向与力 $\boldsymbol{F}$ 的方向相同，则在 2 s 末物体速度的大小等于________________ $\mathrm{m\cdot s^{-1}}$.

7. 如图 2-22 所示，质量为 M 的小球，自距离斜面高度为 h 处自由下落到倾角为 30° 的光滑固定斜面上. 设碰撞是完全弹性的，则小球对斜面的冲量大小为________，方向为________________.

8. 一质量为 30 kg 的物体以 10 $\mathrm{m\cdot s^{-1}}$ 的速率水平向东运动，另一质量为 20 kg 的物体以 20 $\mathrm{m\cdot s^{-1}}$ 的速率水平向北运动. 两物体发生完全非弹性碰撞后，它们的速度大小 $v=$________ $\mathrm{m\cdot s^{-1}}$，方向为________.

9. 质量 $m=1$ kg 的物体，在坐标原点处从静止出发在水平面内沿 x 轴运动，其所受合力方向与运动方向相同，合力大小为 $F=3+2x$ (SI)，那么，物体在开始运动的 3 m 内，合力所做的功 $W=$__________ J；且 $x=3$ m 时，其速率 $v=$__________ $\mathrm{m\cdot s^{-1}}$.

10. 如图 2-23 所示，质量 $m=2$ kg 的物体从静止开始，沿 $\frac{1}{4}$ 圆弧从 A 滑到 B，在 B 处速度的大小 $v=6\ \mathrm{m\cdot s^{-1}}$. 已知圆的半径 $R=4$ m. 则物体从 A 到 B 的过程中摩擦力对它所做的功 $W=$________ J.

11. 一物体按 $x=t^2$ 规律在流体媒质中做直线运动，t 为时间，设媒质对物体的阻力正比于速度大小的平方,阻力系数 $k=0.5$,物体由 $x=0$ 运动到 $x=3$ m 时,阻力所做的功为________J.

12. 已知地球的半径为 R,质量为 M. 现有一质量为 m 的物体在离地面高度为 $2R$ 处. 以地球和物体为系统,若取地面为零势能点,则系统的引力势能为______________;若取无穷远处为零势能点,则系统的引力势能为______________.(G 为万有引力常量)

13. 如图 2-24 所示,劲度系数为 k 的弹簧,上端固定,下端悬挂重物. 当弹簧伸长 x_0 时,重物在 O 点处达到平衡. 现取重物在 O 处时各种势能均为零,则当弹簧长度为原长时,系统的重力势能为________,系统的弹性势能为________,系统的总势能为________. (答案用 k 和 x_0 表示)

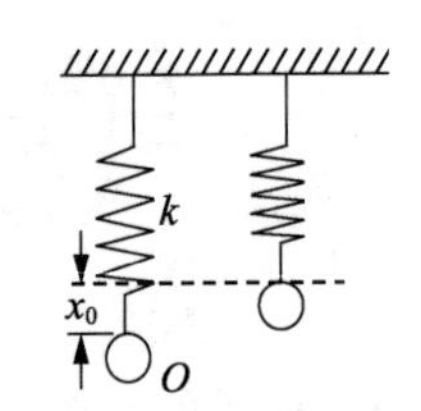

图 2-24

14. 质量为 m_1 和 m_2 的两个物体具有相同的动量,欲使它们停下来,外力对它们做的功之比 $W_1:W_2=$________;若它们具有相同的动能,欲使它们停下来,外力的冲量之比 $I_1:I_2=$________.

(三) 计算题

1. 一质量为 60 kg 的人站在质量为 30 kg 的底板上,用绳和滑轮连接,如图 2-25 所示. 设滑轮、绳的质量及轴处的摩擦可以忽略不计,绳子不可伸长. 欲使人和底板能以 $1\ \mathrm{m\cdot s^{-2}}$ 的加速度上升,人对绳子的拉力 T_2 多大? 人对底板的压力多大?(取 $g=10\ \mathrm{m\cdot s^{-2}}$)

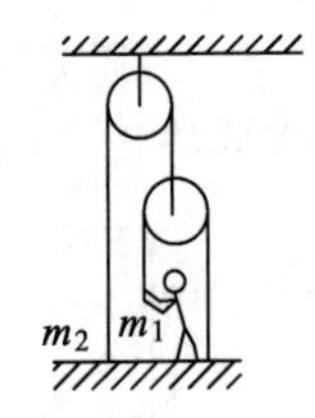

图 2-25

2. 如图 2-26 所示,在一只半径为 R 的半球形碗内,有一质量为 m 的小球,当球以角速度 ω 在水平面内沿碗内壁做匀速圆周运动时,它离碗底有多高?

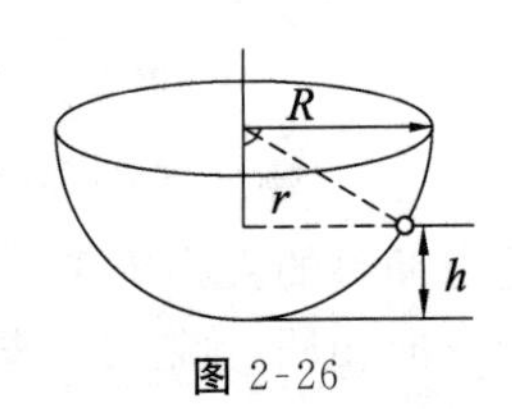

图 2-26

3. 一质量为 1 kg 的质点在力 $F=3+4t$(SI)的作用下,从 $v_0=10\ \mathrm{m\cdot s^{-1}}$ 开始做直线运动($\boldsymbol{v}_0$ 方向与力方向相同). 求:

(1) 0～2 s 内力的冲量 I;

(2) $t=2$ s 时质点的速度.

4. 一炮弹发射后在其运行轨迹上的最高点 $h=19.6$ m 处炸裂成质量相等的两块. 其中一块在爆炸后 1 s 落到爆炸点正下方的地面上. 设此处与发射点的距离 $s_1=1\ 000$ m,问另一块落地点与发射点间的距离是多少?(空气阻力不计,取 $g=9.8\ \mathrm{m\cdot s^{-2}}$)

5. 质量为 $M=1.5\ \mathrm{kg}$ 的物体用一根长 $l=1.25\ \mathrm{m}$ 的细绳悬挂在天花板上. 今有一质量 $m=10\ \mathrm{g}$ 的子弹以 $v_0=500\ \mathrm{m\cdot s^{-1}}$ 的水平速度射穿物体，刚穿出物体时子弹的速度大小 $v=30\ \mathrm{m\cdot s^{-1}}$，设穿透时间极短，如图 2-27所示. 求：

(1) 子弹刚穿出时绳中张力的大小；

(2) 子弹在穿透过程中所受的冲量.

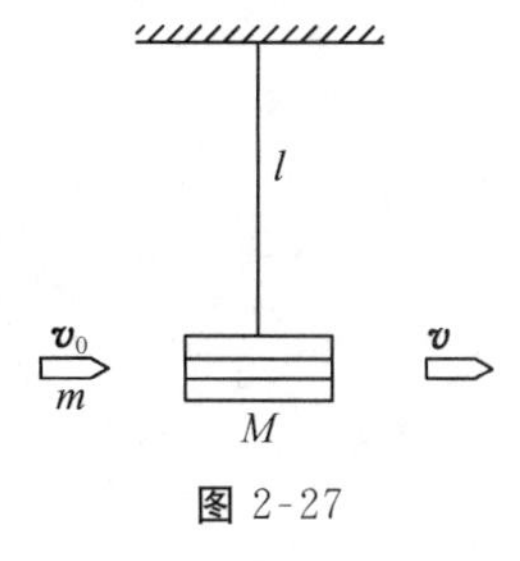

图 2-27

6. 一人从 5.0 m 深的井中提水，起始桶中装有 5.0 kg 的水，由于水桶漏水，每升高 1.00 m 要漏去 0.10 kg 的水. 求水桶被匀速地从井中提到井口人所做的功.

7. 如图 2-28 所示，质量 $m=0.1\ \mathrm{kg}$ 的木块在水平面上和一个劲度系数 $k=20\ \mathrm{N\cdot m^{-1}}$ 的轻质弹簧碰撞，木块将弹簧由原长压缩了 $x=0.4\ \mathrm{m}$. 假设木块与水平面间的动摩擦因数 μ 为 0.25，问在将要发生碰撞时木块的速率 v 为多少？

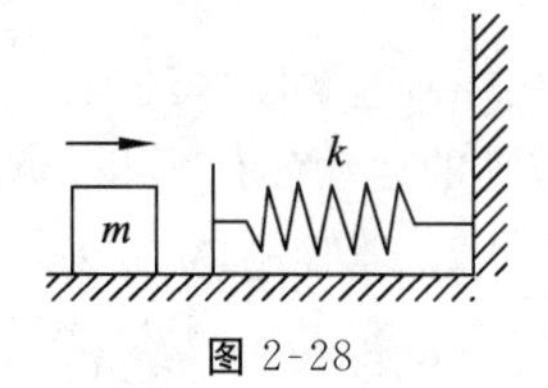

图 2-28

8. 如图 2-29 所示，一物体质量为 2 kg，以初速度 $v_0=3\ \mathrm{m\cdot s^{-1}}$ 从斜面 A 点处下滑，它与斜面的摩擦力为8 N，到达 B 点压缩弹簧 20 cm 后停止，然后又被弹回. 求弹簧的劲度系数和物体最后能回到的高度.

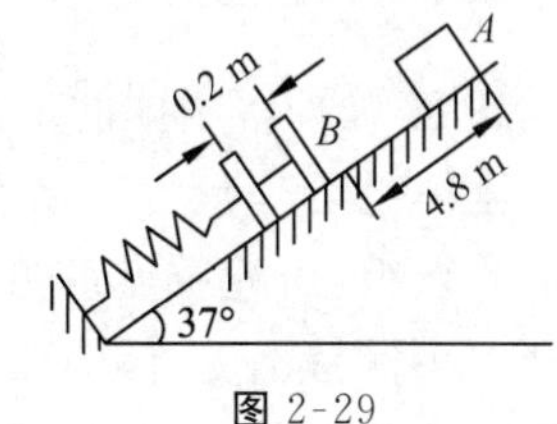

图 2-29

第3章 刚体力学基础

在中学所接触到的物理问题中,涉及的杆或棒都是作为轻质的理想物体,滑轮是没有质量、无摩擦的.而在本章中,通过刚体物理模型的建立,将考虑刚体的形状和质量对物理问题的影响和作用.刚体力学和质点力学有较大的相似性,有可类比处,如刚体运动学中角量描述的运动学方程与质点运动学中线量描述的运动学方程只是用角量替换了相应的线量.但是它又产生了许多新的概念和规律,如研究刚体的运动,使用的是力矩,而不是力,使用的是转动惯量,而不是质量;研究刚体的碰撞,使用的是动量矩守恒,而不是动量守恒.这些相似点和区别需读者在解题过程中不断体会和领悟.总之,力矩的计算、转动惯量概念的理解、动量矩守恒的使用条件和应用、转动的动能定理的应用将是本章的难点和重点.

一、基本要求

1. 理解刚体的概念,以及刚体运动的方式(平动、转动、平面运动),能掌握刚体定轴转动的运动学计算和分析方法.

2. 理解刚体的转动惯量的概念,并掌握有简单几何对称外形刚体的转动惯量的计算方法.

3. 掌握刚体定轴转动的转动定律,并能熟练应用.

4. 掌握刚体定轴转动动量矩守恒的条件,并能应用动量矩守恒定律.

5. 会计算力矩的功、刚体的转动动能、刚体的重力势能,能在有刚体做定轴转动的问题中正确应用动能定理和机械能守恒定律.

二、内容提要与重点提示

1. 正确理解刚体的定义.

刚体是处理包含转动在内的基本模型,它实质上是一种由连续分布的质点组成的特殊的质点组,研究质点组的方法和一般结论全部适用于刚体.它的特点在于运动过程中形状和大小保持不变,体内任意两质点间的距离保持不变,即无相对位移,所以刚体的内力所做功的和为零,动能定理变成 $\Delta E_k=W$,这里的 W 只包括外力所做的功,这是和一般质点组不同的地方.

2. 刚体运动的基本形式.

平动和转动是刚体两种最简单的运动形式,刚体的一般运动可看做是平动和转动的叠加.

(1) 刚体的平动.刚体做平动时,刚体中任一根直线始终保持平行于自身,刚体的各

点在同一时刻具有同样的速度和加速度，所以此时可以用刚体质心的运动来代表整个刚体的运动情况. 并且注意做平动的刚体，其运动的轨迹可以是曲线.

(2) 刚体的定轴转动. 当刚体中所有的点都绕同一转轴做圆周运动，且转轴的位置或方向固定不动.

3. 刚体做定轴转动的运动学描述.

刚体做定轴转动的过程中，各质元的线速度、线加速度一般不同，但角量(角位移、角速度、角加速度)都相同. 所以描述刚体整体的运动用角量最方便.

角位移可表示为

$$\Delta\theta=\theta_2-\theta_1$$

角速度 ω 和角加速度 α 表示为

$$\omega=\frac{d\theta}{dt},\ \alpha=\frac{d^2\theta}{dt^2}=\frac{d\omega}{dt}$$

利用角量和线量的关系，刚体中任意一点的速率和加速度即可方便地写出. 在转动平面内，数值关系如下：速率 $v=r\omega$，切向加速度 $a_t=r\alpha$，法向加速度 $a_n=r\omega^2$.

4. 转动惯量的定义.

(1) 定义：刚体对某一转轴的转动惯量等于每个质元的质量与这一质元到转轴的距离平方的乘积之总和.

单个质点的转动惯量为 $J=mr^2$；质点系的转动惯量为 $J=\sum_{i=1}^{n}(m_i r_i^{\ 2})$；当 m_i 非常小即质量是连续分布时刚体的转动惯量为 $J=\int_m r^2 \mathrm{d}m$，其中 $\mathrm{d}m$ 是质量元的质量，r 是质量元 $\mathrm{d}m$ 到转轴的距离.

(2) 转动惯量的含义：转动惯性的量度，相当于平动物体的质量.

(3) 与转动惯量有关的因素：刚体的质量、转轴的位置、刚体的质量分布.

5. 刚体做定轴转动的动力学描述.

(1) 力对转轴的力矩.

任意方向的力对转轴的力矩：力矩的大小等于力在作用点的切向分量与力的作用点到转轴 z 的距离的乘积，即 $\boldsymbol{M}_z=\boldsymbol{r}\times\boldsymbol{F}$.

(2) 刚体转动的定律.

刚体绕定轴转动时，它的角加速度与作用于刚体上的合外力矩成正比，与刚体对转轴的转动惯量成反比，即 $\sum_{i=1}^{n}M_{iz}=J\frac{\mathrm{d}\omega}{\mathrm{d}t}=J\alpha$.

它与牛顿力学中 $\boldsymbol{F}=m\boldsymbol{a}$ 地位相当. 由此可知：m 反映质点的平动惯性，J 反映刚体的转动惯性. 而力矩正是使刚体转动状态发生改变而产生角加速度的原因.

6. 刚体做定轴转动的动能定理.

(1) 做定轴转动的刚体的动能为 $E_k=\frac{1}{2}J\omega^2$.

(2) 外力矩所做的功为 $W=\int_{\theta_1}^{\theta_2}M_z\mathrm{d}\theta$.

(3) 做定轴转动的刚体的动能定理为

$$W=\int_{\theta_1}^{\theta_2}M_z\mathrm{d}\theta=\Delta E_\mathrm{k}=\frac{1}{2}J{\omega_2}^2-\frac{1}{2}J{\omega_1}^2$$

即合外力矩对定轴转动刚体所做的功等于刚体转动动能的增量.要注意的是,转动惯量 J、总外力矩 M_z 都是相对于旋转定轴(z 轴)的量.

类似于外力分为保守力和非保守力,外力矩所做的功也分为保守力矩的功和非保守力矩的功.对保守力矩的功,可用势能的变化表达,比如重力势能.

(4) 刚体的重力势能为 $E_\mathrm{p}=mgh_\mathrm{c}$,其中 h_c 为刚体质心相对于重力势能零点的高度.

(5) 做定轴转动的刚体的功能原理:

$$W=\int_{\theta_1}^{\theta_2}M_z\mathrm{d}\theta=\Delta E=\left(mgh_{\mathrm{c}_2}+\frac{1}{2}J{\omega_2}^2\right)-\left(mgh_{\mathrm{c}_1}+\frac{1}{2}J{\omega_1}^2\right)$$

若其他外力不做功或做功的总和为零,则机械能守恒.

7. 做定轴转动刚体的动量矩定理和动量矩守恒定律.

(1) 动量矩.

质点的动量矩:当质点以 $\boldsymbol{v}$ 转动时,质点相对于 O 点的矢径 $\boldsymbol{r}$ 与质点的动量 $m\boldsymbol{v}$ 的矢积定义为该时刻质点相对于 O 点的角动量,用 $\boldsymbol{L}$ 表示,即 $\boldsymbol{L}=\boldsymbol{r}\times m\boldsymbol{v}$.

刚体的动量矩 L:$L=J\omega$.

(2) 动量矩定理.

质点的动量矩定理:对同一参考点 O,质点所受的冲量矩等于质点动量矩的增量,即

$$\int_{t_1}^{t_2}M\mathrm{d}t=\int_{L_0}^{L}\mathrm{d}L=L_2-L_1$$

刚体的动量矩定理:做定轴转动的物体对轴的动量矩的增量等于外力对该轴的力矩的冲量矩之和,即

$$\int_{t_1}^{t_2}M\mathrm{d}t=\int_{L_0}^{L}\mathrm{d}L=J\omega-J\omega_0$$

(3) 动量矩守恒定律.

质点的动量矩守恒定律:若质点所受对参考点 O 的合力矩为零时,质点对该参考点 O 的动量矩为一恒矢量.

刚体的动量矩守恒定律:外力对某轴的力矩之和为零,则该物体对同一轴的动量矩守恒.当 $M=0$ 时,$L_1=L_2$,$J_1\omega_1=J_2\omega_2$.

重点提示:

(1) 刚体定轴转动的运动学问题.角量的描述,特别注意角量与线量的关系、匀角加速转动问题的计算.

(2) 刚体的转动惯量的决定因素及计算.注意掌握几种简单的刚体的转动惯量.

(3) 转动定律的应用.注意正确写出转动定律形式,注意与牛顿第二定律的联用以及补齐其他约束方程.

(4) 动量矩守恒的应用.注意成立条件,注意质点和刚体的动量矩的形式,注意质点与刚体的碰撞问题中动量矩守恒的应用,注意正确列出动量矩守恒的方程.

(5) 机械能守恒的应用.注意适用条件,注意系统中可能包含质点、刚体,必须全面考

虑动能、势能，对于刚体的势能要注意以质心位置来计算重力势能.

三、疑难分析与问题讨论

1. 转动惯量的计算.

根据刚体形状的不同，可分为以下几种方法：

a. 直接求和：如果各质点相对独立，则将每一部分的 $J=m_ir_i^2$ 相加即可.

b. 积分：

质量为线分布时，$dm=\lambda dl$，$J=\int r^2 dm=\int r^2\lambda dl$.

质量为面分布时，$dm=\sigma dS$，$J=\int r^2 dm=\int r^2\sigma dS$.

质量为体分布时，$dm=\rho dV$，$J=\int r^2 dm=\int r^2\rho dV$.

其中，λ、σ、ρ 分别为质量的线密度、面密度和体密度.

[问题 3-1]　在计算物体的转动惯量时，能把物体的质量集中在质心处吗？

要点与分析：本题是关于转动惯量的定义的理解.

答：物体的转动惯量是物体转动中惯性大小的量度，影响转动惯量的因素有：刚体的质量、转轴的位置、刚体的质量分布. 同一个物体对质心轴和对任意轴的转动惯量是不同的. 所以在计算物体的转动惯量时，不能把物体的质量集中在质心处.

2. 使用刚体转动定律解题时的注意点.

主要看我们所研究的对象是质点还是刚体，如果是质点，那么分析质点的加速度及质点的受力，用牛顿第二定律来解决；如果是刚体，那么分析刚体的角加速度和转动惯量，分析刚体所受的力矩，用刚体的定轴转动来解决；如果是刚体和质点的混合体，则同时都分析，并且借助于角量和线量的关系来解决问题.

[问题 3-2]　刚体转动时，如果它的角速度很大，那么作用在它上面的力是否一定很大？作用在它上面的力矩是否一定很大？

要点与分析：本题的关键在于对刚体定轴转动定律的理解，由 $\sum M=J\alpha$ 可知，刚体所受的合外力矩正比于绕定轴转动的角速度的时间变化率. 因此，刚体转动的角速度很大，并不意味着转动角速度的时间变化率也很大.

答：刚体定轴转动的角速度大，与其受力没有直接关系. 对于刚体的一般运动，所受合外力使刚体的质心产生加速度，即改变刚体的平动状态.

刚体定轴转动的角速度大，与其所受的力矩也没有直接关系. 刚体所受的合外力矩使刚体产生角加速度，改变刚体的转动状态.

[问题 3-3]　将一个生鸡蛋与一个熟鸡蛋放在桌面上旋转，就可以判断哪个是生的，哪个是熟的？试说明理由.

要点与分析：本题测试转动惯量的概念和刚体做定轴转动的定律的应用.

答：熟鸡蛋内部凝结成固态，可近似为刚体，当它旋转起来后，对质心轴的转动惯量可以认为是不变的常量，鸡蛋内各部分相对转轴有相同的角速度. 因桌面对质心轴的摩擦

力矩很小,产生的角加速度很小,所以当熟鸡蛋转动起来后,其角速度的变化非常缓慢,可以稳定地旋转相当长的时间.

而生鸡蛋内部可近似为非均匀分布的流体,当它旋转时,内部各部分状态变化的难易程度不同,会因内摩擦而使鸡蛋晃荡,转动轴也不稳定,转动惯量不稳定,使它转动的动能因内摩擦等因素的耗散而不能维持,转动很快就会停下来.

[问题 3-4] 如图 3-1 所示,A、B 为两个相同的绕着轻绳的定滑轮. A 滑轮挂一质量为 M 的物体,B 滑轮受拉力 $\boldsymbol{F}$,而且 $F=Mg$. 设 A、B 两滑轮的角加速度分别为 α_A 和 α_B,不计滑轮轴的摩擦,请问 α_A 和 α_B 是否相等? 如果不等,它们的大小关系如何?

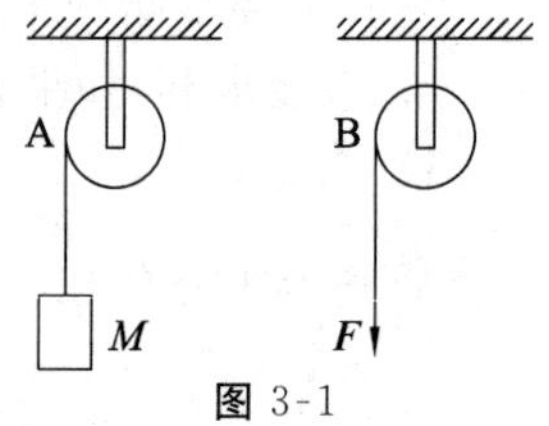

图 3-1

要点与分析: 本题的关键在于分清楚研究对象是刚体还是质点,正确选用合适的定律来解决问题. 遇到质点和刚体的组合时,我们也要对应结合两个定律使用.

解: 在本题中,我们对 A(刚体与质点的组合体)进行分析:

$$\begin{cases} Mg-T=Ma_A \\ TR=J\alpha_A \\ a_A=R\alpha_A \end{cases}$$

所以

$$\alpha_A=\frac{MgR}{J+MR^2}$$

对 B 单个质点进行分析可得

$$FR=J\alpha_B,\ \alpha_B=\frac{MgR}{J}$$

比较上两式可知两者不相等,且 $\alpha_A<\alpha_B$.

3. 动量矩和动量矩守恒定律.

(1) 对于质点,引入动量矩的目的是因为质点做一些曲线运动,如圆周运动时,动量就不守恒了,但是质点对圆心的位矢与质点的动量的矢积却是守恒的,而且行星的运动、卫星的运动、微观粒子的运动中都存在着这一类物理现象,这样在解决实际问题时就会方便得多.

(2) 质点的动量矩守恒定律的条件是质点所受对参考点 O 的合力矩为零,在应用时要注意指明质点是对哪一点的动量矩守恒. 有人认为动量矩守恒定律仅应用于物体做曲线运动时,其实并非如此,当物体做直线运动时,也可利用动量矩守恒定律来研究问题.

[问题 3-5] 如图 3-2 所示,有一个小块物体置于一光滑的水平桌面上,有一绳其一端连结此物体,另一端穿过桌面中心的小孔,该物体原以角速度 ω 在距离孔为 R 的圆周上转动,今缓慢往下拉绳,试讨论该物体的动能、动量和动量矩的变化情况.

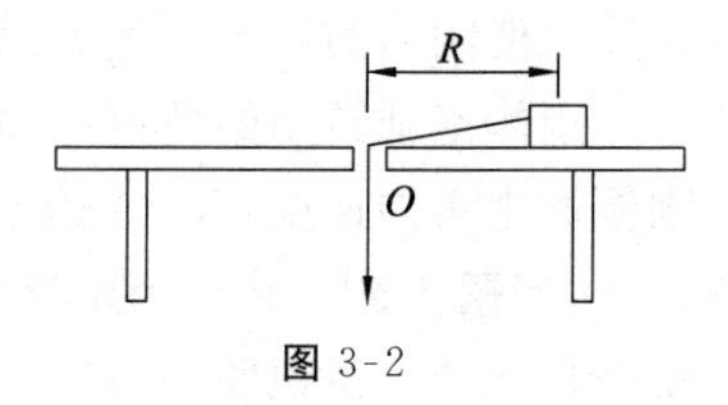

图 3-2

要点与分析: 本题测试的是质点的动量、动能、动量矩的守恒条件. 质点动量守恒的条件是合力为零,动能守恒的条件是力做功为零,动量矩守恒的条件是合力矩为零.

答: 本题中,物体在水平方向上受到绳的拉力作用,合外力不为零,所以动量不守恒;

拉力在力的方向上做了功，所以动能不守恒；但拉力是通过中心 O，不产生力矩，所以动量矩守恒.

还可以具体计算角速度和线速度变化的快慢：由动量矩守恒，有 $mr_0{}^2\omega_0=mr_1{}^2\omega_1$，因为半径在变小，所以角速度在变大，又 $mr_0(r_0\omega_0)=mr_1(r_1\omega_1)$，可见线速度也在变大.

(3) 动量矩守恒定律同前面介绍的动量守恒定律和能量守恒定律一样，是自然界中的普遍规律. 但是它们守恒的条件不一样，同样它们在应用上也有所区别，上一章我们介绍了质点之间的碰撞问题，使用的是动量守恒定律，而在本章中遇到质点与刚体的碰撞问题时就不能用动量守恒定律，而用动量矩守恒定律来解决问题.

[问题 3-6] 在一个系统中，如果该系统的动量矩守恒，动量是否也一定守恒？反之，如果该系统的动量守恒，动量矩是否也一定守恒？

要点与分析： 动量守恒定律为：系统所受合外力为零时，它的总动量不变. 而动量矩守恒条件为：系统所受合外力矩为零时，对一定轴的总动量矩不变.

答： 当系统动量矩守恒时，意味着系统的合外力矩为零，但此时合外力不一定为零，所以此时动量不一定守恒.

同理，当系统的动量守恒，意味着系统的合外力为零，但此时合外力矩不一定为零，所以此时动量矩不一定守恒.

[问题 3-7] 质量为 75 kg 的人站在半径为 2 m 的水平转台边缘，转台的固定转轴竖直通过台心且无摩擦，转台绕竖直轴的转动惯量为 3 000 kg·m²，开始时整个系统静止. 现人以相对于地面为 1 m·s⁻¹ 的速率沿转台边缘行走，求：人沿转台边缘行走一周，回到他在转台上的初始位置所用的时间.

要点与分析： 本题测试的是动量矩守恒，其条件为：系统所受合外力矩为零时，对一定轴的总动量矩不变.

解： 由人和转台组成的系统的动量矩守恒，有

$$J_1\omega_1+J_2\omega_2=0$$

其中，$J_1=mr^2=300\ \mathrm{kg\cdot m^2}$，$\omega_1=\dfrac{v}{r}=0.5\ \mathrm{rad\cdot s^{-1}}$，$J_2=3\,000\ \mathrm{kg\cdot m^2}$. 故

$$\omega_2=-\frac{J_1\omega_1}{J_2}=-0.05\ \mathrm{rad\cdot s^{-1}}$$

人相对于转台的角速度为

$$\omega_\mathrm{r}=\omega_1-\omega_2=0.55\ \mathrm{rad\cdot s^{-1}},\ t=\frac{2\pi}{\omega_\mathrm{r}}=11.4\ \mathrm{s}$$

四、解题示例

[例题 3-1] 一飞轮以等角加速度 2 rad·s⁻² 转动，在某时刻以后的 5 s 内飞轮转过了 100 rad. 若此飞轮是由静止开始转动的，问在上述的某时刻以前飞轮转动了多少时间？

要点与分析： 本题测试的是刚体的运动学的有关计算.

解： 设在某时刻之前，飞轮已转动了 t_1 时间，由于初角速度 $\omega_0=0$，则

$$\omega_1=\alpha t_1 \tag{1}$$

而在某时刻后 $t_2=5$ s 时间内，转过的角位移为

$$\theta=\omega_1 t_2+\frac{1}{2}\alpha t_2^{\ 2} \tag{2}$$

将已知量 $\theta=100$ rad, $t_2=5$ s, $\alpha=2$ rad·s^{-2}代入式(2),得 $\omega_1=15$ rad·s^{-1}. 从而

$$t_1=\frac{\omega_1}{\alpha}=7.5\ \text{s}$$

即在某时刻之前,飞轮已经转动了 7.5 s.

[例题 3-2] 一半径为 25 cm 的圆柱体,可绕与其中心轴线重合的光滑固定轴转动. 圆柱体上绕有绳子. 圆柱体初始角速度为零,现拉绳的端点,使其以 1 m·s^{-2}的加速度运动. 绳与圆柱体表面无相对滑动. 试计算:在 $t=5$ s 时

(1) 圆柱体的角加速度;

(2) 圆柱体的角速度;

(3) 如果圆柱体对转轴的转动惯量为 2 kg·m^2,那么要保持上述角加速度不变,应加的拉力为多少?

要点与分析: 本题测试的是刚体的运动学,即描述刚体的角量之间的关系,以及用转动定律来解决相关问题.

解: (1) 圆柱体的角加速度为

$$\alpha=\frac{a}{r}=4\ \text{rad}\cdot\text{s}^{-2}$$

根据 $\omega_t=\omega_0+\alpha t$, $\omega_0=0$,则 $\omega_t=\alpha t$. 那么圆柱体的角速度 $\omega|_{t=5}=\alpha t|_{t=5}=20$ rad·s^{-1}.

(3) 根据转动定律 $$Fr=J\alpha$$

则 $$F=\frac{J\alpha}{r}=32\ \text{N}$$

[例题 3-3] 如图 3-3 所示,质量为 m_1 的物体 A 静止在光滑水平桌面上并和一质量不计的绳索相连接,绳索跨过一半径为 R、质量为 M 的圆柱形滑轮 C,并系在另一质量为 m_2 的物体 B 上,B 竖直悬挂. 滑轮与绳索间无滑动,且滑轮与轴承间的摩擦力可略去不计. 求:

(1) 物体 A 的加速度;

(2) 滑轮 C 的角加速度;

(3) 水平和竖直两段绳索的张力.

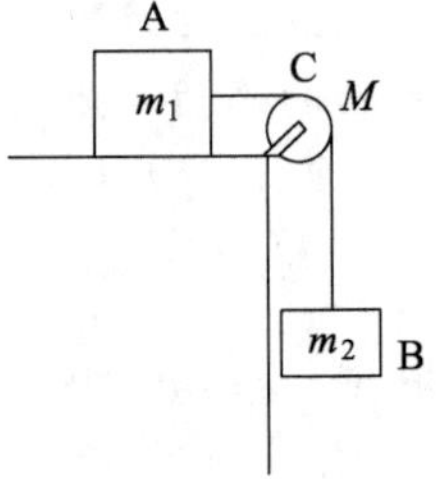

图 3-3

要点与分析: 本题测试的是刚体的动力学分析. 注意:由于滑轮是刚体,所以不能简单地分析其受力,用牛顿力学解决问题;而要分析力矩,用转动定律来解决相关问题.

解: (1) 分别以 m_1、m_2 和滑轮 C 为研究对象,其受力如图 3-4 所示. 对 m_1、m_2 运用牛顿运动定律,有

$$m_2 g-T_2=m_2 a \tag{1}$$

$$T_1=m_1 a \tag{2}$$

对滑轮运用转动定律,有

$$T_2 R-T_1 R=\left(\frac{1}{2}MR^2\right)\alpha \tag{3}$$

又 $$a=R\alpha \tag{4}$$

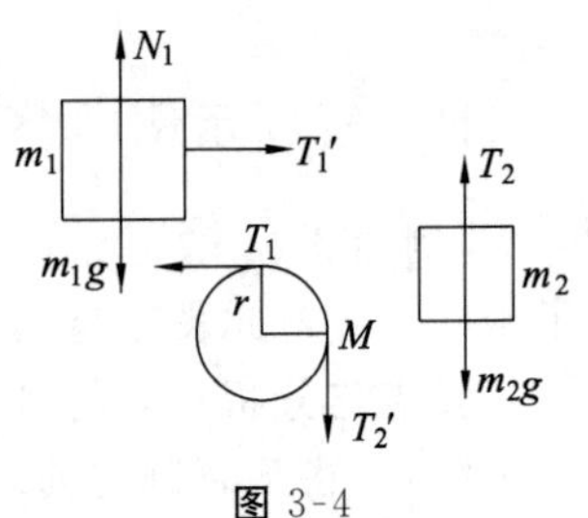

图 3-4

联立以上 4 个方程，得

$$a=\frac{m_2 g}{m_1+m_2+\dfrac{M}{2}}$$

（2）因 $a=R\alpha$，所以

$$\alpha=\frac{m_2 g}{\left(m_1+m_2+\dfrac{M}{2}\right)R}$$

（3）水平方向的绳子的拉力为

$$T_1=m_1 a=\frac{m_1 m_2 g}{m_1+m_2+\dfrac{M}{2}}$$

竖直方向的绳子的拉力为

$$T_2=m_2 g-m_2 a=\frac{\left(m_1+\dfrac{1}{2}M\right)m_2 g}{m_1+m_2+\dfrac{M}{2}}$$

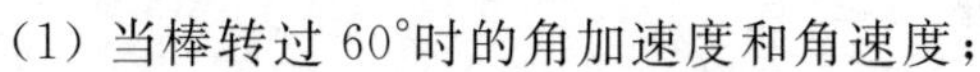

[例题 3-4]　质量为 0.50 kg、长为 0.40 m 的均匀细棒，可绕垂直于棒的一端的水平轴转动. 如将此棒放在水平位置，然后任其下落，如图 3-5 所示. 求：

（1）当棒转过 60°时的角加速度和角速度；

（2）棒下落到竖直位置时的动能；

（3）棒下落到竖直位置时的角速度.

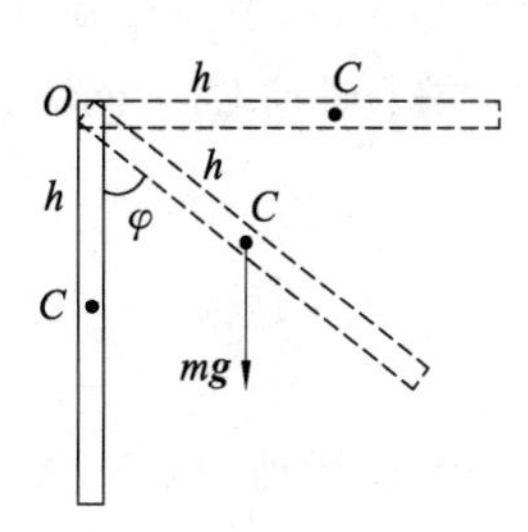

图 3-5

要点与分析： 本题应用刚体做定轴转动的转动定律求角加速度，使用转动中的动能定理或机械能守恒定律求解其加速度和能量问题.

解：（1）设 φ 为棒与竖直方向的夹角，θ 是棒转过的角度.

重力矩为
$$M=\frac{1}{2}mgl\sin\varphi$$

由转动定律，有

$$J\alpha=-mg\,\frac{1}{2}l\sin\varphi$$

可得
$$\alpha=\frac{M}{J}=\frac{\dfrac{1}{2}mgl\sin\varphi}{\dfrac{1}{3}ml^2}=\frac{3g\cos\theta}{2l}=18.4\ \text{rad}\cdot\text{s}^{-2}$$

接着讨论角速度和杆的位置，由于系统只受保守重力的作用，用机械能守恒定律解题无疑是较方便的选择.

$$\frac{1}{2}J\omega^2-mg\,\frac{l}{2}\sin\theta=0$$

$$\omega=\sqrt{\frac{mgl\sin\theta}{J}}=\sqrt{\frac{mgl\sin\theta}{\dfrac{1}{3}ml^2}}=\sqrt{\frac{3g\sin\theta}{l}}=7.98\ \text{rad}\cdot\text{s}^{-1}$$

(2) 同理,根据机械能守恒定律,棒下落到竖直位置时的动能为

$$E_k=\frac{1}{2}J\omega^2=mg\ \frac{l}{2}=0.98\ \mathrm{J}$$

(3) 棒下落到竖直位置时的角速度为

$$\omega=\sqrt{\frac{3g}{l}}\approx 8.57\ \mathrm{rad\cdot s^{-1}}$$

[例题 3-5] 有一质量为 M、长为 L 的均匀细棒,静止平放在动摩擦因数为 μ 的水平桌面上,它可绕通过其端点 O 且与桌面垂直的固定光滑轴转动.另有一在同一桌面上运动的质量为 m 的小滑块,其速度垂直于棒,并与棒的另一端 A 相碰撞,如图 3-6 所示.设碰撞时间极短.已知小滑块在碰撞前后的速度大小分别为 v_1 和 v_2,方向相反.求碰撞后从细棒开始转动到停止转动的过程中所需要的时间.已知棒绕 O 点的转动惯量为 $J=\frac{1}{3}ML^2$.

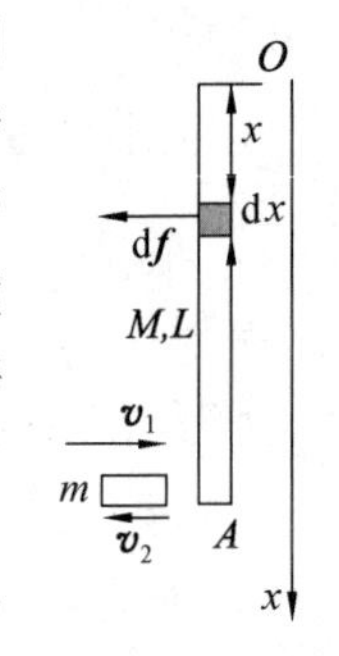

图 3-6

要点与分析: 本题测试的是质点和刚体的碰撞问题,它们遵循的是动量矩守恒,注意分析碰撞前后的刚体与质点系统的动量矩大小.

解: 碰撞时动量矩守恒,有

$$mv_1L=\frac{1}{3}ML^2\omega-mv_2L$$

$$\omega=\frac{3m(v_1+v_2)}{ML}$$

细棒运动起来所受到的摩擦力矩为

$$M_f=\int_0^L\mu\frac{M}{L}gx\,\mathrm{d}x=\frac{1}{2}\mu MgL$$

$$-M_f=J\frac{\mathrm{d}\omega}{\mathrm{d}t},\quad -\frac{1}{2}\mu MgL=\frac{1}{3}ML^2\frac{\mathrm{d}\omega}{\mathrm{d}t}$$

即

$$\int_0^t\mathrm{d}t=-\frac{\frac{1}{3}ML^2\mathrm{d}\omega}{\frac{1}{2}\mu MgL}$$

得

$$t=\frac{2L\omega}{3\mu g}=\frac{2m(v_1+v_2)}{\mu Mg}$$

[例题 3-6] 质量为 $M=0.03$ kg、长为 $l=0.2$ m 的均匀细棒,在一水平面内绕通过棒中心并与棒垂直的光滑固定轴自由转动,细棒上套有两个可沿棒滑动的小物体,每个小物体的质量都为 $m=0.02$ kg.开始时,两小物体分别被固定在棒中心的两侧且距棒中心各为 $r=0.05$ m,此系统以 $n_1=15\ \mathrm{r\cdot min^{-1}}$ 的转速转动,如图 3-7 所示.若将小物体松开后,它们在滑动过程中受到的阻力正比于速度(已知棒对中心轴的转动惯量为$\frac{Ml^2}{12}$).求:

(1) 当两个小物体到达棒端时系统的角速度;

(2) 当两个小物体飞离棒端时棒的角速度.

要点与分析: 本题测试的是动量矩守恒.

解: (1) 初始的角速度 $\omega_1=2\pi n_1=1.57\ \mathrm{rad\cdot s^{-1}}$.

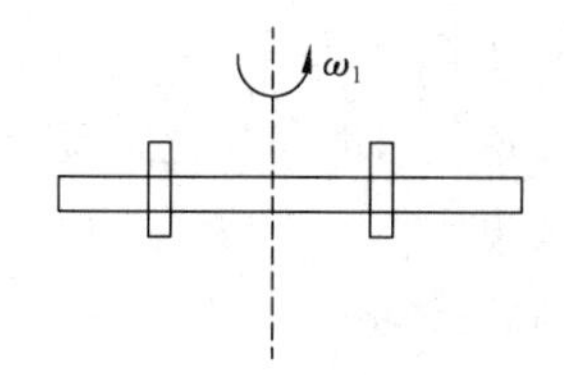

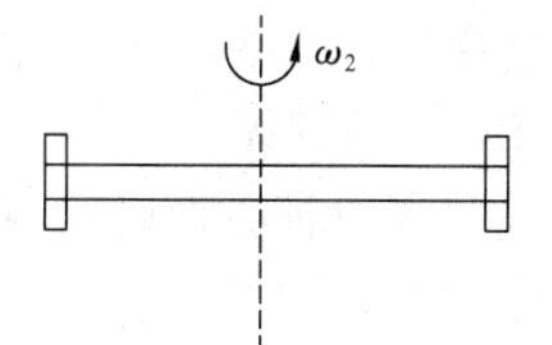

图 3-7

因为不受外力矩，所以系统的动量矩守恒，即

$$\left(\frac{1}{12}Ml^2+2mr^2\right)\omega_1=\left[\frac{1}{12}Ml^2+2m\left(\frac{l}{2}\right)^2\right]\omega_2$$

$$\omega_2=0.628\ \text{rad}\cdot\text{s}^{-1}$$

（2）因为小物体离开棒时并未对棒产生力矩作用，所以小物体分离的瞬间及其后，棒的角速度仍为 ω_2.

自测练习3

（一）选择题

1. 关于刚体对轴的转动惯量，下列说法正确的是　　[　　]

（A）只取决于刚体的质量，与质量的空间分布和轴的位置无关

（B）取决于刚体的质量和质量的空间分布，与轴的位置无关

（C）取决于刚体的质量、质量的空间分布和轴的位置

（D）只取决于转轴的位置，与刚体的质量和质量的空间分布无关

2. 一圆盘绕过盘心且与盘面垂直的光滑固定轴 O 以角速度 ω 按图 3-8 所示方向转动. 若按图 3-8 所示的情况那样，将两个大小相等、方向相反但不在同一条直线上的力 F 沿盘面同时作用到圆盘上，则圆盘的角速度 ω　　[　　]

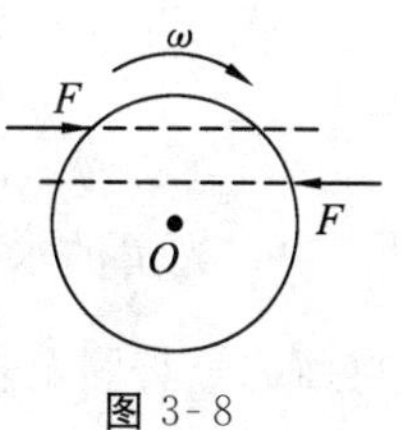

图 3-8

（A）不会改变　　（B）必然减少

（C）必然增大　　（D）如何变化，不能确定

3. 两个匀质圆盘 A 和 B 的密度分别为 ρ_A 和 ρ_B，若 $\rho_A>\rho_B$，但两圆盘的质量与厚度相同. 设两盘对通过盘心且垂直于盘面轴的转动惯量各为 J_A 和 J_B，则　　[　　]

（A）$J_A>J_B$　　（B）$J_B>J_A$

（C）$J_A=J_B$　　（D）J_A、J_B 哪个大，不能确定

4. 如图 3-9 所示，A、B 为两个相同的绕着轻绳的定滑轮，A 滑轮挂一个质量为 m 的物体，B 滑轮受拉力为 G，而且 $G=mg$. 设 A、B 两滑轮的角加速度大小分别为 α_A 和 α_B，不计滑轮轴的摩擦，则有　　[　　]

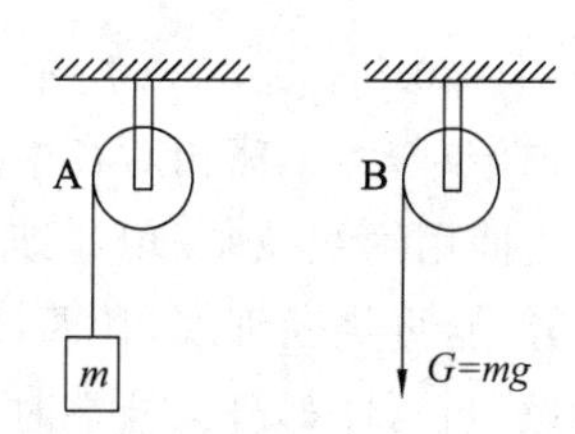

图 3-9

（A）$\alpha_A<\alpha_B$　　（B）$\alpha_A>\alpha_B$

（C）$\alpha_A=\alpha_B$　　（D）开始时 $\alpha_A=\alpha_B$，以后 $\alpha_A<\alpha_B$

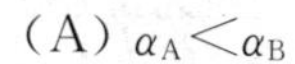

5. 一轻绳跨过一具有水平光滑轴、转动惯量为 J 的定滑轮,绳的两端悬有质量分别为 m_1 和 m_2 的物体($m_1<m_2$),如图 3-10所示,绳与轮之间无相对滑动. 若某时刻滑轮沿逆时针方向转动,则绳中的张力 [ ]

(A) 处处相等　　(B) 无法判断哪边大

(C) 左边大于右边　　(D) 右边大于左边

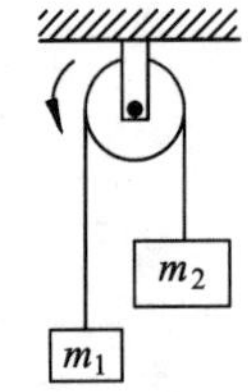

图 3-10

6. 一物体正绕固定光滑轴自由转动,则它受热膨胀时 [ ]

(A) 角速度大小不变　　(B) 角速度大小变小

(C) 角速度大小变大　　(D) 无法判断角速度大小如何变化

7. 现有 A、B 两个系统,一匀质细杆可绕通过上端与杆垂直的水平光滑固定轴 O 转动,初始状态为静止悬挂. 现有一个小球自左方水平打击细杆,设小球与细杆之间为非弹性碰撞,把碰撞过程中的细杆与小球取做系统 A,如图 3-11 所示. 另外,一水平圆盘可绕通过其中心的固定竖直轴转动,盘上站着一个人,当此人在盘上随意走动时(忽略轴的摩擦),若人和盘取作系统 B,则 [ ]

(A) A、B 两系统机械能都守恒

(B) A、B 两系统只有对转动轴的动量矩守恒

(C) A、B 两系统动量都守恒

(D) A、B 两系统机械能、动量及动量矩都守恒

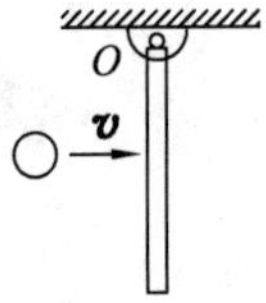

图 3-11

8. 质量为 m 的小孩站在半径为 R 的水平平台边缘上,平台可以绕通过其中心的竖直光滑固定轴自由转动,转动惯量为 J. 开始时平台和小孩均静止. 当小孩突然以相对于地面为 v 的速率在平台边缘沿逆时针转向走动时,则此平台相对地面旋转的角速度和旋转方向分别为 [ ]

(A) $\omega=\frac{mR^2}{J}\left(\frac{v}{R}\right)$,顺时针　　(B) $\omega=\frac{mR^2}{J}\left(\frac{v}{R}\right)$,逆时针

(C) $\omega=\frac{mR^2}{J+mR^2}\left(\frac{v}{R}\right)$,顺时针　　(D) $\omega=\frac{mR^2}{J+mR^2}\left(\frac{v}{R}\right)$,逆时针

9. 光滑的水平桌面上有长为 $2l$、质量为 m 的匀质细杆,可绕通过其中点 O 且垂直于桌面的竖直固定轴自由转动,转动惯量为 $\frac{1}{3}ml^2$,起初杆静止. 有一质量为 m 的小球在桌面上正对着杆的一端,在垂直于杆长的方向上,以速率 v 运动,如图 3-12所示. 当小球与杆端发生碰撞后,就与杆粘在一起随杆转动. 则这一系统碰撞后的转动角速度大小为 [ ]

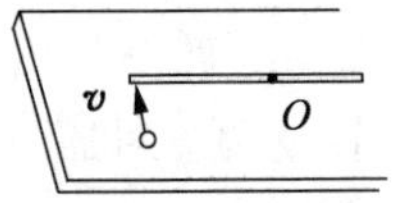

(A) $\frac{lv}{12}$　　(B) $\frac{2v}{3l}$　　(C) $\frac{3v}{4l}$　　(D) $\frac{3v}{l}$

图 3-12

10. 如图 3-13 所示,一水平刚性轻杆,质量不计,杆长 $l=20$ cm,其上穿有两个小球. 初始时,两小球相对杆中心 O 对称放置,与 O 的距离 $d=5$ cm,二者之间用细线拉紧. 现让细杆绕通过中心 O 的竖直固定轴以匀角速 ω_0 转动,再烧断细线,让两球向杆的两端滑动. 不考虑转轴和空气的摩擦,当两球都滑至杆端时,杆的角速度大小为 [ ]

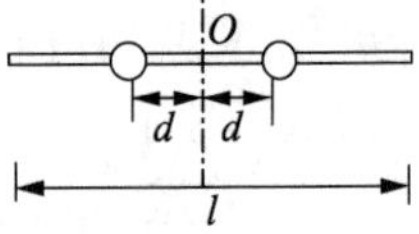

(A) $2\omega_0$　　(B) ω_0　　(C) $\frac{1}{2}\omega$　　(D) $\frac{1}{4}\omega_0$

图 3-13

11. 一圆盘正绕垂直于盘面的水平光滑固定轴 O 转动，如图 3-14 所示. 现射来两个质量相同、速度大小相同、方向相反并在一条直线上的子弹，子弹射入圆盘并且留在盘内，则子弹射入后的瞬间圆盘的角速度 ω [　　]

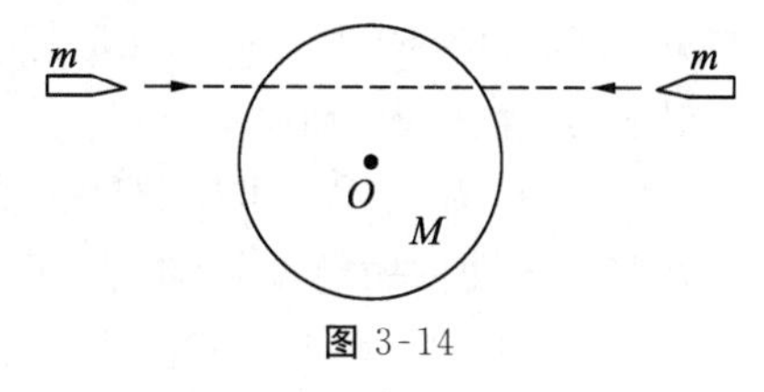

图 3-14

(A) 增大　　(B) 不变　　(C) 减小　　(D) 不能确定

12. 一飞轮以角速度 ω_0 绕光滑固定轴转动，飞轮对轴的转动惯量为 J_1；另一静止飞轮突然和上述转动的飞轮啮合，绕同一转轴转动，该飞轮对轴的转动惯量为前者的两倍，啮合后整个系统的角速度 ω_0 为 [　　]

(A) $3\omega_0$　　(B) $\frac{1}{3}\omega_0$　　(C) ω_0　　(D) 无法判断

(二) 填空题

1. 利用皮带传动，用电动机拖动一个真空泵. 电动机上装一半径为 0.1 m 的轮子，真空泵上装一半径为 0.29 m 的轮子，如图3-15 所示. 如果电动机的转速为 1 450 rev/min，则真空泵上的轮子边缘上一点的线速度大小为________ $\mathrm{m \cdot s^{-1}}$，真空泵的转速为________ $\mathrm{rev \cdot min^{-1}}$.

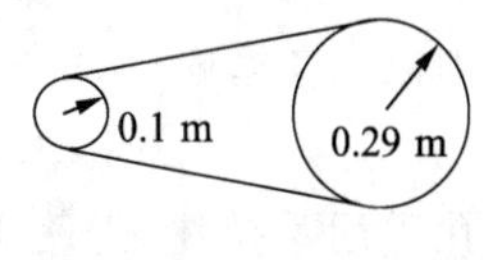

图 3-15

2. 一个以恒定角加速度转动的圆盘，如果在某一时刻的角速度大小 $\omega_1=20\pi\ \mathrm{rad \cdot s^{-1}}$，再转 60 r 后角速度大小 $\omega_2=30\pi\ \mathrm{rad \cdot s^{-1}}$，则角加速度大小 $\alpha=$________，转过上述 60 r 所需的时间 $\Delta t=$________.

3. 如图 3-16 所示，Q、R 和 S 是附于刚性轻质杆上的质量分别为 $3m$、$2m$ 和 m 的三个质点，$QR=RS=l$，则系统对 OO' 轴的转动惯量为________.

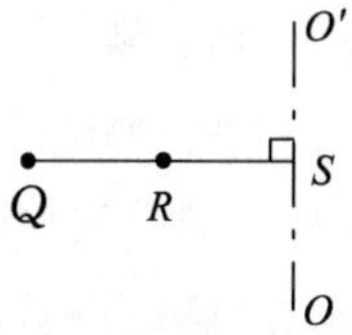

图 3-16

4. 一做定轴转动的物体，对转轴的转动惯量 $J=3.0\ \mathrm{kg \cdot m^2}$，角速度 $\omega_0=6.0\ \mathrm{rad \cdot s^{-1}}$. 现对物体加一恒定的制动力矩 $M=-12\ \mathrm{N \cdot m}$，当物体的角速度减慢到 $\omega=2.0\ \mathrm{rad \cdot s^{-1}}$ 时，物体已转过了角度 $\Delta\theta=$____________ $\mathrm{rad \cdot s^{-1}}$.

5. 如图 3-17 所示，一长为 l 的均匀直棒可绕过其一端且与棒垂直的水平光滑固定轴转动. 抬起另一端使棒向上与水平面成 60°，然后无初转速地将棒释放. 已知棒对轴的转动惯量为 $\frac{1}{3}ml^2$，其中 m 和 l 分别为棒的质量和长度，则放手时棒的角加速度大小为________，棒转到水平位置时的角加速度大小为________.

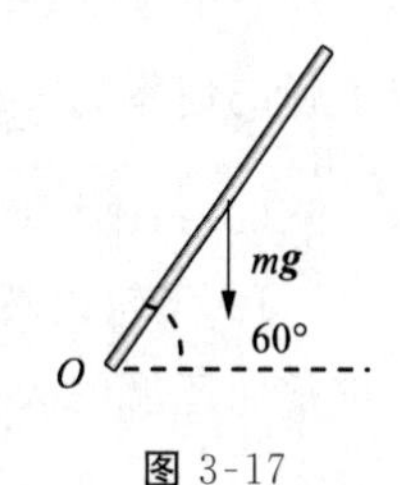

图 3-17

6. 花样滑冰运动员绕通过自身的竖直轴转动，开始时两臂伸开，转动惯量为 J，角速度大小为 ω，然后她将两臂收回，使转动惯量减少为 $\frac{1}{2}J$. 这时她转动的角速度大小变为________.

7. 如图 3-18 所示，滑块 A、重物 B 和滑轮 C 的质量分别为 m_A、m_B 和 m_C，滑轮的半径为 R，滑轮对轴的转动惯量 $J=\frac{1}{2}m_CR^2$. 滑块 A

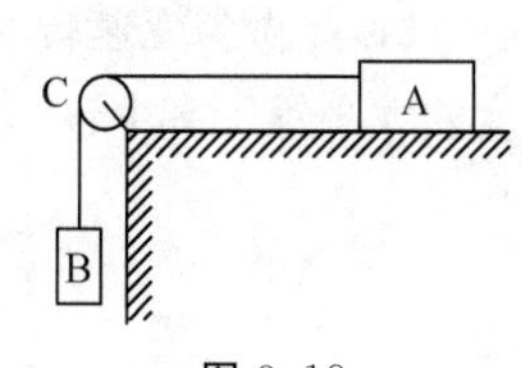

图 3-18

与桌面间、滑轮与轴承之间均无摩擦,绳的质量可不计,绳与滑轮之间无相对滑动.滑块A的加速度 a=____________.(重力加速度为 g)

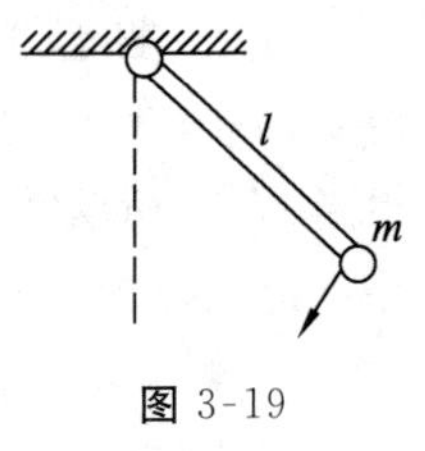

图 3-19

8. 一长为 l、质量可以忽略的直杆,可绕通过其一端的水平光滑轴在竖直平面内做定轴转动,在杆的另一端固定着一质量为 m 的小球,如图 3-19 所示.现将杆由水平位置无初转速地释放,则杆刚被释放时的角加速度 α_0=____________,杆与水平方向夹角为60°时的角加速度 α=____________.(重力加速度为 g)

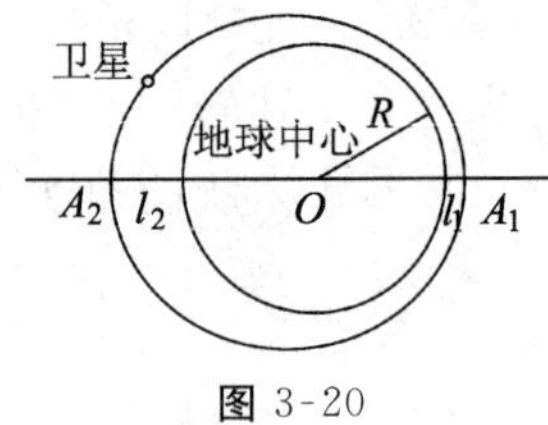

图 3-20

9. 如图 3-20 所示,我国第一颗人造卫星沿椭圆轨道运动,地球的中心 O 为该椭圆的一个焦点.已知地球半径 R=6 378 km,卫星与地面的最近距离 l_1=439 km,与地面的最远距离 l_2=2 384 km.若卫星在近地点 A_1 的速度 v_1=8.1 km·s^{-1},则卫星在远地点 A_2 的速度 v_2=____________ km·s^{-1}.

10. 将一质量为 m 的小球系于轻绳的一端,轻绳的另一端穿过光滑水平桌面上的小孔并用手拉住.先使小球以角速度 ω_1 在桌面上做半径为 r_1 的圆周运动,然后缓慢地将绳下拉,使半径缩小为 r_2,在此过程中小球的动能增量为____________.

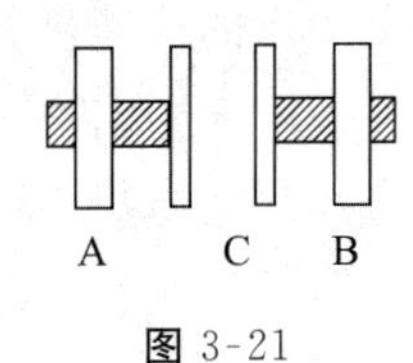

图 3-21

11. 如图 3-21 所示,A、B两飞轮的轴杆在一条直线上,并可用摩擦啮合器C使它们连接,开始时B轮以角速度 ω_B 转动,A轮以角速度 ω_A 同方向转动,设啮合过程中两飞轮不受其他力矩的作用,当两飞轮连接在一起后,共同的角速度为 ω,若A轮的转动惯量为 J_A,则B轮的转动惯量为____________.

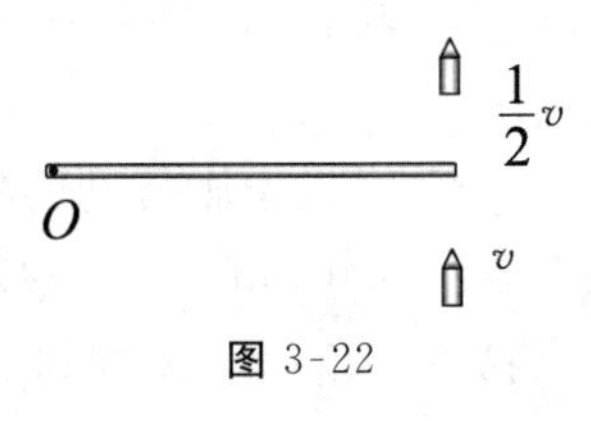

图 3-22

12. 如图 3-22 所示,一静止的均匀细棒,长为 L、质量为 M,可绕通过棒的端点且垂直于棒长的光滑固定轴 O 在水平面内转动,转动惯量为 $\frac{1}{3}ML^2$,一质量为 m、速率为 v 的子弹在水平面内沿与棒垂直的方向射出并穿出棒的自由端.设穿过棒后子弹的速率为 $\frac{1}{2}v$,则此时棒的角速度大小为____________.

(三) 计算题

1. 飞轮以转速 n=1 500 r·min^{-1}转动,受到制动而均匀地减速,经 5 s 而停止,求飞轮角加速度的大小及制动过程中转过的角度.

2. 一做匀变速转动的飞轮在 10 s 内转了 16 圈,其末角速度为 15 rad·s^{-1},它的角加速度的大小等于多少?

3. 现在用阿特伍德机测滑轮转动惯量，用轻线和尽可能滑的轮轴，两端悬挂重物为 $m_1=0.46$ kg，$m_2=0.5$ kg，滑轮半径为 0.05 m(图 3-23). 自静止开始，释放重物后并测得左端物体 5.0 s 内下降了 0.75 m. 则滑轮的转动惯量是多少？

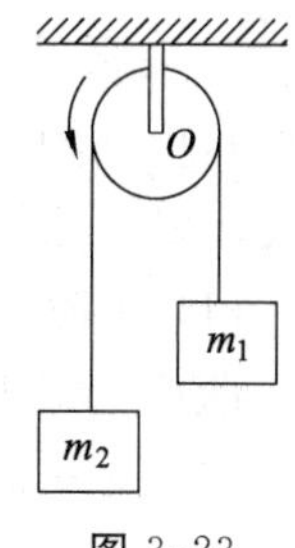

图 3-23

4. 固定在一起的两个同轴均匀圆柱体可绕其光滑的水平对称轴 OO' 转动，设大小圆柱体的半径分别为 R 和 r，质量分别为 M 和 m，绕在两柱体上的细绳分别与物体 m_1 和物体 m_2 相连，m_1 和 m_2 则挂在圆柱体的两侧，如图 3-24 所示. 设 $R=0.20$ m，$r=0.10$ m，$m=4$ kg，$M=10$ kg，$m_1=m_2=2$ kg，且开始时 m_1 和 m_2 离地均为 $h=2$ m. 求：

(1) 柱体转动时的角加速度；

(2) 两侧细绳的张力.

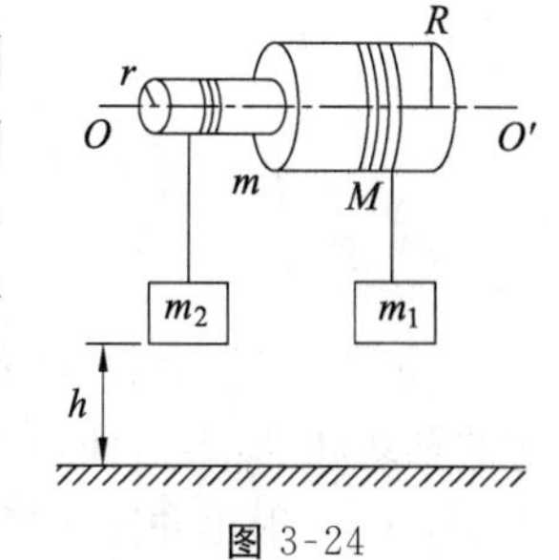

图 3-24

5. 一转动惯量为 J 的圆盘绕一固定轴转动，起初角速度为 ω_0，设它所受阻力矩为 $M=-k\omega$(k 为常量)，求圆盘的角速度从 ω_0 变为 $\frac{\omega_0}{2}$ 所需的时间.

6. 一根放在水平光滑桌面上的匀质棒，可绕通过其一端的竖直固定光滑轴转动，棒的质量 $M=1.5$ kg，长度 $L=1.0$ m. 初始时棒静止，今有一水平运动的子弹垂直地射入棒的另一端并留在棒中，如图 3-25 所示，子弹的质量 $m=0.020$ kg，速率 $v=400\ \text{m}\cdot\text{s}^{-1}$. 试问：

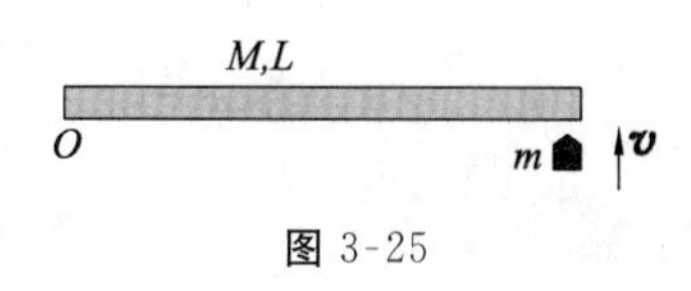

图 3-25

(1) 棒开始和子弹一起转动的角速度多大？

(2) 若棒转动时受一大小为 4.0 N·m 的恒定阻力矩作用，棒能转过多大角度？

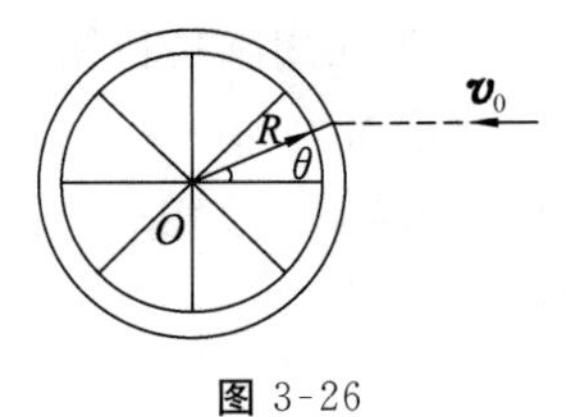

图 3-26

7. 一质量为 m、半径为 R 的车轮(假定质量均匀分布在轮缘上),可绕轴在水平面内自由转动. 另一质量为 m_0 的子弹以速度 $\boldsymbol{v}_0$ 射入轮缘(如图 3-26 所示方向).

(1) 在撞击过程中,车轮与子弹组成的系统的动量是否守恒? 动量矩是否守恒?

(2) 设开始时轮是静止的,则在质点打入后轮的角速度为何值?

(3) 用 m、m_0 和 θ 表示系统(包括轮和子弹)最后动能和初始动能之比.

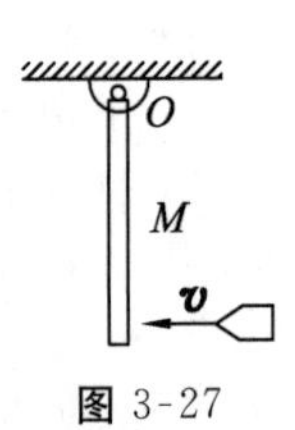

图 3-27

8. 如图 3-27 所示,质量为 2.97 kg、长为 1.0 m 的均质细杆,可绕水平光滑的轴线转动,最初杆静止于铅直方向,一质量为 10 g 的子弹,以水平速度 200 $\mathrm{m \cdot s^{-1}}$ 射出并嵌入杆的下端,和杆一起运动,求杆的最大摆角.

第4章　狭义相对论

高中物理教材中曾介绍了一些狭义相对论基础知识，主要是为了帮助学生克服经典物理思想的束缚，扩展他们的思维，鼓励他们的创新精神. 受到高等数学知识缺乏的限制，许多结论都是直接给出的，许多逻辑推导也是不严格的，易于给学生造成两种不好的影响：一是重视狭义相对论结论的记忆，而不深刻领会狭义相对论的时空观；二是不能理解狭义相对论结论和两条假设之间的必然联系，体会不到狭义相对论内在逻辑的严密性. 大学物理中，这两个方面的学习和研究是学习的主要部分，一方面要求在理解狭义相对论时空观的基础上，结合洛伦兹变换，通过计算解决和时空观紧密相关的问题，比如同时的相对性、长度收缩和时间膨胀等；另一方面，要求理解牛顿力学是狭义相对论低速状态下的形式，物体在高速运动时的相对论力学，质量和速度、质量和能量、能量和动量等不同于牛顿力学的关系. 要掌握本章内容，关键在于要建立狭义相对论时空观，这也是本章学习的难点所在.

一、基本要求

1. 理解狭义相对论的两条基本原理，并区别伽利略变换和洛伦兹变换.

2. 理解狭义相对论的时空观，即同时的相对性、长度收缩和时间膨胀的概念，并会简单的计算.

3. 掌握狭义相对论动力学的几个基本概念，即狭义相对论中质量和速度、质量和能量、能量和动量的关系.

4. 了解经典的绝对时空和相对论的相对时空的差异.

二、内容提要与重点提示

1. 伽利略变换和绝对时空观.

有两个惯性参考系 $S(Oxyz)$ 和 $S'(O'x'y'z')$，它们的对应坐标轴相互平行，S' 相对 S 以速度 $\boldsymbol{u}$ 沿 x、x' 轴的正向运动，$t=t'=0$ 时两坐标系原点重合. 则事件 P 在 S 系和 S' 系中的时空坐标的转换关系为

$$x'=x-ut,\ y'=y,\ z'=z,\ t'=t$$

或

$$x=x'+ut,\ y'=y,\ z'=z,\ t=t'$$

上式称为伽利略时空坐标变换式. 由伽利略变换可得出经典力学的速度变换式：

$$v_x'=v_x-u,\ v_y'=v_y,\ v_z'=v_z$$

或

$$v_x=v_x'+u,\ v_y=v_y',\ v_z=v_z'$$

由伽利略变换,可以很显然地得出 $\boldsymbol{a}=\boldsymbol{a}'$,质量 m 是不变的,则必有 $\boldsymbol{F}=m\boldsymbol{a}$ 和 $\boldsymbol{F}'=m\boldsymbol{a}'$,反映出牛顿运动定律的形式不随惯性系的选择而发生变化,这就是经典力学的相对性原理.

伽利略变换实际上集中反映了牛顿的绝对时空观,由于,$\Delta\boldsymbol{r}=(x_2-x_1)\boldsymbol{i}+(y_2-y_1)\boldsymbol{j}+(z_2-z_1)\boldsymbol{k}$,$\Delta t=t_2-t_1$,可见空间间隔 $\Delta\boldsymbol{r}$ 和时间间隔 Δt 是分离的,这说明时空是互相分离的、无联系的;并且,根据伽利略变换,有 $\Delta\boldsymbol{r}'=\Delta\boldsymbol{r}$,$\Delta t'=\Delta t$,这说明空间间隔、时间间隔是绝对的,与运动及参照系无关,这正是牛顿的绝对时空观(即经典力学的时空观).

2. 狭义相对论的基本原理.

(1) 相对性原理:在所有惯性系中,物理定律包括光学定律都具有相同的形式.

这条原理不能认为只是将牛顿力学的相对性原理简单地推广到光学领域,其内在的本质是否定了绝对参考系(以太)的存在,这样就否定了绝对空间的存在.

(2) 光速不变原理:在所有惯性系中,真空中的光速与光源或观察者的运动无关.无论光沿什么方向传播,其速率都是相同的.光速不变显然是违背伽利略变换的,而速度可以看成是一定时间间隔内物质变动的空间间隔,光速不变说明对所有惯性系,光这种物质的时间间隔和空间间隔存在明确的关系,这从根本上否定了伽利略变换的空间间隔 $\Delta\boldsymbol{r}$ 和时间间隔 Δt 是分离的结论,说明绝对时间是不存在的.

3. 洛伦兹变换.

设惯性系 S 和 S' 在 $t=t'=0$ 时刻坐标原点 O 和 O' 重合,且 S' 系以匀速度 $\boldsymbol{u}$ 沿 x' 轴正方向相对于 S 系运动,而 y 轴和 y' 轴、z 轴和 z' 轴保持平行.

(1) 洛伦兹坐标变换(同一事件在 S 系和 S' 系中的时空坐标关系):

$$\text{正变换:}x'=\frac{x-ut}{\sqrt{1-\beta^2}},\ y'=y,\ z'=z,\ t'=\frac{t-\frac{u}{c^2}x}{\sqrt{1-\beta^2}}$$

$$\text{逆变换:}x=\frac{x'+ut'}{\sqrt{1-\beta^2}},\ y=y',\ z=z',\ t=\frac{t'+\frac{u}{c^2}x'}{\sqrt{1-\beta^2}}$$

$$\beta=\frac{u}{c}$$

可见时间坐标和空间坐标互有关联,二者构成不可分割的四维时空,当物体的运动速度远小于光速时,洛伦兹变换与伽利略变换是等效的.

(2) 洛伦兹速度变换(质点在 S 系和 S' 系的速度关系):

$$\text{正变换:}v_x{}'=\frac{v_x-u}{1-\frac{u}{c^2}v_x},\ v_y{}'=\frac{v_y\sqrt{1-\beta^2}}{1-\frac{u}{c^2}v_x},\ v_z{}'=\frac{v_z\sqrt{1-\beta^2}}{1-\frac{u}{c^2}v_x}$$

$$\text{逆变换:}v_x=\frac{v_x{}'+u}{1+\frac{u}{c^2}v_x{}'},\ v_y=\frac{v_y{}'\sqrt{1-\beta^2}}{1+\frac{u}{c^2}v_x{}'},\ v_z=\frac{v_z{}'\sqrt{1-\beta^2}}{1+\frac{u}{c^2}v_x{}'}$$

显然,在低速运动的情况下($v\ll c$,$u\ll c$),

$$v_x{}'=v_x-u,\ v_y{}'=v_y,\ v_z{}'=v_z$$

4. 狭义相对论的时空观.

(1) 同时的相对性.

沿两惯性系相对运动方向的不同地点发生的两个事件,在一个惯性系表现为同时,在另一个惯性系是不同时的.事件的同时性因参考系的选择而异,不同惯性系不具有统一时间.只有在一个惯性系的同一个地点同时发生的两个事件,在另一惯性系才是同时的.

(2) 洛伦兹收缩(长度收缩):

$$l=l_0\sqrt{1-\beta^2}<l_0$$

固有长度 l_0 是在与物体相对静止的 S' 系中测量的物体的长度,l 是在 S 系中测量的物体的长度(动长),设 S 系相对于 S' 系沿物体长度方向以匀速 $\boldsymbol{u}$ 运动.在不同参考系中测得的物体的长度不同,物体沿运动方向的长度比固有长度短,称为长度收缩.长度收缩只发生在平行于运动的方向上,在垂直于运动的方向上无收缩效应.

(3) 时间膨胀(钟慢效应)

$$\Delta t=\frac{\Delta t'}{\sqrt{1-\beta^2}}=\frac{\tau_0}{\sqrt{1-\beta^2}}>\tau_0$$

S' 系中同一地点先后发生的两个事件的时间间隔为 $\Delta t'$(定义 $\tau_0=\Delta t'$,τ_0 称为固有时),在 S 系中测量这两个事件发生的时间间隔 Δt(运动时),由于 Δt 小于固有时,称为时间膨胀.若先后发生的事件是时钟的计量,上述结论的另一个表述为,在一个惯性系中,运动的钟比静止的钟走得慢,这就是爱因斯坦延缓,也称为钟慢效应.

5. 相对论性质量、动量与能量.

相对论动力学中的物理量应满足在低速时要还原成经典形式,应保持基本守恒定律继续成立.

(1) 质量、动量和速度的关系.

质量 m 与运动状态相关,是速度 v 的函数:

$$m=\frac{m_0}{\sqrt{1-\beta^2}},\ \beta=\frac{v}{c}$$

相应地,动量 $\boldsymbol{p}$ 表示为

$$\boldsymbol{p}=m\boldsymbol{v}=\frac{m_0}{\sqrt{1-\beta^2}}\boldsymbol{v}$$

在质点速度大小 $v\ll c$ 时,动量 $\boldsymbol{p}$ 同样回归到牛顿力学的表达式,即 $\boldsymbol{p}=m_0\boldsymbol{v}$.

(2) 狭义相对论力学的基本方程:

$$\boldsymbol{F}=\frac{\mathrm{d}\boldsymbol{p}}{\mathrm{d}t}=\frac{\mathrm{d}(m\boldsymbol{v})}{\mathrm{d}t}=\frac{\mathrm{d}}{\mathrm{d}t}\left(\frac{m_0}{\sqrt{1-\beta^2}}\boldsymbol{v}\right)$$

(3) 质能关系:

总能量 E　　　　$E=mc^2$

动能 E_k　　　　$E_\mathrm{k}=mc^2-m_0c^2$

在 $v\ll c$ 时,动能 E_k 可回归到牛顿力学的形式 $E_\mathrm{k}=\frac{1}{2}mv^2$.

静止能量 E_0　　　　$E_0=m_0c^2$

(4) 能量和动量的关系:

$$E^2 = p^2c^2 + {m_0}^2c^4$$

重点提示:

(1) 爱因斯坦狭义相对论两条基本假设的理解. 注意基本假设与绝对时空观的对立性及光速不变原理.

(2) 洛伦兹坐标变换式的应用. 注意分清惯性系 S 和 S' 中的各量.

(3) 理解长度收缩,不管是 S 系还是 S' 系,总之动长小于静长,注意必须同时以两物体端点坐标之差来表示动长.

(4) 理解时间膨胀,不管是 S 系还是 S' 系,总之动时间隔大于静时间隔,注意必须以同地点的两事件时间间隔来表示静时间隔.

(5) 质速关系、质能关系的应用. 注意与经典理论的区别及联系.

三、疑难分析与问题讨论

1. 相对论与我国古代朴素的"相对论"思想.

爱因斯坦的相对论是一种科学理论,它颠覆了以往人们看待问题的角度,从根本上改变了人们的思维方式. 以前人们所认为理所当然的事,在相对论面前轰然坍塌,相对论改变的不只是物理,而是改变了人类的思维. 因为相对论效应只在高速宏观世界才会明显表现出来,大众难以通过自身的经验来进行逻辑推理,所以很难被人们接受. 不过,我国古代文化中似乎曾有长度和时间的"相对性"描述. 例如,孙悟空晃动金箍棒就可以使其收缩到很短,这是否可以看成一种运动长度缩短的幻想呢? 再如对于典故"洞中方七日,世上已千年"所描述的现象,如果认为"仙洞"正相对"尘世"高速运动,那这一现象就不是不可能发生的神话了. 在电视剧《天仙配》中(天宫的)七个仙女在鹊桥上看到(人间的)大好河山从其脚下飞过,这是否暗示人间正在相对天宫(仙女)做高速运动. 七个仙女中的大姐曾被打入天牢千年,为什么还是那么青春? 这是否可说成玉皇大帝欺骗了凡人! 用地面的手表计时,大姐是被关了千年,但如果用玉皇大帝手上的表计时,也许只有一天! 董永看到的七仙女那么苗条是不是与高速运动的相对论效应有关. 仙女下凡是不是她看到董永总是能永保青春?

以上类比只是为了挖掘我国古代"朴素"的"相对论"思想,以帮助读者理解相对论的相对性原理,无意诋毁七仙女与董永的真挚情感.

2. 深刻理解爱因斯坦延缓.

爱因斯坦延缓是两个事件之间的时间间隔,严格规定相对于惯性系静止的同一地点的两个事件的时间间隔为固有时,固有时是最短的,观察者相对于事件发生的地点必须是静止的,而相对于事件发生的地点运动的观察者测得的时间间隔要比固有时长,这时的观察者是处于另一个运动着的惯性系中,并且在该观察者看来,这两个事件并不是在同一地点发生的事件.

[问题 4-1] 在火车站台上的某一地点发生了两个事件 A 和 B,一个站立在站台上的人测得 B 事件晚于 A 事件 4 s,现有一匀速掠过站台的飞船,飞船上的宇航员测得 B 事件晚于 A 事件 5 s,问飞船对站台的相对速度是多少? 在宇航员看来,两事件在相对运动方向上的距离是多少?

要点与分析: 本题应注意是两个惯性系中的时间间隔,要分清固有时.

解：分别以站台和飞船建立惯性系 S 系和 S' 系，在 S 系（站台）中，两个事件是在同一地点发生的，站台上的人相对事件发生的地点是静止的，测得的时间间隔是固有时. A 事件和 B 事件在两个惯性系中的时空坐标分别为 (x_A,t_A)，(x_B,t_B) 和 (x'_A,t'_A)，(x'_B,t'_B)，$\Delta t=t_B-t_A=4\ \text{s}$，$x_A=x_B$，$\Delta t'=t_B{}'-t_A{}'=5\ \text{s}$，假设飞船对站台的相对速度是 u，由

$$\Delta t'=\frac{\Delta t}{\sqrt{1-\frac{u^2}{c^2}}},$$

即 $5=\dfrac{4}{\sqrt{1-\frac{u^2}{c^2}}}$，解得 $u=\dfrac{3}{5}c$.

由洛伦兹变换，$x_A=\dfrac{x_A{}'+ut_A{}'}{\sqrt{1-\frac{u^2}{c^2}}}$，$x_B=\dfrac{x_B{}'+ut_B{}'}{\sqrt{1-\frac{u^2}{c^2}}}$，则

$$(x_A{}'+ut_A{}')-(x_B{}'+ut_B{}')=0$$

$$x_A{}'-x_B{}'=u(t_B{}'-t_A{}')=\frac{3c}{5}\times 5\ \text{m}=9\times 10^8\ \text{m}$$

可见，在一个惯性系中同地异时发生的两个事件，在另一个惯性系中观察是不同地点的了.

3. 正确理解长度收缩效应.

在使用长度收缩公式 $l=l_0\sqrt{1-\frac{u^2}{c^2}}$ 时，要注意以下几点：

(1) 长度测量的定义：同时测量运动物体的两端坐标，两端坐标之差就是物体的长度. 原长 l_0：物体相对于观察者静止时测得的它的长度（也称静长或固有长度）. 比如棒静止在 S' 系中，静长 $l_0=x_2{}'-x_1{}'$，这里测量 $x_1{}'$、$x_2{}'$ 的时间不需要同时.

那么当物体相对于 S 系以速度 $\boldsymbol{u}$ 运动，此时 S 系测得棒的长度值是什么呢？动长（测量长度）$l=x_2-x_1$，这里测量 x_1、x_2 的时间需要同时.

(2) 这种效应是相对的，在 S 系的观察者看到 S' 系中的棒长缩短了，而 S' 系中的观察者同样认为 S 系中的棒长缩短了，这是因为物体的运动状态是个相对量.

(3) 式中 $l<l_0$ 是指物体的长度沿运动方向收缩. 它的纵向效应是不会因此而改变的，即在两参照系内测量的纵向（与运动方向垂直）的长度是一样的.

[问题 4-2]　一根直杆在 S 系中，其静止长度为 l，与 x 轴的夹角为 θ，如图 4-1所示. 试求：直杆在 S' 系中的长度和它与 x' 轴的夹角 θ'. 两惯性系相对运动速度为 $\boldsymbol{u}$.

要点与分析：本题注意相对论的纵向效应即可.

解：

$$\Delta x'=\Delta x\sqrt{1-\frac{u^2}{c^2}}=l\cos\theta\sqrt{1-\frac{u^2}{c^2}}$$

$$\Delta y'=\Delta y=l\sin\theta$$

$$l'=\sqrt{(\Delta x')^2+(\Delta y')^2}=l\left(1-\cos^2\theta\frac{u^2}{c^2}\right)^{1/2}$$

$$\theta'=\arctan\frac{l\sin\theta}{l\cos\theta\sqrt{1-u^2/c^2}}=\frac{\tan\theta}{\sqrt{1-u^2/c^2}}$$

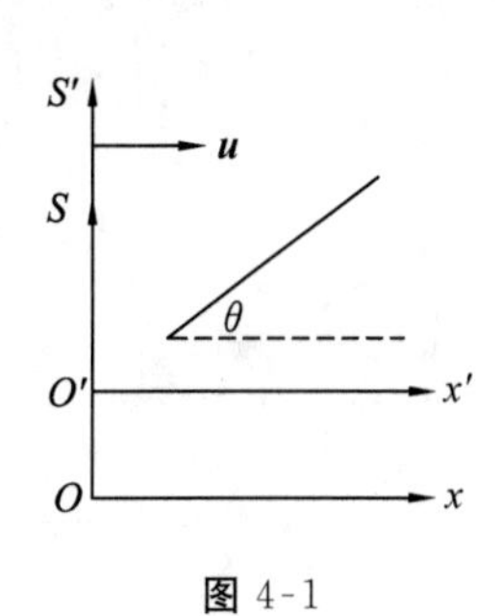

图 4-1

4. 关于相对论动力学基本概念的讨论.

经典力学的动能定理和相对论力学的动能定理有相同之处,它们都认为物体是因为运动而具有的能量,所以都以 $A=E_{k2}-E_{k1}$ 的形式表明物体动能的增量与外力做功等值,不同之处在于经典力学中 $E_k=\frac{1}{2}mv^2$,而相对论力学中则认为物体的动能是总能量与静止能量之差,即 $E_k=mc^2-m_0c^2$.

[问题 4-3] 一电子以 $v=0.99\ c$ (c 为真空中光速)的速率运动. 试求:

(1) 电子的总能量是多少?

(2) 电子的经典力学的动能与相对论动能之比是多少? (电子静止质量 $m_e=9.11\times10^{-31}$ kg)

要点与分析: 本题测试的是经典动能与相对论动能的区别.

解: (1)
$$E=mc^2=\frac{m_ec^2}{\sqrt{1-\left(\frac{v}{c}\right)^2}}=5.8\times10^{-13}\ \text{J}$$

(2)
$$E_{k0}=\frac{1}{2}m_ev^2=4.01\times10^{-14}\ \text{J}$$

$$E_k=mc^2-m_ec^2=\left(\frac{1}{\sqrt{1-\frac{v}{c}^2}}-1\right)m_ec^2=4.99\times10^{-13}\text{J}$$

故
$$\frac{E_{k0}}{E_k}=8.04\times10^{-2}$$

四、解题示例

[例题 4-1] 圆柱形飞行舱以等速 $\boldsymbol{u}$ 沿 S 惯性系的 x 轴正方向高速飞行,飞行舱的静长为 l_0. 在某一时刻由舱尾放出高速粒子,粒子相对于飞行舱的速度为 v. 求在 S 惯性系中,粒子从舱尾运动到舱前端的时间.

要点与分析: 本题不能误用时间膨胀公式.

解: 以飞行舱为 S' 系,如图 4-2 所示.

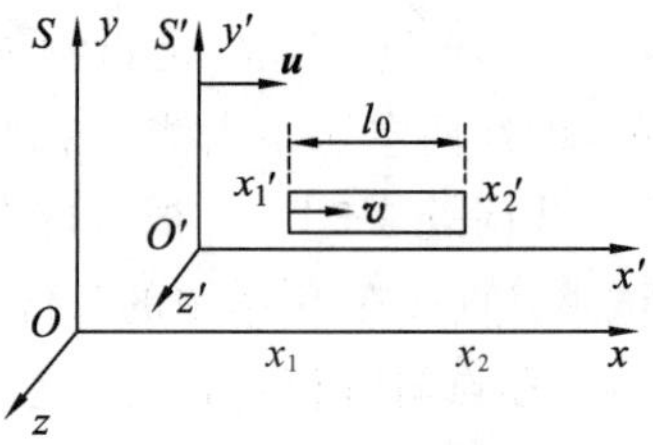

时间膨胀是同一地点发生的两个事件的时间间隔问题,本题中,高速粒子从舱尾运动到舱前端,坐标发生变化,是不同地点发生的两个事件,须用洛伦兹时空变换式来解决问题.

图 4-2

$$t_1=\frac{t_1'+\frac{u}{c^2}x_1'}{\sqrt{1-\beta^2}},\ t_2=\frac{t_2'+\frac{u}{c^2}x_2'}{\sqrt{1-\beta^2}},$$

$$x_2'-x_1'=l_0,\ t_2'-t_1'=\frac{l_0}{v}$$

$$t_2-t_1=\frac{(t_2'-t_1')+\frac{u}{c^2}(x_2'-x_1')}{\sqrt{1-\beta^2}}=\frac{\frac{l_0}{v}+\frac{ul_0}{c^2}}{\sqrt{1-\beta^2}}=\left(\frac{1}{v}+\frac{u}{c^2}\right)\frac{l_0}{\sqrt{1-\beta^2}}$$

本题当然也可利用长度收缩和速度变化来求解. 在 S 惯性系中观察，飞行舱长度为 $l=l_0\sqrt{1-\beta^2}$，粒子的速度为 $v_x=\dfrac{v+u}{1+\dfrac{uv}{c^2}}$，粒子相对于飞行舱的速度为 v_x-u，则 $t_2-t_1=\dfrac{l}{v_x-u}$，结果和上面相同.（参见金烨 2001 年发表在《渝州大学学报》上的论文《应用狭义相对论速度变换法则应注意的问题》）

［**例题 4-2**］　假定一个粒子在 S' 系的 $x'Oy'$ 平面内以 $\dfrac{c}{2}$ 的恒定速度运动，$t'=0$ 时，粒子通过原点 O'，其运动方向与 x' 轴成 60°角. 如果 S' 系相对于 S 系沿 x 轴方向运动的速度为 $0.6c$，试求由 S 系所确定的粒子的运动方程.

要点与分析：本题测试的是狭义相对论的洛伦兹时空坐标变换公式.

解：在 S' 系中，有

$$x'=\frac{c}{2}\cos60°t',\ y'=\frac{c}{2}\sin60°t'$$

根据洛伦兹正变换

$$x'=\frac{x-ut}{\sqrt{1-\beta^2}},\ y'=y,\ z'=z,\ t'=\frac{t-\dfrac{u}{c^2}x}{\sqrt{1-\beta^2}}$$

有

$$x'=\frac{x-ut}{\sqrt{1-\beta^2}}=\frac{c}{2}\cos60°\frac{t-\dfrac{u}{c^2}x}{\sqrt{1-\beta^2}},\ x=\frac{17}{23}ct$$

$$y'=y=\frac{c}{2}\sin60°\frac{t-\dfrac{u}{c^2}x}{\sqrt{1-\beta^2}},\ y=\frac{4\sqrt{3}}{23}ct$$

由 S 系所确定的粒子的运动方程为

$$\begin{cases}x=\dfrac{17}{23}ct\\[2ex] y=\dfrac{4\sqrt{3}}{23}ct\end{cases}$$

［**例题 4-3**］　飞船 A 以 $0.8c$ 的速度相对于地球向正东飞行，飞船 B 以 $0.6c$ 的速度相对于地球向正西方向飞行，当两飞船即将相遇时 A 飞船在自己的天窗处相隔 2 s 发射了两颗信号弹，在 B 飞船的观测者测得两颗信号弹相隔的时间间隔是多少？

要点与分析：本题测试的是狭义相对论的速度变换公式和时间膨胀效应.

解：取 B 为 S 系，地球为 S' 系，自西向东为 $x(x')$ 轴正向，则 A 对 S' 系的速度 $v_x'=0.8c$，S' 系对 S 系的速度为 $u=0.6c$，则 A 对 S 系（B 船）的速度为

$$v_x=\frac{v_x'+u}{1+\dfrac{uv_x'}{c^2}}=\frac{0.8c+0.6c}{1+0.48}\approx0.946c$$

发射弹是从 A 的同一点发出的，其时间间隔为固有时 $\Delta t'=2$ s，所以 B 中测得的时间间隔为

$$\Delta t=\frac{\Delta t'}{\sqrt{1-\frac{v_x^{\ 2}}{c^2}}}=\frac{2}{\sqrt{1-0.946^2}}\ \text{s}=6.17\ \text{s}$$

[例题 4-4] (1) 如果把电子由静止加速到速率为 0.1 c,需对它做多少功?(2) 如果将电子由速率为 0.8 c 加速到 0.9 c,又需做多少功?

要点与分析:本题测试的是动力学的相对论效应.

解:(1) 对电子做的功等于电子动能的增量,得

$$\Delta E_k=E_k=mc^2-m_0c^2=m_0c^2(\gamma-1)=m_0c^2\left(\frac{1}{\sqrt{1-\frac{v^2}{c^2}}}-1\right)$$

$$=9.1\times10^{-31}\times(3\times10^8)^2\left(\frac{1}{\sqrt{1-0.1^2}}-1\right)\ \text{J}$$

$$=4.12\times10^{-16}\ \text{J}=2.57\times10^3\ \text{eV}$$

(2)
$$\Delta E_k'=E_{k2}-E_{k1}=(m_2c^2-m_0c^2)-(m_1c^2-m_0c^2)$$

$$=m_2c^2-m_1c^2=m_0c^2\left(\frac{1}{\sqrt{1-\frac{v_2^{\ 2}}{c^2}}}-\frac{1}{\sqrt{1-\frac{v_1^{\ 2}}{c^2}}}\right)$$

$$=9.1\times10^{-31}\times3^2\times10^{16}\left(\frac{1}{\sqrt{1-0.9^2}}-\frac{1}{\sqrt{1-0.8^2}}\right)\ \text{J}$$

$$=5.14\times10^{-14}\ \text{J}=3.21\times10^5\ \text{eV}$$

自测练习4

(一) 选择题

1. 在狭义相对论中,下列说法正确的是 [ ]

(1) 一切运动物体相对于观察者的速率都不能大于真空中的光速

(2) 质量、长度、时间的测量结果都是随物体与观察者的相对运动状态而改变的

(3) 在一惯性系中发生于同一时刻、不同地点的两个事件在其他一切惯性系中也是同时发生的

(4) 惯性系中的观察者观察一个与他做匀速相对运动的时钟时,会看到该时钟比与他相对静止的相同的时钟走得慢些

(A) (1)、(3)、(4)　(B) (1)、(2)、(4)　(C) (1)、(2)、(3)　(D) (2)、(3)、(4)

2. 下列各量中对所有惯性系中的观察者均相同的是 [ ]

(A) 物体的长度　(B) 物体的速度大小　(C) 时间间隔　(D) 真空中光的速度大小

3. 下列关于同时性的结论正确的是 [ ]

(A) 在一惯性系同时发生的两个事件,在另一惯性系一定不同时发生

(B) 在一惯性系不同地点同时发生的两个事件,在另一惯性系一定同时发生

(C) 在一惯性系同一地点同时发生的两个事件，在另一惯性系一定同时发生

(D) 在一惯性系不同地点不同时发生的两个事件，在另一惯性系一定不同时发生

4. 若一宇航员要到离地球为 5 光年的星球去旅行，宇航员希望把路程缩短为 3 光年，则他所乘的火箭相对于地球的速度大小为(c 为真空中的光速)　[　　]

(A) $v=\frac{1}{2}c$　　(B) $v=\frac{3}{5}c$

(C) $v=\frac{4}{5}c$　　(D) $v=\frac{9}{10}c$

5. 浩浩长江上，总长 8 206 m 的苏通大桥连接着苏州与南通这两座古城. 如果在 10 000 m 高空有一架与大桥平行匀速飞行的客机，那么客机上的乘客小明测得的大桥长度为　[　　]

(A) 等于 8 206 m　　(B) 小于 8 206 m

(C) 大于 8 206 m　　(D) 飞机飞行得越快，大桥将变得越长

6. 边长为 a 的正方形薄板静止于惯性系 S 的 xOy 平面内，且两边分别与 x、y 轴平行. 今有惯性系 S' 以 $0.8c$(c 为真空中的光速)的速率相对于 S 系沿 x 轴做匀速直线运动，则从 S' 系测得薄板的面积为　[　　]

(A) $0.6a^2$　　(B) $0.8a^2$　　(C) a^2　　(D) $\frac{a^2}{0.6}$

7. 电子的静止能量 $m_0c^2=0.51$ MeV(c 为真空中的光速). 根据相对论动力学，动能为 0.255 MeV 的电子，其运动速度大小为　[　　]

(A) $\frac{1}{10}c$　　(B) $\frac{1}{2}c$　　(C) $\frac{\sqrt{5}}{3}c$　　(D) $\frac{17}{20}c$

8. 设某微观粒子的总能量是它的静止能量的 K 倍，则其运动速度的大小为(c 为真空中的光速)　[　　]

(A) $\frac{c}{K-1}$　　(B) $\frac{c}{K}\sqrt{1-K^2}$

(C) $\frac{c}{K}\sqrt{K^2-1}$　　(D) $\frac{c}{K+1}\sqrt{K(K+2)}$

9. 质子在加速器中被加速，当其动能为静止能量的 4 倍时，其质量为静止质量的　[　　]

(A) 4 倍　　(B) 5 倍　　(C) 6 倍　　(D) 8 倍

10. 把一个静止质量为 m_0 的粒子，由静止加速到 $v=0.6c$ (c 为真空中的光速)，需做的功等于　[　　]

(A) $0.18m_0c^2$　　(B) $0.25\ m_0c^2$　　(C) $0.36m_0c^2$　　(D) $1.25\ m_0c^2$

(二) 填空题

1. 经典力学中认为空间和时间是________的，而相对论认为空间和时间是________的.

2. 已知惯性系 S' 系相对于惯性系 S 系以 $0.5c$ 的匀速率沿 x 轴的负方向运动. 若从 S' 系的坐标原点 O' 沿 x 轴正方向发出一光波，则 S 系中测得此光波在真空中的速率为________.

3. 一列高速火车以速度 u 驶过车站时，固定在站台上的两只机械手在车厢上同时划出两个痕迹，静止在站台上的观察者同时测出两痕迹之间的距离为 1 m，则车厢上的观察者测出这两个痕迹之间的距离为________ m.

4. 静止时边长为 50 cm 的立方体，当它沿着与它的一个棱边平行的方向相对于地面以匀速率 $2.4\times10^{8}\ \mathrm{m\cdot s^{-1}}$ 运动时，在地面上测得它的体积为________ $\mathrm{m^3}$.

5. π^{+} 介子是不稳定的粒子，在它自己的参照系中测得平均寿命为 2.6×10^{-8} s，如果它相对于实验室以 $0.6c$(c 为真空中的光速)的速率运动，那么实验室坐标系中测得的 π^{+} 介子的寿命为________ s.

6. 某人测得一静止棒长为 l、质量为 m，于是求得此棒的线密度 $\lambda=\dfrac{m}{l}$，假定此棒以匀速率 v 在棒长方向运动，此人再测得棒的线密度 $\lambda'=$________；若棒在垂直于长度的方向上运动，此人测得棒的线密度 $\lambda''=$________.

7. 观察者乙以 $0.6c$(c 为真空中的光速)相对于静止的观察者甲运动，并携带一质量为 1 kg 的物体，则

(1) 甲测得该物体的质量为________ kg；

(2) 乙测得该物体的总能量为________ J；

(3) 甲观测到该物体的总能量为________ J.

8. 已知一静止质量为 m_0 的粒子，其固有寿命为实验室测量到的寿命的 $\dfrac{1}{n}$，则此粒子的动能是________.

9. 匀质细棒静止时的质量为 m_0、长度为 l_0，当它沿棒长方向做高速的匀速直线运动时，测得它的长为 l，则该棒的运动速度大小 $v=$________，该棒所具有的动能 $E_{\mathrm{k}}=$________.

10. 当粒子的动能等于它的静止能量时，它的运动速度大小为________.

(三) 计算题

1. 一艘宇宙飞船的船身固有长度为 $L_0=90$ m，相对于地面以 $v=0.8c$ (c 为真空中的光速)的匀速度在地面观测站的上空飞过.

(1) 观测站测得飞船的船身通过观测站的时间间隔是多少?

(2) 宇航员测得船身通过观测站的时间间隔是多少?

2. 假定在实验室中测得静止在实验室中的 μ^{+} 子(不稳定的粒子)的寿命为 2.2×10^{-6} s，而当它相对于实验室运动时在实验室中测得它的寿命为 1.63×10^{-5} s. 试问：这两个测量结果符合相对论的什么结论? μ^{+} 子相对于实验室的速度是真空中光速 c 的多少倍?

3. 在惯性系 S 中，有两事件发生于同一地点，且第二事件比第一事件晚发生 $\Delta t=2\mathrm{s}$；而在另一惯性系 S' 中，观测第二事件比第一事件晚发生 $\Delta t'=3\mathrm{s}$. 那么在 S' 系中发生两事件的地点之间的距离是多少？

4. 一隧道长为 L，宽为 d，高为 h，拱顶为半圆，如图 4-3所示. 设想一列车以极高的速度 $\boldsymbol{v}$ 沿隧道长度方向通过隧道，若从列车上观测，则

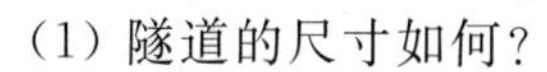
(1) 隧道的尺寸如何？

(2) 设列车的长度为 l_0，它全部通过隧道的时间是多少？

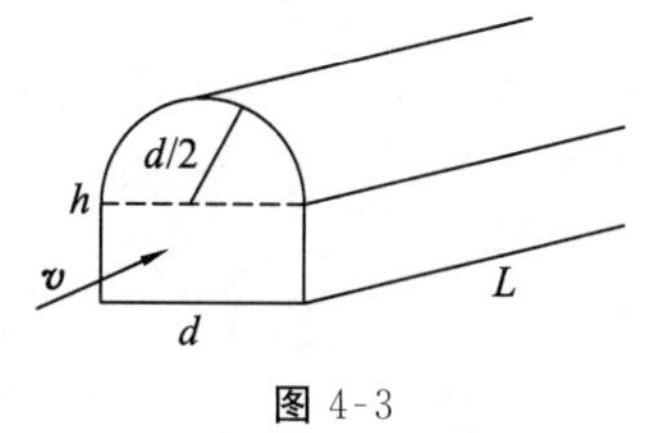

图 4-3

5. 动能为 E_k 的粒子，具有大小为 p 的动量，按相对论原理，粒子的静止能量是多少？

6. 两个静止质量都是 m_0 的小球，其中一个静止，另一个以 $v=0.8c$ 的速率运动，它们做对心碰撞后粘在一起，求碰撞后合成小球的静止质量.

（四）思考题

1. 两个惯性系 S 与 S' 坐标轴相互平行，S' 系相对于 S 系沿 x 轴做匀速运动，在 S' 系的 x' 轴上，相距为 L' 的 A'、B' 两点处各放一只已经彼此对准了的钟，试问在 S 系中的观测者看这两只钟是否也是对准了？为什么？

2. 有一以接近于光速相对于地球飞行的宇宙火箭，在地球上的观察者将观察到火箭上物体的长度缩短.有人进一步推论说，在火箭上的观察者将观察到固定在地球上物体的长度伸长.他的根据是这样的：在地球上设立坐标系 S，物体在 S 系的坐标是 x_2 与 x_1，在宇宙火箭上设立坐标系 S'，则同一物体在 S' 系的坐标是 $x_2{}'$ 与 $x_1{}'$，根据洛伦兹变换 $x'=\dfrac{x-ut}{\sqrt{1-\beta^2}}$，可得

$$x_2{}'-x_1{}'=\frac{x_2-ut}{\sqrt{1-\beta^2}}-\frac{x_1-ut}{\sqrt{1-\beta^2}}=\frac{x_2-x_1}{\sqrt{1-\beta^2}}$$

也就是说，宇宙火箭上的观察者量得的固定于地球上物体的长度将大于地球上的观察者所量得的长度，物体的长度增长了.这个推论对不对？为什么？

3. 相对论指出同时性是相对的，时间间隔也是相对的，在一个惯性系中观测事件 A 的发生先于 B，在另一惯性系中测得的可能是 B 先于 A.这样看来事件的先后次序是不是完全没有客观意义？完全是相对的呢？

第 5 章　机械振动

在中学里，机械振动部分主要以弹簧振子和单摆为例讨论了做简谐运动的物体位移随时间变化的正弦规律，引入了描述简谐运动的物理量，得到了力与位移之间的关系、简谐运动与单位圆的关系，并对简谐运动的能量以及外力作用下的振动做了定性分析. 在大学物理中，将进一步强调简谐运动的动力学特征和运动学特征之间的联系，给出位移随时间变化的微分形式，突出旋转矢量法在研究简谐运动中的重要性，并对能量以及外力作用下的振动给出定量的分析，特别是增加了对简谐运动合成问题的讨论，有助于读者更好地理解自然界更为复杂的振动问题.

一、基本要求

1. 理解简谐运动的概念和特征，理解振动曲线，掌握旋转矢量法，掌握利用初始条件求简谐运动的运动方程的方法.

2. 理解简谐运动的动力学特征，能根据条件建立一维运动微分方程，判定简谐运动，并求出其周期.

3. 掌握简谐运动的能量特征.

4. 了解阻尼振动和受迫振动的基本特征，了解共振的应用及避免共振的方法.

5. 掌握用解析法、旋转矢量法求解同方向、同频率的简谐运动的合成问题.

6. 了解同频率的两个相互垂直振动合成的规律和李萨如图形的形成.

二、内容提要与重点提示

1. 简谐运动的定义及其判断方法.

(1) 简谐运动的定义.

一个做来回往复运动的质点，若其偏离平衡位置的位移随时间的变化规律满足余弦(或正弦)函数关系，则该质点做的是简谐运动.

其运动方程为

$$x=A\cos(\omega t+\varphi)$$

(2) 简谐运动的特征.

① 动力学特征. 质点所受的合外力的大小与质点偏离平衡位置的位移的大小成正比，方向与位移的方向相反，则该质点做简谐运动.

$$F=-kx$$

② 运动学特征.

a. 质点的位移对时间的关系具有二阶齐次线性常微分方程的形式,则该质点做简谐运动.

$$\frac{d^2x}{dt^2}+\omega^2x=0$$

b. 质点偏离平衡位置的位移随时间的变化规律满足余弦(或正弦)函数关系,则该质点做简谐运动.

$$x=A\cos(\omega t+\varphi)$$

上述几种特征中的任意一个都是判断一个物体是否做简谐运动的依据. 它们只是形式不同,物理实质是一致的. 分析它们之间的关系,可以发现从动力学角度分析,质点所受的合外力满足 $f=-kx$ 的关系式,是质点做简谐运动的原因;将牛顿第二定律 $f=ma=m\frac{d^2x}{dt^2}$代入 $f=-kx$,并定义 $\omega^2=\frac{k}{m}$,可以得到简谐运动的动力学方程$\frac{d^2x}{dt^2}+\omega^2x=0$;解这个方程可以得到 $x=A\cos(\omega t+\varphi)$,此即简谐运动的运动学方程. 解题中,具体使用何种判断方法,应根据具体问题具体分析,哪一种方法简单方便就选择哪一种.

2. 描述简谐运动的三个基本物理量.

(1) 振幅 A:质点做简谐运动时,质点偏离平衡位置的最大位移的绝对值称为振幅. 它决定于系统的能量,有 $A=|x_{\max}|$.

(2) 角频率 ω(周期 T,频率 ν):系统在 2π s 内完成的完全振动的次数,称为角频率. 角频率由振动系统决定. 例如,弹簧振子 $\omega=\sqrt{\frac{k}{m}}$,单摆 $\omega=\sqrt{\frac{g}{l}}$,复摆 $\omega=\sqrt{\frac{mgh}{J}}$;$\omega=2\pi\nu=\frac{2\pi}{T}$.

(3) 相位和初相位:确定系统任意时刻振动状态的物理量$(\omega t+\varphi)$. 其中 φ 称为初相位. 振幅 A 和初相位 φ 由初始条件确定.

若 $t=0$ 时,$x=x_0$,$v=v_0$,则 $A=\sqrt{{x_0}^2+\frac{{v_0}^2}{\omega^2}}$,$\varphi=\arctan\left(-\frac{v_0}{\omega x_0}\right)$. 注意:在$0\sim2\pi$ 范围内,φ 有两个取值,到底取哪一个,应根据初始速度的方向加以确定.

3. 简谐运动的描述.

(1) 数学描述.

位移 $$x=A\cos(\omega t+\varphi)$$

速度 $$v=\frac{dx}{dt}=-A\omega\sin(\omega t+\varphi)=A\omega\cos\left(\omega t+\varphi+\frac{\pi}{2}\right)$$

$$v_{\max}=A\omega$$

加速度 $$a=\frac{d^2x}{dt^2}=-A\omega^2\cos(\omega t+\varphi)=A\omega^2\cos(\omega t+\varphi\pm\pi)$$

$$a_{\max}=A\omega^2$$

由此可见:速度的相位比位移超前$\frac{\pi}{2}$,加速度的相位比速度超前$\frac{\pi}{2}$,比位移的相位超前(或落后)π(反相).

(2) 曲线描述.

振动曲线即 x-t 图如图 5-1(a)所示.速度曲线即 v-t 图如图 5-1(b)所示.加速度曲线即 a-t 图如图 5-1(c)所示.

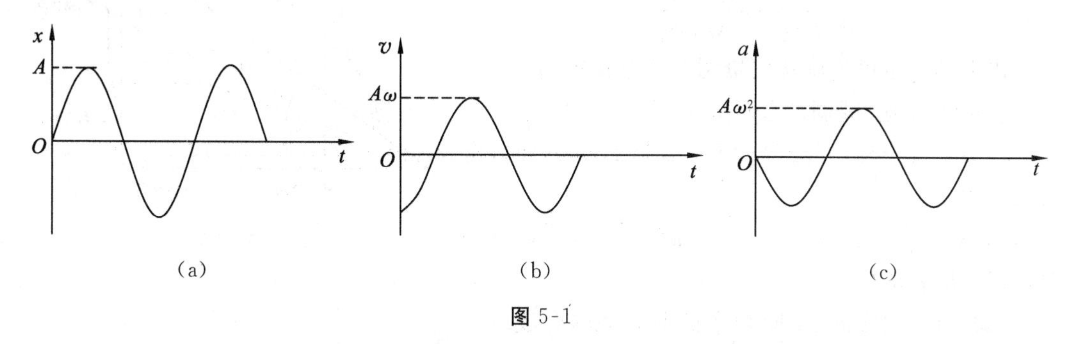

图 5-1

(3) 几何描述——旋转矢量法.

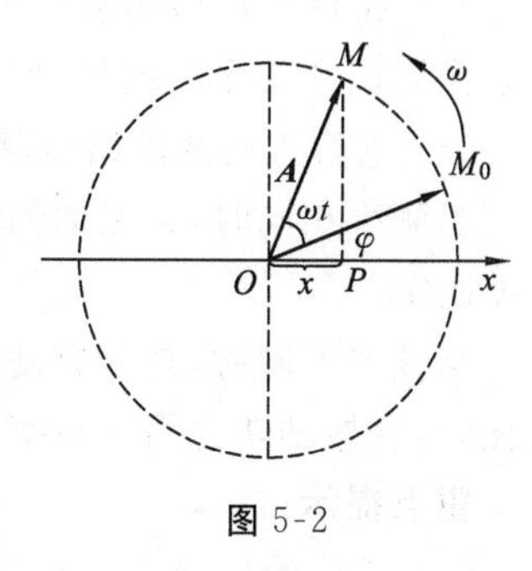

图 5-2

如图 5-2 所示,以简谐运动的振幅 A 为矢量的模,以角频率 ω 为角速度,做逆时针匀速圆周运动,并以 $t=0$ 时与 x 轴的夹角为简谐运动的初相位 φ.简谐运动的位移可以看做这一矢量的矢端在 x 轴上的投影点的运动,其位移 $x=A\cos(\omega t+\varphi)$.

4. 简谐运动的能量.

以弹簧振子为例,有

动能　$E_k=\frac{1}{2}mv^2=\frac{1}{2}mA^2\omega^2\sin^2(\omega t+\varphi)$

势能　$E_p=\frac{1}{2}kx^2=\frac{1}{2}mA^2\omega^2\cos^2(\omega t+\varphi)$

总的机械能　$E=E_k+E_p=\frac{1}{2}mv^2+\frac{1}{2}kx^2=\frac{1}{2}kA^2=\frac{1}{2}mA^2\omega^2$

由此可见,在振动时动能和势能呈周期性交替变化,但是总的机械能守恒.

5. 阻尼振动和受迫振动.

(1) 阻尼振动:在实际的物体振动中,往往不可避免地要受到阻力的作用,我们把振幅随时间不断衰减的振动叫做阻尼振动.

(2) 受迫振动:系统在周期性外力的持续作用下发生的振动,称为受迫振动.

当驱动力的角频率接近或等于系统的固有角频率时,物体的振动幅度会达到极大值,我们称之为共振现象.

6. 简谐运动的合成.

(1) 两个同方向、同频率简谐运动的合成.

若一质点同时参与以下两个同方向、同频率的分振动:

$$x_1=A_1\cos(\omega t+\varphi_1)$$
$$x_2=A_2\cos(\omega t+\varphi_2)$$

则合振动仍然是一个简谐运动. 合振动的运动方程为 $x=A\cos(\omega t+\varphi)$,其中

$$A=\sqrt{A_1{}^2+A_2{}^2+2A_1A_2\cos(\varphi_2-\varphi_1)}$$

$$\varphi=\arctan\frac{A_1\sin\varphi_1+A_2\sin\varphi_2}{A_1\cos\varphi_1+A_2\cos\varphi_2}$$

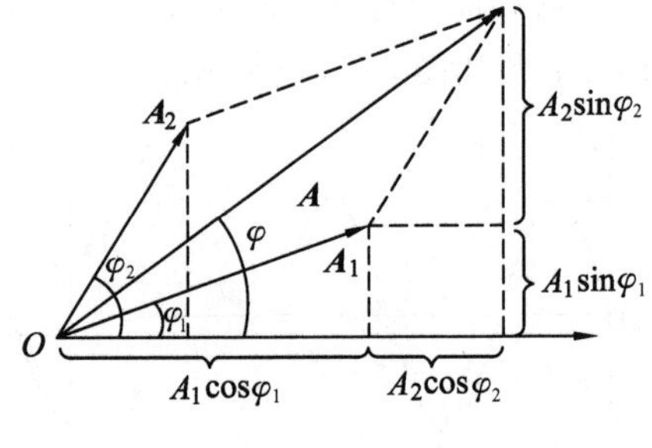

图 5-3

以上结果也可由旋转矢量图 5-3 直接得出.

合振动加强、减弱的条件是:

当 $\Delta\varphi=\varphi_2-\varphi_1=\pm 2k\pi(k=0,1,2,3,\cdots)$时,合振动加强;

当 $\Delta\varphi=\varphi_2-\varphi_1=\pm(2k+1)\pi(k=0,1,2,3,\cdots)$ 时,合振动减弱.

(2) 两个同方向、不同频率简谐运动的合成.

只讨论两个简谐运动的频率都比较大,但频率之差很小的情况. 这时会出现合振幅随时间作周期性变化的现象,称为“拍”. 合振幅变化的频率称为拍频,有 $\nu=|\nu_2-\nu_1|$.

(3) 垂直方向两简谐运动的合成.

当频率相同时,合振动的轨迹可以为一直线、圆或椭圆. 其具体形状由分振幅和初相位差决定.

当频率不同时,其合振动轨迹一般不能形成稳定图案. 但是当两个分振动的频率成整数比时,合振动轨迹为一封闭的稳定曲线,其形成的图形称为李萨如图形.

重点提示:

(1) 相位的物理意义及其理解.

(2) 如何用旋转矢量法表示简谐运动.

(3) 用三角函数法和旋转矢量法求初相位.

(4) 简谐运动的运动方程的求解.

(5) 两个同方向、同频率简谐运动合成时振幅和初相位的计算,同相和反相的问题.

三、疑难分析与问题讨论

1. 简谐运动的判定.

振动系统的运动很复杂,最简单、最基本的振动就是简谐运动,其他复杂的振动可以由若干个简谐运动合成. 对机械简谐运动的一般性判定,从定义出发要有下面几个基本点: 一是有平衡位置;二是受到的合力是回复力,且方向始终指向平衡位置;三是位移是按正弦或余弦规律作周期性变化.

另外,广义地说,如果某一物理量(例如,角度、电荷量、电流、场强、温度等,可用符号 ξ 表示)随时间的变化关系满足 $\xi=\xi_0\cos(\omega t+\varphi)$ 或 $\frac{d^2\xi}{dt^2}+\omega^2\xi=0$,则该物理量随时间的变化过程也称为简谐运动(广义简谐运动的定义). 尽管它们的物理实质不同,但在数学描写上是完全相同的.

[**问题 5-1**] 分析以下几种运动是不是简谐运动?

(1) 小球在地面上做完全弹性的上下跳动.

（2）悬挂一重物的弹簧放置在斜面上，将重物从静止位置拉开一定距离（在弹性限度内），然后放手任其运动.

要点与分析：本题测试的是对简谐运动定义的掌握.

答：（1）不是简谐运动. 如果只从位移来看，小球与地面发生的是完全弹性碰撞，每次弹回的高度都相同，而且是上下来回的运动，似乎应该是简谐运动.

但是若从受力分析就会发现，小球在运动过程中始终受到重力的作用，并且只在与地面碰撞的瞬间受到地面的冲击力，在空中找不到其平衡位置，所受力也不是与位移成正比而方向相反的回复力，不符合简谐运动的特征.

（2）是简谐运动. 垂直悬挂的弹簧振子可做简谐运动，物体受到弹力和重力的作用，平衡位置处弹力和重力的大小相等（弹簧有一伸长量），物体在这一位置附近做振动.

如果将此装置放在斜面上，则重力沿斜面的分力作用在物体上，弹簧伸长，平衡位置处弹力和重力的分量大小相等（弹簧也有一伸长量），物体仍做简谐运动. 由于系统中弹簧的劲度系数与物体的质量均没有改变，因此振动频率仍保持不变.

2. 简谐运动的相位和初相位.

相位 $(\omega t+\varphi)$ 是反映系统在任一时刻 t 的振动状态的重要物理量. 若相位已知，则振动物体的位移、速度和加速度也就确定了. 这样，做简谐运动物体的振动状态也就确定了. 因此用相位一个物理量表示简谐运动比用位移、速度和加速度三个物理量表示更为方便. 另外，相位也反映了简谐运动时间上的周期性，振动经历一个周期，相位变化 2π.

初相位 φ 是反映 $t=0$ 时刻系统振动状态的物理量. 注意：$t=0$ 的时刻不一定是系统开始振动的时刻，它是开始计时的时刻.

若由振动曲线判定振动的初相位，应根据质点的位移、运动趋势，或者速度的大小和方向来判定. 这一类问题在例题选解中有详细的讨论.

[问题 5-2]　质量为 50 g 的物体悬于轻质弹簧的下端，把物体从平衡位置向下拉 5 cm，然后放手，若弹簧的劲度系数为 $1.0\ \mathrm{N\cdot m^{-1}}$，求物体经过一个周期的运动，物体位置的变化与对应的相位.

答：以物体平衡位置为原点，向下为 x 轴的正向，释放物体时计时，则 $t=0$ 时，$x_0=0.05\ \mathrm{m}$，$v_0=0$，则 $A=\sqrt{{x_0}^2+\left(\frac{v_0}{\omega}\right)^2}=x_0$，放手处即为物体振动的最下处，且初相位 $\varphi=\arctan\left(-\frac{v_0}{\omega x_0}\right)=0$. 物体从最下处回到平衡位置、最上处、平衡位置、最下处，相位的变化是 0、$\frac{\pi}{2}$、π、$\frac{3\pi}{2}$、2π.

四、解题示例

[例题 5-1]　两个质点各自做简谐运动，它们的振幅相同、周期相同. 第一个质点的运动方程为 $x_1=A\cos(\omega t+\alpha)$. 当第一个质点从相对于其平衡位置的正位移处回到平衡位置时，第二个质点正在正位移处，则第二个质点的运动方程为

(A) $x_2=A\cos\left(\omega t+\alpha+\frac{\pi}{2}\right)$　　(B) $x_2=A\cos\left(\omega t+\alpha-\frac{\pi}{2}\right)$

(C) $x_2=A\cos\left(\omega t+\alpha-\dfrac{3\pi}{2}\right)$ (D) $x_2=A\cos(\omega t+\alpha+\pi)$

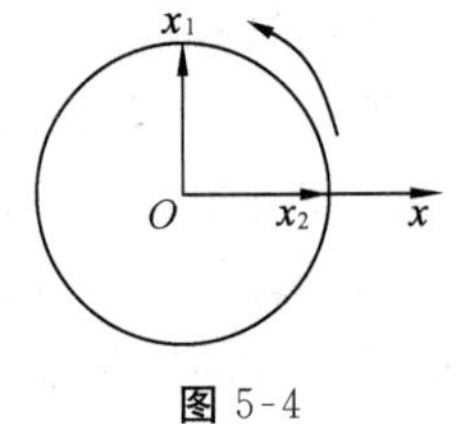

图 5-4

解:可从旋转矢量图 5-4 中找到两个质点的相位关系,第二个质点的相位比第一个质点的相位落后$\dfrac{\pi}{2}$,答案为(B).

[例题 5-2] 一沿 x 轴做简谐运动的弹簧振子,振幅为 A,振动周期为 T. 求振子的初始状态分别为以下情况时的初相位.

(1) $x_0=A$;

(2) 过平衡位置且向 x 轴负方向运动;

(3) $x_0=\dfrac{A}{2}$且向 x 轴正方向运动;

(4) $x_0=-\dfrac{A}{\sqrt{2}}$且向 x 轴正方向运动.

解法一:解析法.

利用 $\cos\varphi=\dfrac{x_0}{A}$,$\sin\varphi=-\dfrac{v_0}{A\omega}$求 φ;或 $\varphi=\arctan\left(-\dfrac{v_0}{\omega x_0}\right)$求 φ.

(1) 初始状态为 $x_0=A$,$v_0=0$,所以有

$$\cos\varphi=\frac{x_0}{A}=1,\ \varphi=0$$

(2) 初始状态为 $x_0=0$,$v_0<0$,所以有

$$\cos\varphi=\frac{x_0}{A}=0,\ \varphi=\pm\frac{\pi}{2};\ \sin\varphi=-\frac{v_0}{A\omega}>0,\ \varphi=\frac{\pi}{2}$$

(3) 初始状态为 $x_0=\dfrac{A}{2}$,$v_0>0$,所以有

$$\cos\varphi=\frac{x_0}{A}=\frac{1}{2},\ \varphi=\pm\frac{\pi}{3};\ \sin\varphi=-\frac{v_0}{A\omega}<0,\ \varphi=-\frac{\pi}{3}$$

(4) 初始状态为 $x_0=-\dfrac{A}{\sqrt{2}}=-\dfrac{\sqrt{2}}{2}A$,$v_0>0$,所以有

$$\cos\varphi=\frac{x_0}{A}=-\frac{\sqrt{2}}{2},\ \varphi=\pm\frac{3\pi}{4};\ \sin\varphi=-\frac{v_0}{A\omega}<0,\ \varphi=-\frac{3\pi}{4}$$

解法二:旋转矢量法求 φ.

分别画出四种初始状态所对应的旋转矢量图,如图 5-5 所示,根据旋转矢量图可得.

(1) $\varphi=0$,旋转矢量的投影在正的最大值,只有一个矢量方向.

(2) $\varphi=\dfrac{\pi}{2}$,投影在平衡位置的矢量有两个,但向 x 轴负方向运动的矢量只有 $\varphi=\dfrac{\pi}{2}$矢量.

(3) $\varphi=-\dfrac{\pi}{3}$.

(4) $\varphi=-\dfrac{3\pi}{4}$.

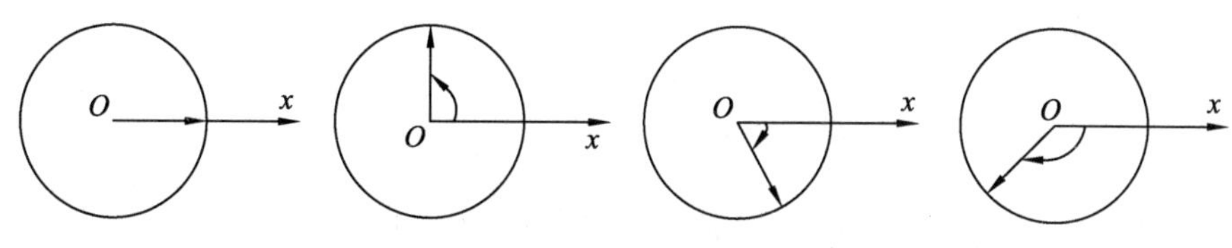

图 5-5

［**例题 5-3**］　一轻质弹簧在 60 N 的拉力下伸长 30 cm. 现把质量为 4 kg 的物体悬挂在该弹簧的下端并使之静止，再把物体向下拉 10 cm，然后由静止释放并开始计时. 求：

（1）物体的运动方程；

（2）物体在平衡位置上方 5 cm 时弹簧对物体的拉力；

（3）物体从第一次越过平衡位置时刻起到它运动到上方 5 cm 处所需要的最短时间.

解：

$$k=\frac{f}{x}=200\ \mathrm{N\cdot m^{-1}}$$

$$\omega=\sqrt{\frac{k}{m}}\approx 7.07\ \mathrm{rad\cdot s^{-1}}$$

（1）选平衡位置为原点，x 轴指向下方，如图 5-6 所示，$t=0$ 时，$x_0=A\cos\varphi, v_0=0=-A\omega\sin\varphi$.

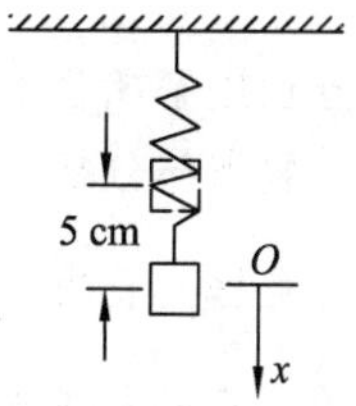

图 5-6

解以上二式得 $A=10\ \mathrm{cm}, \varphi=0$.

故运动方程 $x=0.1\cos(7.07t)$ (SI).

（2）物体在平衡位置上方 5 cm 时，弹簧对物体的拉力为

$$f=m(g-a)，而\ a=-\omega^2 x=2.5\ \mathrm{m\cdot s^{-2}}$$

故　　$f=4\times(9.8-2.5)\ \mathrm{N}=29.2\ \mathrm{N}$

（3）设 t_1 时刻物体在平衡位置，此时 $x=0$，即

$$0=A\cos\omega t_1\ 或\ \cos\omega t_1=0$$

因为此时物体向上运动，$v<0$，故

$$\omega t_1=\frac{\pi}{2},\ t_1=\frac{\pi}{2\omega}\approx 0.222\ \mathrm{s}$$

再设 t_2 时物体在平衡位置上方 5 cm 处，此时 $x=-5\ \mathrm{cm}$，即

$$-5=A\cos\omega t_2,\ \cos\omega t_2=-\frac{1}{2}$$

因为 $v<0$，$\omega t_2=\frac{2\pi}{3}$，有

$$t_2=\frac{2\pi}{3\omega}\approx 0.296\ \mathrm{s}$$

则　　$\Delta t=t_1-t_2=(0.296-0.222)\ \mathrm{s}=0.074\ \mathrm{s}$

［**例题 5-4**］　一弹簧振子沿 x 轴做简谐运动（弹簧为原长时振动物体的位置取为 x 轴原点）. 已知振动物体最大位移为 $x_m=0.4\ \mathrm{m}$，最大回复力为 $F_m=0.8\ \mathrm{N}$，最大速度为 $v_m=0.8\pi\ \mathrm{m\cdot s^{-1}}$，又知 $t=0$ 时的初位移为 $+0.2\ \mathrm{m}$，且初速度与所选 x 轴方向相反.

（1）求振动能量；

（2）求此运动方程.

解：(1) 由题意

$$F_m = kA,\ A = x_m,\ k = \frac{F_m}{x_m}.$$

$$E = \frac{1}{2}kx_m^2 = \frac{1}{2}F_m x_m = 0.16\ \text{J}$$

(2)
$$\omega = \frac{v_m}{A} = \frac{v_m}{x_m} = 2\pi\ \text{rad}\cdot\text{s}^{-1}$$

由 $t=0$，$x_0 = A\cos\varphi = 0.2$ m，$v_0 = -A\omega\sin\varphi < 0$，可得 $\varphi = \frac{1}{3}\pi$. 则运动方程为

$$x = 0.4\cos\left(2\pi t + \frac{1}{3}\pi\right)$$

[**例题 5-5**] 已知两个同方向、同频率的简谐运动的运动方程分别为

$$x_1 = 0.03\cos\left(10\pi t + \frac{\pi}{3}\right)\quad \text{(SI)}$$

$$x_2 = 0.04\cos\left(10\pi t + \frac{5\pi}{6}\right)\quad \text{(SI)}$$

试分别用解析法和几何法求它们的合振动.

要点与分析：(1) 解析法和旋转矢量法两种解法中，旋转矢量法很直观也很简便. 所以，应用旋转矢量法求解振动的合成必须熟练掌握. (2) 求解 φ 还可以用 $\varphi = \arctan\left(-\frac{v_0}{\omega x_0}\right)$，但必须确定 φ 在哪一象限.

解法一：解析法.

$$A = \sqrt{A_1^2 + A_2^2 + 2A_1A_2\cos\left(\frac{5\pi}{6} - \frac{\pi}{3}\right)} = 0.05\ \text{m}$$

$$\cos\varphi = \frac{A_1\cos\varphi_1 + A_2\cos\varphi_2}{A} = -0.392$$

$$\sin\varphi = \frac{A_1\sin\varphi_1 + A_2\sin\varphi_2}{A} = 0.92$$

φ 是第二象限的角，$\varphi = \pi - \arccos 0.392 = 1.97$ rad.

故运动方程为 $x = 0.05\cos(10\pi t + 1.97)$ (SI).

解法二：几何法.

画出 $t=0$ 时刻两分振动 x_1、x_2 所对应的旋转矢量图(图 5-7)，因为

$$\boldsymbol{A}_1 \perp \boldsymbol{A}_2,\ A = \sqrt{A_1^2 + A_2^2} = 0.05\ \text{m}$$

$$\theta = \arctan\frac{4}{3},\ \varphi = \frac{\pi}{3} + \arctan\frac{4}{3} = 1.97\ \text{rad}$$

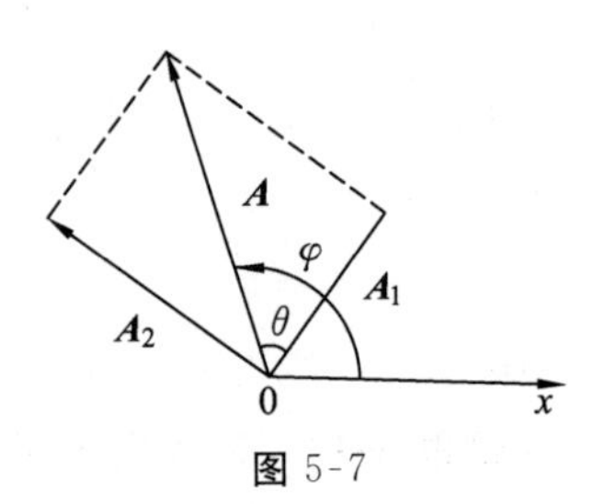

图 5-7

合运动方程为 $x = 0.05\cos(10\pi t + 1.97)$ (SI).

自测练习5

（一）选择题

1. 一物体做简谐运动，运动方程为 $x=A\cos\left(\omega t+\frac{1}{4}\pi\right)$. 在 $t=\frac{T}{4}$（T 为周期）时刻，物体的加速度大小为　　[　　]

(A) $-\frac{\sqrt{2}}{2}A\omega^2$　　(B) $\frac{\sqrt{2}}{2}A\omega^2$　　(C) $-\frac{\sqrt{3}}{2}A\omega^2$　　(D) $\frac{\sqrt{3}}{2}A\omega^2$

2. 如图 5-8 所示，一长为 l 的均匀细棒悬于通过其一端的光滑水平固定轴上，构成一复摆. 已知细棒绕通过其一端的轴的转动惯量 $J=\frac{1}{3}ml^2$，m 为细棒的质量，此摆做微小振动的周期为　　[　　]

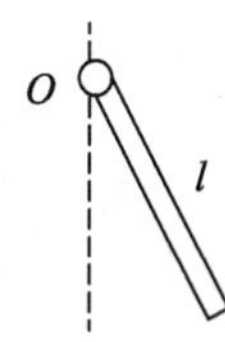

图 5-8

(A) $2\pi\sqrt{\frac{l}{g}}$　　(B) $2\pi\sqrt{\frac{l}{2g}}$　　(C) $2\pi\sqrt{\frac{2l}{3g}}$　　(D) $\pi\sqrt{\frac{l}{3g}}$

3. 把单摆摆球从平衡位置向位移正方向拉开，使摆线与竖直方向成一微小角度 θ，然后由静止放手任其振动，从放手时开始计时. 若用余弦函数表示其运动方程，则该单摆振动的初相位为　　[　　]

(A) π　　(B) $\frac{\pi}{2}$　　(C) 0　　(D) θ

4. 如图 5-9 所示，质量为 m 的物体由劲度系数为 k_1 和 k_2 的两个轻质弹簧连接，在水平光滑导轨上做微小振动，则系统的振动频率为　　[　　]

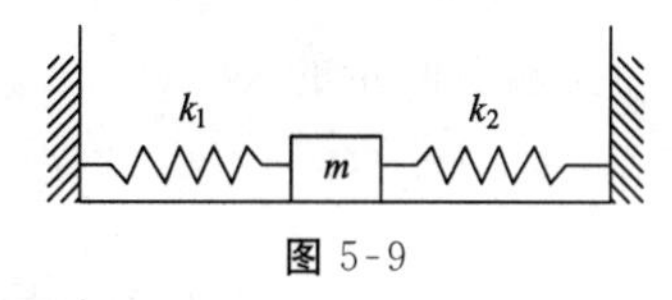

图 5-9

(A) $\nu=2\pi\sqrt{\frac{k_1+k_2}{m}}$　　(B) $\nu=\frac{1}{2\pi}\sqrt{\frac{k_1+k_2}{m}}$

(C) $\nu=\frac{1}{2\pi}\sqrt{\frac{k_1+k_2}{mk_1k_2}}$　　(D) $\nu=\frac{1}{2\pi}\sqrt{\frac{k_1k_2}{m(k_1+k_2)}}$

5. 对一个做简谐运动的物体，下列说法正确的是　　[　　]

(A) 物体处在运动正方向的端点时，速度和加速度大小都达到最大值
(B) 物体位于平衡位置且向负方向运动时，速度和加速度都为零
(C) 物体位于平衡位置且向正方向运动时，速度值最大，加速度值为零
(D) 物体处在负方向的端点时，速度值最大，加速度值为零

6. 一简谐运动曲线如图 5-10 所示，则振动周期为　　[　　]

(A) 2.62 s　　(B) 2.40 s　　(C) 2.20 s　　(D) 2.00 s

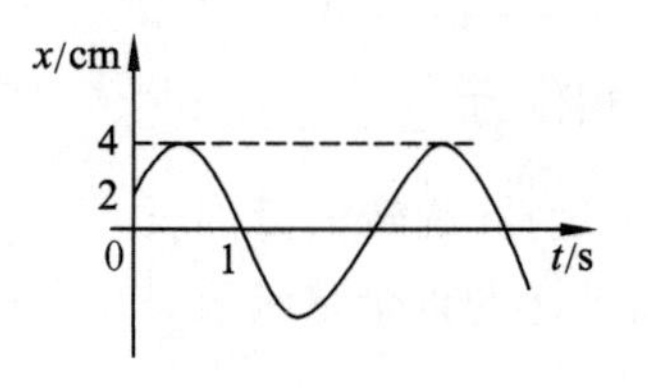

图 5-10

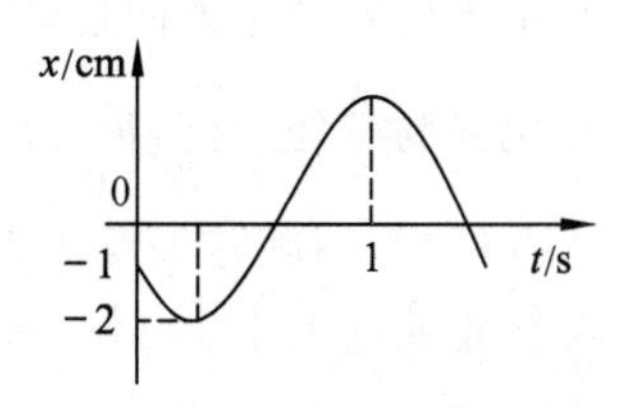

图 5-11

7. 已知某简谐运动的振动曲线如图 5-11 所示,位移的单位为 cm,时间单位为 s. 则此简谐运动的运动方程为 [ ]

(A) $x=2\cos\left(\frac{2}{3}\pi t+\frac{2}{3}\pi\right)$ (B) $x=2\cos\left(\frac{2}{3}\pi t-\frac{2}{3}\pi\right)$

(C) $x=2\cos\left(\frac{4}{3}\pi t+\frac{2}{3}\pi\right)$ (D) $x=2\cos\left(\frac{4}{3}\pi t-\frac{2}{3}\pi\right)$

8. 一质点在 x 轴上做简谐运动,振辐 $A=4$ cm,周期 $T=2$ s,取平衡位置为坐标原点. 若 $t=0$ 时刻质点第一次通过 $x=-2$ cm 处,且向 x 轴负方向运动,则质点第二次通过 $x=-2$ cm 处的时刻为 [ ]

(A) 1 s (B) $\frac{2}{3}$ s (C) $\frac{4}{3}$ s (D) 2 s

9. 一质点做简谐运动,已知振动周期为 T,则其振动动能变化的周期为 [ ]

(A) $\frac{T}{4}$ (B) $\frac{T}{2}$ (C) $4T$ (D) $2T$

10. 一弹簧振子做简谐运动,总能量为 E_1,如果简谐运动的振幅增加为原来的两倍,重物的质量增为原来的四倍,则它的总能量 E_2 变为 [ ]

(A) $\frac{E_1}{4}$ (B) $\frac{E_1}{2}$ (C) $2E_1$ (D) $4E_1$

11. 一弹簧振子做简谐运动,当其偏离平衡位置的位移的大小为振幅的$\frac{1}{4}$时,其动能为振动总能量的 [ ]

(A) $\frac{7}{16}$ (B) $\frac{9}{16}$ (C) $\frac{15}{16}$ (D) $\frac{13}{16}$

12. 图 5-12 中所画的是两个简谐运动的振动曲线. 若这两个简谐运动可叠加,合成的振动用余弦函数表示,其初相位为 [ ]

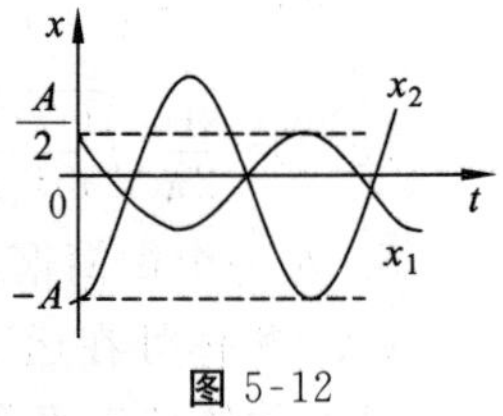

(A) $\frac{3}{2}\pi$ (B) π

(C) $\frac{1}{2}\pi$ (D) 0

图 5-12

(二) 填空题

1. 一质点沿 x 轴以 $x=0$ 为平衡位置做简谐运动,频率为 0.25 Hz. $t=0$ 时 $x=-0.4$ m,而速度等于零,则振幅为________ m,运动方程为________(SI).

2. 一弹簧振子做简谐振动,振幅为 A,周期为 T,其运动方程用余弦函数表示. 若 $t=0$ 时,

(1) 振子在负的最大位移处,则初相位为________________;

(2) 振子在平衡位置向正方向运动,则初相位为____________;

(3) 振子在位移为$\frac{A}{2}$处,且向负方向运动,则初相位为________.

3. 如图 5-13 所示,用旋转矢量法表示一个简谐运动. 旋转矢量的长度为 0.04 m,旋转角速度大小 $\omega=4\pi \text{rad}\cdot\text{s}^{-1}$. 此简谐运动以余弦函数表示的运动方程为 $x=$________(SI).

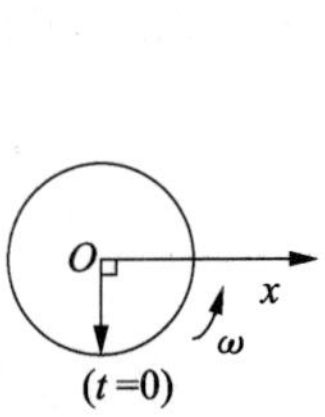

图 5-13

4. 一简谐运动的运动方程为 $x=A\cos(3t+\varphi)$，已知 $t=0$ 时的初位移为 0.06 m，初速度大小为 $0.24\ \mathrm{m\cdot s^{-1}}$，则振幅 $A=$________ m.

5. 两个弹簧振子的周期都为 0.4 s，设开始时第一个振子从平衡位置向负方向运动，经过 0.5 s 后，第二个振子才从正方向的端点开始运动，则这两个振动的相位差为________.

6. 一简谐运动的振动曲线如图 5-14 所示，则由图可确定在 $t=2$ s 时刻质点的位移为________ cm，速度为________ $\mathrm{cm\cdot s^{-1}}$.

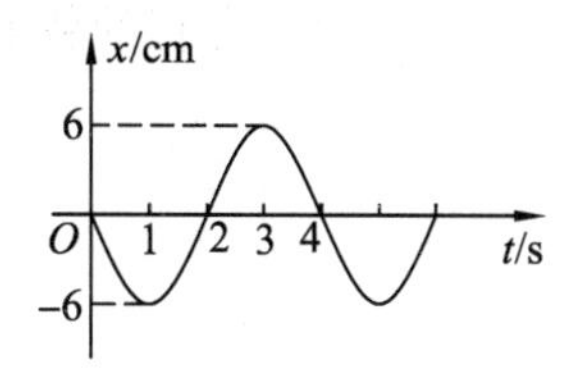

图 5-14

7. 有两相同的弹簧，其劲度系数均为 k.

(1) 把它们串联起来，下面挂一个质量为 m 的重物，此系统做简谐运动的周期为________；

(2) 把它们并联起来，下面挂一个质量为 m 的重物，此系统做简谐运动的周期为________.

8. 质量为 m 的物体和一个轻质弹簧组成弹簧振子，其固有振动周期为 T. 当它做振幅为 A 的简谐运动时，振动能量 $E=$________.

9. 一弹簧振子系统具有 1 J 的振动能量、0.1 m 的振幅和 $1\ \mathrm{m\cdot s^{-1}}$ 的最大速率，则弹簧的劲度系数为________ $\mathrm{N\cdot m^{-1}}$，振子的振动频率为________ Hz.

10. 两个同方向、同频率的简谐运动，其运动方程分别为

$$x_1=3\times10^{-2}\cos\left(\omega t+\frac{1}{3}\pi\right)\ (\mathrm{SI}),\quad x_2=4\times10^{-2}\cos\left(\omega t-\frac{1}{6}\pi\right)\ (\mathrm{SI})$$

则它们的合振幅为________ m.

11. 两个同方向、同频率的简谐运动，其振动表达式分别为

$$x_1=6\times10^{-2}\cos\left(5t+\frac{1}{2}\pi\right)\ (\mathrm{SI}),\ x_2=2\times10^{-2}\cos\left(\frac{\pi}{2}-5t\right)\ (\mathrm{SI})$$

它们合振动的振幅为____________ m，初相位为____________.

12. 图 5-15 所示为两个简谐运动的振动曲线. 若以余弦函数表示这两个振动的合成结果，则合振动的方程为 $x=x_1+x_2=$__________ (SI).

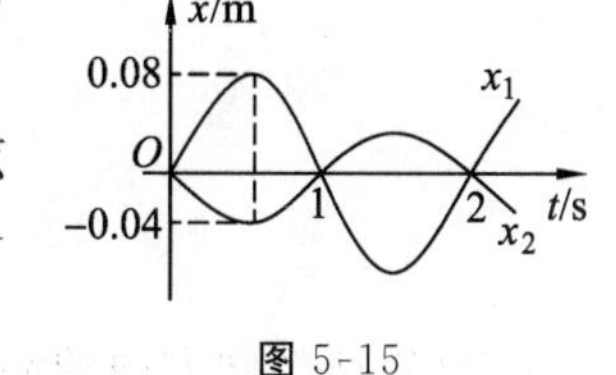

图 5-15

(三) 计算题

1. 一质量为 m 的质点在力 $F=-\pi^2 x$ 的作用下沿 x 轴运动. 求其运动的周期.

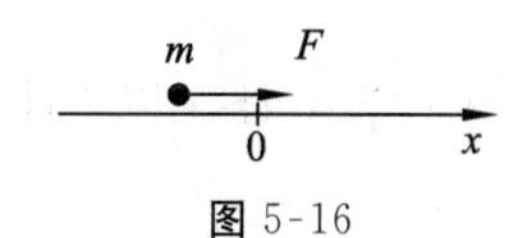

图 5-16

2. 一物体做简谐运动,其速度最大值 $v_m=3\times10^{-2}\ m\cdot s^{-1}$,其振幅 $A=2\times10^{-2}$ m. 若 $t=0$ 时,物体位于平衡位置且向 x 轴的负方向运动. 求:

(1) 振动周期 T;

(2) 加速度的最大值 a_m;

(3) 振动方程的数值式.

3. 一轻质弹簧的劲度系数为 k,其下悬一质量为 m_1 的盘子,现有一质量为 m_2 的物体从离盘 h 高度处自由下落到盘上并和盘粘在一起开始振动.

(1) 此时的振动周期和空盘子做振动时的周期有何不同?

(2) 此时的振动振幅多大?

4. 一质量 $m=0.25$ kg 的物体,在弹簧的弹力作用下沿 x 轴运动,平衡位置在原点. 弹簧的劲度系数 $k=25\ N\cdot m^{-1}$.

(1) 求振动的周期 T 和角频率 ω;

(2) 如果振幅 $A=15$ cm,$t=0$ 时物体位于 $x=7.5$ cm 处,且物体沿 x 轴反向运动,求初速 v_0 及初相位 φ;

(3) 写出振动的数值表达式.

5. 已知两个同方向的简谐运动:

$$x_1=0.05\cos\left(10t+\frac{3}{4}\pi\right),\ x_2=0.06\cos\left(10t+\frac{1}{4}\pi\right)$$

式中 x 以 m 计,t 以 s 计,求两振动的合振动的运动方程.

第6章 机械波

在中学里，机械波部分主要分析了波的形成和传播过程，给出了波传播的图像，引入了描述机械波的物理量，介绍了波的特性（包括波的反射、折射、干涉和衍射）和多普勒效应．以上内容都只限于定性分析．在大学物理中，将进一步定量给出波动方程，阐明波动方程的物理意义，引入波的能量并与简谐运动的能量进行比较，对干涉现象作详细的分析并给出干涉加强和减弱的条件，以及合振幅和初相位的计算公式，并用之于一种特殊的干涉现象——驻波现象，对机械波可获得从感性到理性的认识．

一、基本要求

1．了解波的形成与传播，理解波动的物理本质以及描述波动的基本物理量，波长 λ、周期 T、频率 ν、波速 u 的物理意义，掌握求解方法．

2．掌握平面简谐波的波动方程的建立过程、波动方程的标准形式及其物理含义．

3．理解行波的传播过程也是能量的传播过程，以及波动能量的特点，理解波的能量、能流、平均能流密度（波的强度）的概念和相关计算．

4．了解惠更斯原理，理解波的叠加原理，掌握波的相干条件，会利用相干相长和相消公式计算相关问题．

5．掌握驻波的形成、波动表达式及其振幅、相位分布特点，理解半波损失的概念及其产生条件．

6．理解多普勒效应及其在工程技术中的应用．

二、内容提要与重点提示

1．波动过程的几何描述方法．

（1）几个名词．

① 波线（波射线）．沿着波的传播方向画一个带箭头的直线就称为波线．

② 波面（同相面）．不同波线上相位相同的点所连成的曲面，称为波面或同相面．

③ 波阵面（波前）．在某一个时刻，由波源最初振动状态传到各点所连成的曲面称为波阵面或者波前．

波面可以有许多个，但是波阵面只有一个，它是传播到最前面的那个波面，实际上它是波面的一个特例．

④ 球面波和平面波．波阵面是球面的波称为球面波；波阵面是平面的波称为平面波．

(2) 惠更斯原理.

波所到达的每一点都可以看做是发射次级子波的波源,而在其后的任意时刻,这些子波的包络就是新的波前.

2. 波动过程的物理描述方法.

(1) 描述波动过程的基本物理量.

① 波长 λ.

在波线上相邻的两个振动状态完全相同的点之间的距离称为波长,即在波的传播方向上,相位相差 2π 的两个点之间的距离.

波长 λ 是描写波动空间周期性的物理量.同一波线上凡是相隔距离为波长整数倍的点,它们的振动状态完全相同.距离为 Δx 的两点之间的相位差为 $\Delta\varphi$,满足:$\Delta\varphi=\frac{2\pi}{\lambda}\Delta x$.

② 波的周期 T 或频率 ν.

相位传播一个波长的距离所需要的时间称为波的周期.单位时间内通过媒质中某固定点完整波的数目称为波的频率.周期 T 与频率 ν 互为倒数,其由波源决定.

波的周期 T 是描写波动时间周期性的物理量.波在传播过程中,$(t+kT)(k\in Z)$时刻的波形与 t 时刻的波形完全相同.波的周期在数值上与波源的振动周期相等.

③ 波速 u.

波速即相速,是相位的传播速度,即单位时间内相位传播的距离.波速由媒质决定.

λ、T 和 u 三者之间满足关系:$u=\frac{\lambda}{T}=\lambda\nu$.

(2) 平面简谐波的波动方程.

若坐标原点处质元的振动方程为

$$y(t)=A\cos(\omega t+\varphi)$$

则该平面简谐波的波动方程为

$$\begin{aligned}y(x,t)&=A\cos\left[\omega\left(t\pm\frac{x}{u}\right)+\varphi\right]=A\cos\left[2\pi\left(\frac{t}{T}\pm\frac{x}{\lambda}\right)+\varphi\right]\\&=A\cos\left[2\pi\left(\nu t\pm\frac{x}{\lambda}\right)+\varphi\right]\end{aligned}$$

平面简谐波沿 x 轴正方向传播,取"$-$"号;反之,则取"$+$"号.

(3) 平面简谐波波动方程的物理意义.

① 对给定点 x:波动方程表示给定点 x 的运动方程.

② 对给定时刻 t:波动方程表示给定时刻 t 沿波线上各质元离开平衡位置的位移.

位相差 $\Delta\varphi$ 和波程差 Δx 的关系:$\Delta\varphi=\frac{2\pi}{\lambda}\Delta x$.

③ x 和 t 均为变量:波动方程表示任一点在任一时刻的位移,它既包含了各个时刻的波形,又反映了波形的传播.

3. 波的能量.

(1) 能量密度:媒质中单位体积内的波动能量,单位为 $J\cdot m^{-3}$.

$$w=\rho A^2\omega^2\sin^2\left(\omega t-\frac{x}{u}\right)$$

（2）平均能量密度：能量密度在一个周期内的平均值.

$$\overline{w}=\frac{1}{2}\rho A^2\omega^2$$

（3）能流：单位时间内垂直通过某一面积的能量，单位为 W.

$$P=wuS$$

（4）平均能流：能流在一个周期内的平均值.

$$\overline{P}=\overline{w}uS$$

（5）平均能流密度：单位时间内，通过垂直波的传播方向上单位面积的能量，即波的强度，单位为 $\mathrm{W\cdot m^{-2}}$.

$$I=\overline{w}u=\frac{1}{2}\rho u\omega^2A^2$$

4. 波的干涉.

（1）波的叠加原理：每一列波在各自的传播方向上，都将独立地保持原有的特征（波长、波速、振动方向等）传播，就像其他各列波不存在一样. 在几列波相遇的区域，任一位置处质点的振动等于各列波单独存在时在该点引起的振动的合振动，这就是波的叠加性.

（2）波的干涉：满足相干条件的两列波在空间相遇时出现稳定的振动加强或振动减弱的现象.

相干条件：频率相同，振动方向相同，相位差恒定或为零.

（3）干涉加强或减弱的条件：两列相干波在相遇处相干叠加，合振动振幅

$$A=\sqrt{{A_1}^2+{A_2}^2+2A_1A_2\cos\Delta\varphi}$$

$$\Delta\varphi=(\varphi_2-\varphi_1)-\frac{2\pi}{\lambda}(r_2-r_1)$$

$\Delta\varphi=(\varphi_2-\varphi_1)-\frac{2\pi}{\lambda}(r_2-r_1)=2k\pi\ (k=0,\pm1,\pm2,\cdots)$，干涉加强.

$\Delta\varphi=(\varphi_2-\varphi_1)-\frac{2\pi}{\lambda}(r_2-r_1)=(2k+1)\pi\ (k=0,\pm1,\pm2,\cdots)$，干涉减弱.

若$(\varphi_2-\varphi_1)=0$，则 $\Delta\varphi$ 由(r_2-r_1)决定. $\delta=r_2-r_1$ 称为波程差.

由 $\delta=2k\cdot\frac{\lambda}{2}$，得 $\Delta\varphi=2k\pi$，则 $A=(A_1+A_2)=A_{\max}$，干涉加强.

由 $\delta=(2k+1)\cdot\frac{\lambda}{2}$，得 $\Delta\varphi=(2k+1)\pi$，则 $A=|A_1-A_2|=A_{\min}$，干涉减弱.

5. 驻波.

两列传播方向相反的等幅相干波在空间形成稳定的振动加强或减弱，形成驻波. 若沿 x 轴正方向和负方向传播的两列波的波动方程分别为

$$y_+=A\cos\left(\frac{2\pi}{T}t-\frac{2\pi}{\lambda}x\right),y_-=A\cos\left(\frac{2\pi}{T}t+\frac{2\pi}{\lambda}x\right)$$

则驻波方程为

$$y=y_++y_-=2A\cdot\cos\frac{2\pi}{\lambda}x\cdot\cos\frac{2\pi}{T}t$$

(1) 驻波振幅分布特点.

$$各质元振动振幅=\left|2A\cos\frac{2\pi}{\lambda}x\right|$$

是一个以$\frac{\lambda}{2}$为周期的周期性函数. 相邻波节或波腹之间的距离为$\frac{\lambda}{2}$.

(2) 驻波相位分布特点.

以波节为分界点,相邻两个波节内的各质元具有相同的振动相位,而波节两侧各点的振动相位正好相反.

(3) 行波与驻波.

平面简谐波是行波,"行"的含义是:该波是振动(即相位)在媒质中的传播,是能量的传播. 驻波与行波不同,驻波的相位不传播,能量也不传播,只是质元的动能和势能交替地在波腹、波节附近转换.

6. 多普勒效应.

波源或观察者或两者都相对介质运动时,观察者接收到的波的频率相对于波源发射的波的频率有所变化的现象称为多普勒效应.

假定波源和观察者的运动是发生在两者的连线上,u 是波在介质中的传播速度,v_R 是探测器远离波源的速度(靠近时 v_R 取负值),v_S 是波源靠近探测器的速度(远离时 v_S 取负值),ν_R 是探测器接收到的频率,ν_S 是波源的频率,有

$$\nu_R=\frac{u-v_R}{u-v_S}\cdot\nu_S$$

重点提示:

(1) 如何理解波动方程的物理意义、振动曲线和波形曲线的意义.

(2) 根据已知条件(包括波形曲线、运动方程),求解波动方程,特别是其中初相位的计算.

(3) 根据波动方程,如何绘制给定点的振动曲线和某一时刻的波形曲线.

(4) 如何理解波的动能、势能和总能量同步变化.

(5) 干涉加强和减弱的条件,合振幅和初相位的计算.

三、疑难分析与问题讨论

1. 波动的物理本质.

(1) 在振动的传播过程中,媒质中各质元本身并不随着波的传播而向前移动,媒质中各质元都在各自的平衡位置附近做同频率、同方向的振动,并不"随波逐流". 各质元振动的相位各不相同,呈现有规则的"参差不齐".

(2) 在波的传播方向上,后一点总是重复前一点的振动过程,后一点的相位总是落后前一点的相位. 振动的传播过程,是振动状态即相位的传播. 振动传播的速度即相位传播的速度,因此波速又称为相速度.

(3) 尽管媒质中各质元的振动状态(相位)各不相同,但在波的传播方向(波线)上,总可以找到振动状态完全相同的点,表现为波动传播具有空间周期性.

(4) 振动传播的过程也是能量传播的过程.

2. 振动与波动的关系.

振动是单个质点的周期性往复运动,振动方程中只有时间 t 一个独立的自变量.简谐运动系统是一个孤立系统,机械能在振动物体的动能和势能之间相互转换,系统总的机械能守恒.振动曲线表示的是同一质点在不同时刻偏离平衡位置的位移,纵坐标为位移 y,横坐标为时间 t.

波动中虽然每个质元振动的频率、振动方向都相同,但振动相位却是参差不齐的.波动方程有时间 t 和位置坐标 x 两个自变量,波形图即 y-x 图,表示的是波线上不同质元在同一时刻偏离各自平衡位置的位移.介质中各质元都是一个开放系统,它不断地从前面的质元吸收能量并向后面传递.

3. 根据已知条件求平面简谐波的波动方程.

(1) 已知某点的运动方程和相关的物理量(如 u 和 λ).

关键是确定坐标原点处质元的运动方程 $y=A\cos(\omega t+\varphi)$,然后在此运动方程的相位项中加入 $\pm\frac{2\pi}{\lambda}x$,得出波动方程.

[问题 6-1] 已知 P 点距坐标原点 O 为 1.2 cm,其运动方程为 $y_P=0.04\cos\left(4\pi t-\frac{\pi}{2}\right)$ (SI),波动沿 x 轴正方向传播,波速为 $3.6\ \mathrm{m\cdot s^{-1}}$.试求该波动的波动方程.

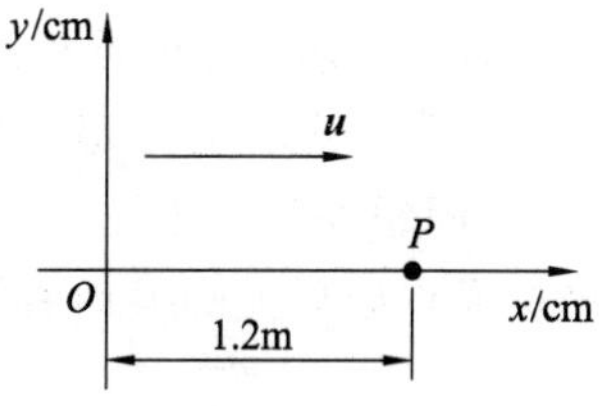

y/cm
u
P
O
x/cm
1.2m

图 6-1

要点与分析:应先求坐标原点的运动方程,然后按照规范方法写出波动方程.

答:由运动方程可得

$$T=0.5\ \mathrm{s},\ \lambda=u\cdot T=3.6\ \mathrm{m\cdot s^{-1}}\cdot 0.5\ \mathrm{s}=1.8\ \mathrm{m}$$

因为波沿着 x 轴正方向传播,所以 O 点振动相位比 P 点超前,相位差为

$$\Delta\varphi=\varphi_O-\varphi_P=\frac{2\pi}{\lambda}x_P=\frac{2\pi}{1.8\mathrm{m}}\times 1.2\mathrm{m}=\frac{4}{3}\pi$$

所以 O 点的运动方程为

$$\begin{aligned} y_O&=0.04\cos(4\pi t+\varphi_0)=0.04\cos(4\pi t+\Delta\varphi+\varphi_P)\\ &=0.04\cos\left(4\pi t+\frac{5}{6}\pi\right)\ \text{(SI)}\end{aligned}$$

则该平面简谐波的波动方程为

$$y=0.04\cos\left(4\pi t-\frac{2\pi}{\lambda}x+\frac{5}{6}\pi\right)\ \text{(SI)}$$

(2) 已知 t 和 $t+\Delta t$ 时刻的波形曲线.

解决这类问题,首先要理解描述波动的物理量在波形图上是怎样体现出来的,然后根据波形曲线,确定振幅、波长、波速以及初相位等.

[问题 6-2] 图 6-2 给出一平面余弦波在 $t=0$ 时刻与 $t=2$ s 时刻的波形图.已知波向左传播,波速为 u,求坐标原点处媒质质元的运动方程和该波的波动方程.

要点与分析:根据图形寻找描述波动过程的物理量,从而写出正确的波动方程.

解：在 $t=0$ 时刻，O 处质元 $0=A\cos\varphi$，$0<v_0=-A\omega\sin\varphi$，故

$$\varphi=-\frac{1}{2}\pi$$

又 $t=2$ s 时，O 处质点位移为

$$\frac{A}{\sqrt{2}}=A\cos\left(4\pi\nu-\frac{1}{2}\pi\right)$$

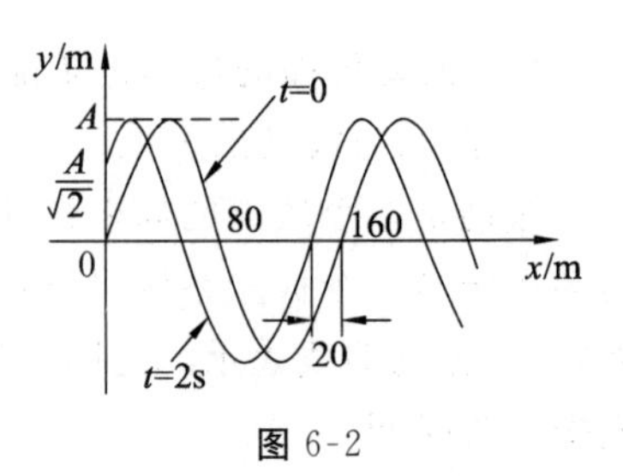

图 6-2

所以 $$-\frac{1}{4}\pi=4\pi\nu-\frac{1}{2}\pi,\ \nu=\frac{1}{16}\text{ Hz}$$

可得运动方程为 $$y_0=A\cos\left(\frac{\pi t}{8}-\frac{1}{2}\pi\right)\ (\text{SI})$$

由图可知波速 $$u=\frac{20}{2}\text{ m}\cdot\text{s}^{-1}=10\text{ m}\cdot\text{s}^{-1}$$

波长 $$\lambda=\frac{u}{\nu}=160\text{ m}$$

故波动方程为 $$y=A\cos\left[2\pi\left(\frac{t}{16}+\frac{x}{160}\right)-\frac{1}{2}\pi\right]\ (\text{SI})$$

(3) 已知某点的振动曲线和某时刻的波形图.

这类问题具有一定的难度，我们结合下面一个问题来讲解.

[**问题 6-3**] 如图 6-3 所示，(a) 表示一平面简谐波在 $t=0$ 时刻的波形图，(b) 表示坐标原点处质元的振动曲线. 试求该平面简谐波的波动方程.

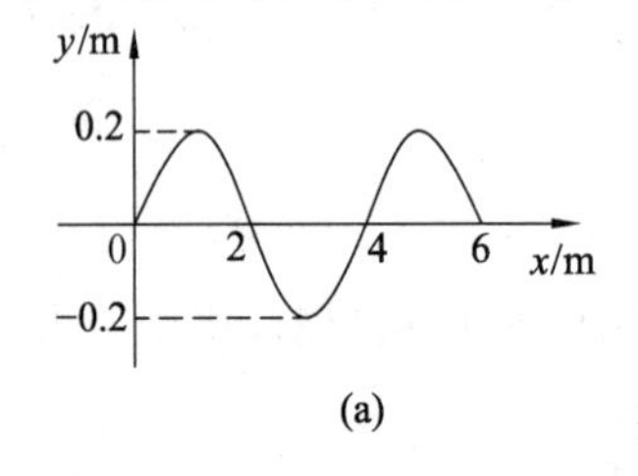

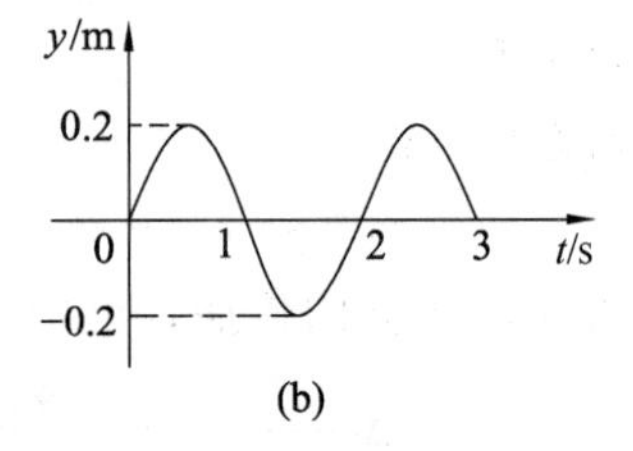

图 6-3

要点与分析：关键在于对振动曲线和波动曲线的理解.

解：根据图 6-3(a)波形曲线可以得到：振幅 $A=0.2$ m，波长 $\lambda=4$ m.

根据图 6-3(b)振动曲线可以得到：周期 $T=2$ s，又因为 $y_0=0$，$v_0>0$，所以 $\varphi_0=-\frac{\pi}{2}$，说明波沿着 x 轴负方向传播.

O 点的运动方程为 $$y_O=0.2\cos\left(\pi t-\frac{\pi}{2}\right)$$

则波动方程为 $$y=0.2\cos\left(\pi t+\frac{\pi}{2}x-\frac{\pi}{2}\right).$$

4. 波的能量.

理想的简谐运动系统是一个孤立系统. 质点在振动过程中，受保守力作用，系统的动能、势能相互转换，总的机械能保持不变. 质点在平衡位置时速度最大，动能最大，势能最小；质点偏离平衡位置位移最大时，速度为零，动能(最小)为零，势能最大.

在波动过程中，虽然质元也在做简谐运动，但质元振动的动能和势能却是同时达到最大值，同时减小为零，这与简谐运动系统是不同的. 在学习过程中，很多学生感到很困惑，这是学习中的一个难点. 问题的关键是要理解势能产生的原因——具有形变因而产生势能. 从图 6-4 可以明确看到，质元在最大位移处几乎没有形变，在平衡位置处形变最大，因此势能最大.

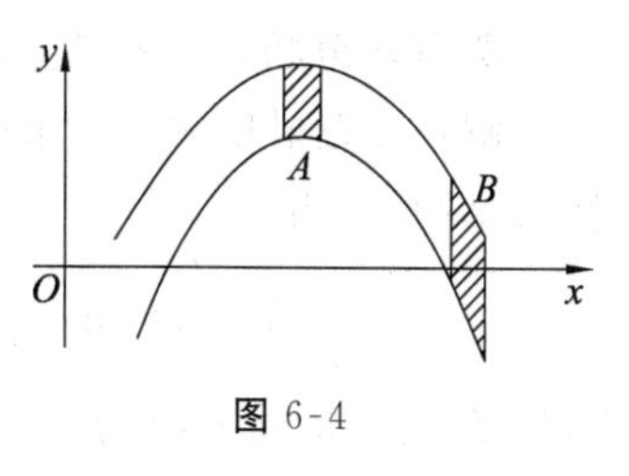

图 6-4

5. 波的干涉.

相干叠加的合振幅计算公式为 $A=\sqrt{A_1{}^2+A_2{}^2+2A_1A_2\cos\Delta\varphi}$，合振幅的大小由 $\Delta\varphi=(\varphi_2-\varphi_1)-\dfrac{2\pi}{\lambda}(r_2-r_1)$ 决定.

［**问题 6-4**］ 如图 6-5 所示，S_1 和 S_2 是波长均为 λ 的两个相干波的波源，相距为 $\dfrac{3\lambda}{4}$，S_1 的相位比 S_2 超前 $\dfrac{1}{2}\pi$. 若两波单独传播时，在过 S_1 和 S_2 的直线上各点的强度相同，不随距离变化，且两波的强度都是 I_0，求在 S_1、S_2 连线上 S_1 外侧和 S_2 外侧各点合成波的强度.

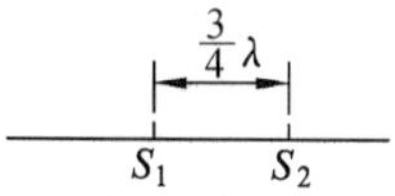

$\dfrac{3}{4}\lambda$

S_1 S_2

图 6-5

要点与分析：关键是正确写出 S_1 和 S_2 在相遇点的相位差.

解：在 S_1 左侧各点

$$\varphi_2-\varphi_1=-\frac{\pi}{2},r_2-r_1=\frac{3\lambda}{4}$$

则
$$\Delta\varphi=(\varphi_2-\varphi_1)-\frac{2\pi}{\lambda}(r_2-r_1)=-\frac{\pi}{2}-\frac{2\pi}{\lambda}\cdot\frac{3\lambda}{4}=-2\pi$$

所以
$$A=2A_0,\ I=4I_0$$

在 S_2 右侧各点
$$\varphi_2-\varphi_1=-\frac{\pi}{2},\ r_2-r_1=-\frac{3\lambda}{4}$$

则
$$\Delta\varphi=(\varphi_2-\varphi_1)-\frac{2\pi}{\lambda}(r_2-r_1)=-\frac{\pi}{2}+\frac{2\pi}{\lambda}\cdot\frac{3\lambda}{4}=\pi$$

所以
$$A=0,\ I=0$$

四、解题示例

［**例题 6-1**］ 如图 6-6(a)所示，有一平面简谐波以波速 $u=200\ \mathrm{m\cdot s^{-1}}$ 沿 x 轴正方向传播. 已知距坐标原点距离 $l=50$ m 处质元 P 的振动曲线如图 6-6(b)所示. 试求在给定坐标系下的波动方程.

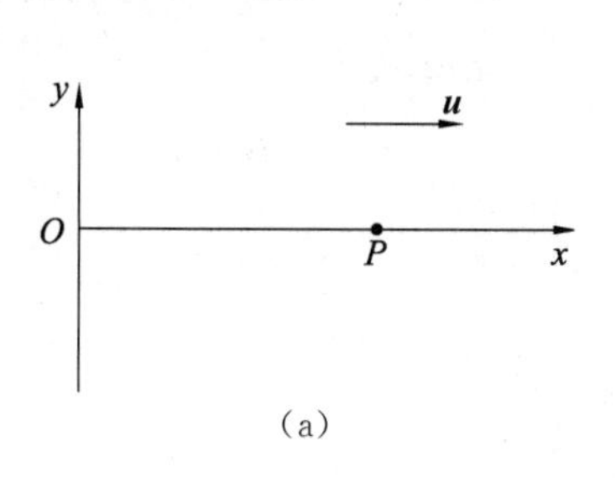

(a)

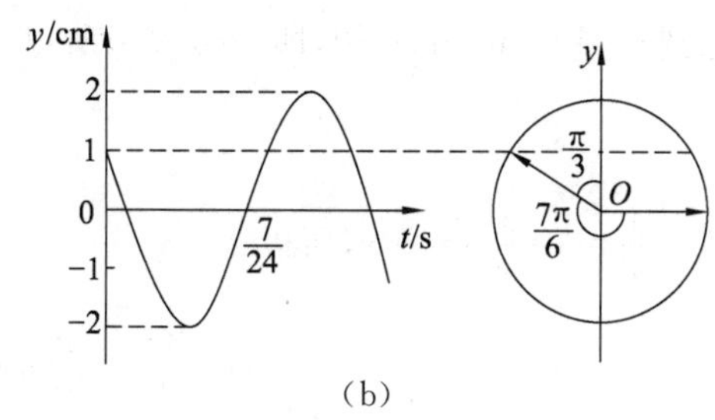

(b)

图 6-6

要点与分析：本题考查的是如何根据质元的运动方程求波动方程.

解：首先根据质元 P 的振动曲线写出该质元的运动方程. 由振动曲线画出相应的旋转矢量图，可得

$$A=0.02\text{m},\ \varphi_P=\frac{\pi}{3}\text{rad},\ 2\pi : T=\frac{7\pi}{6} : \frac{7}{24},\ T=0.5\ \text{s},\ \omega=4\pi$$

所以 P 点的运动方程为

$$y=0.02\cos\left(4\pi t+\frac{\pi}{3}\right)\ (\text{SI})$$

然后求出坐标原点处质元振动的初相位.

因为平面简谐波沿 x 轴正方向传播，所以坐标原点处质元振动的相位比质元 P 的振动的相位超前，有

$$\varphi_O-\varphi_P=\Delta\varphi=\frac{2\pi}{\lambda}l=\pi,\ \varphi_O=\varphi_P+\pi=\frac{4\pi}{3}$$

所以坐标原点处质元的运动方程为

$$y=0.02\cos\left(4\pi t+\frac{4\pi}{3}\right)\ (\text{SI})$$

其次求解描写波动过程的特征量

$$\lambda=u\cdot T=200\times0.5\ \text{m}=100\ \text{m}$$

最后写出波动方程.

在给定坐标系下的波动方程为

$$y=0.02\cos\left(4\pi t-\frac{2\pi}{100}x+\frac{4\pi}{3}\right)\ (\text{SI})$$

[**例题 6-2**]　图 6-7 为一平面简谐波在 $t=0$ 时刻的波形图，求：

(1) 该波的波动方程；

(2) P 处质点的运动方程.

要点与分析：本题测试的是如何根据波形曲线建立波动方程. 解决这类问题的关键是要掌握如何根据波形曲线得到描述波动的基本物理量，如振幅、波长、波速及坐标原点振动的初相位等.

解：(1) O 处质点，$t=0$ 时

$$y_0=A\cos\varphi=0$$

所以

$$\varphi=\frac{\pi}{2}\text{或}-\frac{\pi}{2}$$

考虑到 $v_0=-A\omega\sin\varphi>0$，即 $\sin\varphi<0$，所以

$$\varphi=-\frac{\pi}{2}$$

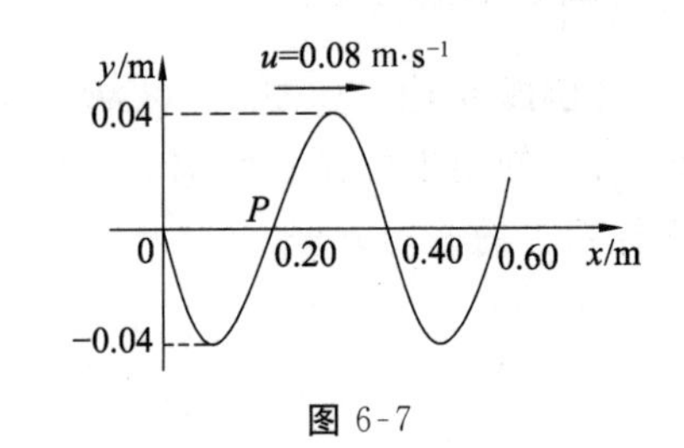

图 6-7

又 $T=\frac{\lambda}{u}=\frac{0.40}{0.08}\ \text{s}=5\ \text{s}$，所以

$$\omega=\frac{2\pi}{T}=\frac{2\pi}{5}\ \text{rad}\cdot\text{s}^{-1}$$

故波动方程为

$$y=0.04\cos\left[\frac{2\pi}{5}\left(t-\frac{x}{0.08}\right)-\frac{\pi}{2}\right]\ (\mathrm{SI})$$

(2) P 处质点的运动方程为

$$y_P=0.04\cos\left[2\pi\left(\frac{t}{5}-\frac{0.2}{0.4}\right)-\frac{\pi}{2}\right]=0.04\cos\left(0.4\pi t-\frac{3\pi}{2}\right)\ (\mathrm{SI})$$

[例题 6-3] 图 6-8 为一平面简谐波在 $t=0$ 时刻的波形图,设此简谐波的频率为 250 Hz,且此时质点 P 的运动方向向下,求:

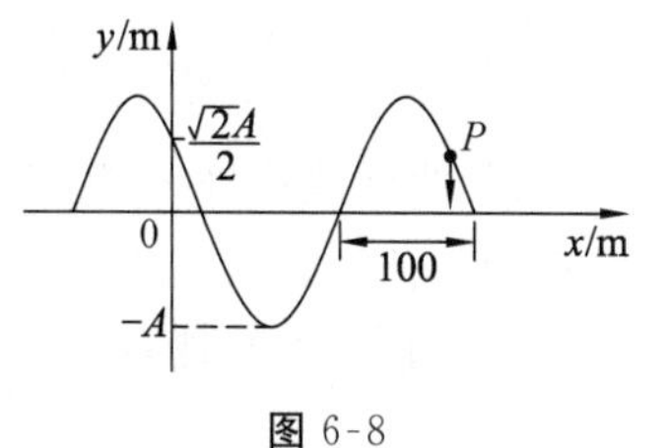

图 6-8

(1) 该波的表达式;

(2) 在距原点 O 为 100 m 处质点的振动方程与运动速度表达式.

要点与分析:本题的关键是要会根据质点的运动方向正确判断波传播的方向.

解:(1) 由 P 点的运动方向,可判定该波向左传播.

原点 O 处质点,$t=0$ 时

$$\frac{\sqrt{2}A}{2}=A\cos\varphi,\ v_0=-A\omega\sin\varphi<0$$

所以

$$\varphi=\frac{\pi}{4}$$

O 处质点的运动方程为

$$y_0=A\cos\left(500\pi t+\frac{1}{4}\pi\right)\ (\mathrm{SI})$$

由图可判定波长 $\lambda=200$ m,故波动表达式为

$$y=A\cos\left[2\pi\left(250t+\frac{x}{200}\right)+\frac{1}{4}\pi\right]\ (\mathrm{SI})$$

(2) 距 O 点 100 m 处质点的运动方程是

$$y_1=A\cos\left(500\pi t+\frac{5}{4}\pi\right)$$

振动速度表达式是

$$v=-500\pi A\sin\left(500\pi t+\frac{5}{4}\pi\right)\ (\mathrm{SI})$$

[例题 6-4] 波源位于同一介质中的 A、B 两点,如图 6-9 所示,其振幅相等,频率皆为 100 Hz,B 比 A 相位超前 π. 若 A、B 相距 30 m,波速为 400 $\mathrm{m\cdot s^{-1}}$,试求 A、B 连线上因干涉而静止的各点的位置.

A O B x
30m

图 6-9

要点与分析:本题关键是要掌握干涉相长和相消的条件,并会正确计算相位差.

解:两波波长 $\lambda=\frac{u}{\nu}=\frac{400}{100}\ \mathrm{m}=4\ \mathrm{m}$. 取 AB 中点 O 为坐标原点,向右为 x 轴正方向.

干涉场中各点的振幅取决于两相干波传到该点的相位差 $\Delta\varphi$,有

$$\Delta\varphi=\varphi_2-\varphi_1-\frac{2\pi}{\lambda}(r_2-r_1)$$

要使合振幅为零,$\Delta\varphi=\pm(2k+1)\pi$.

下面分三个区域讨论:

(1) 位于 A 点左侧各点:

$$\Delta\varphi=\varphi_B-\varphi_A-\frac{2\pi}{\lambda}(r_B-r_A)=\pi-\frac{2\pi}{4}\times 30=-14\pi$$

可见,两列波传到 A 点左侧任一点的相位差恒为 2π 的整数倍,干涉加强,因此没有静止的点.

(2) 位于 B 点右侧各点:

$$\Delta\varphi=\varphi_B-\varphi_A-\frac{2\pi}{\lambda}(r_B-r_A)=\pi-\frac{2\pi}{4}\times(-30)=16\pi$$

可见,两列波传到 B 点右侧任一点的相位差也恒为 2π 的整数倍,干涉加强,因此也没有静止的点.

(3) 位于 A、B 之间的任一点 x,有

$$r_B=15-x,r_A=15+x$$

$$\Delta\varphi=\varphi_B-\varphi_A-\frac{2\pi}{\lambda}(r_B-r_A)=\pi-\frac{2\pi}{4}\times[(15-x)-(15+x)]=(x+1)\pi$$

要使得振幅为零,必须使 $\Delta\varphi=(x+1)\pi=(2k+1)\pi,k\in\mathbf{Z}$.

所以有 $x=2k$. 又因为 $-15\ \mathrm{m}<x<15\ \mathrm{m}$,所以 k 可取 $0,\pm1,\pm2,\pm3,\pm4,\pm5,\pm6,\pm7$.

因此在 A、B 连线上一共有 15 个因干涉而静止的点,分别位于 $x=0,\pm2,\pm4,\pm6,\pm8,\pm10,\pm12,\pm14$ m 的地方.

自测练习6

(一) 选择题

1. 已知一平面简谐波的波动方程为 $y=A\cos(at-bx)$(a、b 为正值常量),则 [ ]

(A) 波的频率为 a (B) 波的传播速率为 $\frac{b}{a}$

(C) 波长为$\frac{\pi}{b}$ (D) 波的周期为$\frac{2\pi}{a}$

2. 横波以波速 $\boldsymbol{u}$ 沿 x 轴负方向传播,t 时刻波形曲线如图 6-10 所示,则该时刻 [ ]

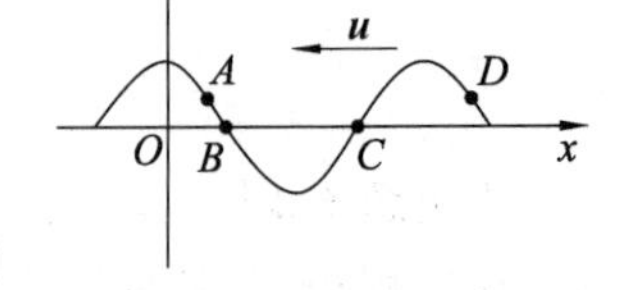

图 6-10

(A) A 点振动速度大于零 (B) B 点静止不动

(C) C 点向下运动 (D) D 点振动速度小于零

3. 一平面余弦波在 $t=0$ 时刻的波形曲线如图 6-11 所示,则 O 点的振动初相位为 [ ]

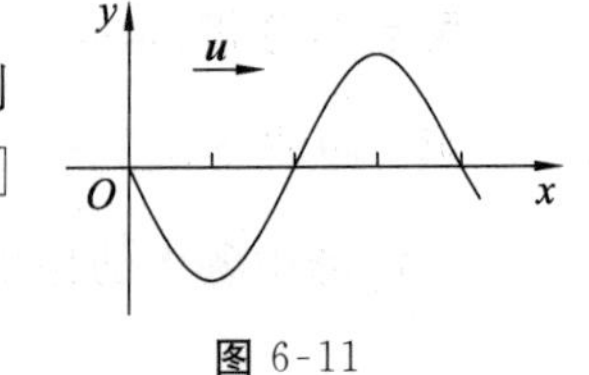

图 6-11

(A) 0 (B) $\frac{1}{2}\pi$ (C) π (D) $\frac{3}{2}\pi$

4. 一平面简谐波沿 x 轴正方向传播，波动方程为 $y=0.10\cos\left[2\pi\left(\frac{t}{2}-\frac{x}{4}\right)+\frac{\pi}{2}\right]$(SI)，则该波在 $t=0.5$ s 时刻的波形图是 [ ]

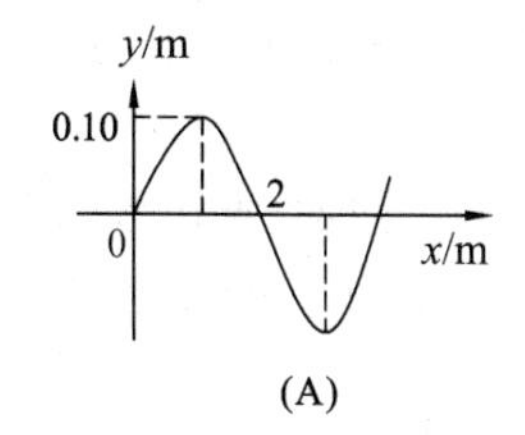

(A)

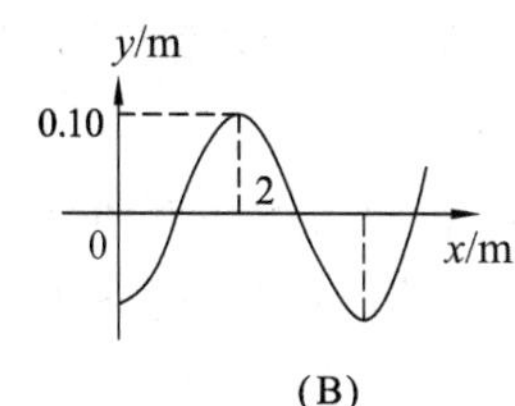

(B)

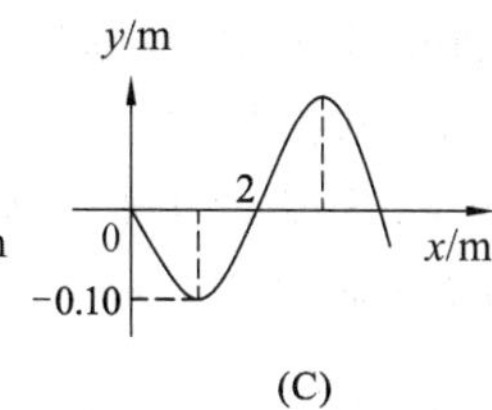

(C)

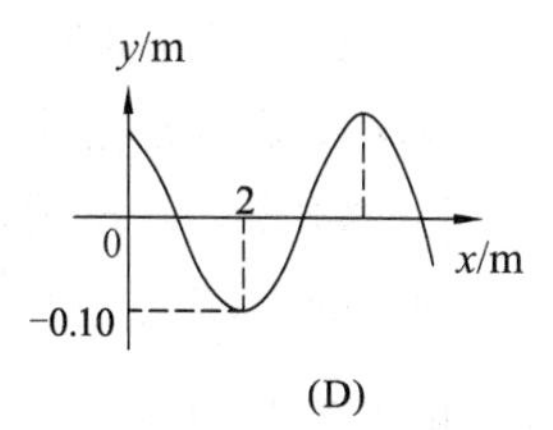

(D)

5. 频率为 100 Hz、传播速度为 300 $\mathrm{m \cdot s^{-1}}$ 的平面简谐波，波线上距离小于波长的两点振动的相位差为 $\frac{1}{3}\pi$，则此两点相距 [ ]

(A) 2.86 m (B) 2.19 m (C) 0.5 m (D) 0.25 m

6. 一平面简谐波沿 Ox 轴正方向传播，$t=0$ 时刻的波形图如图 6-12 所示，则 P 处介质质点的运动方程为 [ ]

(A) $y_P=0.10\cos\left(4\pi t+\frac{1}{3}\pi\right)$ (SI) (B) $y_P=0.10\cos\left(4\pi t-\frac{1}{3}\pi\right)$ (SI)

(C) $y_P=0.10\cos\left(2\pi t+\frac{1}{3}\pi\right)$ (SI) (D) $y_P=0.10\cos\left(2\pi t+\frac{1}{6}\pi\right)$ (SI)

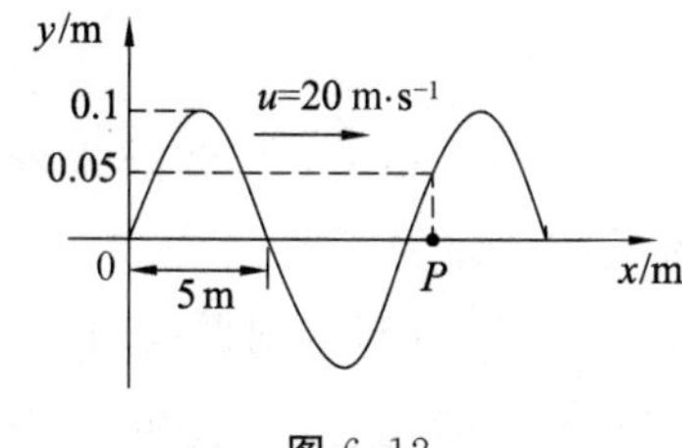

图 6-12

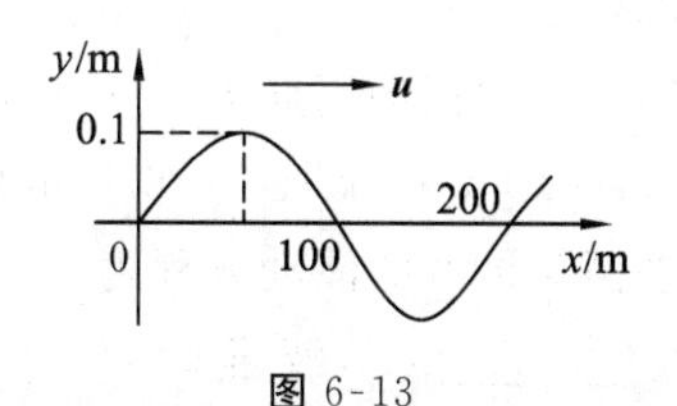

图 6-13

7. 一简谐波在 $t=0$ 时刻的波形图如图 6-13 所示，波速 $u=200\ \mathrm{m \cdot s^{-1}}$，则图中 O 点的振动加速度大小的表达式为 [ ]

(A) $a=0.4\pi^2\cos\left(\pi t-\frac{1}{2}\pi\right)$(SI) (B) $a=0.4\pi^2\cos\left(\pi t-\frac{3}{2}\pi\right)$(SI)

(C) $a=-0.4\pi^2\cos(2\pi t-\pi)$(SI) (D) $a=-0.4\pi^2\cos\left(2\pi t+\frac{1}{2}\pi\right)$(SI)

8. 在简谐波传播过程中，沿传播方向相距为 $\frac{1}{2}\lambda$（λ 为波长）的两点的振动速度必定 [ ]

(A) 大小相同，而方向相反 (B) 大小和方向均相同

(C) 大小不同，方向相同 (D) 大小不同，而方向相反

9. 一平面简谐波在弹性媒质中传播，在某一瞬时，媒质中某质元正处于平衡位置，此时它的能量是 [ ]

(A) 动能为零，势能最大 (B) 动能为零，势能为零

(C) 动能最大，势能最大 (D) 动能最大，势能为零

10. 当一平面简谐波在弹性媒质中传播时,下述结论正确的是 [ ]

(A) 媒质质元的振动动能增大时,其弹性势能减小,总机械能守恒

(B) 媒质质元的振动动能和弹性势能都作周期性变化,但二者的相位不相同

(C) 媒质质元的振动动能和弹性势能的相位在任一时刻都相同,但二者的数值不相等

(D) 媒质质元在其平衡位置处弹性势能最大

11. 如图 6-14 所示,S_1 和 S_2 为两相干波源,它们的振动方向均垂直于图面,发出波长为 λ 的简谐波,P 点是两列波相遇区域中的一点,已知 $\overline{S_1P}=2\lambda$,$\overline{S_2P}=2.2\lambda$,两列波在 P 点发生相消干涉. 若 S_1 的运动方程为 $y_1=A\cos\left(2\pi t+\frac{1}{2}\pi\right)$,则 S_2 的运动方程为 [ ]

(A) $y_2=A\cos\left(2\pi t-\frac{1}{2}\pi\right)$　　(B) $y_2=A\cos(2\pi t-\pi)$

(C) $y_2=A\cos\left(2\pi t+\frac{1}{2}\pi\right)$　　(D) $y_2=A\cos(2\pi t-0.1\pi)$

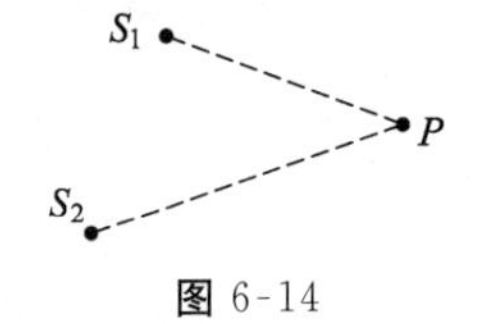

图 6-14

12. 两相干波源 S_1 和 S_2 相距 $\frac{\lambda}{4}$(λ 为波长,见图6-15),S_1 的相位比 S_2 的相位超前 $\frac{1}{2}\pi$,在 S_1、S_2 的连线上,S_1 外侧各点(如 P 点)两波引起的两简谐运动的相位差为 [ ]

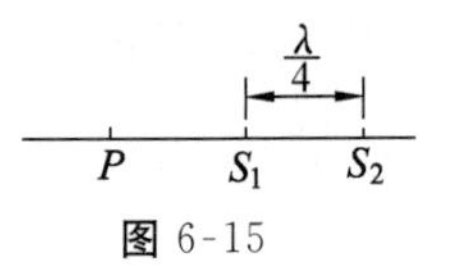

图 6-15

(A) 0　　(B) $\frac{1}{2}\pi$　　(C) π　　(D) $\frac{3}{2}\pi$

(二) 填空题

1. 已知波源的振动周期为 0.04 s,波的传播速度为 300 m · s^{-1},波沿 x 轴正方向传播,则位于 $x_1=10.0$ m 和 $x_2=16.0$ m 的两质点振动相位差为________.

2. 一平面简谐波的波动方程为 $y=0.02\cos(2\pi t-0.5x)$(SI),则振幅 $A=$______ m,角频率 $\omega=$________ s^{-1},波速 $u=$________ m · s^{-1},波长 $\lambda=$________ m.

3. 一列平面简谐波沿 x 轴正方向传播,波速 $u=100$ m · s^{-1}. $t=0$ 时刻的波形曲线如图 6-16 所示,可知波长 $\lambda=$________ m,振幅 $A=$________ m,频率 $\nu=$________ Hz.

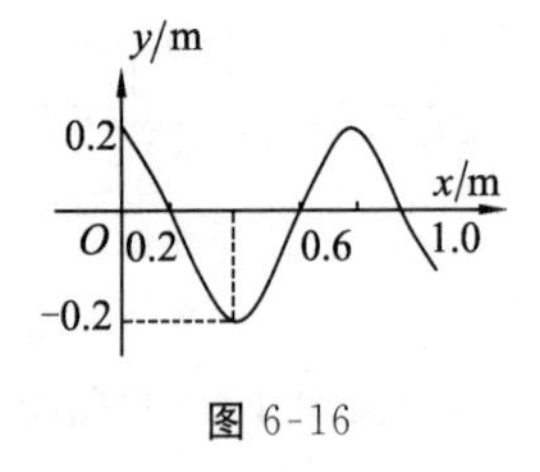

图 6-16

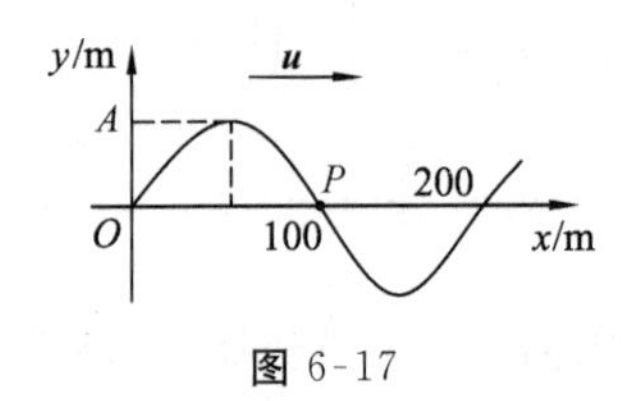

图 6-17

4. 一简谐波在 $t=0$ 时刻的波形如图 6-17 所示,波速 $u=200$ m · s^{-1},振幅 $A=0.1$ m,则 P 处质点的振动速度表达式为 $v=$________(SI).

5. 一平面简谐波沿 x 轴正方向传播,波动方程为 $y=0.2\cos\left(\pi t-\frac{1}{2}\pi x\right)$ (SI),则 $x=-3$ m 处媒质质点的振动加速度的表达式为 $a=$________ (SI).

6. 一列平面简谐波沿 x 轴正方向传播,波的振幅为 0.02 m,周期为 1 s,波速为 40 m · s^{-1}.

当 $t=0$ 时，x 轴原点处的质元正通过平衡位置向 y 轴负方向运动，则该简谐波的波动方程为 $y=$________(SI).

7. 已知一平面简谐波的波长 $\lambda=1$ m，振幅 $A=0.1$ m，周期 $T=0.5$ s. 波的传播方向为 x 轴正方向. 若以振动初相位为零的点为 x 轴原点，则波动方程为 $y=$________(SI).

8. 已知一平面简谐波沿 x 轴正方向传播，振动周期 $T=0.5$ s，波长 $\lambda=10$ m，振幅 $A=0.1$ m. 当 $t=0$ 时，波源振动的位移恰好为正的最大值. 若波源处为原点，则沿波传播方向距离波源为 $\frac{1}{2}\lambda$ 处的振动方程为 $y=$________(SI). 当 $t=\frac{1}{2}T$ 时，$x=\frac{\lambda}{4}$ 处质点的振动速度为 $v=$________ $\mathrm{m \cdot s^{-1}}$.

9. 一平面简谐波在弹性媒质中传播，在媒质质元从平衡位置运动到最大位移处的过程中，它的机械能逐渐________.（填“增大”或“减小”）

10. 一平面简谐波在媒质中传播时，若一媒质质元在 t 时刻的总机械能为 10 J，则在 $(t+T)$（T 为波的周期）时刻该媒质质元的振动动能为________ J.

11. 两个相干点波源 S_1 和 S_2，它们的振动方程分别为 $y_1=A\cos\left(\omega t+\frac{1}{2}\pi\right)$ 和 $y_2=A\cos\left(\omega t-\frac{1}{2}\pi\right)$. 波从 S_1 传到 P 点经过的路程等于 2 个波长，波从 S_2 传到 P 点的路程等于 $\frac{7}{2}$ 个波长. 设两波波速相同，在传播过程中振幅不衰减，则两波传到 P 点的振动的合振幅为________.

12. 如图 6-18 所示，S_1 和 S_2 为同相位的两相干波源，相距为 L，P 点距 S_1 为 r；波源 S_1 在 P 点引起的振动振幅为 A_1，波源 S_2 在 P 点引起的振动振幅为 A_2，两波波长都为 λ. 则 P 点的振幅 $A=$________________.

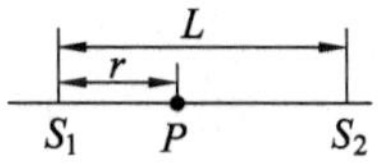

图 6-18

（三）计算题

1. 已知波源在原点（$x=0$）的平面简谐波的方程为 $y=A\cos(Bt-Cx)$，式中 A、B、C 为正值恒量. 试求：

(1) 波的振幅、波速、频率、周期与波长；

(2) 写出传播方向上距离波源 l 处一点的运动方程.

2. 一简谐波，振动周期 $T=\frac{1}{2}$ s，波长 $\lambda=10$ m，振幅 $A=0.1$ m. 当 $t=0$ 时，波源振动的位移恰好为正方向的最大值. 若坐标原点和波源重合，且波沿 Ox 轴正方向传播，求：

(1) 此波的表达式；

(2) $t_1=\frac{T}{4}$ 时刻，$x_1=\frac{\lambda}{4}$ 处质点的位移；

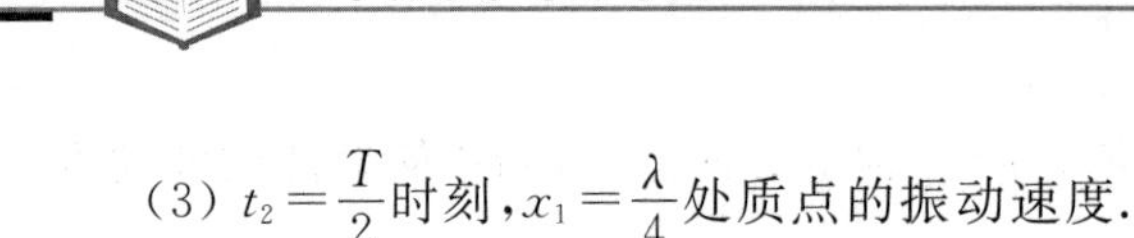

(3) $t_2=\frac{T}{2}$时刻,$x_1=\frac{\lambda}{4}$处质点的振动速度.

3. 一波源做简谐运动,周期为 0.02 s,经平衡位置向正方向运动时作为计时起点,设此振动以 $u=100\ \mathrm{m\cdot s^{-1}}$的速度沿直线传播,求:

(1) 距波源为 15 m 处和 5 m 处质点的运动方程和初相位;

(2) 距波源为 16 m 处和 17 m 处两质点的相位差.

4. 一列正弦式空气波,沿直径为 0.14 m 的圆柱形管行进,波的平均能流为 $9\times10^{-3}\mathrm{J\cdot s^{-1}\cdot m^{-2}}$,频率为 300 Hz,波速为 $300\ \mathrm{m\cdot s^{-1}}$.求:

(1) 最大能量密度和平均能量密度;

(2) 相邻同相位波面间的总能量.

5. 如图 6-19 所示,A 和 B 是两个同相位的波源,相距 0.07 m,同时以 30 Hz 频率发出波动,波速为 $0.5\ \mathrm{m\cdot s^{-1}}$.$P$ 点位于 AB 上方,AP 与 AB 的夹角为 30°,且 $AP=3$ m,求两波通过 P 点的相位差.

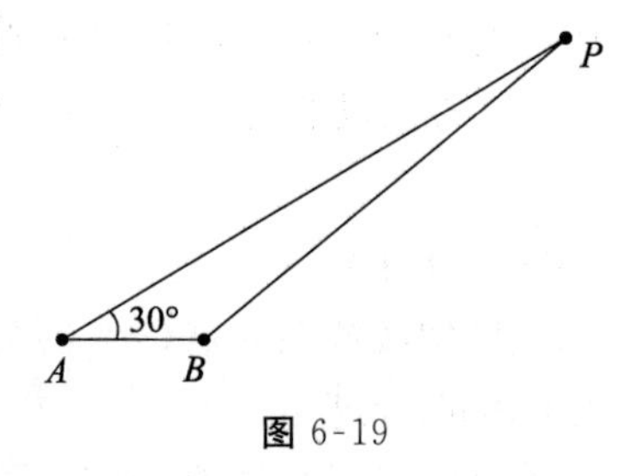

图 6-19

6. 如图 6-20 所示,S_1、S_2 为两平面简谐波相干波源.S_2 的相位比 S_1 的相位超前$\frac{\pi}{4}$,波长 $\lambda=8.00$ m,$r_1=12.0$ m,$r_2=14.0$ m,S_1 在 P 点引起的振动振幅为 0.30 m,S_2 在 P 点引起的振动振幅为 0.20 m,求 P 点的合振幅.

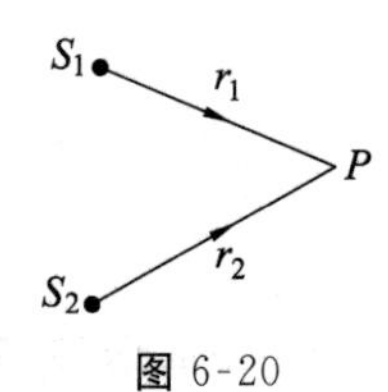

图 6-20

第7章　气体动理论

在中学里，作为选学内容，分子动理论主要介绍了两方面的知识，一是分子动理论的基础，二是用分子动理论初步解释有关固体、液体的某些性质和现象. 在学习过程中，以实验和定性理解为主，并有一些简单的计算. 在大学物理中，主要从物质内部的微观结构出发，从组成物质的大量分子和原子的运动和相互作用出发，运用统计的方法，根据大量分子热运动所表现出来的统计规律，解释气体的宏观热学性质，引入了麦克斯韦速率分布律和三种统计速率，并给出了热力学第二定律的统计意义.

一、基本要求

1. 理解微观量与宏观量的概念，明确二者之间的联系.
2. 理解平衡态的概念.
3. 掌握理想气体状态方程及其应用.
4. 理解理想气体的微观模型和统计假设.
5. 理解理想气体压强和温度的统计意义.
6. 理解能量均分定理的意义，掌握理想气体内能公式.
7. 理解速率分布函数及麦克斯韦速率分布率的意义，并会计算三种统计速率.
8. 理解平均碰撞频率和平均自由程的概念，并掌握其计算方法.

二、内容提要与重点提示

1. 理想气体的微观模型.

(1) 分子本身的线度比起分子之间的平均距离来说可以忽略不计.

(2) 除碰撞的一瞬间外，分子之间以及分子与容器壁之间的相互作用可以忽略不计.

(3) 分子之间以及分子与容器壁之间的碰撞是完全弹性的，遵守动量守恒和动能守恒定律.

2. 理想气体状态方程.

在平衡态下，有

$$pV=\frac{M}{M_{\text{mol}}}RT\ (\text{处理宏观问题})$$

$$p=nkT(\text{处理微观问题})$$

摩尔气体常数 $R=8.31\ \text{J}\cdot\text{mol}^{-1}\cdot\text{K}^{-1}$，阿伏伽德罗常数 $N_A=6.023\times10^{23}\ \text{mol}^{-1}$，玻耳兹曼常量 $k=\frac{R}{N_A}=1.38\times10^{-23}\ \text{J}\cdot\text{K}^{-1}$.

3. 理想气体的压强公式及微观本质.

压强 p 是一个统计平均量,它是单位时间内单位面积器壁所获得的平均冲量,其表达式为

$$p=\frac{1}{3}nm\overline{v^2}=\frac{2}{3}n\overline{\varepsilon_k}$$

其中,$\overline{\varepsilon_k}=\frac{1}{2}m\overline{v^2}$为一个分子的平均平动动能.气体作用在器壁上的压强,决定于单位体积内的分子数 n 和分子的平均平动动能.

4. 温度的统计概念及微观本质.

温度是表征大量分子热运动激烈程度的宏观物理量,其表达式为

$$T=\frac{2\overline{\varepsilon_k}}{3k}$$

平均平动动能$\overline{\varepsilon_k}=\frac{3}{2}kT$,只与温度有关,且与热力学温度成正比.

5. 能量均分定理.

每个自由度的平均能量为$\frac{1}{2}kT$.

一个分子的平均总能量为$\frac{i}{2}kT(i=t+r+2s)$.

一个分子的平均平动动能为$\frac{3}{2}kT$.

ν moL 理想气体的内能为 $E=\frac{i}{2}\nu RT$.

6. 速率分布函数.

$$f(v)=\frac{\mathrm{d}N}{N\mathrm{d}v}$$

麦克斯韦速率分布律为

$$f(v)=4\pi\left(\frac{m}{2\pi kT}\right)^{\frac{3}{2}}v^2\mathrm{e}^{-\frac{mv^2}{2kT}}$$

三种统计速率:

最概然速率 $v_p=\sqrt{\frac{2kT}{m}}=\sqrt{\frac{2RT}{M_{mol}}}\approx1.41\sqrt{\frac{RT}{M_{mol}}}$

平均速率 $\bar{v}=\sqrt{\frac{8kT}{\pi m}}=\sqrt{\frac{8RT}{\pi M_{mol}}}\approx1.59\sqrt{\frac{RT}{M_{mol}}}$

方均根速率 $\sqrt{\overline{v^2}}=\sqrt{\frac{3kT}{m}}=\sqrt{\frac{3RT}{M_{mol}}}\approx1.73\sqrt{\frac{RT}{M_{mol}}}$

7. 分子碰撞频率的统计规律.

平均碰撞频率 $\bar{Z}=\sqrt{2}\pi d^2\bar{v}n$

平均自由程 $\bar{\lambda}=\frac{kT}{\sqrt{2}\pi d^2 p}$

重点提示：

(1) 理想气体的微观模型和统计假设，压强和温度的微观本质及其表示.

(2) 一个分子的平均平动动能、总能量，ν moL 理想气体的内能，以及 M g 理想气体内能的概念及计算.

(3) 速率分布函数的物理意义及与之相关的平均值(如平均速率、速率平方的平均值)的计算.

(4) 麦克斯韦速率分布曲线的表示，以及由图上可以表示出来的各个量的物理意义，由于温度变化或者气体种类变化而引起的曲线的移动.

(5) 由于温度、压强等的影响而引起的平均自由程和平均碰撞频率的变化.

三、疑难分析与问题讨论

1. 统计假设.

本章以气体为研究对象，从气体分子动理论观点出发，运用统计方法来研究大量气体分子的热运动规律. 对于每个分子而言，都遵循力学规律，但对大量分子的整体而言，却遵循着运动的统计规律. 对大量偶然事件进行统计时，统计对象中有的个体量是无法一一测定的(如每个分子的位置、速度等). 对于个体量无法测定的情况，就需要引入基本假设. 统计物理的基本假设就是"等概率假设"，即处在平衡态的孤立系统，各微观态出现的概率相等. 由此可以得到两个重要结论：

(1) 在平衡态下，如忽略外场的影响，每个分子处在容器内任一位置的概率是相等的.

(2) 在平衡态下，每个分子向各个方向运动的概率是相等的.

整个平衡态统计理论就是建立在等概率假设基础上的. 由此出发，运用统计平均方法，建立微观量与宏观量的联系，得到统计规律，揭示宏观现象的微观本质，这就是统计物理处理问题的基本思路.

2. 速率分布函数的要点.

由于各个分子的运动速率大小不同，各有差异，跟踪各个分子的行为是非常困难的. 面对杂乱运动着的大量气体分子集团，所能做的就是寻求分子运动的统计规律，即把分子速率的可能取值范围($0\sim\infty$)分成许多相等的区间，研究在不同的速率区间，分子出现的百分率是多少；在哪个速率区间，分子出现的百分率最大，亦即研究分子数按分子速率快慢分布的统计规律.

(1) 速率分布函数的意义.

$$f(v)=\frac{\mathrm{d}N}{N\mathrm{d}v}$$

它表示分布在速率 v 附近单位速率区间内的分子数占总分子数的百分率.

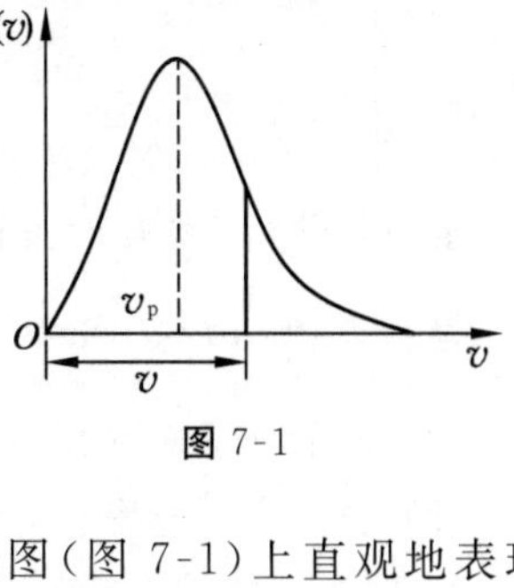

图 7-1

(2) 麦克斯韦速率分布函数的特性.

$f(v)=4\pi\left(\frac{m}{2\pi kT}\right)^{\frac{3}{2}}v^2\mathrm{e}^{-\frac{mv^2}{2kT}}$ 的特性可以从速率分布曲线图(图 7-1)上直观地表现出来.

① 速率分布函数满足归一化条件，曲线下的总面积恒等于 1.

② 曲线两端为零. 这表明在一定温度下，分子具有从零到无限大的各种速率值. 具有中等速率的分子所占的百分率很大，而速率很小和很大的分子所占的百分率都很小.

③ 曲线存在一极大值. 与之对应的速率称为最概然速率(v_p)，这表明在 v_p 附近速率区间内分子出现的概率最大.

④ 曲线直观地反映出温度 T 和分子摩尔质量 M_{mol} 对速率分布的影响. 对确定的气体(M_{mol} 确定)而言，曲线形状随 T 而变. 温度升高，速率大的分子数增加，最概然速率 v_p 增大($v_p \propto \sqrt{T}$)，曲线右移，变得较为平坦. 温度降低，小速率的分子数增加，v_p 减小，曲线左移，变得较为凸起，如图 7-2 所示.

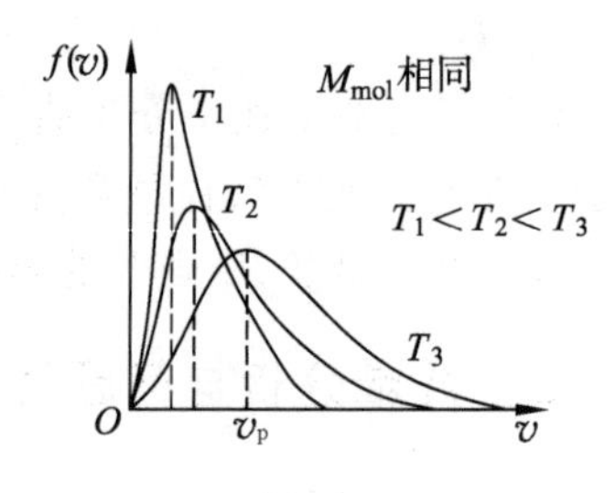

图 7-2

在同一温度下，曲线形状因气体不同(M_{mol} 不同)而异. 当分子摩尔质量减小时，最概然速率 v_p 增大($v_p \propto \frac{1}{\sqrt{M_{mol}}}$)，曲线右移，变得较为平坦，如图 7-3 所示.

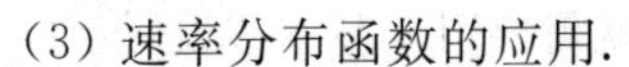

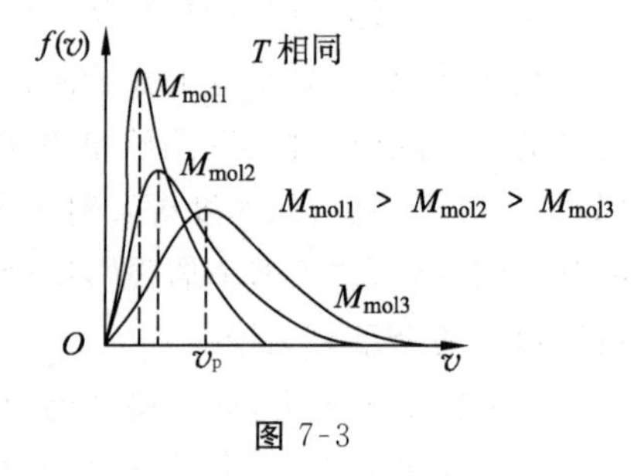

图 7-3

(3) 速率分布函数的应用.

① 利用 $f(v)$ 可以计算在某一速率区间内分子出现的百分率.

② 利用 $f(v)$ 可以计算气体分子的三种特征速率.

③ 利用 $f(v)$ 可以计算与分子速率有关的物理量(如动量、能量等)的平均值.

若系统的某一力学量 g 为速率 v 的函数 $g(v)$，则其统计平均值可以按下式计算：

$$\overline{g}(v) = \int_0^{\infty} g(v) f(v) \mathrm{d}v$$

[问题 7-1] 已知 $f(v)$ 为麦克斯韦速率分布函数，N 为总分子数，v_p 为分子的最概然速率. 下列各式表示什么物理意义？

(1) $\int_0^{\infty} v f(v) \mathrm{d}v$；

(2) $\int_{v_p}^{\infty} f(v) \mathrm{d}v$；

(3) $\int_0^{\infty} N f(v) \mathrm{d}v$.

要点与分析：本题的关键是要掌握麦克斯韦速率分布函数的意义以及曲线的分布特征.

答：(1) $\int_0^{\infty} v f(v) \mathrm{d}v = \int_0^{\infty} v \frac{\mathrm{d}N}{N \mathrm{d}v} \mathrm{d}v = \int_0^{\infty} v \frac{\mathrm{d}N}{N}$ 表示分子的平均速率.

(2) 表示分子速率在 $v_p \sim \infty$ 区间的分子数占总分子数的百分比.

(3) 表示分子速率在 $0 \sim \infty$ 区间的分子数.

3. 理想气体的内能.

(1) 实际气体的内能. 实际气体的内能是所有分子各种形式的动能、振动势能以及分子间相互作用势能的总和.

(2) 理想气体的内能.对于理想气体,不计分子间相互作用,忽略分子间相互作用势能,所以理想气体的内能只是所有分子热运动动能的总和.对于刚性分子,$i=t+r$.

一个分子的平均总能量为

$$\bar{\varepsilon}=\frac{i}{2}kT=\frac{1}{2}(t+r+2s)kT$$

其中 t 为平动自由度,r 为转动自由度,s 为振动自由度(对理想气体 $s=0$).

1 mol 理想气体的内能为

$$E_{\text{mol}}=N_A\bar{\varepsilon}=N_A\ \frac{i}{2}kT=\frac{i}{2}RT$$

M kg 理想气体的内能为

$$E=\frac{M}{M_{\text{mol}}}\frac{i}{2}RT$$

由此可见:

① 理想气体的内能是温度 T 的单值函数,亦即 E 为系统的状态函数.状态一定时,系统的内能也一定.

② 内能的变化量 ΔE 与状态变化过程无关($\Delta E=\frac{M}{M_{\text{mol}}}\frac{i}{2}R\Delta T$).不同的变化过程,只要温度的变化量相同,内能的变化也就相同.

四、解题示例

[例题 7-1] 有 2×10^{-3} m^3 刚性双原子分子理想气体,其内能为 6.75×10^2 J.

(1) 试求气体的压强;

(2) 设分子总数为 5.4×10^{22} 个,求分子的平均平动动能及气体的温度.(玻耳兹曼常量 $k=1.38\times10^{-23}$ J·K^{-1})

要点与分析: 本题的关键在于掌握内能、温度、压强和平均平动动能之间的关系.

解: (1) 设分子数为 N,根据

$$E=N\ \frac{i}{2}kT\ \text{及}\ p=\frac{N}{V}kT$$

得

$$p=\frac{2E}{iV}=1.35\times10^5\ \text{Pa}$$

(2) 由

$$\frac{\bar{\varepsilon}}{E}=\frac{\frac{3}{2}kT}{N\ \frac{5}{2}kT}$$

得平均平动动能

$$\bar{\varepsilon}=\frac{3E}{5N}=7.5\times10^{-21}\ \text{J}$$

又

$$E=N\ \frac{5}{2}kT$$

得

$$T=\frac{2E}{5Nk}=362\ \text{K}$$

[例题 7-2] 容积 $V=1\ \text{m}^3$ 的容器内混有 $N_1=1.0\times10^{25}$ 个氢气分子和 $N_2=4.0\times10^{25}$ 个氧气分子,混合气体的温度为 400 K. 求:

(1) 气体分子的平动动能总和;

(2) 混合气体的压强.(普适气体常量 $R=8.31\ \text{J}\cdot\text{mol}^{-1}\cdot\text{K}^{-1}$)

解:(1)
$$\bar{\varepsilon}=\frac{3}{2}kT=8.28\times10^{-21}\ \text{J}$$

$$E_k=N\bar{\varepsilon}=(N_1+N_2)\frac{3}{2}kT=4.14\times10^5\ \text{J}$$

(2)
$$p=nkT=2.76\times10^5\ \text{Pa}$$

[例题 7-3] 设想有 N 个气体分子,其速率分布函数为

$$f(v)=\begin{cases}Av(v_0-v), & 0\leqslant v\leqslant v_0\\ 0, & v>v_0\end{cases}$$

试求:

(1) 常数 A;

(2) 最概然速率、平均速率和方均根速率;

(3) 速率介于$0\sim\frac{v_0}{3}$之间的分子数;

(4) 速率介于 $0\sim\frac{v_0}{3}$之间的气体分子的平均速率.

要点与分析:掌握归一化条件,三种统计速率与 $f(v)$的关系,以及与 $f(v)$有关的各种积分式的物理意义,如问题 7-1 中各种表达式的物理意义.

解:(1) 气体分子的分布曲线如图 7-4 所示.

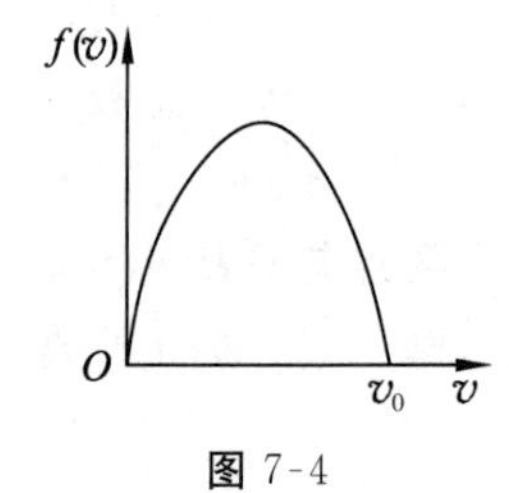

图 7-4

由归一化条件 $\int_0^\infty f(v)\mathrm{d}v=1$,得

$$\int_0^{v_0}Av(v_0-v)\mathrm{d}v=\frac{A}{6}{v_0}^3=1$$

故
$$A=\frac{6}{{v_0}^3}$$

(2) 最概然速率由$\left.\frac{\mathrm{d}f(v)}{\mathrm{d}v}\right|_{v_p}=0$ 决定,即

$$\left.\frac{\mathrm{d}f(v)}{\mathrm{d}v}\right|_{v_p}=A(v_0-2v)\Big|_{v_p}=0$$

可得 $v_p=\frac{v_0}{2}$.

平均速率
$$\bar{v}=\int_0^\infty vf(v)\mathrm{d}v=\int_0^{v_0}\frac{6}{{v_0}^3}v^2(v_0-v)\mathrm{d}v=\frac{v_0}{2}$$

$$\overline{v^2}=\int_0^\infty v^2f(v)\mathrm{d}v=\int_0^{v_0}\frac{6}{{v_0}^3}v^3(v_0-v)\mathrm{d}v=\frac{3}{10}{v_0}^2$$

方均根速率为
$$\sqrt{\overline{v^2}}=\sqrt{\frac{3}{10}}v_0$$

(3) 速率介于 $0\sim\frac{v_0}{3}$ 之间的分子数为

$$\int_0^{\frac{v_0}{3}} Nf(v)\mathrm{d}v = \int_0^{\frac{v_0}{3}} N\frac{6}{{v_0}^3}v(v_0-v)\mathrm{d}v = \frac{7N}{27}$$

(4) 速率介于 $0\sim\frac{v_0}{3}$ 之间的气体分子平均速率为

$$\bar{v}_{0\sim\frac{v_0}{3}} = \frac{\int_0^{\frac{v_0}{3}} v\mathrm{d}N}{\int_0^{\frac{v_0}{3}} \mathrm{d}N} = \frac{\int_0^{\frac{v_0}{3}} N\frac{6}{{v_0}^3}v^2(v_0-v)\mathrm{d}v}{\frac{7N}{27}} = \frac{3v_0}{14}$$

[例题 7-4]　一定量的理想气体先经等体过程,使其温度升高为原来的 4 倍,再经等温过程,使体积膨胀为原来的 2 倍. 根据 $\bar{Z}=\sqrt{2}\pi d^2\bar{v}n$ 和 $\bar{v}=\sqrt{\frac{8kT}{\pi m}}$,可知平均碰撞频率增至原来的 2 倍;再根据 $\bar{\lambda}=\frac{kT}{\sqrt{2}\pi d^2 p}$,则平均自由程增至原来的 4 倍. 以上结论是否正确?如有错误,请改正.

要点与分析:分子碰撞频率的统计规律即平均碰撞频率、平均自由程.

解:两个结论都是错误的. 应改正为:由于 $\bar{v}$ 增大到原来的 2 倍,n 减小至原来的 $\frac{1}{2}$. 所以由 $\bar{Z}=\sqrt{2}\pi d^2\bar{v}n$ 可知平均碰撞频率 $\bar{Z}$ 不变.

由 $\bar{\lambda}=\frac{kT}{\sqrt{2}\pi d^2 p}$ 可知平均自由程增为原来的 2 倍.

自测练习7

(一) 选择题

1. 若理想气体的质量为 M,摩尔质量为 M_{mol},体积为 V,压强为 p,温度为 T,一个分子的质量为 m,k 为玻尔兹曼常量,R 为普适气体常量,则该理想气体的状态方程为　[　　]

(A) $pV=\frac{m}{M_{\mathrm{mol}}}RT$　(B) $pV=\frac{M}{M_{\mathrm{mol}}}RT$　(C) $pV=\frac{m}{M_{\mathrm{mol}}}kT$　(D) $pV=\frac{M}{M_{\mathrm{mol}}}kT$

2. 若一氧气瓶的容积为 V,充了气未使用时压强为 p_1,温度为 T_1;使用后瓶内氧气的质量减少为原来的一半,其压强降为 p_2,则此时瓶内氧气的温度 T_2 为　[　　]

(A) $\frac{2T_1p_2}{p_1}$　(B) $\frac{T_1p_2}{p_1}$　(C) $\frac{2T_1p_1}{p_2}$　(D) $\frac{T_1p_1}{p_2}$

3. 有一截面均匀的封闭圆筒,中间被一光滑的活塞分隔成两边,如果其中的一边装有 0.1 kg 某一温度的氢气,为了使活塞停留在圆筒的正中央,则另一边应装入同一温度的氧气的质量为　[　　]

(A) $\frac{1}{16}$ kg　(B) 0.8 kg　(C) 1.6 kg　(D) 3.2 kg

4. 理想气体的质量为 M,摩尔质量为 M_{mol},温度为 T,一个分子的质量为 m,i 为分子自由度,k 为玻尔兹曼常量,R 为普适气体常量,则该理想气体的内能为 [ ]

(A) $\dfrac{M}{M_{\mathrm{mol}}}\dfrac{i}{2}RT$ (B) $\dfrac{M}{M_{\mathrm{mol}}}\dfrac{i}{2}kT$ (C) $\dfrac{m}{M_{\mathrm{mol}}}\dfrac{i}{2}RT$ (D) $\dfrac{m}{M_{\mathrm{mol}}}\dfrac{i}{2}kT$

5. 若氢气(可视为理想气体)分子的平均平动动能为 $\bar{\varepsilon}_{kt}$,平均动能为 $\bar{\varepsilon}_{\mathrm{k}}$,分子数密度为 n,则其压强为 [ ]

(A) $\dfrac{3}{2}n\bar{\varepsilon}_{kt}$ (B) $\dfrac{2}{3}n\bar{\varepsilon}_{kt}$ (C) $\dfrac{3}{2}n\bar{\varepsilon}_{\mathrm{k}}$ (D) $\dfrac{2}{3}n\bar{\varepsilon}_{\mathrm{k}}$

6. 容积 $V=1\ \mathrm{m}^3$ 的容器内混有 $N_1=1.0\times10^{25}$ 个氢气分子和 $N_2=4.0\times10^{25}$ 个氧气分子,混合气体的温度为 400 K,则气体分子的平均平动动能总和为 [ ]

(A) 4.14×10^5 J (B) 4.14×10^4 J (C) 4.14×10^3 J (D) 4.14×10^2 J

7. 关于温度的意义,有下列几种说法:

(1) 气体的温度是分子平均平动动能的量度.

(2) 气体的温度是大量气体分子热运动的集体表现,具有统计意义.

(3) 温度的高低反映物质内部分子运动剧烈程度的不同.

(4) 从微观上看,气体的温度表示每个气体分子的冷热程度.

其中正确的是 [ ]

(A) (1)、(2)、(4) (B) (1)、(2)、(3) (C) (2)、(3)、(4) (D) (1)、(3)、(4)

8. 若氮气(可视为刚性分子)的温度为 T, k 为玻尔兹曼常量,R 为普适气体常量,则其分子的平均动能为 [ ]

(A) $\dfrac{5}{2}RT$ (B) $\dfrac{3}{2}RT$ (C) $\dfrac{5}{2}kT$ (D) $\dfrac{3}{2}kT$

9. 若分子总数为 N,其速率分布函数为 $f(v)$,则 $Nf(v)$的物理意义为 [ ]

(A) 具有速率 v 的分子占总分子数的百分比

(B) 速率分布在 v 附近的单位速率间隔中的分子数占总分子数的百分比

(C) 具有速率 v 的分子数

(D) 速率分布在 v 附近的单位速率间隔中的分子数

10. 设图 7-5 所示的两条曲线分别表示在相同温度下氧气和氢气分子的速率分布曲线;令$(v_{\mathrm{p}})_{O_2}$ 和$(v_{\mathrm{p}})_{H_2}$ 分别表示氧气和氢气的最概然速率,则 ( )

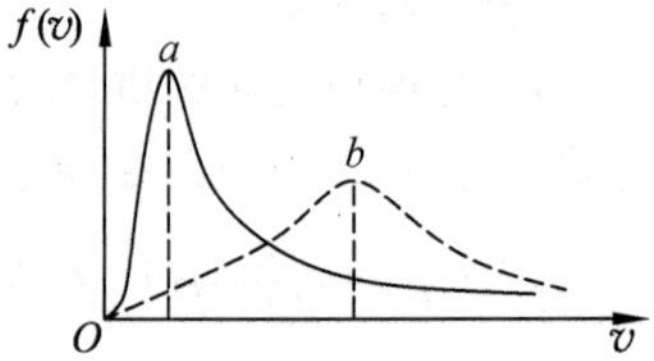

图 7-5

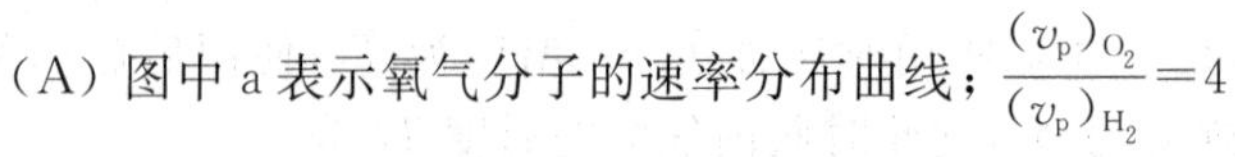

(A) 图中 a 表示氧气分子的速率分布曲线;$\dfrac{(v_{\mathrm{p}})_{O_2}}{(v_{\mathrm{p}})_{H_2}}=4$

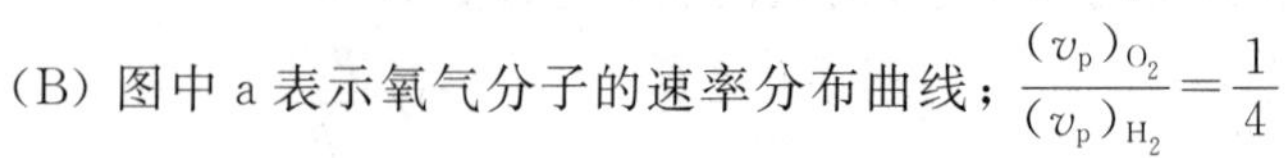

(B) 图中 a 表示氧气分子的速率分布曲线;$\dfrac{(v_{\mathrm{p}})_{O_2}}{(v_{\mathrm{p}})_{H_2}}=\dfrac{1}{4}$

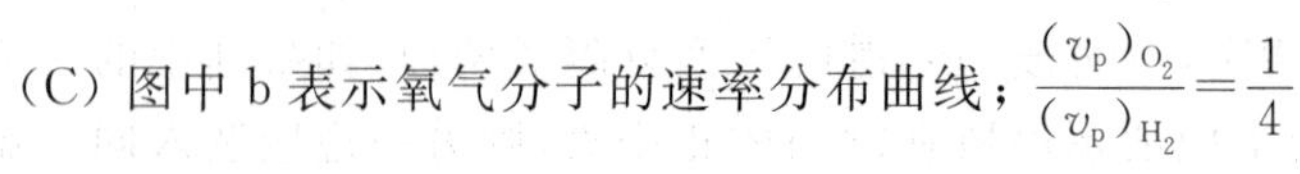

(C) 图中 b 表示氧气分子的速率分布曲线;$\dfrac{(v_{\mathrm{p}})_{O_2}}{(v_{\mathrm{p}})_{H_2}}=\dfrac{1}{4}$

(D) 图中 b 表示氧气分子的速率分布曲线;$\dfrac{(v_{\mathrm{p}})_{O_2}}{(v_{\mathrm{p}})_{H_2}}=4$

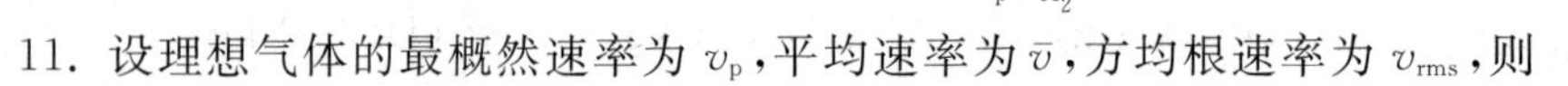

11. 设理想气体的最概然速率为 v_{p},平均速率为 $\bar{v}$,方均根速率为 v_{rms},则 [ ]

(A) $v_p > \bar{v} > v_{rms}$　　(B) $v_p < \bar{v} < v_{rms}$

(C) $\bar{v} > v_p > v_{rms}$　　(D) $\bar{v} < v_p < v_{rms}$

12. 三个容器A、B、C中装有同种理想气体，其分子数密度 n 相同，而方均根速率之比为1∶2∶4，则其压强之比 $p_A : p_B : p_C$ 为　[　]

(A) 1∶2∶4　(B) 1∶4∶8　(C) 4∶2∶1　(D) 1∶4∶16

13. 若某理想气体的温度为 T，摩尔质量为 M_{mol}，一个分子的质量为 m，k 为玻尔兹曼常量，R 为普适气体常量，则其最概然速率为　[　]

(A) $\sqrt{\dfrac{3RT}{M_{mol}}}$　(B) $\sqrt{\dfrac{2RT}{M_{mol}}}$　(C) $\sqrt{\dfrac{3RT}{m}}$　(D) $\sqrt{\dfrac{2RT}{m}}$

14. 已知氢气与氧气的温度相同，下列说法正确的是　[　]

(A) 氧分子的质量比氢分子大，所以氧气的压强一定大于氢气的压强

(B) 氧分子的质量比氢分子大，所以氧气的密度一定大于氢气的密度

(C) 氧分子的质量比氢分子大，所以氢分子的速率一定比氧分子的速率大

(D) 氧分子的质量比氢分子大，所以氢分子的方均根速率一定比氧分子的方均根速率大

15. 一定量的理想气体，在体积不变的条件下，当温度降低时，分子的平均碰撞频率 $\bar{Z}$ 和平均自由程 $\bar{\lambda}$ 的变化情况是　[　]

(A) $\bar{Z}$ 减小，但 $\bar{\lambda}$ 不变　　(B) $\bar{Z}$ 不变，但 $\bar{\lambda}$ 减小

(C) $\bar{Z}$ 和 $\bar{\lambda}$ 都减小　　(D) $\bar{Z}$ 和 $\bar{\lambda}$ 都不变

(二) 填空题

1. 所谓平衡态，是指在不受外界影响的条件下，系统所有的________都不随时间改变的状态.

2. 一定量的理想气体处于热动平衡状态时，此热力学系统不随时间变化的三个宏观量是________、________和________.

3. 无论用什么种类气体，无论是定容还是定压，所建立的温标在气体压强趋于零时都趋于一共同的极限值.这个极限温标叫作________________.

4. 如果一真空泵可获得的真空度为 10^{-13} mmHg，那么此真空度下每立方厘米内含有的空气分子数目为______________.(已知空气的温度为27 ℃)

5. 在容积为 10^{-2} m^3 的容器中，装有质量100 g的气体，若气体分子的方均根速率为200 m·s^{-1}，则气体的压强为________ Pa.

6. 大量的实验结果证明，在压强不太大(与大气压相比)、温度不太低(与室温相比)的条件下，各种气体都近似地遵守____________定律、____________定律、____________定律三大实验定律.

7. 大量气体分子的永不停息的________________________是气体分子热运动的基本特征.

8. 若已知气体分子的平均平动动能等于一个电子伏特，则其温度为________ K.

9. 刚性双原子分子的自由度为________，其平均平动动能为________，平均动能为________________.设温度为 T，玻尔兹曼常量为 k.

10. 根据能量按自由度均分原理,设气体分子为刚性分子,分子自由度数为 i,则当温度为 T 时,

(1) 一个分子的平均动能为__________;

(2) 一摩尔氧气分子的转动动能总和为__________________.

11. 容器中储有 1 mol 的氮气,压强为 1.33 Pa,温度为 7 ℃,则

(1) 1 m^3 中氮气的分子数为________;

(2) 容器中氮气的密度为________ $kg \cdot m^{-3}$;

(3) 1 m^3 中氮分子的总平动动能为________ J.

12. 若 2 L 的容器中储有刚性双原子分子气体,在常温下,其压强为 1.5×10^5 Pa,则气体的热运动能量为________ J.

13. 在平衡状态下,已知理想气体分子的麦克斯韦速率分布函数为 $f(v)$,分子质量为 m,最概然速率为 v_p,则 $f(v)dv$ 表示________________.

14. 已知 $f(v)$ 为麦克斯韦速率分布函数,N 为总分子数,则

(1) 速率 $v>100\ m \cdot s^{-1}$ 的分子数占总分子数的百分比的表达式为____________;

(2) 速率 $v>100\ m \cdot s^{-1}$ 的分子数的表达式为__________________.

15. 最概然速率的物理意义是,如果把整个速率范围分成许多相等的小区间,则分布在 v_p 所在的区间内的分子比率为________________.

16. 一容器内盛有密度为 ρ 的单原子理想气体,其压强为 p,此气体的方均根速率为________________.

17. 氮气在标准状态下的分子平均碰撞频率为 $5.42\times10^8\ s^{-1}$,分子平均自由程为 6×10^{-6} cm,若温度不变,气压降为 0.1 atm,则分子的平均碰撞频率变为__________ s^{-1},平均自由程变为________ cm.

18. 当气体各层的流速不同时,则通过任一平行于流速的截面,两侧的相邻两层气体将平行于截面互施上切向作用力与反作用力.力的作用使流动较快的气层减速,使流动较慢的气层加速,这就是________________现象.

(三) 计算题

1. 设想太阳是由密度均匀的氢原子组成的理想气体,若此理想气体的压强为 1.35×10^{14} Pa.试估计太阳的温度.(已知氢原子的质量 $m_H=1.67\times10^{-27}$ kg,太阳半径 $R_S=6.96\times10^8$ m,太阳质量 $m_S=1.99\times10^{30}$ kg)

2. 一容器内储存有氧气，其压强为 1.01×10^{5} Pa，温度为 27 ℃，求：

（1）气体分子的数密度；

（2）氧气的密度；

（3）氧气分子的平均平动动能；

（4）氧气分子间的平均距离.（设分子间均匀等距排列）

3. 在容积为 $2.0\times10^{-3}\,\mathrm{m}^{3}$ 的容器中有内能为 6.75×10^{2} J 的刚性双原子分子某理想气体.

（1）求气体的压强；

（2）设分子总数为 5.4×10^{22} 个，求分子的平均平动动能及气体的温度.

4. 有 N 个质量均为 m 的同种气体分子，它们的速率分布如图 7-6 所示.

（1）说明曲线与横坐标所包围的面积的含义；

（2）由 N 和 v_0 求 a 值；

（3）求速率在 $\frac{v_0}{2}\sim\frac{3v_0}{2}$ 间隔内的分子数；

（4）求分子的平均平动动能.

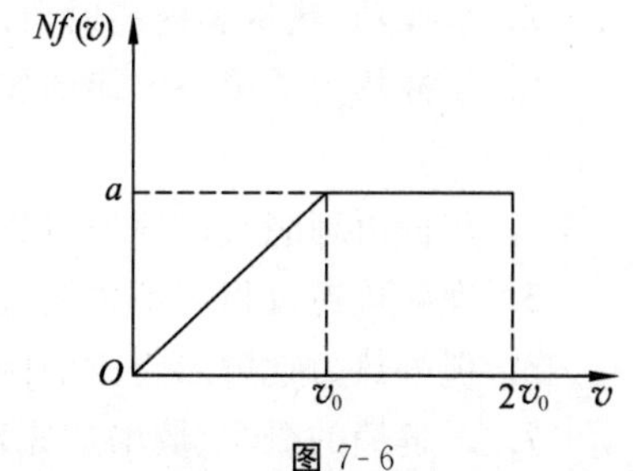

图 7-6

5. 已知某理想气体分子的方均根速率为 400 m·s^{-1}. 当其压强为 1 atm 时，求气体的密度.

6. 若氖气分子的有效直径为 2.59×10^{-8}，问在温度为 600 K、压强为 1.33×10^{2} Pa 时氖分子的平均碰撞频率为多少？

第8章　热力学基础

在中学里，热学作为选修内容，主要讲述了理想气体状态方程，气体分子运动的特点，对气体定律给出了微观解释，还从能量的观点介绍了理想气体的内能及其变化. 在大学物理中，则进一步强调了热力学第一定律的实质，以及对热力学第二定律的理解. 其中用积分法计算由于体积变化系统所做的功，用微分形式表示热力学第一定律，以及理想气体的定体热容、定压热容的概念，这些都是中学里没有学过的. 在学习过程中，定量的内容较多，对知识的要求较高，需要切实理解和熟练运用.

一、基本要求

1. 理解准静态过程的概念.
2. 掌握功、热量和内能的概念，掌握理想气体的定体热容、定压热容的计算公式.
3. 掌握热力学第一定律的实质及其应用，掌握热力学过程中的功、热量和内能改变量的计算方法.
4. 掌握由理想气体等值过程、绝热过程等简单过程组成的循环过程的效率的计算.
5. 理解可逆过程和不可逆过程.
6. 理解热力学第二定律的两种叙述，了解热力学第二定律的统计意义.
7. 了解熵的概念、熵增加原理.

二、内容提要与重点提示

1. 准静态过程.

在过程进行的每一时刻，系统都无限接近于平衡态.

2. 体积功.

准静态过程中系统对外做的功为

$$dW = p dV$$
$$W = \int dW = \int_{V_1}^{V_2} p dV$$

3. 热量.

系统与外界或两物体之间由于温度不同而交换的热运动能量.

4. 热力学第一定律.

$$dQ = dE + dW$$
$$Q = E_2 - E_1 + W = \Delta E + W$$

上式是包含热量在内的能量守恒定律．这里规定吸热 Q 取正，对外做功 W 取正，内能增加 $\Delta E>0$；反之相反．热力学第一定律适用于任何热力学系统所进行的任意过程．

5．热容量．

$$C=\frac{\mathrm{d}Q}{\mathrm{d}T}$$

定体摩尔热容 $$C_{V,\mathrm{m}}=\frac{i}{2}R$$

定压摩尔热容 $$C_{p,\mathrm{m}}=\frac{i+2}{2}R$$

迈耶公式 $$C_{p,\mathrm{m}}=C_{V,\mathrm{m}}+R$$

比热容比 $$\gamma=\frac{C_{p,\mathrm{m}}}{C_{V,\mathrm{m}}}=\frac{i+2}{i}$$

6．理想气体等值过程中热量、内能和功的计算．

(1) 等体过程：系统对外不做功，吸收的热量全用于增加内能．

$$W=0$$

$$Q_V=\Delta E=\frac{M}{M_{\mathrm{mol}}}C_{V,\mathrm{m}}\Delta T$$

(2) 等压过程：气体吸收的热量一部分用于增加内能，另一部分用于对外做功．

$$\Delta E=\frac{M}{M_{\mathrm{mol}}}C_{V,\mathrm{m}}\Delta T$$

$$W=p\Delta V=\frac{M}{M_{\mathrm{mol}}}R\Delta T$$

$$Q_p=\Delta E+W=\frac{M}{M_{\mathrm{mol}}}(C_{V,\mathrm{m}}+R)\Delta T=\frac{M}{M_{\mathrm{mol}}}C_{p,\mathrm{m}}\Delta T$$

(3) 等温过程：气体吸热全部用于对外做功．

$$\Delta E=0$$

$$Q_T=W=\frac{M}{M_{\mathrm{mol}}}RT\ln\frac{V_2}{V_1}=\frac{M}{M_{\mathrm{mol}}}RT\ln\frac{p_1}{p_2}$$

(4) 绝热过程：系统与外界没有热交换．

$$Q=0$$

$$W=-\Delta E=-\frac{M}{M_{\mathrm{mol}}}C_{V,\mathrm{m}}\Delta T=\frac{p_2V_2-p_1V_1}{1-\gamma}$$

绝热方程为

$$pV^{\gamma}=C_1$$

$$TV^{\gamma-1}=C_2$$

$$T^{-\gamma}p^{\gamma-1}=C_3$$

7．循环过程的计算．

(1) 循环过程：系统经过一系列状态变化，又回到原来状态的过程．

(2) 循环特征：系统经历一个循环之后内能不改变．

(3) 热机效率 $$\eta=\frac{W}{Q_1}=\frac{Q_1-Q_2}{Q_1}=1-\frac{Q_2}{Q_1}$$

制冷机制冷系数 $e=\frac{Q_2}{W}=\frac{Q_2}{Q_1-Q_2}$

(4) 卡诺循环：由两个等温过程和两个绝热过程组成的循环.

卡诺热机效率 $\eta=1-\frac{Q_2}{Q_1}=1-\frac{T_2}{T_1}$

卡诺制冷机制冷系数 $e=\frac{T_2}{T_1-T_2}$

8. 热力学第二定律.

(1) 可逆过程：系统状态变化过程中，逆过程能重复正过程的每一个状态，且不引起其他变化的过程. 实现的条件：过程无限缓慢，没有耗散力做功.

(2) 不可逆过程：在不引起其他变化的条件下，不能使逆过程重复正过程的每一状态的过程.

(3) 热力学第二定律的两种表述.

开尔文表述：不可能制造出这样一种循环工作的热机，它只从单一热源吸收热量对外做功而不产生其他影响.

克劳修斯表述：不可能把热量从低温物体传到高温物体而不引起外界的变化.

9. 卡诺定理.

工作在高温热源 T_1 和低温热源 T_2 之间，一切可逆热机的效率为

$$\eta=1-\frac{T_2}{T_1}$$

一切不可逆热机的效率不可能大于可逆热机的效率.

重点提示：

(1) 由体积变化而引起的功的计算，及其在 p-V 图上的表示方法.

(2) 热力学第一定律的内容及其对四种等值过程的应用，关键要掌握四种等值过程中功、热量和内能改变量的计算.

(3) 各种循环过程效率的计算.

(4) 热力学第二定律两种表述所反映的物理实质.

(5) 判断一个过程是可逆过程还是不可逆过程的方法.

三、疑难分析与问题讨论

1. 内能、功、热量.

内能是状态量，它是系统的单值函数. 对于理想气体，内能仅是温度的函数. 内能的增量只与系统初始和终了的状态有关，与系统状态变化的过程无关. 例如，对一定质量的理想气体，其温度由 T_1 变化到 T_2，无论其是通过等体过程、等压过程还是绝热过程，或是非平衡过程，内能的改变量都是一样的，都可以通过公式 $\Delta E=\frac{M}{M_{\mathrm{mol}}}C_{V,\mathrm{m}}(T_2-T_1)$ 计算得到.

功是过程量. 它不仅与系统的初态和终态有关，也与经历的过程有关. 过程不同，系统对外界做功不同. 就准静态过程而言，由于过程可由 p-V 图上的一条曲线表示，因此只要

知道描述过程进行的过程方程，即 p 随 V 变化的函数关系式，由积分式 $\int p\mathrm{d}V$ 就可以求出系统做功的大小，其值对应于曲线下的面积. 过程不同时，对应的 p-V 图上的曲线形状也就不同，由此不难理解功和过程有关的道理.

热量也是过程量. 绝热过程没有热量交换，而等体和等压过程中的热量计算也有区别. 如 1 mol 理想气体，温度升高 1 K，等体和等压过程中吸收的热量分别为 $C_{V,\mathrm{m}}$ 和 $C_{p,\mathrm{m}}$，两者的差为 $C_{p,\mathrm{m}}-C_{V,\mathrm{m}}=R$.

内能和功、热量的关系由热力学第一定律给出：$\mathrm{d}Q=\mathrm{d}E+\mathrm{d}W$. 因此，若想改变系统的内能，既可通过热传递，亦可通过做功来实现.

2. 热力学第二定律.

热力学第二定律指出了过程进行的方向，它说明不一定满足能量守恒的过程都能实现，自然界一切自发的过程都是有方向性的，即凡是涉及热现象的过程都是不可逆过程. 值得一提的是，不可逆过程不是不能向相反的方向进行的过程，而是指不可逆过程所产生的效果，不论用何种方法都不能使外界完全恢复原状而不引起其他变化.

热力学中一个基本的现象是趋向平衡态，这是一个显著的不可逆过程. 热传导、气体的自由膨胀和气体扩散都是典型的不可逆过程. 摩擦生热也是不可逆过程的典型例子，因此凡是涉及摩擦现象的过程都是不可逆过程.

热力学第二定律的开尔文表述和克劳修斯表述，均对应于一个不可逆过程. 自然界中不可逆过程的种类是无穷的，因此，热力学第二定律在原则上可以有多种不同的表达方式.

四、解题示例

[例题 8-1]　有 0.1 kg 的水蒸气，从 120 ℃加热升温到 140 ℃，问：

(1) 在等体过程中吸收了多少热量？

(2) 在等压过程中吸收了多少热量？

根据实验测定，已知水蒸气的摩尔定压热容 $C_{p,\mathrm{m}}=36.21\ \mathrm{J\cdot mol^{-1}\cdot K^{-1}}$，摩尔定容热容 $C_{V,\mathrm{m}}=27.82\ \mathrm{J\cdot mol^{-1}\cdot K^{-1}}$.

要点与分析： 热量的计算公式为 $Q=\nu C_{\mathrm{m}}\Delta T$. 由热力学第一定律，在等体过程中，$Q_V=\Delta E=\dfrac{M}{M_{\mathrm{mol}}}C_{V,\mathrm{m}}\Delta T$；在等压过程中，$Q_p=\Delta E+\int p\mathrm{d}V=\dfrac{M}{M_{\mathrm{mol}}}C_{p,\mathrm{m}}\Delta T$.

解： (1) 在等体过程中吸收的热量为

$$Q_V=\Delta E=\frac{M}{M_{\mathrm{mol}}}C_{V,\mathrm{m}}(T_2-T_1)=3.1\times10^3\ \mathrm{J}$$

(2) 在等压过程中吸收的热量为

$$Q_p=\Delta E+\int p\mathrm{d}V=\frac{M}{M_{\mathrm{mol}}}C_{p,\mathrm{m}}\Delta T=4.0\times10^3\ \mathrm{J}$$

[例题 8-2]　一气缸内盛有 1 mol 温度为 27 ℃、压强为 1 atm 的氮气(视为刚性双原子分子的理想气体). 先使它等压膨胀到原来体积的两倍，再等体升压使其压强变为 2 atm，最后使它等温膨胀到压强为 1 atm. 求：氮气在全部过程中对外做的功、吸收的热

量及其内能的变化.(普适气体常量 $R=8.31\ \mathrm{J\cdot mol^{-1}\cdot K^{-1}}$)

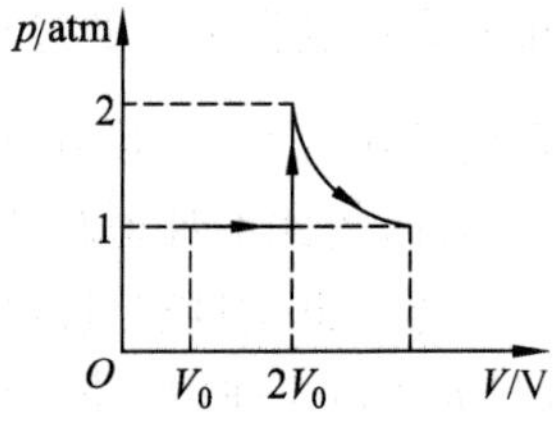

要点与分析: 本题测试的是各种等值过程中功、热量和内能改变量的计算.

图 8-1

解: 该氮气系统经历的全部过程如图 8-1 所示.设初态的压强为 p_0、体积为 V_0、温度为 T_0,而终态压强为 p_0、体积为 V、温度为 T.在全部过程中氮气对外所做的功为

$$W=W(\text{等压})+W(\text{等温})$$

$$W(\text{等压})=p_0(2V_0-V_0)=RT_0$$

$$W(\text{等温})=4p_0V_0\ln(2p_0/p_0)=4p_0V_0\ln2=4RT_0\ln2$$

$$W=RT_0+4RT_0\ln2=RT_0(1+4\ln2)=9.41\times10^3\ \mathrm{J}$$

氮气内能改变量为

$$\Delta E=c_V(T-T_0)=\frac{5}{2}R(4T_0-T_0)$$

$$=\frac{15}{2}RT_0\ \mathrm{J}=1.87\times10^4\ \mathrm{J}$$

氮气在全部过程中吸收的热量为

$$Q=\Delta E+W=2.81\times10^4\ \mathrm{J}$$

[例题 8-3] 如图 8-2 所示,$abcda$ 为1 mol单原子分子理想气体的循环过程.

(1) 求气体循环一次,在吸热过程中从外界共吸收的热量;

(2) 求气体循环一次对外做的净功;

(3) 证明在 a、b、c、d 四态,气体的温度有 $T_aT_c=T_bT_d$.

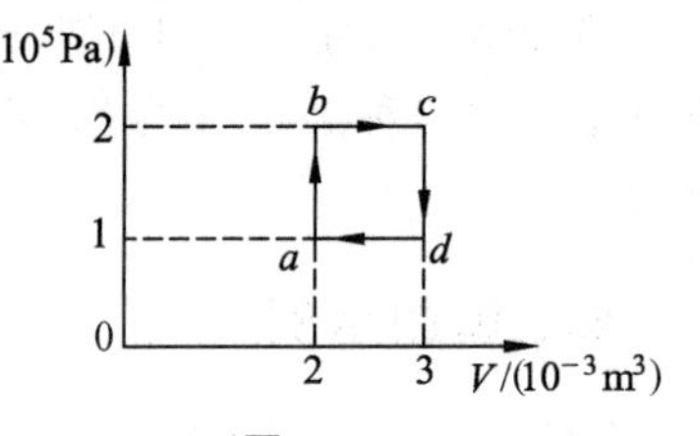

图 8-2

要点与分析: 本题测试的是循环过程中功和热量的计算.

解: (1) 过程 ab 与 bc 为吸热过程,吸热总和为

$$Q_1=c_V(T_b-T_a)+c_p(T_c-T_b)$$

$$=\frac{3}{2}(p_bV_b-p_aV_a)+\frac{5}{2}(p_cV_c-p_bV_b)$$

$$=800\ \mathrm{J}$$

(2) 循环过程对外所做总功为图中矩形面积,即

$$W=p_b(V_c-V_b)-p_d(V_d-V_a)=100\ \mathrm{J}$$

(3)
$$T_a=\frac{p_aV_a}{R},\quad T_c=\frac{p_cV_c}{R},\quad T_b=\frac{p_bV_b}{R},\quad T_d=\frac{p_dV_d}{R}$$

$$T_aT_c=\frac{p_aV_ap_cV_c}{R^2}=\frac{12\times10^4}{R^2}$$

$$T_bT_d=\frac{p_bV_bp_dV_d}{R^2}=\frac{12\times10^4}{R^2}$$

故
$$T_aT_c=T_bT_d$$

[例题 8-4] 一卡诺热机(可逆的),当高温热源的温度为 127 ℃、低温热源的温度为 27 ℃时,其每次循环对外做净功 8 000 J. 今维持低温热源的温度不变,提高高温热源的温度,使其每次循环对外做净功 10 000 J. 若两个卡诺循环都工作在相同的两条绝热线之间,试求:

(1) 第二个循环的热机效率;

(2) 第二个循环的高温热源的温度.

要点与分析: 本题测试的是卡诺热机的效率计算及其与热源温度的关系.

解:(1)

$$\eta=\frac{W}{Q_1}=\frac{Q_1-Q_2}{Q_1}=\frac{T_1-T_2}{T_1}$$

$$Q_1=W\frac{T_1}{T_1-T_2}\text{且}\frac{Q_2}{Q_1}=\frac{T_2}{T_1}$$

故

$$Q_2=\frac{T_2Q_1}{T_1}$$

即

$$Q_2=\frac{T_1}{T_1-T_2}\cdot\frac{T_2}{T_1}W=\frac{T_2}{T_1-T_2}W=24\ 000\ \text{J}$$

由于第二循环过程中吸热 $Q_1'=W'+Q_2'=W'+Q_2$(因为 $Q_2'=Q_2$),则

$$\eta'=\frac{W'}{Q_1'}=29.4\%$$

(2)

$$T_1'=\frac{T_2}{1-\eta'}=425\ \text{K}$$

自测练习8

(一) 选择题

1. 热力学第一定律表明: [ ]

(A) 系统对外做的功不可能大于系统从外界吸收的热量

(B) 系统内能的增量等于系统从外界吸收的热量

(C) 不可能存在这样的循环过程,在此循环过程中,外界对系统做的功不等于系统传给外界的热量

(D) 热机的效率不可能等于 1

2. 关于热量与功,下述说法正确的是 [ ]

(A) 功是一个过程量,热量是状态量 (B) 功是一个状态量,热量是过程量

(C) 功和热量均是过程量 (D) 功和热量均是状态量

3. 根据实验测定,水蒸气的定压摩尔热容 $C_{p,m}=36.21\ \text{J}\cdot\text{mol}^{-1}\cdot\text{K}^{-1}$,定容摩尔热容 $C_{V,m}=27.82\ \text{J}\cdot\text{mol}^{-1}\cdot\text{K}^{-1}$. 现有 0.1 kg 的水蒸气,从 120 ℃加热升温到 140 ℃,则在定容过程中吸收的热量为 [ ]

(A) 3.1×10^3 J (B) 4.0×10^3 J (C) 3.1×10^2 J (D) 4.0×10^2 J

4. 若 k 为玻尔兹曼常量,R 为普适气体常量,理想气体定压摩尔热容和定容摩尔热

容分别为 $C_{p,\mathrm{m}}$、$C_{V,\mathrm{m}}$,则两者关系为 [ ]

(A) $C_{V,\mathrm{m}}-C_{p,\mathrm{m}}=R$ (B) $C_{p,\mathrm{m}}-C_{V,\mathrm{m}}=R$

(C) $C_{V,\mathrm{m}}-C_{p,\mathrm{m}}=k$ (D) $C_{p,\mathrm{m}}-C_{V,\mathrm{m}}=k$

5. 关于理想气体的绝热膨胀过程,下列表述正确的是 [ ]

(A) 气体对外做功,气体温度升高 (B) 气体对外做功,气体温度降低

(C) 外界对气体做功,气体温度升高 (D) 外界对气体做功,气体温度降低

6. 关于理想气体的等温膨胀过程,下列表述正确的是 [ ]

(A) 气体对外做功,气体放热 (B) 气体对外做功,气体吸热

(C) 外界对气体做功,气体吸热 (D) 外界对气体做功,气体放热

7. 如图 8-3 所示,$abcda$ 为 1 mol 单原子分子理想气体的循环过程,则气体循环一次,从外界吸收的净热量为 [ ]

(A) 800 J (B) 600 J (C) 400 J (D) 100 J

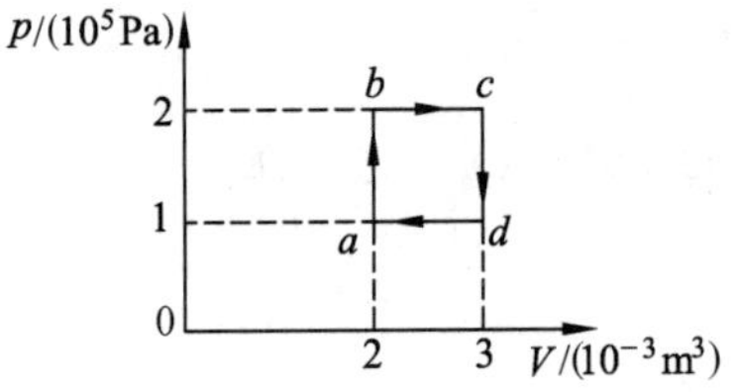

图 8-3

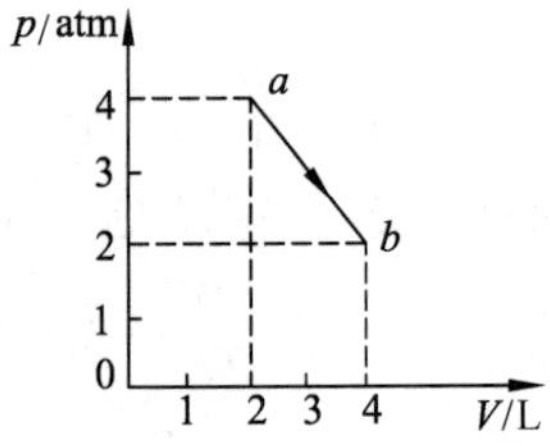

图 8-4

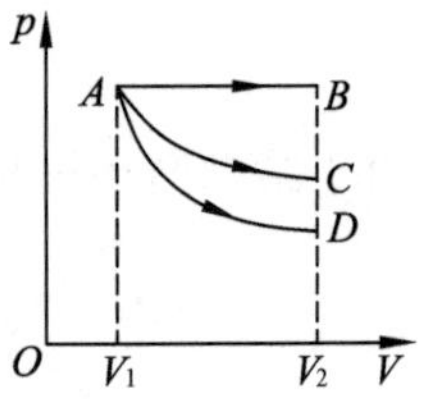

图 8-5

8. 如图 8-4 所示,一定量的理想气体沿着图中直线从状态 a(压强 $p_1=4$ atm,体积 $V_1=2$ L)变到状态 b(压强 $p_2=2$ atm,体积 $V_2=4$ L),则在此过程中 [ ]

(A) 气体对外做正功,向外界放出热量 (B) 气体对外做正功,从外界吸热

(C) 气体对外做负功,向外界放出热量 (D) 气体对外做正功,内能减少

9. 如图 8-5 所示,一定量理想气体从体积 V_1 膨胀到体积 V_2 分别经历的过程是:$A\to B$ 等压过程、$A\to C$ 等温过程、$A\to D$ 绝热过程,其中吸热量最多的过程是 [ ]

(A) $A\to B$ (B) $A\to C$

(C) $A\to D$ (D) 既是 $A\to B$ 也是 $A\to C$,两过程吸热一样多

10. 一定量的某种理想气体起始温度为 T,体积为 V,该气体在下面循环过程中经过三个平衡过程:(1) 绝热膨胀到体积为 $2V$,(2) 等容变化使温度恢复为 T,(3) 等温压缩到原来体积 V,则整个循环过程中 [ ]

(A) 气体向外界放热 (B) 气体对外界做正功

(C) 气体内能增加 (D) 气体内能减少

11. 理想气体的比热容比用 γ 表示,则其泊松(Poisson)方程为 [ ]

(A) $pV^{\gamma}=$常量 (B) $pV=$常量

(C) $pV^{-\gamma}=$常量 (D) $pV^{-1}=$常量

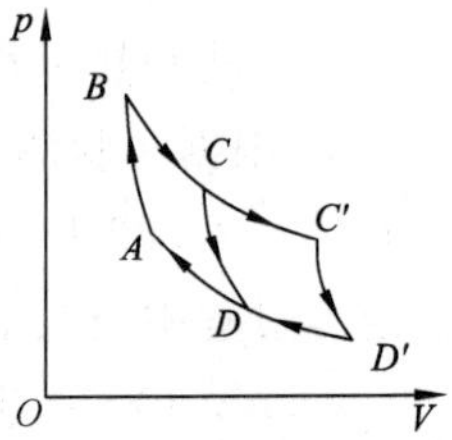

12. 如图 8-6 表示的两个卡诺循环,第一个沿 $ABCDA$ 进行,第二个沿 $ABC'D'A$ 进行,这两个循环的效率 η_1 和 η_2 的关系及这

图 8-6

两个循环所做的净功 W_1 和 W_2 的关系为 [ ]

(A) $\eta_1=\eta_2$, $W_1=W_2$ (B) $\eta_1>\eta_2$, $W_1=W_2$

(C) $\eta_1=\eta_2$, $W_1>W_2$ (D) $\eta_1=\eta_2$, $W_1<W_2$

13. 卡诺循环由 [ ]

(A) 两个绝热过程和两个等压过程组成 (B) 两个等温过程和两个等容过程组成

(C) 两个等温过程和两个等压过程组成 (D) 两个等温过程和两个绝热过程组成

14. 关于可逆过程和不可逆过程,下列表述正确的是 [ ]

(A) 可逆热力学过程一定是准静态过程

(B) 准静态过程一定是可逆过程

(C) 不可逆过程就是不能向相反方向进行的过程

(D) 绝热自由膨胀过程是可逆过程

(二) 填空题

1. 在 p-V 图上

(1) 系统的某一平衡态用________________来表示;

(2) 系统的某一平衡过程用________________来表示;

(3) 系统的某一循环过程用________________来表示.

2. 将热量 Q 传给一定量的理想气体,

(1) 若气体的体积不变,则热量用于__________________;

(2) 若气体的温度不变,则热量用于__________________;

(3) 若气体的压强不变,则热量用于__________________.

3. 某理想气体等温压缩到给定体积时外界对气体做功 $|W_1|$,又经绝热膨胀返回原来体积时气体对外做功 $|W_2|$,则整个过程中气体

(1) 从外界吸收的热量 $Q=$____________________;

(2) 内能增加了 $\Delta E=$________________________.

4. 一气缸内贮有 10 mol 的单原子分子理想气体,在压缩过程中外界做功 209 J,气体升温 1 K,此过程中气体内能增量为________J,外界传给气体的热量为________________J.(普适气体常量 $R=8.31\ \mathrm{J\cdot mol^{-1}\cdot K^{-1}}$)

5. 对于单原子气体和刚性双原子气体,其比热容比分别为________和________.

6. 如图 8-7 所示,已知图中画不同斜线的两部分的面积分别为 S_1 和 S_2,那么

(1) 如果气体的膨胀过程为 $a\to1\to b$,则气体对外做净功 $W=$______________;

(2) 如果气体进行 $a\to2\to b\to1\to a$ 的循环过程,则它对外做功 $W=$______________.

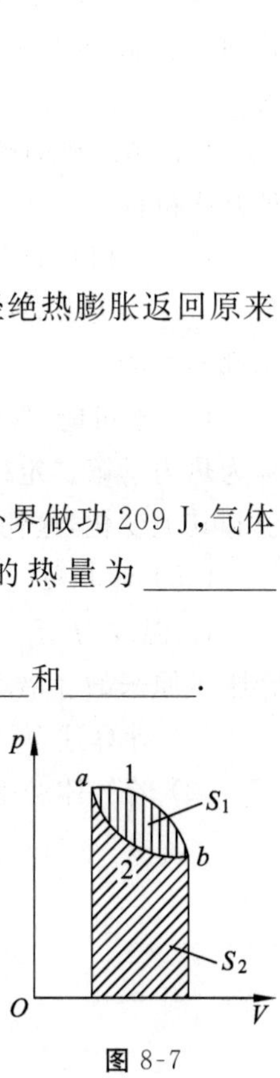

图 8-7

7. 因为系统的内能是状态的________函数,所以工质经历一个循环过程之后,它的内能____________________.

8. 在 p-V 图中的同一点,绝热线斜率的绝对值________等温线斜率的绝对值;因

此,绝热线比等温线要________。

9. 一定量理想气体,从 A 状态 $(2p_1, V_1)$ 经历如图 8-8 所示的直线过程变到 B 状态 $(p_1, 2V_1)$,则 AB 过程中系统做功 $W=$________,内能改变 $\Delta E=$________.

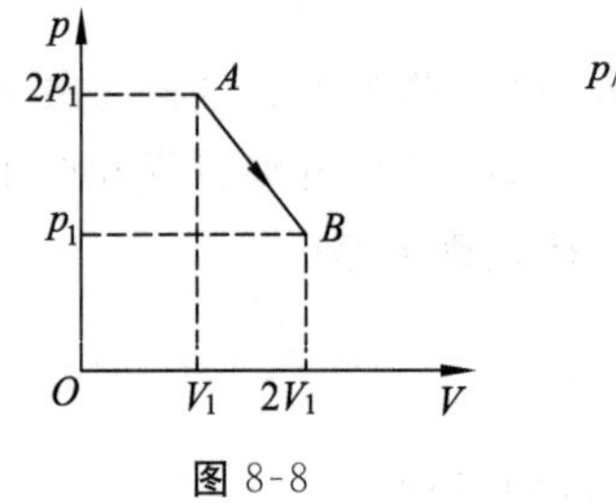

图 8-8

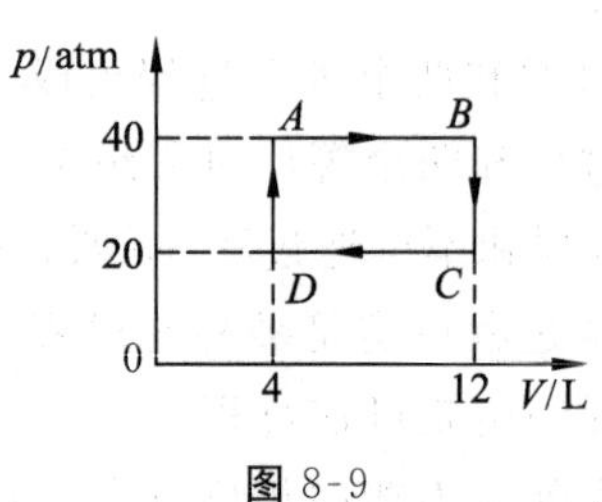

图 8-9

10. 如图 8-9 所示,理想气体从状态 A 出发经 $ABCDA$ 循环过程,回到初态 A 点,则循环过程中气体净吸收的热量为 $Q=$________ J.

11. 一热机从温度为 727 ℃的高温热源吸热,向温度为 527 ℃的低温热源放热. 若热机在最大效率下工作,且每一循环吸热 2 000 J,则此热机每一循环做功________ J.

12. 一卡诺循环的热机,高温热源温度为 400 K. 每一循环从此热源吸进 100 J 热量,并向一低温热源放出 80 J 热量,则低温热源温度为________ K,此循环的热机效率为________.

13. 制冷机向高温热源放出的热量可以完全被利用,在冬季用来升高室内的温度,这种制冷机称为________.

14. 在相同的高温热源和相同的低温热源之间工作的一切可逆热机,其效率都相等,与________无关;在相同的高温热源和相同的低温热源之间工作的一切不可逆热机,其效率都不可能________可逆热机的效率.

15. 不可能只从单一热源吸收热量,使之完全转换为功而不产生其他影响,这一结论称为热力学第二定律的____________表述;不可能把热量从低温物体传到高温物体而不引起其他变化,这就是热力学第二定律的________表述.

(三)计算题

1. 温度为 25 ℃、压强为 1 atm 的 1 mol 刚性双原子分子理想气体,经等温过程体积膨胀至原来的 3 倍.(普适气体常量 $R=8.31\ \mathrm{J\cdot mol^{-1}\cdot K^{-1}}$, $\ln 3=1.098\ 6$)

(1) 计算这个过程中气体对外所做的功;

(2) 若气体经绝热过程体积膨胀为原来的 3 倍,那么气体对外做的功又是多少?

2. 1 mol 双原子分子理想气体从状态 $A(p_1, V_1)$ 沿如图 8-10 所示 p-V 图直线变化到状态 $B(p_2, V_2)$，试求：

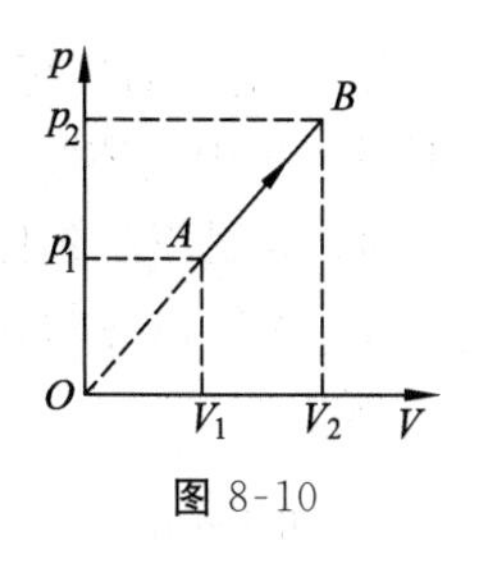

图 8-10

(1) 气体内能的增量；

(2) 气体对外界所做的功；

(3) 气体吸收的热量；

(4) 此过程的摩尔热容.

(摩尔热容 $C=\dfrac{\Delta Q}{\Delta T}$，其中 ΔQ 表示 1 mol 物质在升高温度 ΔT 时所吸收的热量.)

3. 1 mol 氢气在温度为 300 K、体积为 0.025 m^3 的状态下，经过：

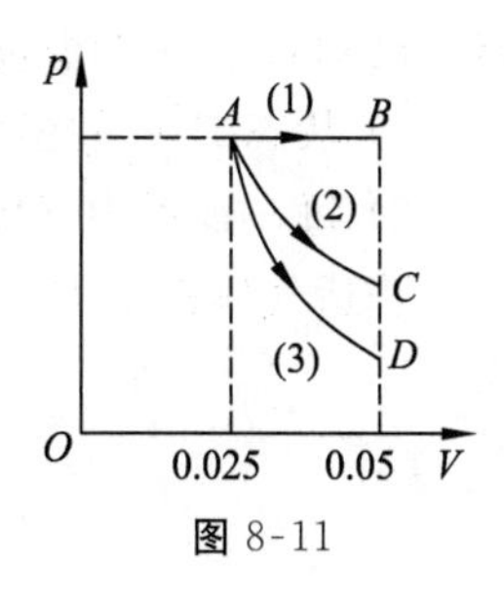

图 8-11

(1) 等压膨胀；

(2) 等温膨胀；

(3) 绝热膨胀.

气体的体积都变为原来的两倍，如图 8-11 所示. 试分别计算这三种过程中氢气对外做的功、吸收的热量及内能的增量.

4. 如图 8-12 所示，系统从状态 A 沿 ABC 变化到状态 C 的过程中，外界有 326 J 的热量传递给系统，同时系统对外做功 126 J. 当系统从状态 C 沿另一曲线 CA 返回到状态 A 时，外界对系统做功为 52 J，则此过程中系统是吸热还是放热？传递热量是多少？

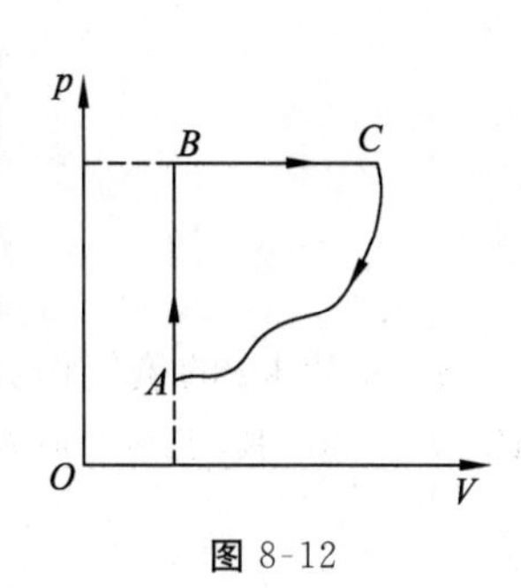

图 8-12

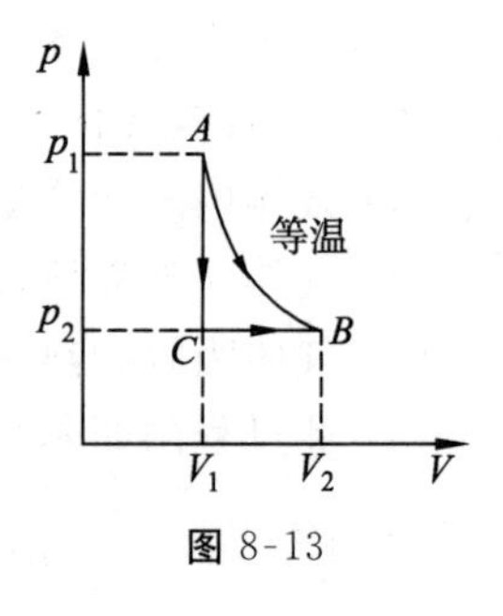

图 8-13

5. 一定量的理想气体在标准状态下体积为 $1.0\times10^{-2}\ \mathrm{m}^3$，求下列过程中气体吸收的热量：

(1) 等温膨胀到体积为 $2.0\times10^{-2}\ \mathrm{m}^3$；

(2) 先等体冷却，再等压膨胀到 (1) 中所到达的终态，如图 8-13 所示.

(已知 1 atm$=1.013\times10^5$ Pa，并设气体的 $c_V=\dfrac{5R}{2}$)

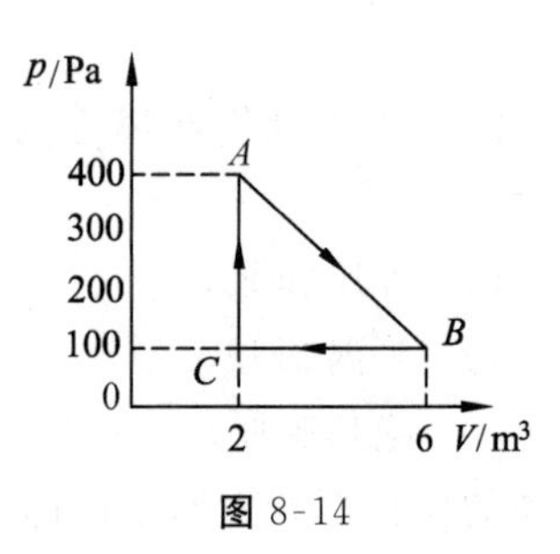

图 8-14

6. 比热容比 $\gamma=1.40$ 的理想气体进行如图 8-14所示的循环. 已知状态 A 的温度为 300 K. 求：

(1) 状态 B、C 的温度；

(2) 每一过程中气体所吸收的净热量.

(普适气体常量 $R=8.31\ \mathrm{J\cdot mol^{-1}\cdot K^{-1}}$)

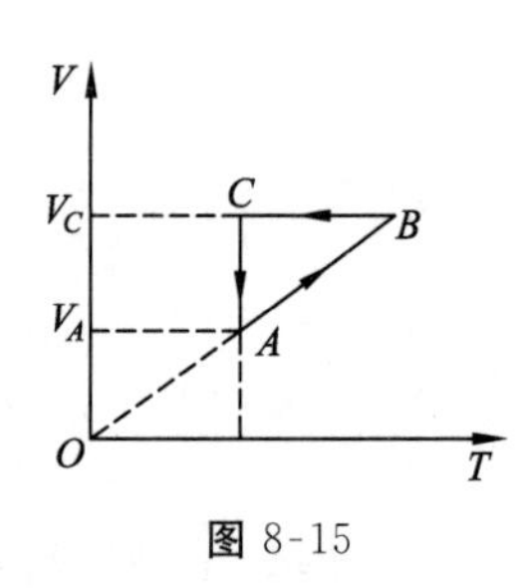

图 8-15

7. 某单原子理想气体循环过程如图 8-15 所示，图中 $V_C=2V_A$. 试问：

(1) 图中所示循环是代表制冷机还是热机？

(2) 如是正循环(热机循环)，求出其循环效率.

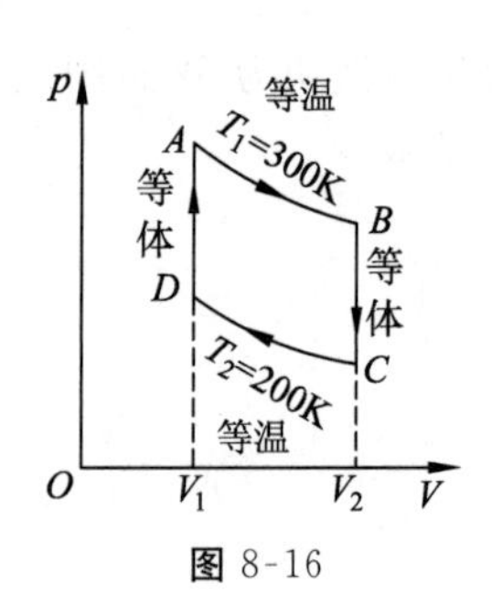

图 8-16

8. 0.32 kg 的氧气作如图 8-16 所示的 $ABCDA$ 循环，$V_2=2V_1$，$T_1=300$ K，$T_2=200$ K，求其循环效率.

第9章　静电场

在中学里，静电场部分主要讲述了电荷守恒定律、库仑定律、匀强电场中电荷受力，介绍了示波器工作原理、静电感应现象，对电场强度、电势的计算都局限于点电荷所形成的电场，对于任意带电体所形成的电场，也只作了定性说明. 在大学物理中，分别从静电力和静电力做功的特性引入电场强度和电势的概念，并由库仑定律和场的叠加原理导出反映静电场属性的两条基本规律：高斯定理和环路定理，介绍了电势梯度的概念；说明了导体静电平衡的条件及性质，以及电容器的电容计算问题；介绍了电介质的极化问题，导出了电介质的高斯定理；说明了电场的能量. 本章重点是对一般带电体电场的场强和电势进行计算，因此如何利用微元法通过积分求场强和电势、利用高斯定理求场强以及当电场中有导体时的相关问题成为难点.

一、基本要求

1. 理解静电场的电场强度、电通量和电势的概念，熟练掌握电场强度、电势、电场力的功的计算方法.

2. 掌握用高斯定理计算电场强度的条件和方法.

3. 理解导体静电平衡条件及在静电平衡时的性质，了解电介质的极化及其微观解释.

4. 理解并掌握电容的概念，掌握电容器电容的计算方法，掌握电容器串并联的特点.

5. 理解介质中的高斯定理，会计算某些有均匀电介质存在时静电场的电位移矢量和场强分布.

6. 掌握电场能量的计算方法.

二、内容提要与重点提示

1. 电荷及电荷守恒定律.

电荷的种类：正电荷和负电荷.

电荷的性质：同号电荷相斥、异号电荷相吸.

电荷量：电荷的多少，单位：库仑，符号：C.

电荷守恒定律：在一个孤立系统内，无论发生怎样的物理过程，该系统电荷量的代数和保持不变，这是物理学中的基本定律之一.

2. 库仑定律.

真空中两个静止的点电荷之间的作用力(静电力)，与它们所带电荷量的乘积成正比，与

它们之间的距离的平方成反比，作用力沿着这两个点电荷的连线，即

$$\boldsymbol{F}=\frac{1}{4\pi\varepsilon_0}\frac{q_1q_2}{r^2}\boldsymbol{e}_r$$

常数 ε_0 称为真空电容率，且 $\varepsilon_0=8.85\times10^{-12}\ \mathrm{C^2\cdot N^{-1}\cdot m^{-2}}$.

3. 电场强度及电场强度的计算.

(1) 电场强度 $\boldsymbol{E}$：场强 $\boldsymbol{E}$ 是描述电场性质的物理量，它的定义式为

$$\boldsymbol{E}=\frac{\boldsymbol{F}}{q_0}$$

式中，q_0 为试验电荷所带电荷量，$\boldsymbol{F}$ 为 q_0 在该点所受的电场力，$\boldsymbol{E}$ 为电场中该点的电场强度.

在国际单位制(SI) 中，电场强度的单位为 $\mathrm{N\cdot C^{-1}}$.

(2) 电场强度的计算.

点电荷的电场 $$\boldsymbol{E}=\frac{1}{4\pi\varepsilon_0}\frac{q_1q_2}{r^2}\boldsymbol{e}_r$$

点电荷系的电场 $$\boldsymbol{E}=\sum_{i=1}^{n}\frac{1}{4\pi\varepsilon_0}\frac{Q_i}{r^2}\boldsymbol{e}_r$$

电荷连续分布的带电体的电场 $$\boldsymbol{E}=\int \mathrm{d}\boldsymbol{E}=\int\frac{1}{4\pi\varepsilon_0}\frac{\mathrm{d}Q}{r^2}\boldsymbol{e}_r$$

带电体线分布：$\mathrm{d}Q=\lambda\mathrm{d}l$，$\lambda$ 为电荷线密度.

带电体面分布：$\mathrm{d}Q=\sigma\mathrm{d}S$，$\sigma$ 为电荷面密度.

带电体体分布：$\mathrm{d}Q=\rho\mathrm{d}V$，$\rho$ 为电荷体密度.

4. 静电场的性质.

(1) 高斯定理：在真空中的任意静电场中，通过任一闭合曲面 S 的电通量 Φ_e，等于该闭合曲面所包围的电荷量的代数和除以 ε_0，而与闭合曲面外的电荷无关.

$$\oint_S\boldsymbol{E}\cdot\mathrm{d}\boldsymbol{S}=\frac{\sum_{i=1}^{n}Q_i}{\varepsilon_0}$$

(2) 静电场的环路定理：在静电场中，场强沿任意闭合路径的线积分(称为场强的环流)恒为零.

$$\oint_L\boldsymbol{E}\cdot\mathrm{d}\boldsymbol{l}=0$$

5. 电势及电势的计算.

(1) 电势能：静电力的功等于静电势能的减少：

$$W_a=q_0\int_a^b\boldsymbol{E}\cdot\mathrm{d}\boldsymbol{l}\ (b\ \text{点为零电势能点})$$

(2) 电势.

$$U_a=\frac{W_a}{q_0}=\int_a^{\infty}\boldsymbol{E}\cdot\mathrm{d}\boldsymbol{l}\ (\text{无穷远处电势为零})$$

（3）电势差.

$$U_{ab}=U_a-U_b=\int_a^b \boldsymbol{E}\cdot \mathrm{d}\boldsymbol{l}$$

（4）静电力的功.

$$W_{ab}=q_0U_{ab}$$

（5）电势的计算.

点电荷的电势　$U_p=\frac{1}{4\pi\varepsilon_0}\frac{Q}{r}$（设无穷远处电势为零）

点电荷系的电势　$U=\sum_{i=1}^{n}U_i=\sum_{i=1}^{n}\frac{1}{4\pi\varepsilon_0}\frac{Q_i}{r_i}$

连续分布带电体的电势　$U=\int\frac{1}{4\pi\varepsilon_0}\frac{\mathrm{d}q}{r}$

6. 静电平衡条件.

（1）导体内部任意点的场强为零.

（2）导体表面附近的场强方向处处与表面垂直.

7. 导体静电平衡时的性质.

（1）导体是等势体，导体表面是等势面.

（2）导体内部处处没有未被抵消的净电荷，净电荷只分布在导体的表面上. 导体表面上的电荷分布情况，不仅与导体表面形状有关，还和它周围存在的其他带电体有关. 对于静电场中的孤立带电体来说，导体上电荷面密度的大小与该处表面的曲率有关，曲率较大，电荷面密度较大；曲率较小，电荷面密度较小；曲率为负，电荷面密度最小.

（3）导体以外，靠近导体表面附近处的场强大小与导体表面在该处的面电荷密度 σ 的关系为 $E=\frac{\sigma}{\varepsilon_0}$.

8. 导体的电容及电容器.

（1）电容的定义.

孤立导体的电容　$C=\frac{Q}{U}$

电容器的电容　$C=\frac{Q}{U_{AB}}$

（2）典型电容器的电容公式.

平行板电容器的电容　$C=\frac{\varepsilon S}{d}$

式中，S 为极板面积，d 为两极板距离，$\varepsilon=\varepsilon_0\varepsilon_r$ 为介质的电容率，ε_r 为介质的相对电容率.

圆柱形电容器的电容　$C=\frac{2\pi\varepsilon l}{\ln\frac{R_B}{R_A}}$

式中，R_A、R_B 分别为内、外导体半径，l 为圆柱体长度.

球形电容器的电容　$C=\frac{4\pi\varepsilon R_AR_B}{R_B-R_A}$

式中,R_A、R_B 分别为内、外导体球半径.

(3) 电容器的串联与并联.

串联 $$\frac{1}{C}=\frac{1}{C_1}+\frac{1}{C_2},U=U_1+U_2$$

并联 $$C=C_1+C_2,Q=Q_1+Q_2$$

9. 有电介质时的高斯定理.

$$\oint_S \boldsymbol{D}\cdot \mathrm{d}\boldsymbol{S}=\sum q_0$$

即通过任意闭合曲面的电位移通量,等于该闭合曲面所包围的自由电荷的代数和.

式中 $$\boldsymbol{D}=\varepsilon\boldsymbol{E}=\varepsilon_0\varepsilon_r\boldsymbol{E}$$

10. 电场的能量.

电容器储能 $$W_e=\frac{1}{2}QU=\frac{1}{2}CU^2=\frac{1}{2}\frac{Q^2}{C}$$

电场能量体密度——描述电场中能量分布状况,即

$$w_e=\frac{1}{2}\varepsilon_0 E^2$$

对非均匀电场,有

$$W_e=\int_V \mathrm{d}W_e=\int_V \frac{1}{2}\varepsilon_0 E^2\mathrm{d}V=\int_V \frac{1}{2}DE\mathrm{d}V$$

重点提示:

(1) 由点电荷的场强和电势出发,利用微元法通过积分求带电体的场强和电势.特别注意积分求场强时的矢量积分计算问题.

(2) 高斯定理的理解及应用.利用高斯定理求场强,特别注意分析带电体形成电场的对称性,选取合适的高斯面,正确求出高斯面内的电荷量的代数和.

(3) 电势、电势差、电势能、电场力的功的计算及它们之间的关系.注意电势的零点选择.

(4) 导体的静电平衡条件及导体处于静电平衡时的性质.能分析电荷的重新分布,并计算场强和电势.注意导体接地只表明导体的电势为零,绝不意味着导体表面的电荷一定为零,导体表面的电荷如何分布仍由导体的静电平衡状态确定.

(5) 电容器电容的计算,如平行板、圆柱形、球形电容器的计算;电容串、并联后等效电容的计算.

(6) 电场能量的计算.特别是电容器储能的计算,注意在电容器接通电源情况下变化电容意味着电容器的电势差不变;在电容器断开电源后再变化电容意味着电容器的电荷量不变.

(7) 介质中的高斯定理及其应用.注意使用分段积分方法由场强求电势.

三、疑难分析与问题讨论

1. 库仑定律的适用条件.

库仑定律是描述真空中两个静止点电荷之间的相互作用力的规律,注意两个电荷必

须是点电荷，对某个坐标系而言，施力电荷必须是静止的，受力电荷可以是静止的，也可以是运动的.

［问题 9-1］ 在真空中有两个相对的平行板，相距为 d，极板面积均为 S，分别带有 $+q$ 和 $-q$ 的电荷量. 有人说，根据库仑定律，两极板间的作用力 $F=\frac{q^2}{4\pi\varepsilon_0 d^2}$，又有人说，因 $F=qE$，而 $E=\frac{\sigma}{\varepsilon_0}$，$\sigma=\frac{q}{S}$，所以 $F=\frac{q^2}{\varepsilon_0 S}$，以上两种说法对不对？为什么？

要点与分析： 本题可加深学生对库仑定律的理解，尤其是如何理解点电荷这个概念.

答： 这两种说法都不对. 第一种说法：$F=\frac{q^2}{4\pi\varepsilon_0 d^2}$是把两带电平板看成点电荷，而题意没有给出平行板可以近似为点的条件. 第二种说法似乎把带电平板看成是无限大，但是由 $F=\frac{q^2}{\varepsilon_0 S}$分析，$E=\frac{q}{\varepsilon_0 S}$，这是带等量异号电荷的两个无限大平板间的场强，而电场力 $F=qE$ 中的 E 应是电荷 q 所在处场源电荷所激发的电场强度. 因而如果带电平板的线度比两极板间距 d 大得多时，$+q$ 和 $-q$ 的作用力的大小为 $F=\int E\mathrm{d}q=\frac{q^2}{2\varepsilon_0 S}$.

2. 如何理解高斯定理.

对真空中的静电场，高斯定理可表示成

$$\oint_S \boldsymbol{E}\cdot\mathrm{d}\boldsymbol{S}=\frac{\sum_{i=1}^{n}Q_i}{\varepsilon_0}$$

等式左边表示通过闭合曲面总的电场强度通量，它等于闭合曲面内所包围的电荷的代数和除以 ε_0.

需要注意的是：(1) 闭合曲面上各点的电场强度 $\boldsymbol{E}$ 是闭合曲面内外所有电荷共同产生的合场强，如果闭合曲面内电荷的代数和为零，只能说明通过闭合曲面的电通量为零，而闭合曲面上各点 $\boldsymbol{E}$ 却不一定为零.

(2) 不能用高斯定理求出场强分布的问题并不表示该问题中高斯定理不成立，高斯定理是静电场的一个普遍成立的规律.

［问题 9-2］ 在高斯定理 $\oint_S \boldsymbol{E}\cdot\mathrm{d}\boldsymbol{S}=\frac{q}{\varepsilon_0}$ 中，在任何情况下电场强度 E 是否完全由该电荷 q 产生？

要点与分析： 本题让学生正确理解高斯定理，弄懂闭合曲面内的电荷与高斯面上的电场强度的关系.

答： 否. 高斯定理中的 $\boldsymbol{E}$ 是空间所有电荷在高斯面上 $\mathrm{d}\boldsymbol{S}$ 处激发的合场强，既包括分布于高斯面外的所有电荷在 $\mathrm{d}\boldsymbol{S}$ 处激发的场强，也包括高斯面所包围电荷在 $\mathrm{d}\boldsymbol{S}$ 处激发的场强，是它们相互叠加的矢量和.

［问题 9-3］ 一根有限长的均匀带电直线，其电荷分布及所激发的电场有一定的对称性，能否利用高斯定理算出场强来？

要点与分析： 本题让学生掌握利用高斯定理求场强所具备的条件.

答： 否. 利用高斯定理求电场强度，要求带电体及其激发的电场强度在空间的分布具有很高的对称性，在所取的整个高斯面 $\boldsymbol{S}$ 上或其部分面积上的 $\boldsymbol{E}$，处处与 $\mathrm{d}\boldsymbol{S}$ 平行，且面上各 $\mathrm{d}\boldsymbol{S}$ 处 $\boldsymbol{E}$ 的大小不随 $\mathrm{d}\boldsymbol{S}$ 而变；或者各 $\mathrm{d}\boldsymbol{S}$ 处 $\boldsymbol{E}$ 的方向处处与 $\mathrm{d}\boldsymbol{S}$ 垂直，使通过该部分面积的 $\boldsymbol{E}$ 通量为零，从而利用高斯定理的积分形式求得 $\boldsymbol{E}$. 一段有限长均匀带电直线的电荷分布及其激发的电场固然具有轴对称性，但是当取一同轴的封闭圆柱面作为高斯面时，可以发现，高斯定理虽然成立，但是对于该面上各点处的 $\boldsymbol{E}$ 并不具备上述利用高斯定理求 $\boldsymbol{E}$ 的条件. 如果取其他具有对称轴的封闭曲面时，同样会发现，要么面上各处的 $\boldsymbol{E}$ 不平行或垂直于面法线，要么面上各处 $\boldsymbol{E}$ 的大小不等. 所以，对于一段有限长均匀带电直线，找不到合适的高斯面来求它的场强.

3. 如何理解导体的静电平衡条件.

导体的静电平衡条件是导体内部的场强处处为零. 导体内部的场强是指所有电荷产生的合场强，即不是原来电荷产生的场强，也不是感应电荷单独产生的场强. 导体的静电平衡可以由于外部条件的变化而变化，在不同的外部条件下，电荷的分布和导体外的电场分布是不同的，但静电平衡条件始终不变.

[问题 9-4] 将一电中性的导体放在静电场中，在导体上感应出来的正负电荷量是否一定相等？这时导体是否是等势体？如果在电场中把导体分开为两部分，则一部分导体上带正电，另一部分导体上带负电，这时两部分导体的电势是否相等？

要点与分析： 让学生理解导体的静电平衡是随外部条件的变化而变化，但静电平衡条件不变.

答： 将电中性的导体引入静电场以后，导体内的正负电荷将与电场发生相互作用而发生静电感应现象，静电感应没有改变导体的电中性状态. 所以，在导体上感应出来的正负电荷量一定相等，这是电荷守恒定律的必然结果. 处于静电平衡状态的导体，不再有带电粒子宏观的定向运动，此时的导体是等势体，导体的表面是等势面. 如果将处于静电平衡状态的导体分开为两部分，原来的静电平衡状态被破坏，一部分导体带正电，另一部分导体带负电，它们会重新达到新的静电平衡状态，两部分的电势不再相等，但对于每一部分仍然是等势体.

4. 如何理解导体接地.

导体接地在求解静电平衡问题中经常遇到，初学者往往认为导体接地总是电荷全部流入大地，实际上，导体接地就是给出了该导体的电位条件($U_{地}=U_{导}=0$)，这时导体上的电荷分布和导体上的场强分布就由这个条件和周围带电体的情况决定，至于这个导体原来是否带电以及电荷量多少已完全失去作用.

[问题 9-5] 带电荷量为 Q 的导体薄球壳 A，半径为 R，壳内中心处有点电荷 q，已知球壳电势为 U_{A}，则壳内任一点 P 的电势 $U_P=\dfrac{q}{4\pi\varepsilon_0 r}+U_{\mathrm{A}}$，对不对？为什么？

要点与分析： 本题让学生加深对导体电势的理解.

答： 不对. 根据电势叠加原理，壳内任一点电势应是壳上电荷 Q 及点电荷 q 在该点的电势的叠加，即 $U_P=\dfrac{q}{4\pi\varepsilon_0 r}+\dfrac{Q}{4\pi\varepsilon_0 R}$，而球壳的电势 U_{A} 也是由 q 及 Q 在球壳处的电势的叠加，即 $U_{\mathrm{A}}=\dfrac{q}{4\pi\varepsilon_0 R}+\dfrac{Q}{4\pi\varepsilon_0 R}$，从而可求出 U_P 与 U_{A} 的关系为

$$U_P - U_A = \frac{q}{4\pi\varepsilon_0 r} - \frac{q}{4\pi\varepsilon_0 R}$$

四、解题示例

[例题 9-1] 如图 9-1 所示，两个点电荷 $+q$ 和 $-3q$ 相距为 d. 试问：

(1) 在它们的连线上电场强度 $\boldsymbol{E}=\boldsymbol{0}$的点与电荷量为$+q$的点电荷相距多远？

(2) 若选无穷远处电势为零，两点电荷之间电势 $U=0$ 的点与电荷量为 $+q$ 的点电荷相距多远？

要点与分析：本题要求学生掌握点电荷所形成的电场中电场强度和电势的求法.

解：设点电荷 q 所在处为坐标原点 O，x 轴沿两点电荷的连线.

(1) 设 $\boldsymbol{E}=0$ 的点的坐标为 x'，则

$$\boldsymbol{E} = \frac{q}{4\pi\varepsilon_0 x'^2}\boldsymbol{i} - \frac{3q}{4\pi\varepsilon_0 (x'-d)^2}\boldsymbol{i} = 0$$

可得 $\quad 2x'^2 + 2dx' - d^2 = 0$

解出 $\quad x' = -\frac{1}{2}(1+\sqrt{3})d$

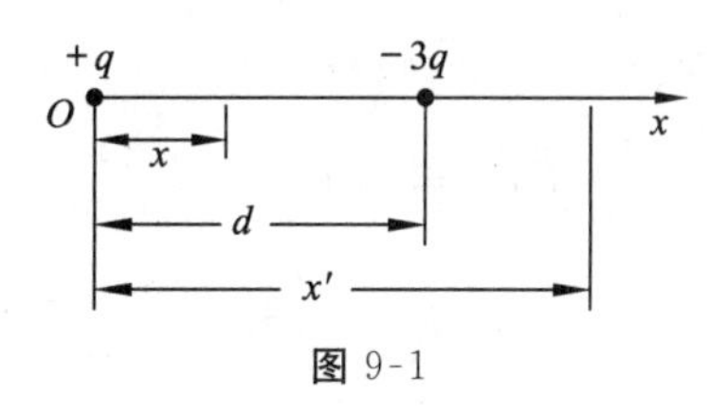

图 9-1

另有一解 $x' = \frac{1}{2}(\sqrt{3}-1)d$ 不符合题意，舍去.

(2) 设坐标 x 处 $U=0$，则

$$U = \frac{q}{4\pi\varepsilon_0 x} - \frac{3q}{4\pi\varepsilon_0 (d-x)}$$

解得 $x = \frac{d}{4}$.

[例题 9-2] 真空中一长为 L 的均匀带电细直杆，总电荷量为 q，如图 9-2 所示，试求在直杆延长线上距杆的一端距离为 d 的 P 点的电场强度.

要点与分析：本题要求学生掌握一段连续导体在空间任意点的场强，我们可以把带电导体分割成许多电荷元，再利用点电荷在空间所形成的电场公式进行计算.

解：设杆的左端为坐标原点 O，x 轴沿直杆方向. 带电直杆的电荷线密度为 $\lambda = \frac{q}{L}$，在 x 处取一电荷元 $\mathrm{d}q = \lambda \mathrm{d}x = \frac{q\mathrm{d}x}{L}$，它在 P 点的场强为

$$\mathrm{d}E = \frac{\mathrm{d}q}{4\pi\varepsilon_0 (L+d-x)^2} = \frac{q\mathrm{d}x}{4\pi\varepsilon_0 L(L+d-x)^2}$$

则总场强为

$$E = \frac{q}{4\pi\varepsilon_0 L}\int_0^L \frac{\mathrm{d}x}{(L+d-x)^2} = \frac{q}{4\pi\varepsilon_0 d(L+d)}$$

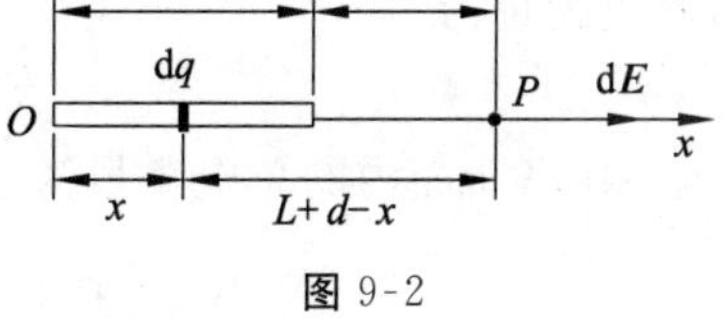

图 9-2

方向沿 x 轴，即杆的延长线方向，用矢量式表示为

$$\boldsymbol{E} = \frac{q}{4\pi\varepsilon_0 d(L+d)}\boldsymbol{i} \quad (\boldsymbol{i}\text{ 为 } x \text{ 轴方向的单位矢量})$$

[例题 9-3] 将细绝缘线弯成一半径为 R 的半圆形环，如图 9-3 所示，其上均匀地带

有正电荷 Q,求圆心 O 点处的电场强度.

要点与分析: 本题要求学生掌握对于连续带电导体在空间某点形成的电场时合场强的计算方法.

解: 选取圆心 O 为原点,坐标如图 9-3 所示,其中 Ox 轴沿半圆环的对称轴.在环上任意取一小段圆弧 $\mathrm{d}l=R\mathrm{d}\theta$,其上所带电荷量 $\mathrm{d}q=\frac{Q}{\pi R}\mathrm{d}l=\frac{Q}{\pi}\mathrm{d}\theta$,它在 O 点产生的场强为

$$\mathrm{d}E=\frac{\mathrm{d}q}{4\pi\varepsilon_0 R^2}=\frac{Q\mathrm{d}\theta}{4\pi^2\varepsilon_0 R^2}$$

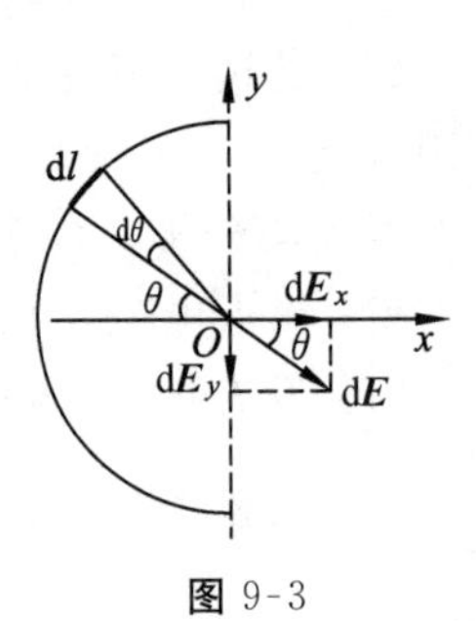

图 9-3

在 x、y 轴方向的两个分量为

$$\mathrm{d}E_x=\mathrm{d}E\cos\theta=\frac{Q}{4\pi^2\varepsilon_0 R^2}\cos\theta\mathrm{d}\theta,\ \mathrm{d}E_y=\mathrm{d}E\sin\theta=\frac{Q}{4\pi^2\varepsilon_0 R^2}\sin\theta\mathrm{d}\theta$$

对两个分量分别积分,有

$$E_x=\int\mathrm{d}E_x=\frac{Q}{4\pi^2\varepsilon_0 R^2}\int_{-\pi/2}^{\pi/2}\cos\theta\mathrm{d}\theta=\frac{Q}{2\pi^2\varepsilon_0 R^2}$$

$$E_y=\int\mathrm{d}E_y=\frac{Q}{4\pi^2\varepsilon_0 R^2}\int_{-\pi/2}^{\pi/2}\sin\theta\mathrm{d}\theta=0$$

由此得

$$\boldsymbol{E}=E_x\boldsymbol{i}=\frac{Q}{2\pi^2\varepsilon_0 R^2}\boldsymbol{i}$$

$\boldsymbol{i}$ 为 x 轴正向的单位矢量.

[例题 9-4] 一半径为 R 的"无限长"圆柱形带电体,其电荷体密度为 $\rho=Ar\ (r\leqslant R)$,式中 A 为常量.试求:

(1) 圆柱体内、外各点的场强大小分布;

(2) 选与圆柱轴线的距离为 $l(l>R)$ 处为电势零点,计算圆柱体内、外各点的电势分布.

要点与分析: 本题要求学生掌握如何利用电势与场强的关系求电势.

解: (1) 取半径为 r、高为 h 的圆柱高斯面,如图 9-4 所示.面上各点场强大小为 E 并垂直于柱面,则穿过该柱面的电场强度通量为

$$\oint_S\boldsymbol{E}\cdot\mathrm{d}\boldsymbol{S}=2\pi rhE$$

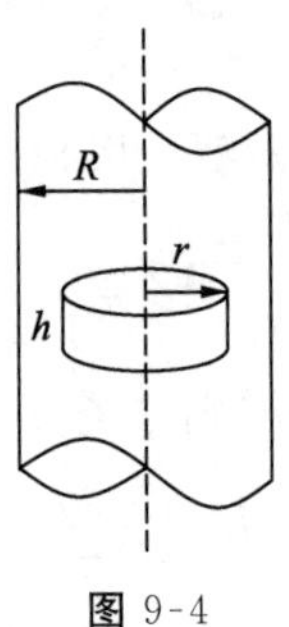

图 9-4

为求高斯面内的电荷,$r<R$ 时,取一半径为 r'、厚为 $\mathrm{d}r'$、高为 h 的圆筒,其电荷量为

$$\rho\mathrm{d}V=2\pi Ahr'^2\mathrm{d}r'$$

则包围在高斯面内的总电荷量为

$$\int_V\rho\mathrm{d}V=\int_0^r 2\pi Ahr'^2\mathrm{d}r'=\frac{2\pi Ahr^3}{3}$$

由高斯定理 $$2\pi rhE=\frac{2\pi Ahr^3}{3\varepsilon_0}$$

解出 $$E=\frac{Ar^2}{3\varepsilon_0}\ (r\leqslant R)$$

$r>R$ 时，包围在高斯面内的总电荷量为

$$\int_V \rho \mathrm{d}V = \int_0^R 2\pi A h r'^2 \mathrm{d}r' = \frac{2\pi A h R^3}{3}$$

由高斯定理

$$2\pi r h E = \frac{2\pi A h R^3}{3\varepsilon_0}$$

解出

$$E = \frac{AR^3}{3\varepsilon_0 r} \quad (r>R)$$

(2) 计算电势分布.

$r \leqslant R$ 时

$$U = \int_r^l E \mathrm{d}r = \int_r^R \frac{A}{3\varepsilon_0} r^2 \mathrm{d}r + \int_R^l \frac{AR^3}{3\varepsilon_0} \cdot \frac{\mathrm{d}r}{r}$$

$$= \frac{A}{9\varepsilon_0}(R^3 - r^3) + \frac{AR^3}{3\varepsilon_0} \ln \frac{l}{R}$$

$r>R$ 时

$$U = \int_r^l E \mathrm{d}r = \int_r^l \frac{AR^3}{3\varepsilon_0} \cdot \frac{\mathrm{d}r}{r} = \frac{AR^3}{3\varepsilon_0} \ln \frac{l}{r}$$

[例题 9-5] 半径分别为 1.0 cm 与 2.0 cm 的两个球形导体，各带电荷量为 1.0×10^{-8} C，两球心相距很远. 若用细导线将两球相连，求：

(1) 每个球所带的电荷量；

(2) 每个球的电势.

要点与分析：本题让学生掌握当导体达到静电平衡时，如何计算导体上的电荷分布. 两球相距很远，可将球视为孤立导体，互不影响，球上电荷均匀分布. 两球相连后电势相等，从而可计算出两球电荷分布及两球电势.

解：设两球半径分别为 r_1 和 r_2，用导线连接后两球所带电荷量分别为 q_1 和 q_2，而 $q_1+q_2=2q$，则两球电势分别是

$$U_1 = \frac{q_1}{4\pi\varepsilon_0 r_1}, \ U_2 = \frac{q_2}{4\pi\varepsilon_0 r_2}$$

两球相连后电势相等，$U_1=U_2$，则有

$$\frac{q_1}{r_1} = \frac{q_2}{r_2} = \frac{q_1+q_2}{r_1+r_2} = \frac{2q}{r_1+r_2}$$

由此得到

$$q_1 = \frac{2r_1 q}{r_1+r_2} = 6.67\times10^{-9}\,\mathrm{C}$$

$$q_2 = \frac{r_2}{r_1} q_1 = 2q_1 = 1.334\times10^{-8}\,\mathrm{C}$$

$$U_1 = U_2 = \frac{q_1}{4\pi\varepsilon_0 r_1} = 6\,003\ \mathrm{V}$$

[例题 9-6] 一片二氧化钛晶片，其面积为 1.0 cm^2，厚度为 0.10 mm. 把平行板电容器的两极板紧贴在晶片两侧.

(1) 求电容器的电容.

(2) 当在电容器的两极板间加上 12 V 电压时，极板上所带电荷量为多少？此时自由电荷和极化电荷的面密度各为多少？

(3) 求电容器内的电场强度.

要点与分析：本题要求学生掌握有电介质时电容器的电容及极化电荷面密度的求法.

解：(1) 二氧化钛的相对电容率 $\varepsilon_r=173$，故充满此介质的平行板电容器的电容为

$$C=\frac{\varepsilon_r\varepsilon_0 S}{d}=1.53\times10^{-9}\ \text{F}$$

(2) 电容器加上电压后，极板上所带电荷量为

$$Q=CU=1.84\times10^{-8}\ \text{C}$$

极板上自由电荷面密度为

$$\sigma_0=\frac{Q}{S}=1.84\times10^{-4}\ \text{C}\cdot\text{m}^{-2}$$

晶片表面极化电荷密度为

$$\sigma_0{}'=\left(1-\frac{1}{\varepsilon_r}\right)\sigma_0=1.83\times10^{-4}\ \text{C}\cdot\text{m}^{-2}$$

(3) 晶片内的电场强度为

$$E=\frac{U}{d}=1.2\times10^{5}\ \text{V}\cdot\text{m}^{-1}$$

[例题 9-7] 一平行板电容器，其极板面积为 S，两极板间距离为 d ($d\ll\sqrt{S}$)，中间充有两种各向同性的均匀电介质，其界面与极板平行，相对介电常量分别为 ε_{r1} 和 ε_{r2}，厚度分别为 d_1 和 d_2，且 $d_1+d_2=d$，如图 9-5 所示，设两极板上所带电荷量分别为 $+Q$ 和 $-Q$，求：

(1) 电容器的电容；

(2) 电容器储存的能量.

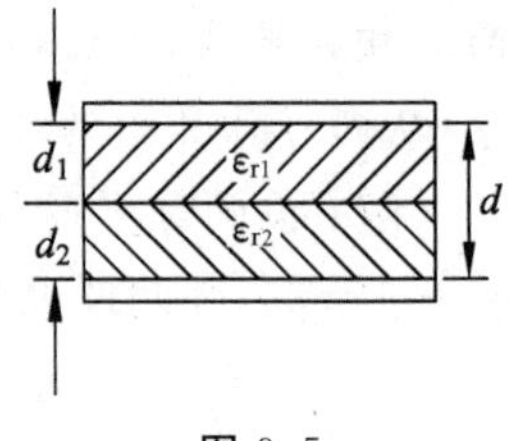

图 9-5

要点与分析：本题要求学生掌握电场能量的计算方法.

解：(1) 两极板间电位移的大小为 $D=\sigma=\dfrac{Q}{S}$.

在介质中的场强大小分别为

$$E_1=\frac{D}{\varepsilon_0\varepsilon_{r1}}=\frac{Q}{\varepsilon_0\varepsilon_{r1}S},\quad E_2=\frac{D}{\varepsilon_0\varepsilon_{r2}}=\frac{Q}{\varepsilon_0\varepsilon_{r2}S}$$

两极板间电势差为

$$U_{12}=E_1d_1+E_2d_2=\frac{Q}{\varepsilon_0 S}\left(\frac{d_1}{\varepsilon_{r1}}+\frac{d_2}{\varepsilon_{r2}}\right)=\frac{Q(d_1\varepsilon_{r2}+d_2\varepsilon_{r1})}{\varepsilon_0\varepsilon_{r1}\varepsilon_{r2}S}$$

电容为

$$C=\frac{Q}{U_{12}}=\frac{\varepsilon_0\varepsilon_{r1}\varepsilon_{r2}S}{d_1\varepsilon_{r2}+d_2\varepsilon_{r1}}$$

(2) 电场能量为

$$W=\frac{1}{2}CU_{12}{}^2=\frac{(d_1\varepsilon_{r2}+d_2\varepsilon_{r1})Q^2}{2\varepsilon_0\varepsilon_{r1}\varepsilon_{r2}S}$$

自测练习9

(一) 选择题

1. 真空中有两个点电荷 M、N，相互间作用力为 $\boldsymbol{F}$，当另一点电荷 Q 移近这两个点电荷时，M、N 两点电荷之间的作用力 [ ]

(A) 大小不变，方向改变　　(B) 大小改变，方向不变

(C) 大小和方向都不变　　(D) 大小和方向都改变

2. 半径为 R 的均匀带电球面，若其电荷面密度为 σ，则在距离球面 R 处的电场强度大小为 [　　]

(A) $\frac{\sigma}{4\varepsilon_0}$　　(B) $\frac{\sigma}{2\varepsilon_0}$　　(C) $\frac{\sigma}{\varepsilon_0}$　　(D) $\frac{\sigma}{8\varepsilon_0}$

3. 如图 9-6 所示，两个"无限长"的、半径分别为 R_1 和 R_2 的共轴圆柱面均匀带电，沿轴线方向单位长度上所带电荷分别为 λ_1 和 λ_2，则在内圆柱面里面、距离轴线为 r 处的 P 点的电场强度大小E 为 [　　]

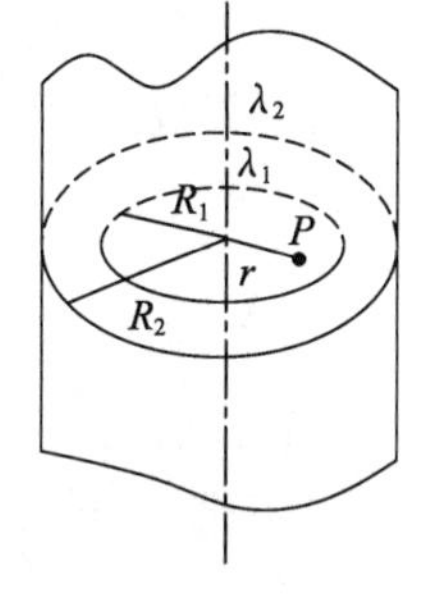

图 9-6

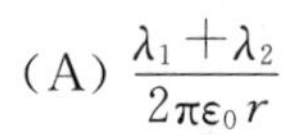
(A) $\frac{\lambda_1+\lambda_2}{2\pi\varepsilon_0 r}$　　(B) $\frac{\lambda_1}{2\pi\varepsilon_0 R_1}+\frac{\lambda_2}{2\pi\varepsilon_0 R_2}$

(C) $\frac{\lambda_1}{2\pi\varepsilon_0 R_1}$　　(D) 0

4. 如图 9-7 所示，在点电荷 q 的电场中，选取以 q 为中心、R 为半径的球面上一点 P 处作电势零点，则与点电荷 q 距离为 r 的 P'点的电势为 [　　]

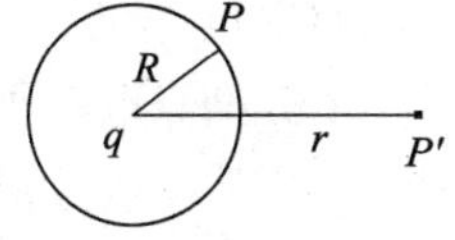

图 9-7

(A) $\frac{q}{4\pi\varepsilon_0 r}$　　(B) $\frac{q}{4\pi\varepsilon_0}\left(\frac{1}{r}-\frac{1}{R}\right)$

(C) $\frac{q}{4\pi\varepsilon_0(r-R)}$　　(D) $\frac{q}{4\pi\varepsilon_0}\left(\frac{1}{R}-\frac{1}{r}\right)$

5. 真空中有一点电荷 Q，在与它相距为 r 的 a 点处有一试验电荷 q. 现使试验电荷 q 从 a 点沿半圆弧轨迹运动到 b 点，如图 9-8 所示. 则电场力对 q 做功为 [　　]

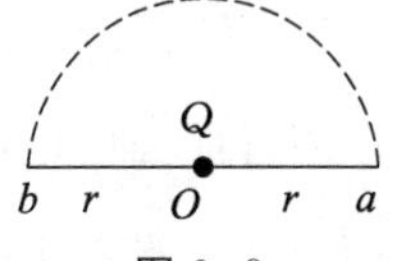

图 9-8

(A) $\frac{Qq}{4\pi\varepsilon_0 r^2}\cdot\frac{\pi r^2}{2}$　　(B) $\frac{Qq}{4\pi\varepsilon_0 r^2}\cdot 2r$

(C) $\frac{Qq}{4\pi\varepsilon_0 r^2}\pi r$　　(D) 0

6. 密立根油滴实验，是利用作用在油滴上的电场力和重力平衡而测量电荷的，其电场由两块带电平行板产生. 实验中，半径为 r、带有两个电子电荷的油滴保持静止时，其所在电场的两块极板的电势差为 U_{12}. 当电势差增加到 $4U_{12}$ 时，半径为 $2r$ 的油滴保持静止，则该油滴所带的电荷量为 [　　]

(A) $2e$　　(B) $4e$　　(C) $8e$　　(D) $16e$

7. 处于静电平衡中的导体，若它上面任意面元 $\mathrm{d}S$ 的电荷面密度为 σ，那么 $\mathrm{d}S$ 所受电场力的大小为 [　　]

(A) $\frac{\sigma^2\mathrm{d}S}{2\varepsilon_0}$　　(B) $\frac{\sigma^2\mathrm{d}S}{\varepsilon_0}$　　(C) 0　　(D) $\frac{\sigma^2\mathrm{d}S}{4\pi\varepsilon_0}$

8. 一"无限大"均匀带电平面 A，其附近放一与它平行的有一定厚度的"无限大"平面导体板 B，如图 9-9 所示. 已知 A 上的电荷面密度为 $+\sigma$，则在导体板 B 的两个表面 1 和 2 上的感应电荷面密度为 [　　]

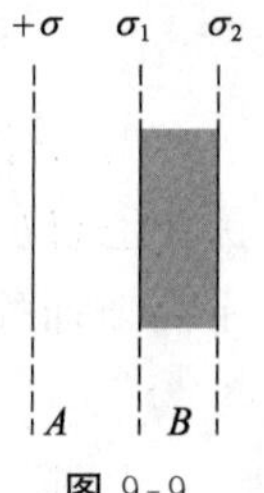

图 9-9

(A) $\sigma_1=-\sigma,\sigma_2=+\sigma$　　(B) $\sigma_1=-\frac{1}{2}\sigma,\sigma_2=+\frac{1}{2}\sigma$

(C) $\sigma_1=-\frac{1}{2}\sigma$，$\sigma_2=-\frac{1}{2}\sigma$　　　　(D) $\sigma_1=-\sigma$，$\sigma_2=0$

9. 选无穷远处为电势零点，半径为 R 的导体球带电后，其电势为 U_0，则球外离球心距离为 r 处的电场强度的大小为　　[　　]

(A) $\frac{R^2U_0}{r^3}$　　(B) $\frac{U_0}{R}$　　(C) $\frac{RU_0}{r^2}$　　(D) $\frac{U_0}{r}$

10. 有两个大小不相同的金属球，大球直径是小球的两倍，大球带电，小球不带电，两者相距很远. 今用细长导线将两者相连，在忽略导线的影响下，大球与小球的带电荷量之比为　　[　　]

(A) 2　　(B) 1　　(C) $\frac{1}{2}$　　(D) 0

11. 如图 9-10 所示，一封闭的导体壳 A 内有两个导体 B 和 C. A、C 不带电，B 带正电，则 A、B、C 三导体的电势 U_A、U_B、U_C 的大小关系为　　[　　]

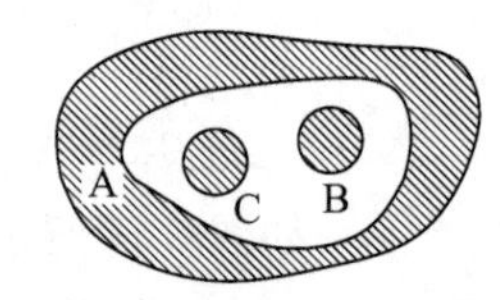

图 9-10

(A) $U_A=U_B=U_C$　　(B) $U_B>U_A=U_C$

(C) $U_B>U_C>U_A$　　(D) $U_B>U_A>U_C$

12. 两只电容器，$C_1=8\ \mu F$，$C_2=2\ \mu F$，分别把它们充电到 1 000 V，然后将它们反接，如图 9-11 所示，此时两极板间的电势差为　　[　　]

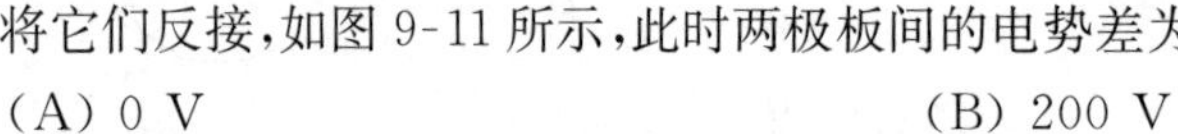

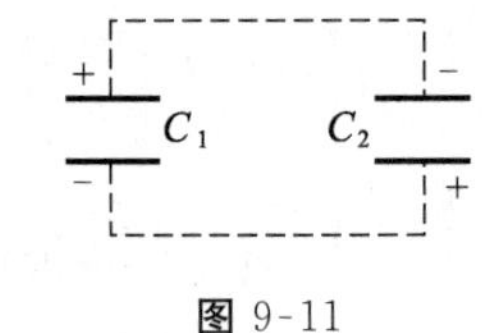

图 9-11

(A) 0 V　　(B) 200 V

(C) 1 000 V　　(D) 600 V

(二) 填空题

1. 点电荷 q_1、q_2、q_3 和 q_4 在真空中的分布如图 9-12 所示. 图中 S 为闭合曲面，则通过该闭合曲面的电场强度通量 $\oint_S \boldsymbol{E}\cdot d\boldsymbol{S}=$________，式中的 $\boldsymbol{E}$ 是点电荷________在闭合曲面上任一点产生的场强的矢量和.

2. 如图 9-13 所示，在点电荷 $+q$ 和 $-q$ 的静电场中，作出如图所示的三个闭合面 S_1、S_2、S_3，则通过这些闭合面的电场强度通量分别为 $\Phi_1=$__________，$\Phi_2=$__________，$\Phi_3=$__________.

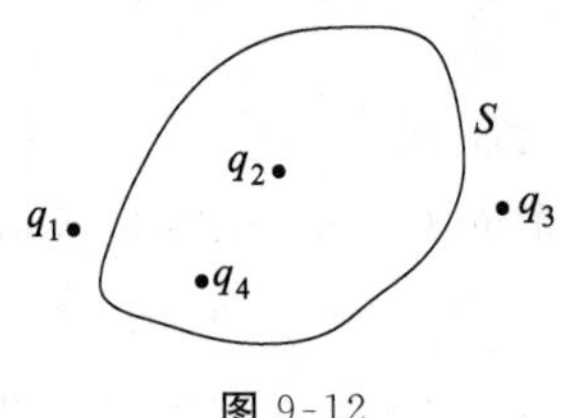

图 9-12

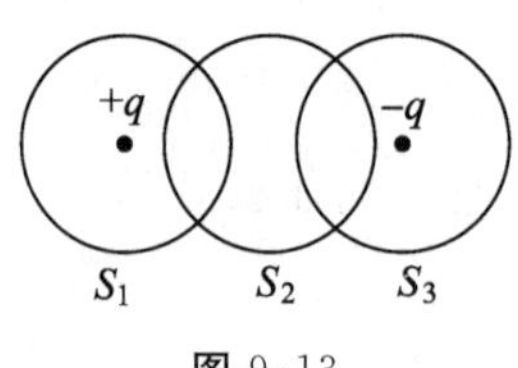

图 9-13

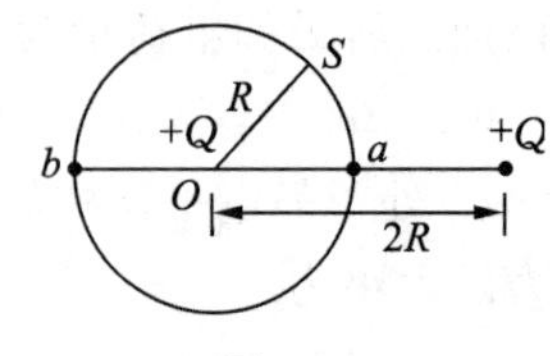

图 9-14

3. 如图 9-14 所示，真空中两个正点电荷 Q 相距 $2R$. 若以其中一点电荷所在处 O 点为中心，以 R 为半径作高斯球面 S，则通过该球面的电场强度通量为________；若以 $\boldsymbol{r}_0$ 表示高斯面外法线方向的单位矢量，则高斯面上 a 点的电场强度为________，b 点的电场强度为________.

4. 把一个均匀带有电荷量 $+Q$ 的球形肥皂泡由半径 r_1 吹胀到 r_2，则半径为 R($r_1<R$

$<r_2$)的球面上任一点的场强大小 E 由________变为________；电势 U 由 ________变为________.（选无穷远处为电势零点）

5. 如图 9-15 所示，在场强为 $\boldsymbol{E}$ 的均匀电场中，A、B 两点间距离为 d，AB 连线方向与 $\boldsymbol{E}$ 方向一致. 从 A 点经任意路径到 B 点的场强线积分 $\int_{AB}\boldsymbol{E}\cdot \mathrm{d}\boldsymbol{l}=$ ________.

6. 一平行板电容器，极板面积为 S，相距为 d. 若 B 板接地，且保持 A 板的电势 $U_A=U_0$ 不变. 如图 9-16 所示，把一块面积相同的带有电荷量为 Q 的导体薄板 C 平行地插入两板中间，则导体薄板 C 的电势 $U_C=$________.

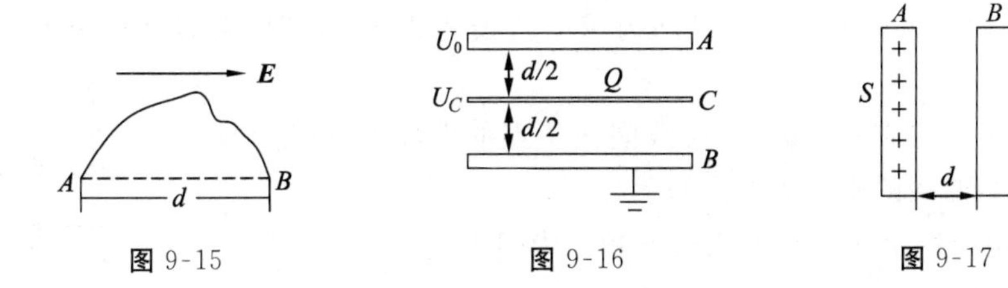

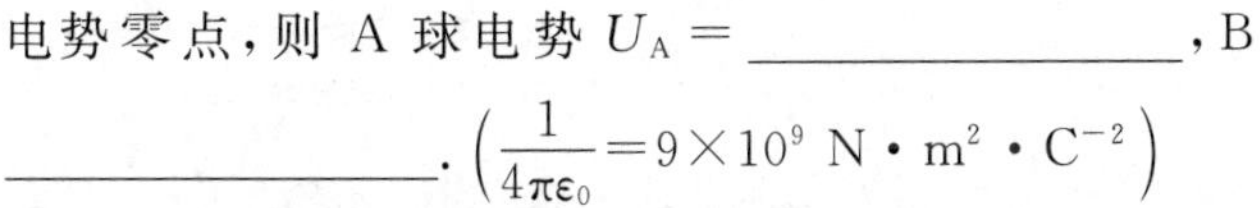
图 9-15　　图 9-16　　图 9-17

7. 如图 9-17 所示，把一块原来不带电的金属板 B 移近一块已带有正电荷 Q 的金属板 A，两者平行放置. 设两板面积都为 S，板间距离为 d，忽略边缘效应. 当 B 板不接地时，两板间电势差 $U_{AB}=$________；当 B 板接地时，两板间电势差 $U_{AB}'=$________.

8. 一半径 $r_1=5$ cm 的金属球 A，带电荷量 $q_1=+2.0\times10^{-8}$ C，另一内半径 $r_2=10$ cm、外半径 $r_3=15$ cm 的金属球壳 B，带电荷量 $q_2=+4.0\times10^{-8}$ C，两球同心放置，如图 9-18 所示. 若以无穷远处为电势零点，则 A 球电势 $U_A=$________________，B 球电势 $U_B=$________________. $\left(\frac{1}{4\pi\varepsilon_0}=9\times10^9\ \mathrm{N\cdot m^2\cdot C^{-2}}\right)$

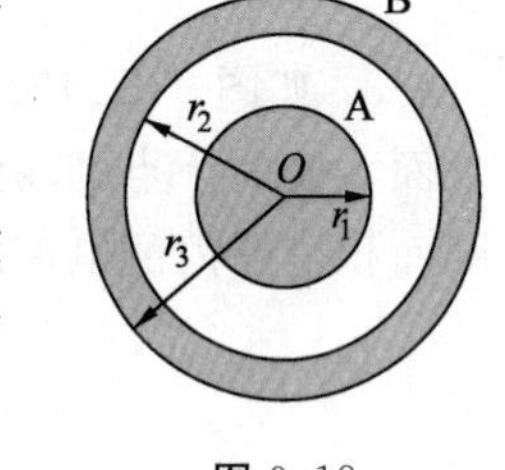

图 9-18

9. A、B 两个导体球，它们的半径之比为 2∶1，A 球带正电荷 Q，B 球不带电. 若使两球接触一下再分离，当 A、B 两球相距为 R 时（R 远大于两球半径，以致可认为 A、B 是点电荷），则两球间的静电力大小 $F=$________.

10. 一空气平行板电容器，电容为 C，两极板间距离为 d. 充电后，两极板间相互作用力大小为 F，则两极板间的电势差为________，极板上的电荷为________.

11. 如图 9-19 所示，A、B 为靠得很近的两块平行的大金属平板，两板的面积均为 S，板间的距离为 d. 今使 A 板带电荷 q_A，B 板带电荷 q_B，且 $q_A>q_B$. 则 A 板的靠近 B 的一侧所带电荷为________，两板间电势差 $U=$________.

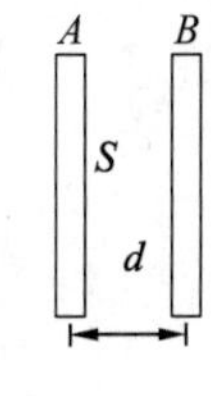

图 9-19

12. 半径为 R 的均匀带电球面，所带电荷量为 q. 设无限远处的电势为零，则球内距球心为 $r(r<R)$ 处的点 P 的电场强度的值为________，电势为________. 若球面内充满均匀电介质，电介质的相对电容率为 ε_r，球外为真空，则球表面电势为________.

（三）计算题

1. 电荷线密度为λ的“无限长”均匀带电细线，弯成图 9-20 所示形状. 若半圆弧 AB 的半径为R，试求圆心 O 点的场强.

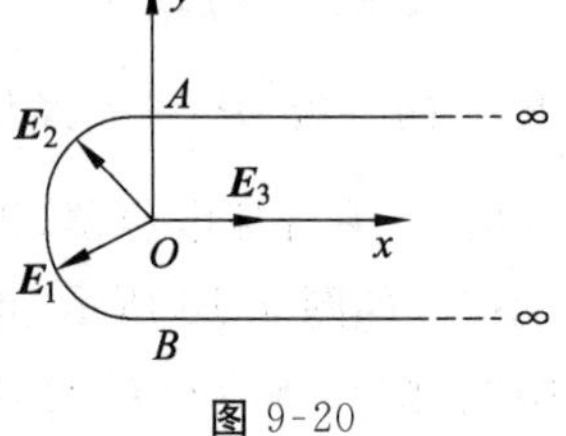

图 9-20

2. 真空中两条平行的“无限长”均匀带电直线相距为 a，其电荷线密度分别为$-\lambda$ 和 $+\lambda$. 试求：

（1）在两直线构成的平面上，两线间任一点的电场强度（选 Ox 轴如图 9-21 所示，两线的中点为原点）；

（2）两带电直线上单位长度之间的相互吸引力.

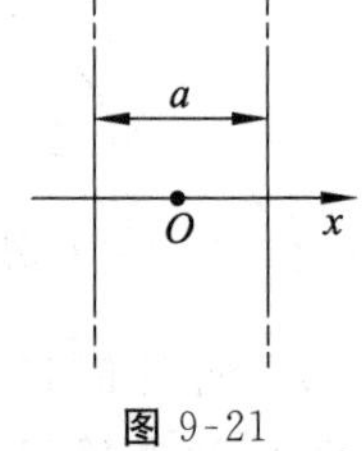

图 9-21

3. 如图 9-22 所示，一电荷面密度为σ的“无限大”平面，在距离平面 a 处的一点的场强大小的一半是由平面上的一个半径为 R 的圆面积范围内的电荷所产生的，试求该圆半径的大小.

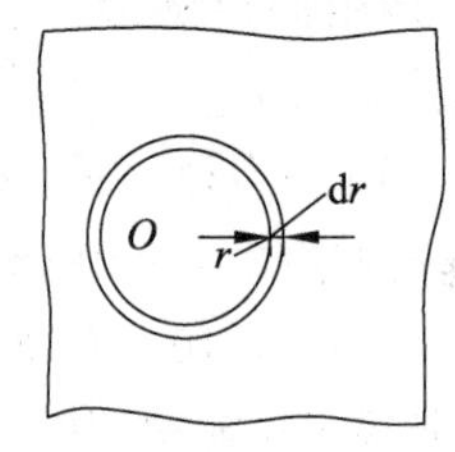

图 9-22

4. （1）地球的半径为 6.37×10^6 m，地球表面附近的电场强度近似为100 $\mathrm{V\cdot m^{-1}}$，方向指向地球中心. 试计算地球所带的总电荷量.

（2）在离地面1 500 m 处，电场强度降为 24 $\mathrm{V\cdot m^{-1}}$，方向仍指向地球中心. 试计算这 1 500 m 厚的大气层中所带的电荷量及平均电荷密度.

5. 一个内、外半径分别为 R_1 和 R_2 的均匀带电球壳，总电荷量为 Q_1，球壳外同心罩一个半径为 R_3 的均匀带电球面，球面带电荷量为 Q_2. 求电场分布.

6. 如图 9-23 所示，一内半径为 a、外半径为 b 的金属球壳，带有电荷量为 Q，在球壳空腔内距离球心 r 处有一点电荷 q. 设无限远处为零电势点，试求：

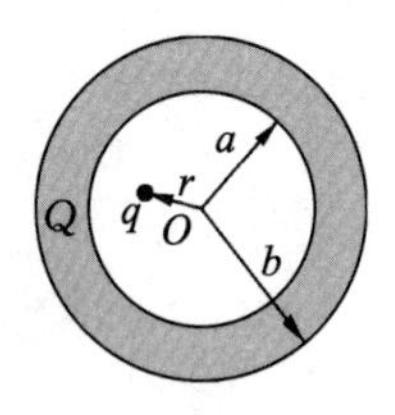

图 9-23

（1）球壳内、外表面上的电荷；

（2）球心 O 点处，由球壳内表面上电荷所产生的电势；

（3）球心 O 点处的总电势.

7. 半径分别为 R_1 和 R_2（$R_2>R_1$）的两个同心导体薄球壳，分别带有电荷量为 Q_1 和 Q_2，今将内球壳用细导线与远处半径为 r 的导体球相连，如图 9-24 所示，导体球原来不带电，试求相连后导体球所带电荷量 q.

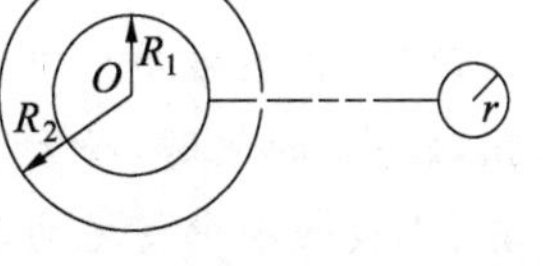

图 9-24

8. 两根平行"无限长"均匀带电直导线，相距为 d，导线半径都是 R（$R \ll d$），导线上电荷线密度分别为 $+\lambda$ 和 $-\lambda$. 试求该导体组单位长度的电容.

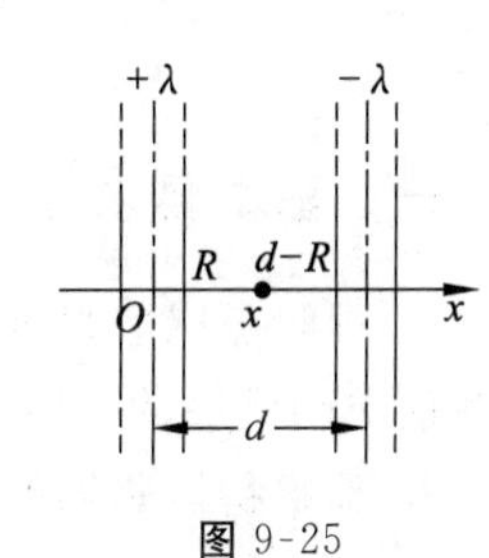

图 9-25

9. 一圆柱形电容器外柱的直径为 4 cm，内柱的直径可以适当选择，若其间充满各向同性的均匀电介质，该电介质的击穿电场强度的大小为 $E_0=200\ \text{kV}\cdot\text{cm}^{-1}$. 试求该电容器可能承受的最高电压.（自然对数的底 e=2.718 3）

10. 一个平行板电容器（极板面积为 S，间距为 d）中充满两种电介质，如图 9-26 所示，设两种电介质在极板间的面积比 $\frac{S_1}{S_2}=3$，试计算其电容.

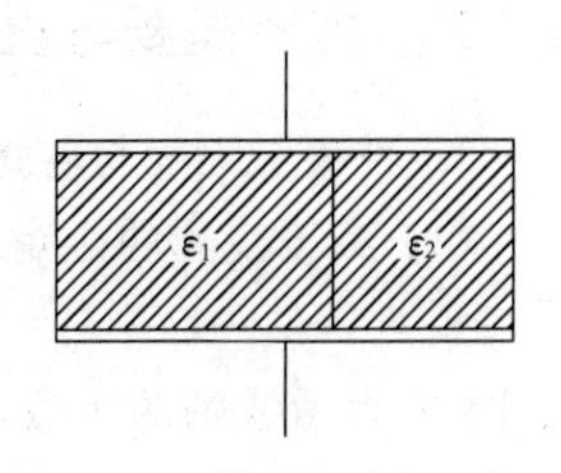

图 9-26

第10章　恒定磁场

在中学里,恒定磁场部分引入了描述磁场性质的物理量——磁感应强度,定量说明了磁场对通电直导线和对运动电荷的作用——安培力和洛伦兹力,介绍了磁电式电流表、电视显像管和回旋加速器的工作原理以及霍尔效应,对磁感应强度、安培力和洛伦兹力的计算都局限于一些特殊情况.在大学物理中,要掌握利用毕奥-萨伐尔定律计算一些电流产生的磁场,理解磁场性质的两个基本定理:磁场中的高斯定理和安培环路定理,掌握利用安培环路定理计算一些电流的磁场分布,掌握洛伦兹力和磁场对电流的作用力——安培力的计算;掌握磁介质中的安培环路定理.与中学的主要区别在于:中学物理基本局限于匀强磁场中的问题,而大学物理却要求处理一般的磁场问题,如一般磁场中磁感应强度的计算、一般磁场中安培力的计算等,所以利用毕奥-萨伐尔定律和安培环路定理求磁场,安培力计算中的积分问题成为难点.

一、基本要求

1. 理解磁感应强度的概念,掌握毕奥-萨伐尔定律,并能运用毕奥-萨伐尔定律计算一些简单问题中的磁感应强度.

2. 理解稳恒磁场的高斯定理和安培环路定理,掌握用安培环路定理计算磁感应强度的条件和方法.

3. 理解安培定律,能熟练运用安培定律计算载流导线和载流回路所受磁场力和磁力矩.

4. 理解洛伦兹力公式,能分析点电荷在均匀磁场中的受力和运动.

5. 了解顺磁质、抗磁质和铁磁质的特点及磁化机理.

6. 掌握有磁介质时的安培环路定理,并能利用其求解有磁介质时具有一定对称性的磁场分布.

二、内容提要与重点提示

1. 磁感应强度与磁矩的概念.

(1) 载流线圈的磁矩.

$$\boldsymbol{m}=NIS\boldsymbol{e}_n$$

式中,N 表示线圈的匝数,$\boldsymbol{e}_n$ 表示线圈平面法线方向的单位矢量(可由线圈中电流流向按右手螺旋法则确定).

(2) 磁感应强度.

大小为
$$B=\frac{M_{max}}{m}$$

式中,M_{max}为载流线圈受到的最大磁力矩.

方向为该点处试验线圈在稳定平衡位置时磁矩的正法线方向.

2. 毕奥-萨伐尔定律及应用.

(1) 毕奥-萨伐尔定律.

$$d\boldsymbol{B}=\frac{\mu_0}{4\pi}\frac{Id\boldsymbol{l}\times\boldsymbol{r}}{r^3}$$

一段载流导体在场点的磁感应强度为

$$\boldsymbol{B}=\int d\boldsymbol{B}=\int\frac{\mu_0}{4\pi}\frac{Id\boldsymbol{l}\times\boldsymbol{r}}{r^3}$$

(2) 特例应用.

① 载流直导线的磁场.

无限长载流直导线
$$B=\frac{\mu_0 I}{2\pi a}$$

半无限长载流直导线
$$B=\frac{\mu_0 I}{4\pi a}$$

② 圆形电流在圆心的磁场.

载流圆环
$$B=\frac{\mu_0 I}{2R}$$

载流圆弧
$$B=\frac{\mu_0 I}{2R}\cdot\frac{\varphi}{2\pi}=\frac{\mu_0 I\varphi}{4\pi R}$$

式中,φ为该圆弧的圆心角.

(3) 运动电荷的磁场
$$\boldsymbol{B}=\frac{\mu_0}{4\pi}\frac{q\boldsymbol{v}\times\boldsymbol{r}}{r^3}$$

3. 磁通量、磁场中的高斯定理.

(1) 磁通量
$$\Phi=\int_S d\Phi=\int_S\boldsymbol{B}\cdot d\boldsymbol{S}$$

(2) 高斯定理
$$\oint_S\boldsymbol{B}\cdot d\boldsymbol{S}=0$$

4. 安培环路定理.

(1) 安培环路定理
$$\oint_L\boldsymbol{B}\cdot d\boldsymbol{l}=\mu_0\sum_i I_i$$

(2) 特例应用.

① 无限长载流直螺线管
$$B=\mu_0 nI$$

② “无限长”载流圆柱体内、外的磁场为

$$B=\frac{\mu_0 I}{2\pi r}(r>R),\ B=\frac{\mu_0 Ir}{2\pi R^2}(r<R)$$

5. 磁场对带电粒子和载流导线的作用.

(1) 安培定律
$$d\boldsymbol{F}=Id\boldsymbol{l}\times\boldsymbol{B}$$

(2) 均匀磁场对载流线圈的力矩　　$\boldsymbol{M}=\boldsymbol{m}\times\boldsymbol{B}$

(3) 洛伦兹力　　$\boldsymbol{f}=q\boldsymbol{v}\times\boldsymbol{B}$

6. 磁介质.

磁介质——能与磁场产生相互作用的物质. 设在真空中某点的磁感应强度为 $\boldsymbol{B}_0$,放入磁介质后,因磁介质被磁化而建立的附加磁感应强度为 $\boldsymbol{B}'$,则该点的磁感应强度为

$$\boldsymbol{B}=\boldsymbol{B}_0+\boldsymbol{B}'$$

(1) 磁介质的分类. 根据 $\boldsymbol{B}'$的大小和方向可将磁介质分为三大类:

顺磁质　　$B>B_0,\mu_r>1$

抗磁质　　$B<B_0,\mu_r<1$

铁磁质　　$B\gg B_0,\mu_r\gg 1$

(2) 描述磁介质磁化程度的物理量——磁化强度.

$$\boldsymbol{M}=\frac{\sum \boldsymbol{m}}{\Delta V}$$

在国际单位制中,磁化强度的单位为安培每米,符号为 $\mathrm{A\cdot m^{-1}}$.

(3) 磁化强度与磁化电流的关系.

在磁介质中通过任一曲面的磁化电流强度 I_s 等于磁化强度 M 沿该曲面的边界 L 的线积分,即

$$\oint_L \boldsymbol{M}\cdot \mathrm{d}\boldsymbol{l}=I_s$$

(4) 有磁介质时的安培环路定理. 磁场强度 $\boldsymbol{H}$ 沿任意闭合回路的线积分,等于该回路所包围的传导电流的代数和.

$$\oint_L \boldsymbol{H}\cdot \mathrm{d}\boldsymbol{l}=\sum I$$

式中 $\boldsymbol{H}$ 和 $\boldsymbol{B}$ 的关系为　　$\boldsymbol{B}=\mu\boldsymbol{H}=\mu_0\mu_r\boldsymbol{H}$

重点提示:

(1) 毕奥-萨伐尔定律的应用. 求磁场时注意矢量积分的运算,特别注意掌握几种特例情况下电流的磁场分布.

(2) 磁通量的计算,磁场中高斯定理的应用. 需积分求磁通量时,注意积分面元的选择.

(3) 安培环路定理的理解及应用. 利用安培环路定理求 $\boldsymbol{B}$ 时,需分析电流分布的对称性,选取合适的积分路径,正确计算穿过积分路径的电流代数和.

(4) 安培力和磁力矩的计算. 利用安培定律求安培力,计算合力时注意方向.

(5) 洛伦兹力及带电粒子在匀强磁场中的运动规律.

(6) 有磁介质时的安培环路定理.

三、疑难分析与问题讨论

1. 关于磁感应强度的定义和毕奥-萨伐尔定律及其应用.

毕奥-萨伐尔定律　　$\mathrm{d}\boldsymbol{B}=\frac{\mu_0}{4\pi}\frac{I\mathrm{d}\boldsymbol{l}\times\boldsymbol{r}}{r^3}$

该式反映的是电流元 $I\mathrm{d}\boldsymbol{l}$ 在场点产生的磁感应强度. 其中 $\boldsymbol{r}$ 是电流元 $I\mathrm{d}\boldsymbol{l}$ 到场点的矢径. 该式既反映了大小，也说明了方向.

在应用它求一段电流的磁场时，需要利用 $\boldsymbol{B}=\int\mathrm{d}\boldsymbol{B}=\int\frac{\mu_0}{4\pi}\frac{I\mathrm{d}\boldsymbol{l}\times\boldsymbol{r}}{r^3}$ 计算积分. 这是一个矢量积分，容易出错. 应该首先写出电流元 $I\mathrm{d}\boldsymbol{l}$ 在场点的 $\mathrm{d}\boldsymbol{B}$，然后在各方向上分别求和得出 $\boldsymbol{B}$ 的各分量值，最后再确定 $\boldsymbol{B}$ 的大小和方向. 在计算中还应注意积分变量的统一.

[问题 10-1]　在静电场中，把正点电荷受到的电场力的方向定义为电场强度的方向. 为什么不能把运动的正电荷所受的磁场力的方向定义为磁感应强度的方向？

答：磁感应强度 $\boldsymbol{B}$ 是定量描述磁场空间各点特性的物理量，对于给定点，其大小和方向是确定的，应与有无运动电荷无关. 运动电荷所受的磁场力的方向随电荷运动速度方向而不同，因而若把运动的正电荷所受磁场力的方向定义为磁感应强度的方向，会因为运动电荷受力的方向的不确定而使该点的磁感应强度的方向不确定. 可见，由于运动电荷所受的磁场力的规律与静电场对点电荷的电场力有所不同，不能把运动的正电荷所受的磁场力的方向定义为磁感应强度的方向.

[问题 10-2]　从毕奥-萨伐尔定律能导出无限长直电流的磁场公式 $B=\frac{\mu_0 I}{2\pi a}$，当考察点无限接近导线时($a\to 0$)，则 $B\to\infty$，这是没有物理意义的，请解释.

答：公式 $B=\frac{\mu_0 I}{2\pi a}$ 只对线电流才适用，当 $a\to 0$ 时，此电流就不能称为线电流，公式也就失去意义.

2. 关于安培环路定理及其应用.

(1) 安培环路定理的理解.

在稳恒电流的磁场中，磁感应强度沿任意闭合路径 L 的线积分($\boldsymbol{B}$ 的环流)，等于该回路所包围的各传导电流强度的代数和乘以 μ_0，即

$$\oint_L \boldsymbol{B}\cdot\mathrm{d}\boldsymbol{l}=\mu_0\sum_i I_i$$

在上述定理中，我们要特别注意：一是任意闭合路径，就是说，这个回路的形状是任意的，所以我们既可以把它选定为圆形，也可以选成矩形；二是包围这两个字，即该环流仅与穿过回路的电流相关，而与回路外的电流无关；三是代数和，这里的代数和 $\sum_i I_i$ 是指，凡是电流的方向与回路绕行方向成右手螺旋关系的 I 取正，反之取负，然后相加.

[问题 10-3]　如图 10-1 所示，I_1、I_2、I_3 为无限长电流，$I_1=I_2=I_3=10$ A，则沿圆形回路的磁感应强度的环流等于 0，即 $\oint_L \boldsymbol{B}\cdot\mathrm{d}\boldsymbol{l}=0$，与 I 无关. 则我们能否说，回路上各点的磁感应强度也等于 0？也与 I 无关？

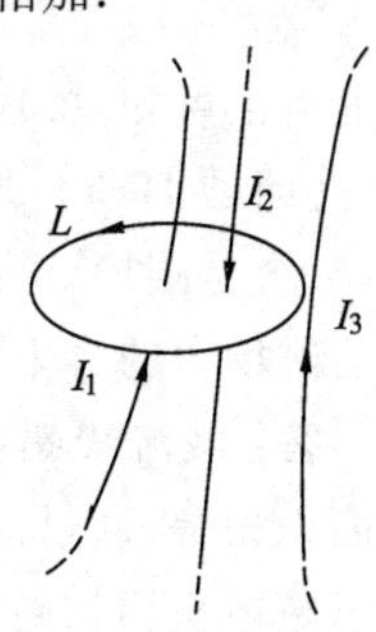

图 10-1

答：回路上各点的磁感应强度不一定等于 0，且与 I 有关. 尽管环流等于 0，但我们不能说回路上各点的磁感应强度一定为 0，它是由 I_1、I_2、I_3 产生的磁场叠加而成. 实际上在本图中，回路上各点的 $\boldsymbol{B}$ 既

不为 **0**,也不是与 I 无关.

(2) 安培环路定理的应用.

安培环路定理的一个重要应用就是求解载流体的磁场分布.但我们必须注意以下几点:一是只在载流体的磁场具有某种对称性时,用它求磁场才是方便的.二是用该方法求解磁场,关键点在于选取合适的积分路径,一般情况下,此积分路径要么沿着磁感线,要么垂直于磁感线.

[问题 10-4] 用安培环路定理能否求出有限长的一段载流直导线周围的磁场?

答: 利用安培环路定理求磁感应强度的分布,要求电流及其激发的磁感应强度在空间的分布具有很强的对称性,使得在所取的整个积分回路上,或部分回路上的 $\boldsymbol{B}$,处处与 $\mathrm{d}\boldsymbol{l}$ 平行,且回路上各 $\mathrm{d}\boldsymbol{l}$ 处 $\boldsymbol{B}$ 的大小不随 $\mathrm{d}\boldsymbol{l}$ 而变;或者各 $\mathrm{d}\boldsymbol{l}$ 处 $\boldsymbol{B}$ 的方向处处与 $\mathrm{d}\boldsymbol{l}$ 垂直,使该部分回路上的 $\boldsymbol{B}\cdot\mathrm{d}\boldsymbol{l}$ 处处为零.在这种情况下,利用安培环路定理可求得 $\boldsymbol{B}$.有限长的一段载流直导线是整个闭合回路的一部分,其周围的磁场只能是整个闭合回路内各段恒定电流激发磁场的矢量和.这时,安培环路定理 $\oint_L \boldsymbol{B}\cdot\mathrm{d}\boldsymbol{l}=\mu_0 I$ 仍然成立,但不具备可以用来求空间磁感应强度的分布所要求的对称性,或者说,找不到一个能满足上述要求的、合适的回路.因此,用安培环路定理不能求出有限长的一段载流直导线周围的磁场.

3. 关于安培定律的应用.

安培定律描述的是电流元 $I\mathrm{d}\boldsymbol{l}$ 在磁场中所受的磁场力,即

$$\mathrm{d}\boldsymbol{F}=I\mathrm{d}\boldsymbol{l}\times\boldsymbol{B}$$

应用安培定律可求解任意载流导线在磁场中所受的磁场力,此时需对上式积分,即

$$\boldsymbol{F}=\int\mathrm{d}\boldsymbol{F}=\int I\mathrm{d}\boldsymbol{l}\times\boldsymbol{B}$$

在应用时,我们需要注意两点:一是上式中的 $\boldsymbol{B}$ 是电流元 $I\mathrm{d}\boldsymbol{l}$ 处的 $\boldsymbol{B}$;二是上式是矢量积分,如果各电流元的受力方向不相同,则应首先写出 $\mathrm{d}\boldsymbol{F}$ 的形式,然后在各方向上分别求积分,求出各分力,最后求得总的合力.

[问题 10-5] 一个弯曲的载流导线在均匀磁场中应如何放置才不受磁场力的作用?

答: 一段弯曲的载流导线在均匀磁场中受的安培力可表示为

$$\boldsymbol{F}=\int_L I\mathrm{d}\boldsymbol{l}\times\boldsymbol{B}=I\left(\int_L\mathrm{d}\boldsymbol{l}\right)\times\boldsymbol{B}=I\boldsymbol{L}\times\boldsymbol{B}$$

式中,$\int_L\mathrm{d}\boldsymbol{l}=\boldsymbol{L}$,表明弯曲导线各有向线元的矢量和等于从导线头至尾的有向线段 $\boldsymbol{L}$.由以上讨论可知,要使弯曲载流导线不受力,只需使 $\boldsymbol{L}/\!/\boldsymbol{B}$ 即可.

[问题 10-6] 在一均匀磁场中,有两个面积相等、通有相同电流的线圈,一个是正方形,一个是圆形.这两个线圈所受的磁场力矩是否相等?所受的最大磁力矩是否相等?所受的磁场力的合力是否相等?

答: 载流线圈在磁场中所受的磁力矩为 $\boldsymbol{M}=\boldsymbol{m}\times\boldsymbol{B}$,线圈的磁矩为 $\boldsymbol{m}=IS\boldsymbol{e}_n$,两个线圈的面积相等、通过的电流相同,因此磁矩的大小相等.两个线圈所受的磁力矩是否相同,取决于磁矩与均匀磁场 $\boldsymbol{B}$ 的方位是否相同.若两线圈的磁矩与均匀磁场 $\boldsymbol{B}$ 的夹角均为 90°,则所受磁力矩最大且相等,载流线圈在均匀磁场中所受磁场力的合力恒为零.

四、解题示例

[例题 10-1]　半径为 R 的均匀环形导线在 b、c 两点处分别与两根互相垂直的载流导线相连接，已知环与二导线共面，如图 10-2 所示. 若直导线中的电流强度为 I，求环心 O 处磁感应强度的大小和方向.

要点与分析：本题要求学生掌握几种特殊形状载流导体的磁场. 我们可把该电流导体分成三段，求出每段电流的磁场，然后叠加.

解：ab 和 cd 两部分载流导线在 O 点产生的磁场方向相同，相当于一根直载流导线在 O 点产生的磁场

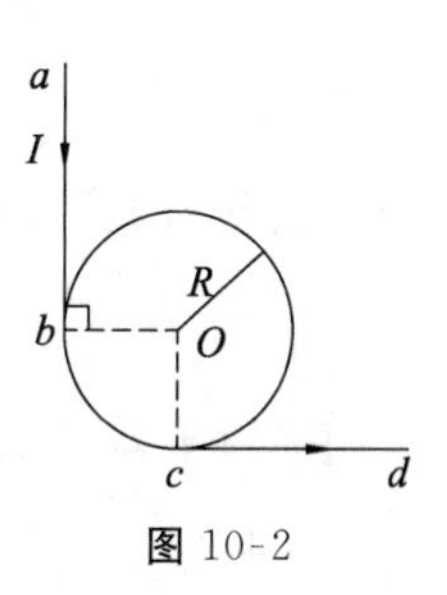

图 10-2

$$B_1=\frac{\mu_0 I}{2\pi R}$$

大小两段$\widehat{bc}$在 O 点产生的磁场大小相等，方向相反而抵消. 所以 O 点的磁感应强度为

$$B=B_1=\frac{\mu_0 I}{2\pi R}$$

方向垂直纸面向外.

[例题 10-2]　在一半径 $R=1.0$ cm 的无限长半圆柱形金属薄片中，自上而下有电流 $I=5.0$ A 均匀通过，如图 10-3 所示. 求半圆片轴线上 O 点的磁感应强度.

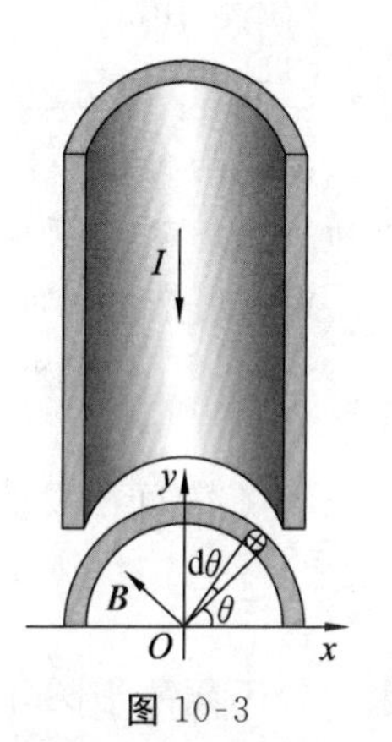

图 10-3

要点与分析：本题要求能把无限长圆柱形载流金属薄片看做是由许多平行的无限长直导线所组成的，则总磁场为这些无限长直导线产生的磁场的叠加，注意矢量积分.

解：如图 10-3 所示，对应于宽为 dl 的窄条无限长直导线中的电流为

$$dI=\frac{I}{\pi R}dl=\frac{I}{\pi R}R\,d\theta=\frac{I}{\pi}d\theta$$

它在 O 点产生的磁感应强度为

$$dB=\frac{\mu_0 dI}{2\pi R}=\frac{\mu_0}{2\pi R}\cdot\frac{I}{\pi}d\theta$$

$$dB_x=-dB\sin\theta,\ dB_y=dB\cos\theta$$

由对称性可知

$$\int dB_y=0$$

所以 O 点产生的磁感应强度为

$$B=\int dB_x=-\int_0^{\pi}\frac{\mu_0 I}{2\pi^2 R}\sin\theta d\theta=-\frac{\mu_0 I}{\pi^2 R}$$

代入数据得 $B=-6.37\times10^{-5}$ T，方向沿 x 轴的负方向.

[例题 10-3]　一根长直圆柱形铜导体载有电流 I，均匀分布于截面上. 在导体内部，通过圆柱中心轴线作一平面 S，如图 10-4 所示. 试计算通过每米长导线内 S 平面的磁

通量.

要点与分析：本题要求学生掌握如何根据磁场分布来计算磁通量.首先可利用安培环路定理求解圆柱形铜导体某点的磁场形式(距轴线 x 处)，再求通过该处单位长窄条的磁通量 $\mathrm{d}\Phi$(在此长窄条上的 $\boldsymbol{B}$ 可认为是相同的)，最后通过积分求 Φ.

解：在距离导线中心轴线为 x 与 $x+\mathrm{d}x$ 处，作一个单位长窄条，其面积为 $\mathrm{d}S$，则

$$\mathrm{d}S=1\cdot\mathrm{d}x=\mathrm{d}x$$

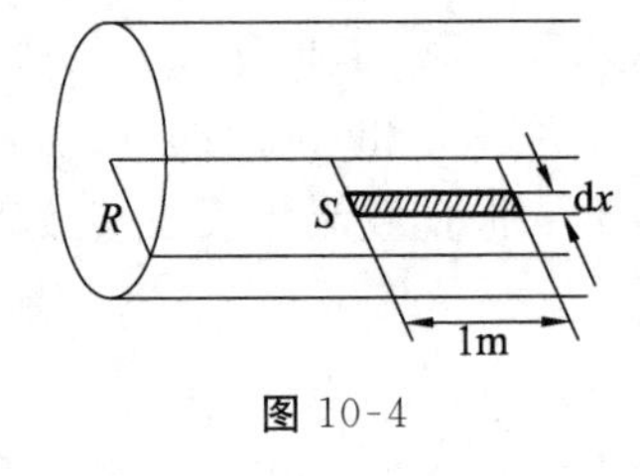

图 10-4

窄条处的磁感应强度为

$$B=\frac{\mu_0}{2\pi}\cdot\frac{Ix}{R^2}$$

所以通过 $\mathrm{d}S$ 的磁通量为

$$\mathrm{d}\Phi=B\mathrm{d}S=\frac{\mu_0}{2\pi}\frac{Ix}{R^2}\mathrm{d}x$$

则通过平面 S 的磁通量为

$$\Phi=\int\mathrm{d}\Phi=\int_0^R\frac{\mu_0}{2\pi}\frac{Ix}{R^2}\mathrm{d}x=\frac{\mu_0 I}{4\pi}$$

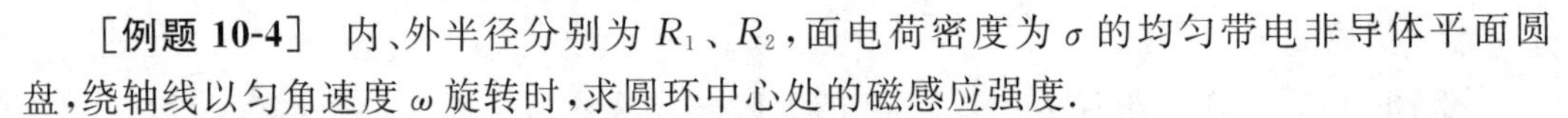

[例题 10-4] 内、外半径分别为 R_1、R_2，面电荷密度为 σ 的均匀带电非导体平面圆盘，绕轴线以匀角速度 ω 旋转时，求圆环中心处的磁感应强度.

要点与分析：本题要求学生掌握当电荷做圆周运动时会形成圆电流，会计算此圆电流所产生的磁场.所以关键是正确写出此圆盘的电流及其产生的磁场.

解：当带电平面圆盘旋转时，取一细圆环，其上电荷做圆周运动形成电流 $\mathrm{d}I$，有

$$\mathrm{d}I=\sigma\cdot 2\pi r\mathrm{d}r\cdot\frac{\omega}{2\pi}=\sigma\omega r\mathrm{d}r$$

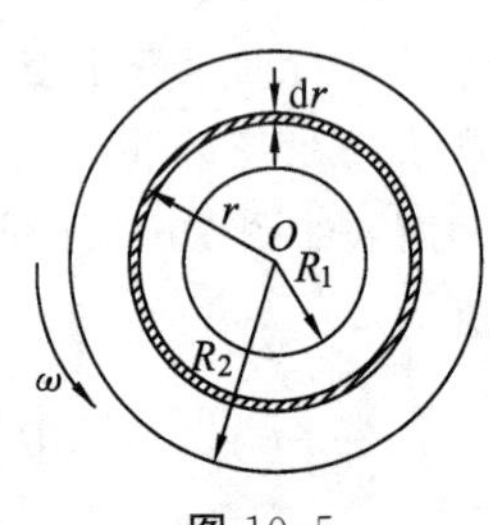

图 10-5

$\mathrm{d}I$ 在空间激发的磁场为

$$\mathrm{d}B=\frac{\mu_0\mathrm{d}I}{2r}=\frac{\mu_0\sigma\omega}{2}\mathrm{d}r$$

因半径不同的细圆环在 O 处产生的磁感应强度方向相同，均垂直于纸面，则 O 点处总的磁感应强度为

$$B=\int\mathrm{d}B=\frac{\mu_0\sigma\omega}{2}\int_{R_1}^{R_2}\mathrm{d}r=\frac{\mu_0\sigma\omega}{2}(R_2-R_1)$$

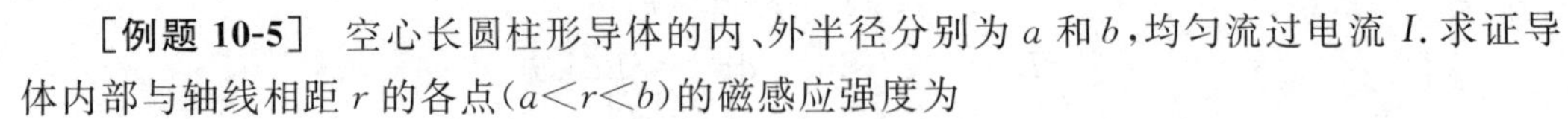

[例题 10-5] 空心长圆柱形导体的内、外半径分别为 a 和 b，均匀流过电流 I.求证导体内部与轴线相距 r 的各点($a<r<b$)的磁感应强度为

$$B=\frac{\mu_0 I(r^2-a^2)}{2\pi(b^2-a^2)r}$$

要点与分析：本题要求学生掌握如何用安培环路定理求解磁场分布.

证明：导体内的电流密度为

$$j=\frac{I}{\pi(b^2-a^2)}$$

由于电流和磁场分布的对称性，磁感线是以轴为中心的一些同心圆，取半径为 r 的一条磁感线为环路，由安培环路定理，可得

$$B\cdot 2\pi r=\mu_0 j(\pi r^2-\pi a^2)=\mu_0 I\left(\frac{r^2-a^2}{b^2-a^2}\right)$$

$$B=\frac{\mu_0 I(r^2-a^2)}{2\pi(b^2-a^2)r}$$

[例题 10-6] 如图 10-6 所示线框，铜线横截面积 $S=2.00\ \mathrm{mm}^2$，其中 OA 和 DO' 两段保持水平不动，$ABCD$ 段是边长为 a 的正方形的三边，它可绕 OO' 轴无摩擦地转动. 整个导线放在匀强磁场 $\boldsymbol{B}$ 中，$\boldsymbol{B}$ 的方向竖直向上. 已知铜的密度 $\rho=8.9\times10^3\ \mathrm{kg\cdot m^{-3}}$，当铜线中的电流 $I=10$ A 时，导线处于平衡状态，AB 和 CD 段与竖直方向的夹角 $\alpha=15°$. 求磁感应强度 $\boldsymbol{B}$ 的大小.

要点与分析：本题要求学生掌握根据载流导体所受磁场力来计算磁感应强度.

解：在线框平衡的情况下，必须满足线框的重力矩与线框所受的磁力矩平衡(对 OO' 轴而言).

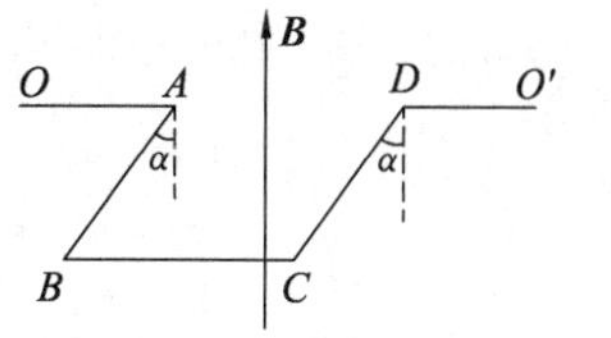

图 10-6

重力矩 $\qquad M_1=2a\rho gS\cdot\frac{1}{2}a\sin\alpha+a\rho gSa\sin\alpha$

$\qquad\qquad=2Sa^2\rho g\sin\alpha$

磁力矩 $\qquad M_2=BIa^2\sin\left(\frac{1}{2}\pi-\alpha\right)=Ia^2B\cos\alpha$

平衡时

$$M_1=M_2$$

所以

$$2Sa^2\rho g\sin\alpha=Ia^2B\cos\alpha$$

$$B=\frac{2S\rho g\tan\alpha}{I}\approx9.35\times10^{-3}\ \mathrm{T}$$

[例题 10-7] 一根同轴线由半径为 R_1 的长导线和套在它外面的内半径为 R_2、外半径为 R_3 的同轴导体圆筒组成，中间充满磁导率为 μ 的各向同性均匀非铁磁绝缘材料，如图 10-7 所示. 传导电流 I 沿导线向上流去，由圆筒向下流回，在它们的截面上电流都是均匀分布的. 求同轴线内、外的磁感应强度大小的分布.

要点与分析：本题要求学生掌握利用磁介质中的安培环路定理求磁感应强度的分布.

解：由安培环路定理

$$\oint_L \boldsymbol{H}\cdot\mathrm{d}\boldsymbol{l}=\sum I_i$$

$0<r<R_1$ 区域 $\qquad 2\pi rH=\frac{Ir^2}{R_1^{\ 2}}$

$$H=\frac{Ir}{2\pi R_1^{\ 2}},\quad B=\frac{\mu_0 Ir}{2\pi R_1^{\ 2}}$$

$R_1<r<R_2$ 区域 $\qquad 2\pi rH=I$

$$H=\frac{I}{2\pi r},\ B=\frac{\mu I}{2\pi r},$$

$R_2<r<R_3$ 区域 $\qquad 2\pi rH=I-\frac{I(r^2-R_2^{\ 2})}{(R_3^{\ 2}-R_2^{\ 2})}$

$$H=\frac{I}{2\pi r}\left(1-\frac{r^2-R_2^{\ 2}}{R_3^{\ 2}-R_2^{\ 2}}\right),\ B=\mu_0 H=\frac{\mu_0 I}{2\pi r}\left(1-\frac{r^2-R_2^{\ 2}}{R_3^{\ 2}-R_2^{\ 2}}\right)$$

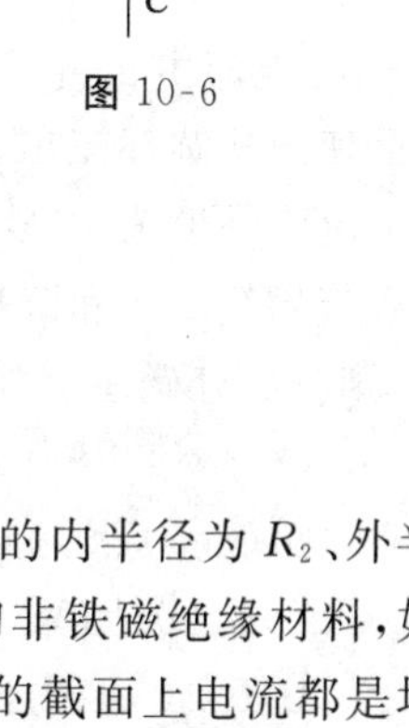

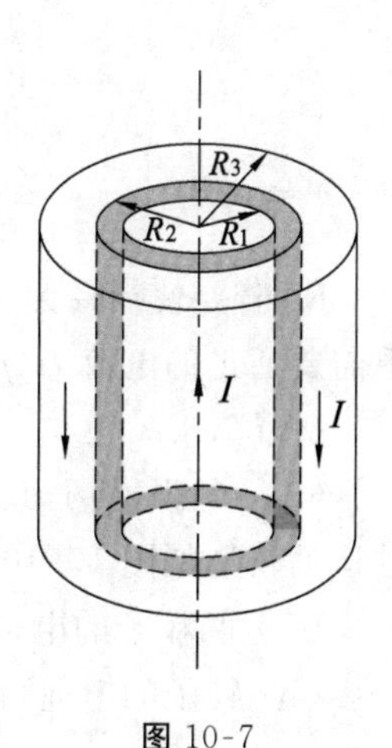

图 10-7

$r>R_3$ 区域 $H=0$，$B=0$

自测练习10

（一）选择题

1. 均匀磁场的磁感应强度 $\boldsymbol{B}$ 垂直于半径为 r 的圆面. 今以该圆周为边线，作一半球面 S，则通过 S 面的磁通量的大小为 [ ]

(A) $2\pi r^2 B$ (B) $\pi r^2 B$

(C) 0 (D) 无法确定的量

2. 在真空中有一根半径为 R 的半圆形细导线，流过的电流为 I，则圆心处的磁感应强度大小为 [ ]

(A) $\frac{\mu_0}{4\pi}\frac{I}{R}$ (B) $\frac{\mu_0}{2\pi}\frac{I}{R}$ (C) 0 (D) $\frac{\mu_0}{4}\frac{I}{R}$

3. 电流由长直导线1沿切向经 a 点流入一个电阻均匀的圆环，再由 b 点沿切向从圆环流出，经长直导线2返回电源，如图10-8所示. 已知直导线上电流强度为 I，圆环的半径为 R，且 a、b 和圆心 O 在同一直线上. 设长直载流导线1、2和圆环中的电流在 O 点产生的磁感应强度分别为 $\boldsymbol{B}_1$、$\boldsymbol{B}_2$、$\boldsymbol{B}_3$，则圆心处磁感应强度的大小 [ ]

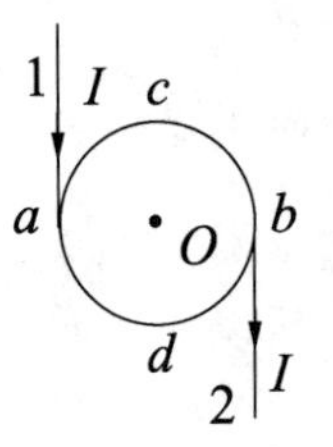

图 10-8

(A) $B=0$，因为 $B_1=B_2=B_3=0$

(B) $B=0$，因为虽然 $B_1\neq 0$、$B_2\neq 0$，但 $\boldsymbol{B}_1+\boldsymbol{B}_2=0$，$B_3=0$

(C) $B\neq 0$，因为 $B_1\neq 0$、$B_2\neq 0$、$B_3\neq 0$

(D) $B\neq 0$，因为虽然 $B_3=0$，但 $\boldsymbol{B}_1+\boldsymbol{B}_2\neq 0$

4. 如图10-9所示，两根直导线 ab 和 cd 沿半径方向被接到一个截面处处相等的铁环上，稳恒电流 I 从 a 端流入，从 d 端流出，则磁感应强度 $\boldsymbol{B}$ 沿图中闭合路径 l 的积分 $\oint_L \boldsymbol{B}\cdot \mathrm{d}\boldsymbol{l}$ 等于 [ ]

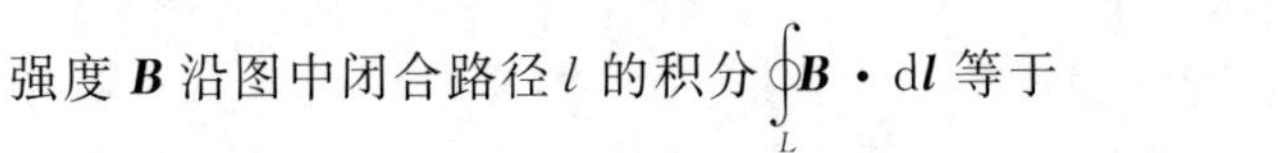

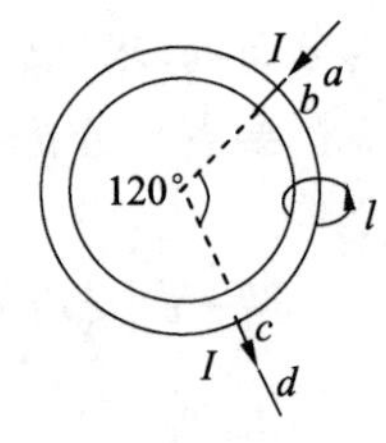

图 10-9

(A) $\mu_0 I$ (B) $\frac{\mu_0 I}{3}$

(C) $\frac{\mu_0 I}{4}$ (D) $\frac{2\mu_0 I}{3}$

5. 若要使半径为 4×10^{-3} m 的裸铜线表面的磁感应强度大小为 7.0×10^{-5} T，则铜线中需要通过的电流为($\mu_0=4\pi\times10^{-7}\ \mathrm{T\cdot m\cdot A^{-1}}$) [ ]

(A) 1.4 A (B) 0.14 A (C) 2.8 A (D) 14 A

6. 一匀强磁场，其磁感应强度方向垂直于纸面，两带电粒子在该磁场中的运动轨迹如图10-10所示，则 [ ]

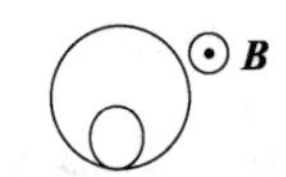

图 10-10

(A) 两粒子的电荷必然同号

(B) 粒子的电荷可以同号，也可以异号

(C) 两粒子的动量大小必然不同

(D) 两粒子的运动周期必然不同

7. 把通电的直导线放在蹄形磁铁磁极的上方，如图10-11所示.导线可以自由活动，且不计重力.当导线内通以如图所示的电流时，导线将　[　　]

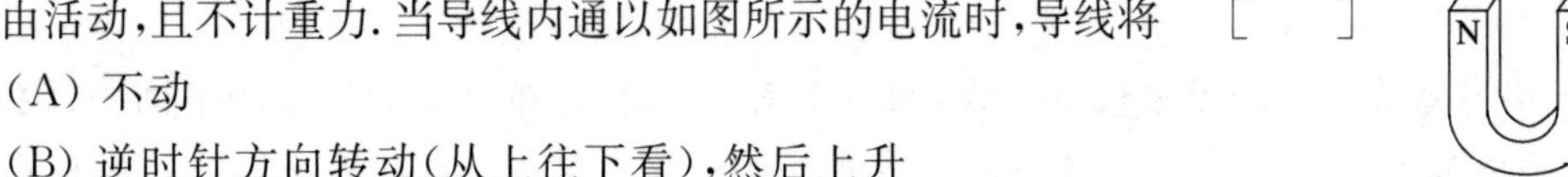

图10-11

(A) 不动

(B) 逆时针方向转动(从上往下看)，然后上升

(C) 逆时针方向转动(从上往下看)，然后下降

(D) 顺时针方向转动(从上往下看)，然后下降

8. 如图10-12所示，有一无限长通电流的扁平铜片，宽度为a，厚度不计，电流I在铜片上均匀分布，在铜片外与铜片共面，离铜片右边缘为b处的P点的磁感应强度$\boldsymbol{B}$的大小为　[　　]

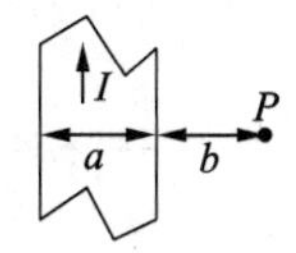

图10-12

(A) $\dfrac{\mu_0 I}{2\pi(a+b)}$　　(B) $\dfrac{\mu_0 I}{2\pi a}\ln\dfrac{a+b}{b}$

(C) $\dfrac{\mu_0 I}{2\pi b}\ln\dfrac{a+b}{b}$　　(D) $\dfrac{\mu_0 I}{\pi(a+2b)}$

9. A、B两个电子都垂直于磁场方向射入一均匀磁场而做圆周运动.A电子的速率为B电子速率的两倍.设R_A、R_B分别为A电子与B电子的轨道半径，T_A、T_B分别为它们各自的周期，则　[　　]

(A) $R_A:R_B=2, T_A:T_B=2$　　(B) $R_A:R_B=\dfrac{1}{2}, T_A:T_B=1$

(C) $R_A:R_B=1, T_A:T_B=1:2$　　(D) $R_A:R_B=2, T_A:T_B=1$

10. 有一由N匝细导线绕成的平面正三角形线圈，边长为a，通有电流I，置于均匀外磁场$\boldsymbol{B}$中，当线圈平面的法向与外磁场同向时，该线圈所受的磁力矩M_m的值为　[　　]

(A) $\dfrac{\sqrt{3}Na^2IB}{2}$　　(B) $\dfrac{\sqrt{3}Na^2IB}{4}$

(C) 0　　(D) $\sqrt{3}Na^2IB\sin 60^\circ$

11. 用细导线均匀密绕成长为l、半径为a ($l\gg a$)、总匝数为N的螺线管，管内充满相对磁导率为μ_r的均匀磁介质.若线圈中载有稳恒电流I，则管中任意一点的　[　　]

(A) 磁感应强度大小为$B=\mu_0\mu_r NI$

(B) 磁感应强度大小为$B=\dfrac{\mu_r NI}{l}$

(C) 磁场强度大小为$H=\dfrac{\mu_0 NI}{l}$

(D) 磁场强度大小为$H=\dfrac{NI}{l}$

12. 顺磁物质的磁导率　[　　]

(A) 比真空的磁导率略小　　(B) 比真空的磁导率略大

(C) 远小于真空的磁导率　　(D) 远大于真空的磁导率

（二）填空题

1. 一个密绕的细长螺线管，每厘米长度上绕有 10 匝细导线，螺线管的横截面积为 10 cm^2. 当在螺线管中通入 10 A 的电流时，它的横截面上的磁通量为________.（真空磁导率 $\mu_0=4\pi\times10^{-7}\ \mathrm{T\cdot m\cdot A^{-1}}$）

2. 沿着弯成直角的无限长直导线，通有电流 $I=10$ A. 在直角所决定的平面内，距两段导线的距离都为 $a=20$ cm 处的磁感应强度大小 $B=$__________.（$\mu_0=4\pi\times10^{-7}\ \mathrm{N\cdot A^{-2}}$）

3. 半径为 R 的圆柱体上载有电流 I，电流在其横截面上均匀分布，一回路 L 通过圆柱内部将圆柱体横截面分为两部分，其面积大小分别为 S_1、S_2，如图 10-13 所示，则 $\oint_L \boldsymbol{H}\cdot\mathrm{d}\boldsymbol{l}=$________.

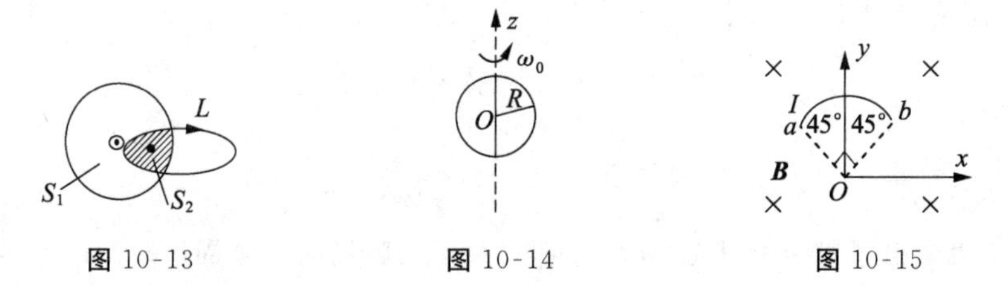

图 10-13　　图 10-14　　图 10-15

4. 如图 10-14 所示. 电荷 q（>0）均匀地分布在一个半径为 R 的薄球壳外表面上，若球壳以恒角速度 ω_0 绕 z 轴转动，则沿着 z 轴从 $-\infty$ 到 $+\infty$ 磁感应强度的线积分等于________.

5. 如图 10-15 所示，一根载流导线被弯成半径为 R 的 $\frac{1}{4}$ 圆弧，放在磁感应强度大小为 B 的均匀磁场中，则载流导线 ab 所受磁场的作用力的大小为________，方向为________.

6. 在磁场中某点磁感应强度的大小为 2.0 $\mathrm{Wb\cdot m^{-2}}$，在该点一圆形试验线圈所受的最大磁力矩值为 6.28×10^{-6} N·m，如果通过的电流为 10 mA，则可知线圈的半径为________ m，这时线圈平面法线方向与该处磁感应强度方向的夹角为________.

7. 两个带电粒子的质量之比为 1∶6，电荷量之比为 1∶2，现以相同的速度垂直磁感线飞入一均匀磁场. 则它们所受的磁场力的大小之比为________，它们各自每秒钟完成圆周运动的次数之比为________.

8. 电子质量为 m、电荷量为 e，以速度 $\boldsymbol{v}$ 飞入磁感应强度大小为 B 的匀强磁场中，$\boldsymbol{v}$ 与 $\boldsymbol{B}$ 的夹角为 θ，电子做螺旋运动，螺旋线的螺距 $h=$________，半径 $R=$________.

9. 如图 10-16 所示，一根通有电流 I 的导线，被折成长度分别为 a、b，夹角为 120°的两段，并置于均匀磁场 $\boldsymbol{B}$ 中，若导线的长度为 b 的一段与 $\boldsymbol{B}$ 平行，则 a、b 两段载流导线所受的合磁力的大小为________.

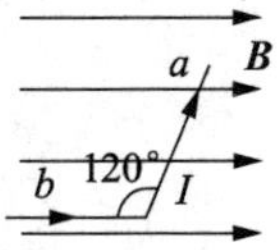

图 10-16

10. 一个绕有 500 匝导线的平均周长为 50 cm 的细环，载有 0.3 A 电流时，铁芯的相对磁导率为 600.（$\mu_0=4\pi\times10^{-7}\ \mathrm{T\cdot m\cdot A^{-1}}$）

（1）铁芯中的磁感应强度 B 为________________ T；

（2）铁芯中的磁场强度 H 为____________ $\mathrm{A\cdot m^{-1}}$.

（三）计算题

1. 如图10-17所示，一无限长直导线通有电流 $I=10$ A，在一处折成夹角 $\theta=60°$ 的折线，求角平分线上与导线的垂直距离均为 $r=0.1$ cm的 P 点处的磁感应强度.（$\mu_0=4\pi\times10^{-7}$ T·m·A^{-1}）

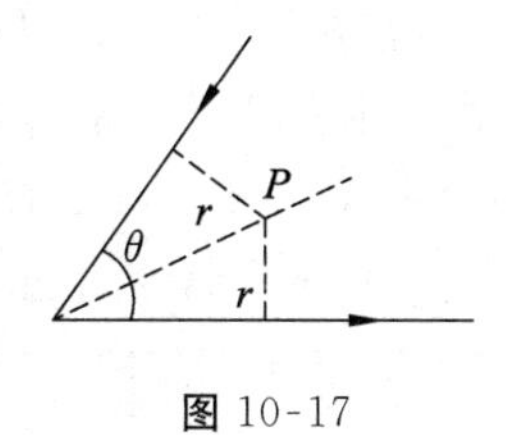

图10-17

2. 设氢原子基态的电子轨迹半径为 a_0，求由于电子的轨迹运动在原子核处（圆心处）产生的磁感应强度的大小和方向.

3. 一电子以 $v=10^5$ m·s^{-1} 的速率，在垂直于均匀磁场的平面内做半径 $R=1.2$ cm的圆周运动，求此圆周所包围的磁通量.（忽略电子运动产生的磁场，已知基本电荷 $e=1.6\times10^{-19}$ C，电子质量 $m_e=9.11\times10^{-31}$ kg）

4. 如图10-18所示，半径为 R 的木球上绕有密集的细导线，线圈平面彼此平行，且以单层线圈覆盖住半个球面，设线圈的总匝数为 N，通过线圈的电流为 I. 求球心 O 处的磁感应强度.

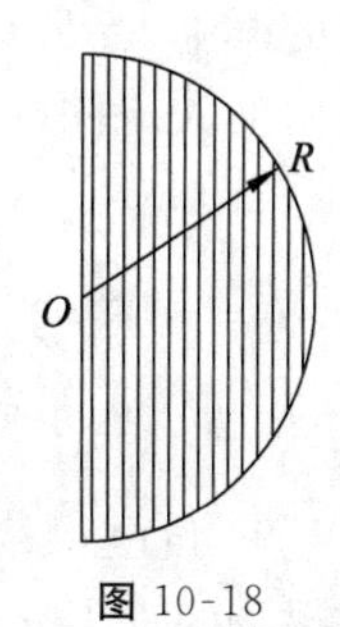

图10-18

5. 如图10-19所示两共轴线圈，半径分别为 R_1、R_2，电流为 I_1、I_2，电流的方向相反，求轴线上相距中点 O 为 x 处的 P 点的磁感应强度.

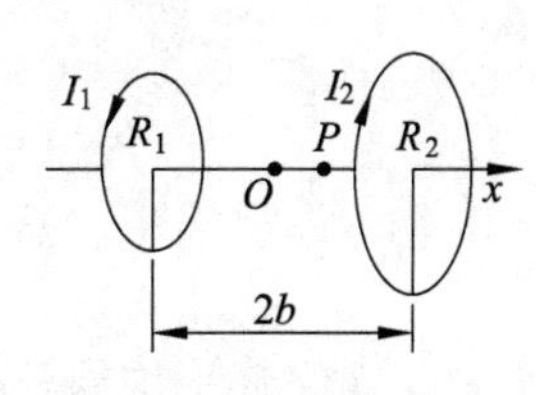

图10-19

6. 如图 10-20 所示，在长直导线 AB 内通过电流 $I_1=10$ A，在矩形线圈 $CDEF$ 中通有电流$I_2=5$ A，AB 与线圈共面，且 CD、EF 都与 AB 平行，已知 $a=9.0$ cm，$b=20.0$ cm，$d=1.0$ cm. 求：

(1) 导线 AB 的磁场对矩形线圈每边所作用的力；

(2) 矩形线圈所受合力和合力矩.

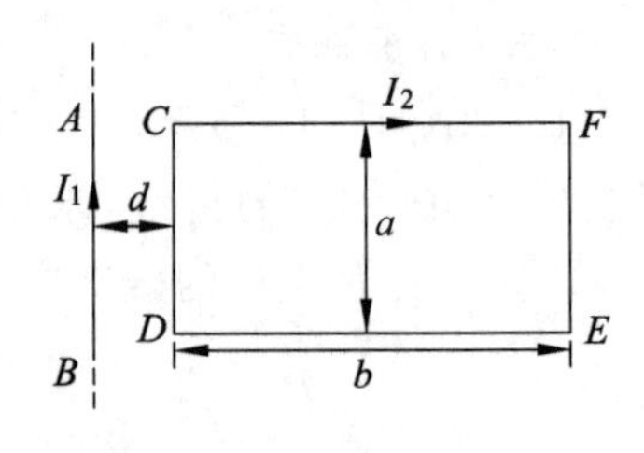

图 10-20

7. 如图 10-21 所示，载有电流 I_1 和 I_2 的长直导线 ab 和 cd 相互平行，相距为 $3r$，今有载有电流 I_3 的导线 $MN(=r)$ 水平放置，且其两端 MN 分别与 I_1、I_2 的距离都是 r，ab、cd 和 MN 共面，求导线 MN 所受的磁场力的大小和方向.

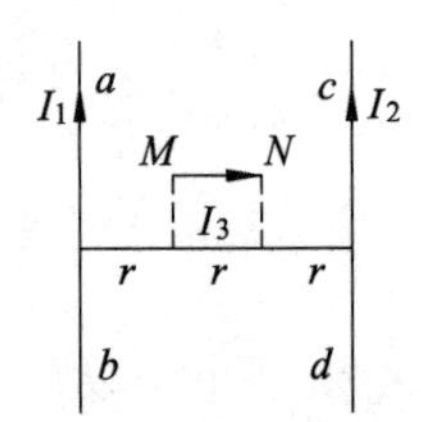

图 10-21

8. 在 xOy 平面内有一圆心在 O 点的圆线圈，通以顺时针绕向的电流 I_1. 另有一无限长直导线与 y 轴重合，通以电流 I_2，方向向上，如图 10-22 所示. 求此时圆线圈所受的磁场力.

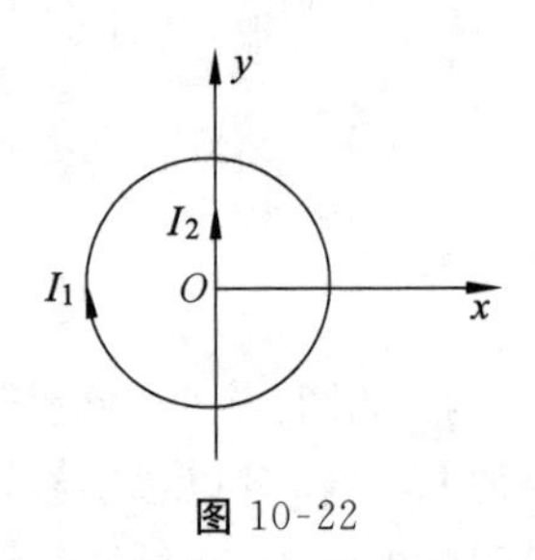

图 10-22

9. 设电视显像管射出的电子束沿水平方向由南向北运动，电子能量为12 000 eV，地球磁场的垂直分量向下，大小为 $B=5.5\times10^{-5}$ Wb·m^{-2}. 问：

(1) 电子束将偏向什么方向？

(2) 电子的加速度是多少？

(3) 电子束在显像管内在南北方向上通过 20 cm 时将偏转多远？

10. 螺绕环平均周长 $l=10$ cm，环上绕有线圈 $N=200$ 匝，通有电流$I=100$ mA.

(1) 求管内为空气时 B 和 H 的大小；

(2) 若管内充满相对磁导率 $\mu_r=4\ 200$ 的磁介质，求 B 和 H 的大小.

第11章　电磁感应

在中学里，已涉及电磁感应现象，但主要偏向于感生电动势和动生电动势的简单计算. 在大学物理中，电磁感应的研究趋向于从电磁场变化的观点进行研究，磁通量的变化占据了主要地位，由此涉及自感、互感、感生电场、磁场能量、RL 和 RC 电路分析等新的概念和内容，处理的问题和高等数学的结合较为紧密，计算的难度也相应增加. 和高中内容相比，本章的重点为法拉第电磁感应定律. 在理解该定律的基础上，能够计算一般情况下的动生和感生电动势，理解感应电场的涡旋特征，领会自感现象和互感现象的物理过程，并能分析磁场的建立和磁场能量储存的关系. 本章的难点为电动势的计算中矢量运算和微积分运算，以及对涡旋电场、自感、互感及磁场能量等概念的理解和计算.

一、基本要求

1. 掌握电磁感应的基本定律.
2. 熟练掌握两种感应电动势的计算方法.
3. 理解涡旋电场和涡旋电流.
4. 熟练掌握自感、互感和磁场能量的计算.
5. 掌握 RL 和 RC 电路的分析方法，并能够进行简单的计算.

二、内容提要与重点提示

1. 电磁感应定律.

(1) 法拉第电磁感应定律. 当穿过闭合回路所围面积的磁通量发生变化时，不论这种变化是什么原因引起的，回路中都会建立起感应电动势，且此感应电动势等于磁通量对时间变化率的负值，即

$$\mathscr{E}=-\frac{\mathrm{d}\Phi}{\mathrm{d}t}$$

式中负号是反映感应电动势的方向与磁通量变化的关系的.

对 N 匝线圈　　$\Psi=N\Phi,\ \mathscr{E}_i=-\dfrac{\mathrm{d}(N\Phi)}{\mathrm{d}t}$

感应电流　　$I_i=\dfrac{\mathscr{E}_i}{R}=-\dfrac{N}{R}\dfrac{\mathrm{d}\Phi}{\mathrm{d}t}$

感应电流是存在导体回路时感应电动势的外在表现.

感应电荷量　　$q=-\dfrac{1}{R}\Delta\Phi$

(2) 楞次定律：当回路磁通量变化时,由感应电流所产生的感应磁通量总是力图阻止原磁通量的变化.楞次定律是确定感应电流方向的普遍适用的规律,是能量转换和守恒定律在电磁感应现象中的具体反映.

2. 动生电动势和感生电动势.

(1) 动生电动势 $$\mathscr{E}=\int_L(\boldsymbol{v}\times\boldsymbol{B})\cdot\mathrm{d}\boldsymbol{l}$$

(2) 感生电动势 $$\mathscr{E}=\oint_L\boldsymbol{E}_{感}\cdot\mathrm{d}\boldsymbol{l}=-\int_S\frac{\partial\boldsymbol{B}}{\partial t}\cdot\mathrm{d}\boldsymbol{S}$$

3. 自感、互感和磁场能量.

(1) 自感：电流变化引起自身回路中磁通量变化而在自身回路中产生感应电动势,即

$$\mathscr{E}=-L\frac{\mathrm{d}i}{\mathrm{d}t}$$

式中 $$L=\frac{\Psi}{I}$$

(2) 互感：电流变化引起邻近回路中磁通量变化而在邻近回路中产生感应电动势,即

$$\mathscr{E}_{21}=-M\frac{\mathrm{d}i_1}{\mathrm{d}t},\ \mathscr{E}_{12}=-M\frac{\mathrm{d}i_2}{\mathrm{d}t}$$

式中 $$M=\frac{\Psi_{21}}{I_1}=\frac{\Psi_{12}}{I_2}$$

(3) 磁场能量.

自感贮藏的磁场能量 $$W_\mathrm{m}=\frac{1}{2}LI^2$$

磁场能量 $$W_\mathrm{m}=\int_V w_\mathrm{m}\mathrm{d}V=\int_V\frac{1}{2}BH\mathrm{d}V$$

磁场能量密度 $$w_\mathrm{m}=\frac{B^2}{2\mu}=\frac{1}{2}BH$$

4. 暂态过程.

(1) RL 电路接通电源后,电路中电流 $I=\frac{\mathscr{E}}{R}(1-\mathrm{e}^{-\frac{R}{L}t})$,电流不能突变,而是经过一段时间最后达到稳定值.$\tau=\frac{L}{R}$ 为 RL 电路的时间常量,它反应电流增长的快慢.

(2) RC 电路接通电源后,$q=C\varepsilon(1-\mathrm{e}^{-\frac{1}{RC}t})$,电容器上的电荷量按指数规律上升,最后达到稳定值.$\tau=RC$ 为 RC 电路的时间常量,反应电荷量增长的快慢.

重点提示：

(1) 法拉第电磁感应定律的理解及应用,其中磁通量的计算是关键,注意 $\boldsymbol{B}$ 和回路面积的夹角、注意积分面元的选取.

(2) 动生电动势的计算,在利用 $\mathscr{E}_{ab}=\int_a^b(\boldsymbol{v}\times\boldsymbol{B})\cdot\mathrm{d}\boldsymbol{l}$ 求解时,注意 $\mathrm{d}\boldsymbol{l}$ 的方向选取要顺着 a 到 b,需先求 $\boldsymbol{v}\times\boldsymbol{B}$ 再点乘 $\mathrm{d}\boldsymbol{l}$,若结果为正,则电动势方向由 a 到 b,而电势差 U_{ab} 为负.

(3) 感生电动势及感生电场的计算.注意感生电动势仍用法拉第电磁感应定律求得,注意感生电场与静电场的异同点.

(4) 自感系数和互感系数的计算，其中磁通的计算是关键，注意计算互感时不能混淆所选的线圈回路.

(5) 磁场能量的计算，特别注意自感储藏能量的计算.

三、疑难分析与问题讨论

1. 关于法拉第电磁感应定律 $\mathscr{E}=-\dfrac{\mathrm{d}\Phi}{\mathrm{d}t}$的理解和应用.

(1) 感应电动势的大小只取决于磁通量随时间的变化率$\dfrac{\mathrm{d}\Phi}{\mathrm{d}t}$，因而具有瞬时性. 不同时刻 t 对应于不同的电动势，而与磁通量本身无关，亦与磁通量的变化量 $\Delta\Phi$ 无直接关系，$\Delta\Phi$ 大，$\mathscr{E}$ 不一定大.

(2) 磁通量 $\Phi=\int \boldsymbol{B}\cdot\mathrm{d}\boldsymbol{S}=\int B\cos\theta\mathrm{d}S$，因此，应用法拉第电磁感应定律时，必须存在闭合回路，否则无法计算磁通量. 对于在磁场中运动的导体虽不存在闭合回路，但可以设想一回路来进行计算，然而此时应用动生电动势的公式进行计算更为方便.

(3) 公式中的负号代表感应电动势的方向，表示 $\mathscr{E}$ 总是与磁通量的变化率$\dfrac{\mathrm{d}\Phi}{\mathrm{d}t}$的正负符号相反. 通常可由楞次定律判断 $\mathscr{E}$ 的方向.

[问题 11-1]　利用假想回路的方法，计算铜棒两端的感应电动势. 铜棒的长为 L，在磁感应强度为 B 的均匀磁场中，以角速度 ω 在垂直于磁场的平面内匀角速转动.

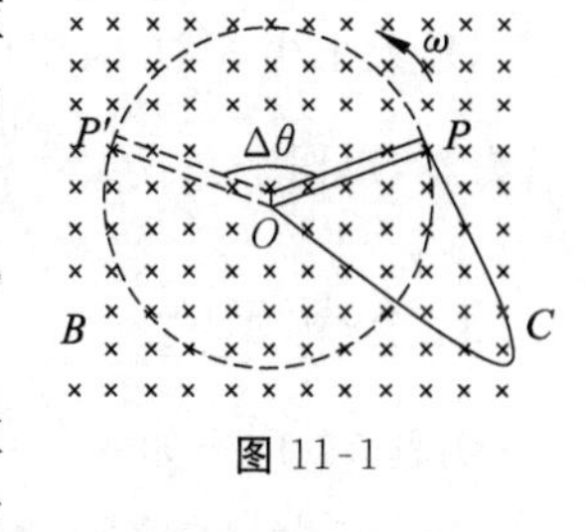

图 11-1

要点与分析：利用假想的回路 C 与 OP 组成回路(图 11-1)，计算回路的磁通量，理解导体运动带来磁通量的变化.

解：设在 Δt 时间内，铜棒转过的角度为 $\Delta\theta=\omega\Delta t$，按法拉第电磁感应定律，首先要计算磁通量 $\Delta\Phi$. 为此，设想空间存在任意形状的一段静止导线，它与铜棒 OP 组成闭合回路 $OPCO$. 设开始时铜棒处在 OP 位置，此时穿过闭合回路的磁通量为 Φ_1，经过 Δt 时间后，铜棒处于 OP' 位置，回路为 $P'PCOP'$，所以在 Δt 时间内，穿过闭合回路的磁通量的变化率为

$$\frac{\Delta\Phi}{\Delta t}=\frac{\Phi_2-\Phi_1}{\Delta t},\ \Phi_2-\Phi_1=B(S_2-S_1)$$

铜棒绕 O 点做匀速圆周运动，S_2-S_1 即扇形 OPP'的面积，有

$$\Delta\Phi=B(S_2-S_1)=\frac{1}{2}BL^2\Delta\theta=\frac{1}{2}BL^2\omega\Delta t$$

$$\mathscr{E}=-\frac{\Delta\Phi}{\Delta t}=-\frac{1}{2}BL^2\omega$$

2. 关于感生电场的理解.

感生电场则是由变化磁场所激发的有旋电场，电场线是一系列无头无尾的闭合曲线. $\oint \boldsymbol{E}_r\cdot\mathrm{d}\boldsymbol{l}=-\int_S\dfrac{\partial\boldsymbol{B}}{\partial t}\cdot\mathrm{d}\boldsymbol{S}$，式中$\dfrac{\partial\boldsymbol{B}}{\partial t}$是闭合回路所围面积内某点的磁感应强度随时间的变化

率,不是特指$\oint \boldsymbol{E}_r \cdot \mathrm{d}\boldsymbol{l}$中回路上某点的$\frac{\partial \boldsymbol{B}}{\partial t}$,$\boldsymbol{E}_r$并不依赖于所在点的$\boldsymbol{B}$和$\boldsymbol{B}$的变化率,只要空间某点有变化的磁场,在空间的其他点就激发感生电场. 如将教材[例 11-4]的磁场空间理解为无限长螺线管的磁场,对$r>R$的管外空间,$\boldsymbol{B}$和$\boldsymbol{B}$的变化率都为零,但有$E_r=-\frac{R^2}{2r}\frac{\mathrm{d}B}{\mathrm{d}t}$.

3. 自感系数和互感系数.

由定义式$L=\frac{\Psi}{I}$和$M=\frac{\Psi_{21}}{I_1}$,$M=\frac{\Psi_{12}}{I_2}$,不能得出自感系数L或互感系数M依赖于电流的结论. 根据毕奥-萨伐尔定律,Ψ是随I变化而变化的. 但是,对确定的I,不同情况下,线圈中磁通量Ψ和其他一些因素有关. 对自感线圈而言,回路的形状、大小、线圈的匝数以及周围磁介质的分布会影响线圈的磁通量,这些因素决定了L的大小. 而对互感而言,两个回路的几何形状、相对位置、它们各自的匝数以及它们周围磁介质的分布决定了M的大小.

[问题 11-2] 用电阻丝绕成的标准电阻要求没有自感,问怎样绕制方能使线圈的自感为零,试说明其理由.

要点与分析:本题的关键在于要理解自感的产生和穿过线圈的磁通量的关系.

应双线密绕,如图 11-2 所示. 将所需电阻丝从中点折成双线,并绕的双线紧密地靠在一起,使两线的电流在任何时刻都是大小相等,方向相反,使得绕制的电阻线圈中的磁通量为零,根据定义式$L=\frac{\Psi}{I}$,可得自感系数为零.

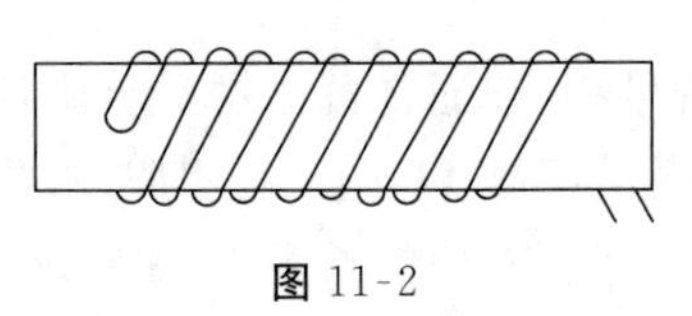

图 11-2

四、解题示例

[例题 11-1] 如图 11-3 所示导体回路中,ab边可沿导轨运动(忽略ab边与导轨间的摩擦力). 整个回路处在$\boldsymbol{B}=0.5\ \mathrm{T}$的匀强磁场中,磁场方向垂直纸面向里. 电阻$R=0.2\ \Omega$(其他部分电阻忽略不计),$ab$边长$L=0.5\ \mathrm{m}$,$\alpha=60°$. ab边以恒定速度$\boldsymbol{v}$向右运动,$v=4\ \mathrm{m\cdot s^{-1}}$.

(1) 求动生电动势$\mathscr{E}_{ba}$;

(2) 求作用在ab上的外力$\boldsymbol{F}$;

(3) 若匀强磁场以$\frac{\mathrm{d}B}{\mathrm{d}t}=\frac{16\sqrt{3}}{15}\ \mathrm{T\cdot s^{-1}}$的速率增加,方向不变,$ab$边仍以速率$v=4\ \mathrm{m\cdot s^{-1}}$向右运动,当运动至$ad=1\ \mathrm{m}$时,求回路中的总电动势.

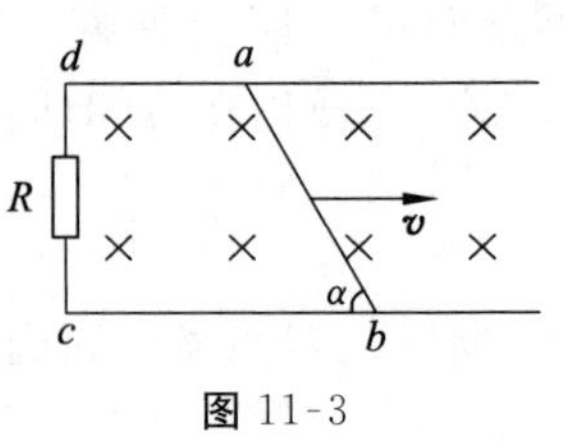

图 11-3

要点与分析:本题测试的是动生电动势和感生电动势的计算,需对两种电动势的概念和计算公式的运用比较清楚.

解:(1) 根据公式,$\mathscr{E}_{ba}=\int_b^a(\boldsymbol{v}\times\boldsymbol{B})\cdot\mathrm{d}\boldsymbol{l}$. 但是,公式中涉及矢量的运算,需要明确$\boldsymbol{v}\times\boldsymbol{B}$和$\mathrm{d}\boldsymbol{l}$的夹角,如图 11-4 所示,有

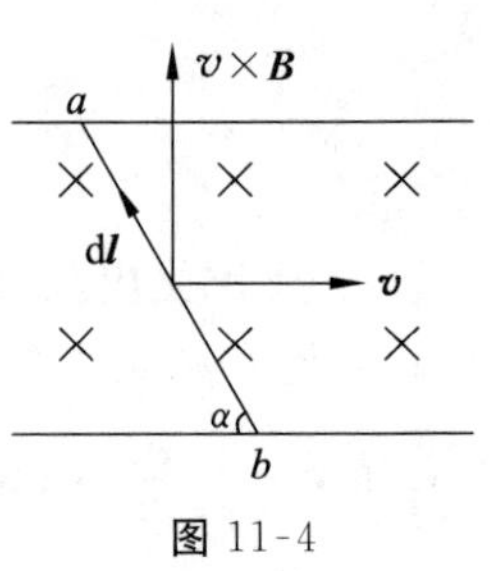

图 11-4

$$\mathscr{E}_{ba}=\int_b^a(\boldsymbol{v}\times\boldsymbol{B})\cdot\mathrm{d}\boldsymbol{l}=\int_b^a vB\sin\frac{\pi}{2}\mathrm{d}l\cos\left(\frac{\pi}{2}-\alpha\right)$$

$$=\int_b^a vB\sin\alpha \mathrm{d}l = vBL\sin\alpha = 4\times 0.5\times 0.5\times\frac{\sqrt{3}}{2}\ \mathrm{V}\approx 0.87\ \mathrm{V}$$

(2) 由于 $\mathscr{E}_{ba}$ 的存在，导体回路中有感生电流，ab 边在磁场中受安培力，而为保持导线 ab 匀速运动必施加外力与安培力平衡，所以外力与安培力等值反向.

$$I=\frac{\mathscr{E}_{ba}}{R},\ \boldsymbol{F}_{安}=\int_b^a I\mathrm{d}\boldsymbol{l}\times\boldsymbol{B}$$

方向如图 11-5 所示.

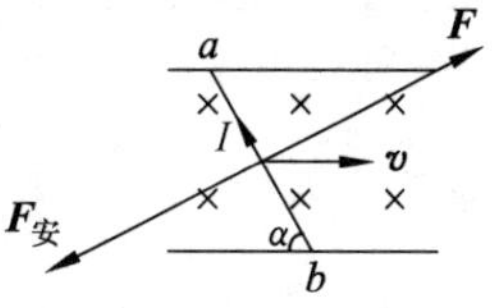

图 11-5

$F_{外}=F_{安}=1.09$ N，方向和 $\boldsymbol{F}_{安}$ 相反.

(3) 此时，回路中动生电动势和感生电动势两种电动势都存在.

$$S=\frac{1}{2}(ad+bc)\times ab\times\sin\alpha$$

$$=\frac{1}{2}(1+1+0.5\times\cos 60^\circ)\times 0.5\times\sin 60^\circ\mathrm{m}^2=\frac{9\sqrt{3}}{32}\ \mathrm{m}^2$$

$$\mathscr{E}=\mathscr{E}_{ba}-\frac{\mathrm{d}\Phi}{\mathrm{d}t}=\int_b^a(\boldsymbol{v}\times\boldsymbol{B})\cdot\mathrm{d}\boldsymbol{l}-S\frac{\mathrm{d}B}{\mathrm{d}t}=-vBL\sin\alpha-S\frac{\mathrm{d}B}{\mathrm{d}t}$$

$$\approx -2.63\ \mathrm{V}$$

式中负号说明电动势的方向为 $adcb$ 方向，和 $abcd$ 正方向相反.

[例题 11-2] 由质量为 m、电阻为 R 的均匀导线做成的矩形线框，宽为 b，在 $t=0$ 时由静止下落，这时线框的下底边在 $y=0$ 平面上方高度为 h 处，如图 11-6 所示. $y=0$ 平面以上没有磁场；$y=0$ 平面以下则有匀强磁场 $\boldsymbol{B}$，其方向在图中垂直纸面向里. 现已知在时刻 $t=t_1$ 和 $t=t_2$，线框位置如图 11-6 所示，求线框速度 v 与时间 t 的函数关系(不计空气阻力，且忽略线框自感).

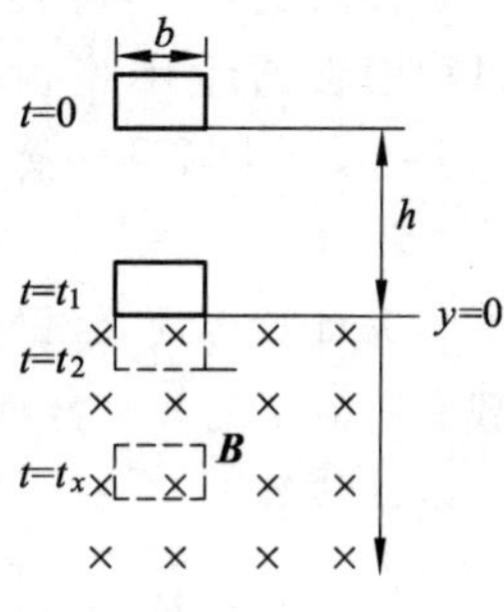

图 11-6

要点与分析：本题要求学生掌握利用安培定律求导体在磁场中所受的力. 线圈在进入磁场过程中，所受合力是不相同的，所以分三个阶段讨论.

解：(1) 线框在进入磁场之前($0\leqslant t\leqslant t_1$)，线框做自由落体运动，有

$$v=gt$$

当 $t=t_1=\sqrt{\dfrac{2h}{g}}$ 时，$v=v_1=\sqrt{2hg}$.

(2) 线框底边进入磁场后，产生感应电流，因而受到一磁场力(方向向上)，且

$$F=IbB=\frac{1}{R}\frac{\mathrm{d}\Phi}{\mathrm{d}t}bB=\frac{B^2b^2}{R}\frac{\mathrm{d}y}{\mathrm{d}t}=\frac{B^2b^2}{R}v$$

线框运动的微分方程为

$$mg-\frac{B^2b^2}{R}v=m\frac{\mathrm{d}v}{\mathrm{d}t}$$

令 $K=\dfrac{B^2b^2}{mR}$，求解上式，注意到 $t=t_1$ 时 $v=v_1$，得

$$v=\frac{1}{K}[g-(g-Kv_1)\mathrm{e}^{-K(t-t_1)}]\ (t_1\leqslant t\leqslant t_2)$$

当 $t=t_2$ 时

$$v=v_2=\frac{1}{K}[g-(g-Kv_1)e^{-K(t_2-t_1)}]$$

(3) 当线框全部进入磁场后($t>t_2$),通过线框的磁通量不随时间变化,线框回路不存在感生电流,磁场力为零.故线框在重力作用下匀加速下落,有

$$v=v_2+g(t-t_2)$$

即
$$v=\frac{1}{K}[g-(g-Kv_1)e^{-K(t_2-t_1)}]+g(t-t_2)\ (t>t_2)$$

[例题 11-3] 载有电流 I 的长直导线附近,放一导体半圆环 MeN 与长直导线共面,且端点 MN 的连线与长直导线垂直.半圆环的半径为 b,环心 O 与导线相距 a.设半圆环以速度 $\boldsymbol{v}$ 平行导线平移,求半圆环内感应电动势的大小和方向以及 MN 两端的电压 U_M-U_N.

要点与分析:本题要求学生掌握动生电动势的计算方法,但是公式 $\int_L(\boldsymbol{v}\times\boldsymbol{B})\cdot d\boldsymbol{l}$ 中 $d\boldsymbol{l}$ 的方向受制于半圆环导体,$d\boldsymbol{l}$ 是随位置变化的,给计算带来了难度.

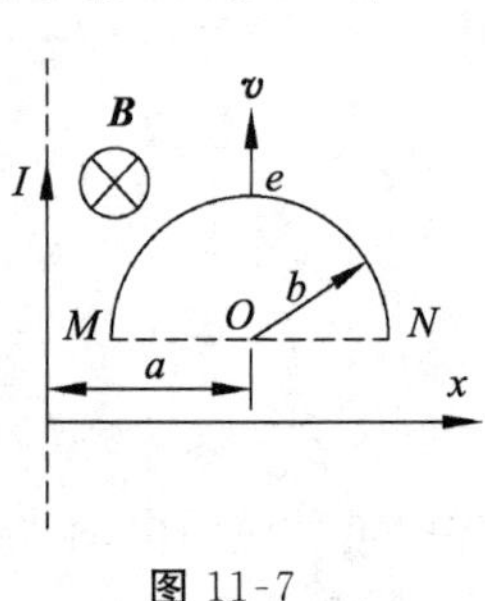

图 11-7

解:注意到导体半圆环的运动是平行于长直导线平移,可引入一条辅助线 MN,构成闭合回路 $MeNM$(图 11-7),闭合回路在运动过程中磁通量不变,闭合回路总电动势为零,即 $\mathscr{E}_{\text{total}}=\mathscr{E}_{MeN}+\mathscr{E}_{NM}=0$,则半圆环内感应电动势为

$$\mathscr{E}_{MeN}=-\mathscr{E}_{NM}=\mathscr{E}_{MN}$$

为计算方便,辅助线 MN 取为 M 和 N 两点间的线段.问题就简化成导体线段 MN 在载有电流 I 的长直导线附近以速度 $\boldsymbol{v}$ 平行于导线平移,求其动生电动势的大小和方向.动生电动势为

$$\mathscr{E}_{MN}=\int_M^N(\boldsymbol{v}\times\boldsymbol{B})\cdot d\boldsymbol{l}=\int_{a-b}^{a+b}\left(-v\frac{\mu_0 I}{2\pi x}\right)dx=-\frac{\mu_0 Iv}{2\pi}\ln\frac{a+b}{a-b}$$

式中负号表示 $\mathscr{E}_{MN}$ 的方向与 x 轴正方向相反.

$$\mathscr{E}_{MeN}=-\frac{\mu_0 Iv}{2\pi}\ln\frac{a+b}{a-b},\text{方向 } N\to M$$

$$U_M-U_N=-\mathscr{E}_{MN}=\frac{\mu_0 Iv}{2\pi}\ln\frac{a+b}{a-b}$$

[例题 11-4] 在半径为 R 的圆形区域内,有垂直纸面向里的均匀磁场正以速率 $\frac{dB}{dt}$ 减少.有一金属棒 abc 放在图 11-8 所示位置,已知 $ab=bc=R$.

(1) 求 a、b、c 三点感应电场和方向;

(2) 求棒上的感应电动势;

(3) a、c 两端哪端电势高?

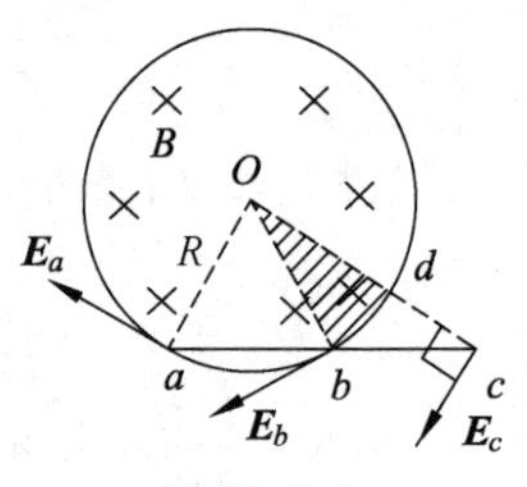

图 11-8

要点与分析:本题要求学生掌握感生电场和动生电动势的计算方法.

解:(1) 由感应电场与磁通量的关系 $\oint\boldsymbol{E}_r\cdot d\boldsymbol{l}=-\frac{d\Phi}{dt}=$

$-\frac{\mathrm{d}}{\mathrm{d}t}\int_S \boldsymbol{B}\cdot \mathrm{d}\boldsymbol{S}$ 及场分布的对称性，有

$$E_r \cdot 2\pi r = -\frac{\mathrm{d}\Phi}{\mathrm{d}t} = -\pi R^2 \frac{\mathrm{d}B}{\mathrm{d}t}$$

当 $r=R$ 时，有

$$E_a = E_b = -\frac{R}{2}\frac{\mathrm{d}B}{\mathrm{d}t}$$

当 $r=Oc$ 时，有

$$E_c = -\frac{R^2}{2\sqrt{3}R}\frac{\mathrm{d}B}{\mathrm{d}t} = -\frac{R}{2\sqrt{3}}\frac{\mathrm{d}B}{\mathrm{d}t}$$

电场方向如图 11-8 所示.

（2）感应电场是产生感生电动势的非静电力的根源，$\mathscr{E} = \int_a^b \boldsymbol{E}_r \cdot \mathrm{d}\boldsymbol{l} + \int_b^c \boldsymbol{E}_r \cdot \mathrm{d}\boldsymbol{l}$，但由于 $\boldsymbol{E}_r$ 和 $\mathrm{d}\boldsymbol{l}$ 是变化的量，计算较为复杂. 注意到 $\boldsymbol{E}_r$ 无径向的分量，沿径向放置的导体中将不会产生感应电动势，因此，ac 棒上的感应电动势和由导体 Oa、Oc 及 ac 组成的导体回路的感应电动势相同. 对 $OacO$ 回路，可直接利用法拉第电磁感应定律.

$$\mathscr{E} = -\frac{\mathrm{d}\Phi}{\mathrm{d}t} = -(S_{Oab} + S_{Obd})\frac{\mathrm{d}B}{\mathrm{d}t}$$

$$S_{Oab} + S_{Obd} = \frac{\sqrt{3}R^2}{4} + \frac{\pi R^2}{12}$$

$$\mathscr{E} = -\frac{\mathrm{d}\Phi}{\mathrm{d}t} = -\left(\frac{\sqrt{3}R^2}{4} + \frac{\pi R^2}{12}\right)\frac{\mathrm{d}B}{\mathrm{d}t}$$

（3）根据楞次定律，可知 a 点的电势高.

［例题 11-5］ 矩形截面螺绕环的尺寸如图 11-9 所示，总匝数为 N，求它的自感系数.

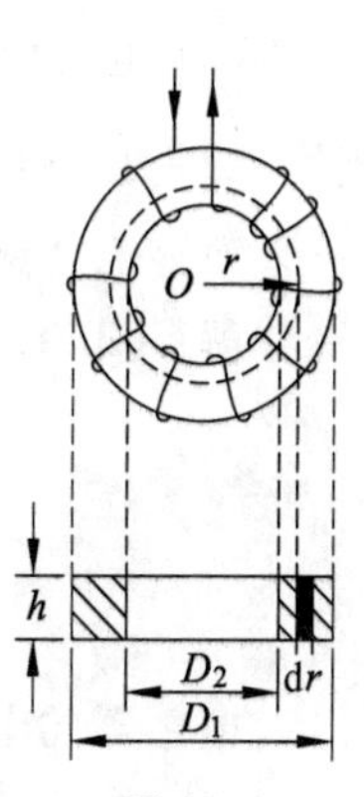

图 11-9

要点与分析： 本题要求学生掌握自感系数的计算方法.

解： 设螺绕环中的电流为 I，则螺绕环中距环心为 r 处的磁感应强度 $\boldsymbol{B}$ 的大小为

$$B = \mu_0 \frac{N}{2\pi r} I$$

穿过螺绕环一匝线圈的磁通量为

$$\Phi = \int_S \boldsymbol{B}\cdot \mathrm{d}\boldsymbol{S} = \int_{\frac{D_2}{2}}^{\frac{D_1}{2}} Bh\,\mathrm{d}r = \int_{\frac{D_2}{2}}^{\frac{D_1}{2}} \mu_0 \frac{N}{2\pi r} Ih\,\mathrm{d}r = \frac{\mu_0 NhI}{2\pi}\ln\frac{D_1}{D_2}$$

穿过整个螺绕环 N 匝线圈的磁通量为

$$\Psi = N\Phi = \frac{\mu_0 N^2 hI}{2\pi}\ln\frac{D_1}{D_2}$$

自感系数为

$$L = \frac{\Psi}{I} = \frac{\mu_0 N^2 h}{2\pi}\ln\frac{D_1}{D_2}$$

［例题 11-6］ 如图 11-10 所示，有一边长为 l 的矩形导线框 $ABCD$，在其平面内有一

根平行于 AD 边的长直导线 OO',其半径为 a,求该系统的互感系数 M.

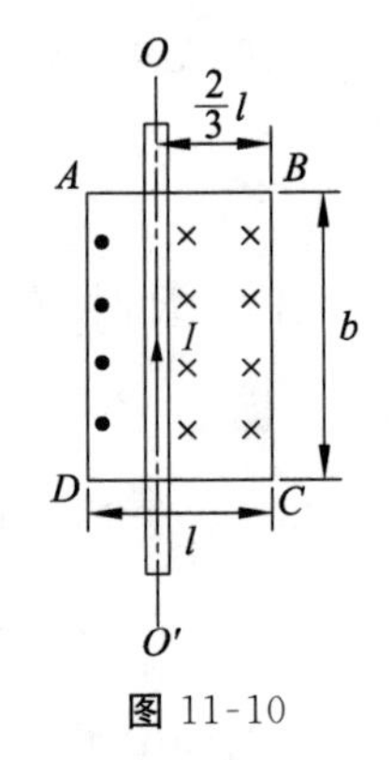

图 11-10

要点与分析:本题要求学生掌握互感系数的计算方法,选择的通电导体要有利于计算的简化.

解:设长直导线通有电流 I,在空间激发磁感应强度的方向如图 11-10 所示,大小为

$$B=\frac{\mu_0 I}{2\pi r}$$

它穿过矩形线框左、右两部分的磁通量符号相反,穿过整个线框的磁通量为

$$\Phi=\int_S \boldsymbol{B}\cdot \mathrm{d}\boldsymbol{S}=\int_a^{\frac{2l}{3}} Bb\,\mathrm{d}r-\int_a^{\frac{l}{3}} Bb\,\mathrm{d}r=\frac{\mu_0 Ib}{2\pi}\left(\ln\frac{2l}{3a}-\ln\frac{l}{3a}\right)=\frac{\mu_0 Ib}{2\pi}\ln 2$$

该系统的互感系数为

$$M=\frac{\Phi}{I}=\frac{\mu_0 b}{2\pi}\ln 2$$

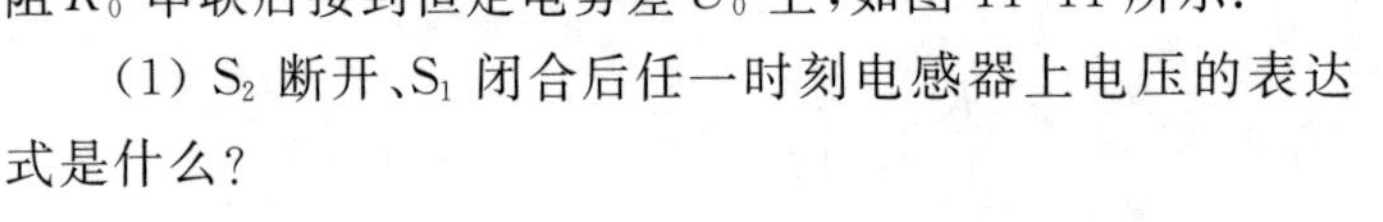

[例题 11-7] 电阻为 R、电感为 L 的电感器与无感电阻 R_0 串联后接到恒定电势差 U_0 上,如图 11-11 所示.

(1) S_2 断开、S_1 闭合后任一时刻电感器上电压的表达式是什么?

图 11-11

(2) 电流稳定后再将 S_2 闭合,经过$\frac{L}{R}$s 时通过 S_2 的电流的大小和方向如何?

要点与分析:本题要求学生掌握 RL 电路的基本分析方法,一方面要会建立方程;另一方面要能分析并写出正确的初始条件.

解:(1) 设电路中电流为 $I(t)$,$I(0)=0$,电感器中产生感生电动势,有

$$U_0-L\frac{\mathrm{d}I}{\mathrm{d}t}-I(R+R_0)=0$$

$$I=\frac{U_0}{R+R_0}\left(1-\mathrm{e}^{-\frac{R+R_0}{L}t}\right)$$

电感器的电压为

$$U(t)=U_0-IR_0=\frac{U_0}{R+R_0}\left(R+R_0\mathrm{e}^{-\frac{R+R_0}{L}t}\right)$$

(2) S_2 闭合后,通过 S_2 的电流由两部分提供,一是 U_0 产生电流 $I_1=\frac{U_0}{R_0}$. 另一方面,电感器通过小回路放电,$-L\frac{\mathrm{d}I_2}{\mathrm{d}t}-I_2R=0$,$I_2=\frac{U_0}{R+R_0}\mathrm{e}^{-\frac{Rt}{L}}$(要正确地写出稳定后的电流),经过$\frac{L}{R}$ s 后

$$I_2=\frac{U_0}{R+R_0}\mathrm{e}^{-1}$$

两者方向相反,则

$$I=I_1-I_2=\frac{U_0}{R_0}-\frac{U_0}{R+R_0}e^{-1}$$

显然，$I_1>I_2$，I 的方向和 I_1 相同.

［例题 11-8］ 一根长直导线载有电流 I，电流均匀分布在它的横截面上，证明此导线内部单位长度的磁场能量为$\frac{\mu_0 I^2}{16\pi}$，并证明此导线单位长度与内部磁通有联系的那部分自感为$\frac{\mu_0}{8\pi}$.

要点与分析：本题要求学生掌握磁场能量密度的概念，并能理解自感磁能的本质.

解：设导线的半径为 R. 由于电流均匀分布在导线的横截面上，故对导线内部距导线对称轴距离为 r 处的磁感应强度的大小为

$$B\cdot 2\pi r=\mu_0 I\frac{\pi r^2}{\pi R^2},\ B=\frac{\mu_0 I}{2\pi R^2}r$$

磁场能量密度为

$$w_m=\frac{B^2}{2\mu_0}=\frac{\mu_0 I^2 r^2}{8\pi^2 R^4}$$

导线内单位长度上储存的磁场能量为

$$W_m=\int w_m dV=\int_0^R\frac{\mu_0 I^2 r^2}{8\pi^2 R^4}2\pi r dr=\frac{\mu_0 I^2}{16\pi}$$

这部分磁场能量就是导线中建立磁场过程中的自感磁能，因此

$$L=\frac{2W_m}{I^2}=\frac{2\mu_0 I^2}{16\pi I^2}=\frac{\mu_0}{8\pi}$$

自测练习 11

（一）选择题

1. 如图 11-12 所示，闭合电路由带铁芯的螺线管、电源、滑动变阻器组成. 下列情况下可使线圈中产生的感应电动势与原电流 I 的方向相反的是　［　］

（A）滑动变阻器的触点 A 向左滑动

（B）滑动变阻器的触点 A 向右滑动

（C）螺线管上接点 B 向左移动（忽略长螺线管的电阻）

（D）把铁芯从螺线管中抽出

图 11-12

2. 如图 11-13 所示，M、N 为水平面内两根平行金属导轨，ab 与 cd 为垂直于导轨并可在其上自由滑动的两根直裸导线. 外磁场垂直水平面向上. 当外力使 ab 向右平移时，cd 将　［　］

（A）不动　　（B）转动

（C）向左移动　　（D）向右移动

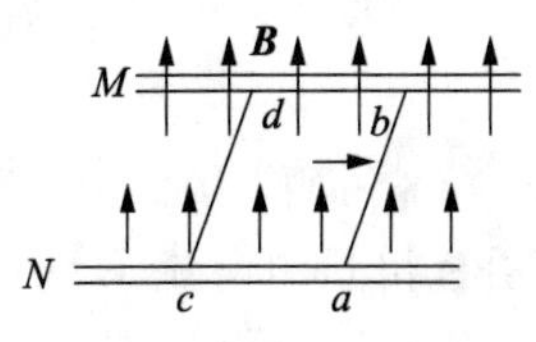

图 11-13

3. 如图 11-14 所示,导体棒 AB 在均匀磁场 $\boldsymbol{B}$ 中绕通过 C 点的垂直于棒长且沿磁场方向的轴 OO' 转动(角速度 $\boldsymbol{\omega}$ 与 $\boldsymbol{B}$ 同方向),BC 的长度为棒长的 $\frac{1}{3}$,则 [ ]

(A) A 点比 B 点的电势高　　(B) A 点与 B 点的电势相等

(C) A 点比 B 点的电势低　　(D) 有稳恒电流从 A 点流向 B 点

4. 圆铜盘水平放置在均匀磁场中,$\boldsymbol{B}$ 的方向垂直盘面向上. 当铜盘绕通过其中心垂直于盘面的轴沿图 11-15 所示方向转动时 [ ]

(A) 铜盘上有感应电流产生,沿着铜盘转动的相反方向流动

(B) 铜盘上有感应电流产生,沿着铜盘转动的方向流动

(C) 铜盘上有感应电动势产生,铜盘中心处电势最高

(D) 铜盘上有感应电动势产生,铜盘边缘处电势最高

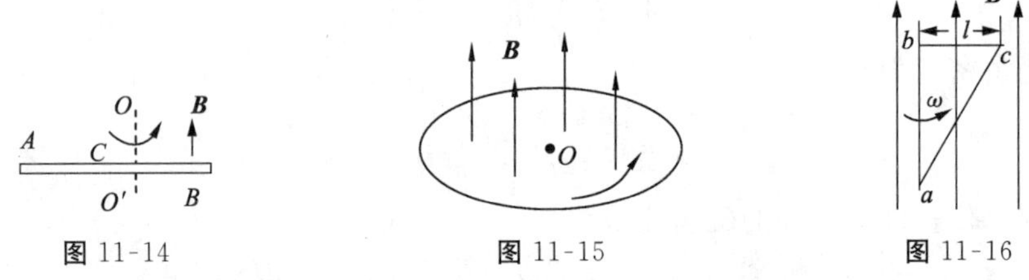

图 11-14　　图 11-15　　图 11-16

5. 如图 11-16 所示,直角三角形金属框架 abc 放在均匀磁场中,磁场 $\boldsymbol{B}$ 平行于 ab 边,bc 的长度为 l. 当金属框架绕 ab 边以匀角速度 ω 转动时,abc 回路中的感应电动势大小 $\mathscr{E}$ 和 a、c 两点间的电势差 U_a-U_c 为 [ ]

(A) $\mathscr{E}=0,\ U_a-U_c=\frac{1}{2}B\omega l^2$　　(B) $\mathscr{E}=0,U_a-U_c=-\frac{1}{2}B\omega l^2$

(C) $\mathscr{E}=B\omega l^2,U_a-U_c=\frac{1}{2}B\omega l^2$　　(D) $\mathscr{E}=B\omega l^2,U_a-U_c=-\frac{1}{2}B\omega l^2$

6. 自感为 0.25 H 的线圈中,当电流在 $\frac{1}{16}$ s 内由 2 A 均匀减小到零时,线圈中自感电动势的大小为 [ ]

(A) 7.8×10^{-3} V　(B) 3.1×10^{-2} V　(C) 8.0 V　(D) 12.0 V

7. 用导线围成如图所示的回路(以 O 点为圆心的圆,加一直径),放在轴线通过 O 点垂直于图面的圆柱形均匀磁场中,若磁场方向垂直图面向里,其大小随时间减小,则感应电流的流向为 [ ]

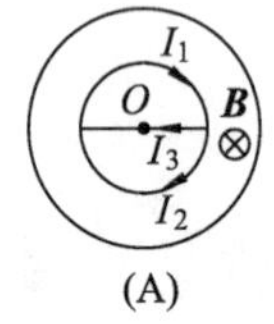

(A)

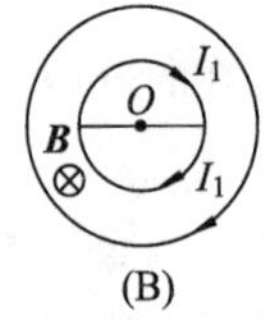

(B)

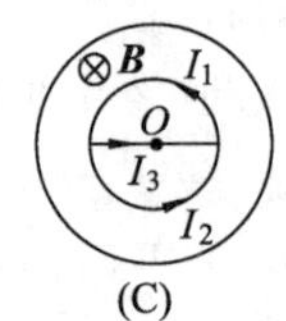

(C)

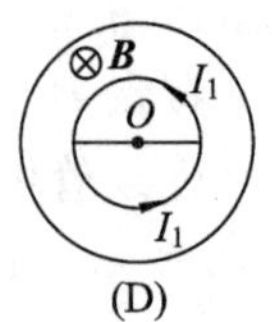

(D)

8. 面积为 S 和 $2S$ 的两圆线圈 1、2 按图 11-17 所示放置,通有相同的电流 I. 线圈 1 的电流所产生的通过线圈 2 的磁通量用 Φ_{21} 表示,线圈 2 的电流所产生的通过线圈 1 的磁通量用 Φ_{12} 表示,则 Φ_{21} 和 Φ_{12} 的大小关系为 [ ]

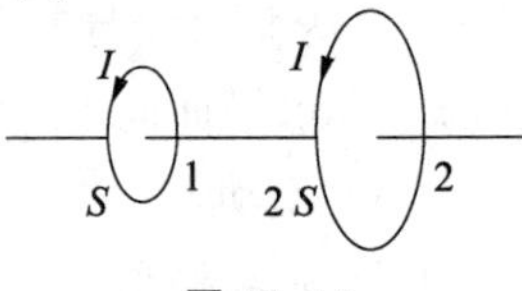

图 11-17

(A) $\Phi_{21}=2\Phi_{12}$　　(B) $\Phi_{21}>\Phi_{12}$　　(C) $\Phi_{21}=\Phi_{12}$　　(D) $\Phi_{21}=\frac{1}{2}\Phi_{12}$

9. 真空中两根很长的相距为 $2a$ 的平行直导线与电源组成闭合回路,如图 11-18 所示.已知导线中的电流为 I,则在两导线正中间某点 P 处的磁能密度为　　[　　]

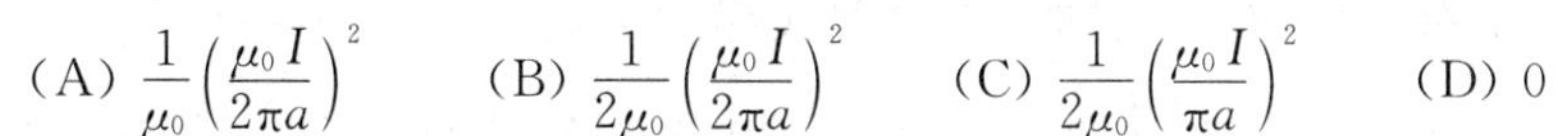

(A) $\frac{1}{\mu_0}\left(\frac{\mu_0 I}{2\pi a}\right)^2$　　(B) $\frac{1}{2\mu_0}\left(\frac{\mu_0 I}{2\pi a}\right)^2$　　(C) $\frac{1}{2\mu_0}\left(\frac{\mu_0 I}{\pi a}\right)^2$　　(D) 0

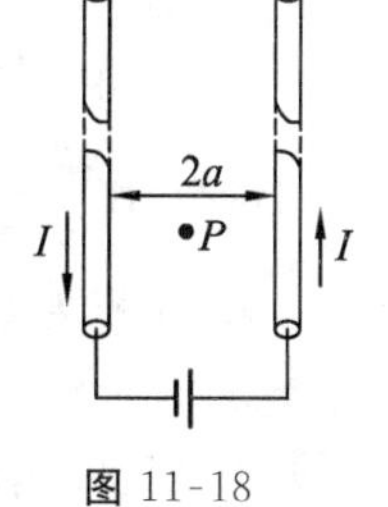

图 11-18

10. 将形状完全相同的铜环和木环静止放置,并使通过两环面的磁通量随时间的变化率相等,则　　[　　]

(A) 铜环中有感应电动势,木环中无感应电动势

(B) 铜环中感应电动势大,木环中感应电动势小

(C) 铜环中感应电动势小,木环中感应电动势大

(D) 两环中感应电动势相等

(二) 填空题

1. 如图 11-19 所示,电荷 Q 均匀分布在半径为 a、长为 $L(L\gg a)$的绝缘薄壁长圆筒表面上,圆筒以角速度 ω 绕中心轴线旋转.一半径为 $2a$、电阻为 R 的单匝圆形线圈套在圆筒上,如图 11-19 所示.若圆筒转速按照 $\omega=\omega_0\left(1-\frac{t}{t_0}\right)$的规律($\omega_0$ 和 t_0 是已知常数)随时间线性地减小,该圆形线圈中感应电流的大小为______,感应电流的流向为______.

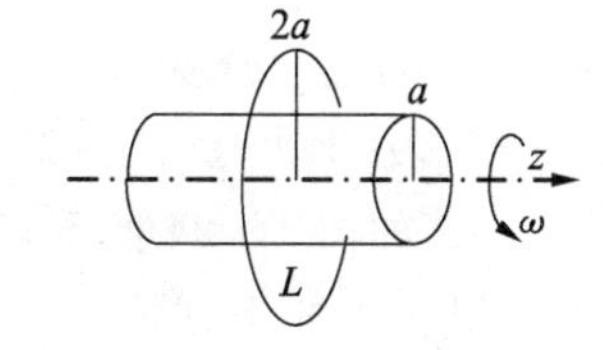

图 11-19

2. 用导线制成一半径 $r=10$ cm 的闭合圆形线圈,其电阻 $R=10\ \Omega$,均匀磁场垂直于线圈平面.欲使电路中有一稳定的感应电流 $i=0.01$ A,B 的变化率应为$\frac{dB}{dt}=$________

3. 一导线被弯成如图 11-20 所示形状,acb 为半径为 R 的四分之三圆弧,直线段 Oa 长为 R.若此导线放在匀强磁场 $\boldsymbol{B}$ 中,$\boldsymbol{B}$ 的方向垂直于图面向里.导线以角速度 ω 在图面内绕 O 点匀速转动,则此导线中的动生电动势大小 $\mathscr{E}=$______,电势最高的点为______.

4. 如图 11-21 所示,等边三角形金属框放在均匀磁场中,其边长为 l,ab 边平行于磁感应强度 $\boldsymbol{B}$,当金属框绕 ab 边以角速度 ω 转动时,bc 边上沿 bc 的电动势为_____,ca 边上沿 ca 的电动势为_____,金属框内的总电动势为_____.(规定电动势沿 $abca$ 绕向为正值)

5. 一自感线圈中,电流强度在 0.002 s 内均匀地由 10 A 增加到 12 A,此过程中线圈内自感电动势为 400 V,则线圈的自感系数 $L=$________.

6. 如图 11-22 所示,有一根无限长直导线绝缘地紧贴在矩形线圈的中心轴 OO' 上,则直导线与矩形线圈间的互感系数为________.

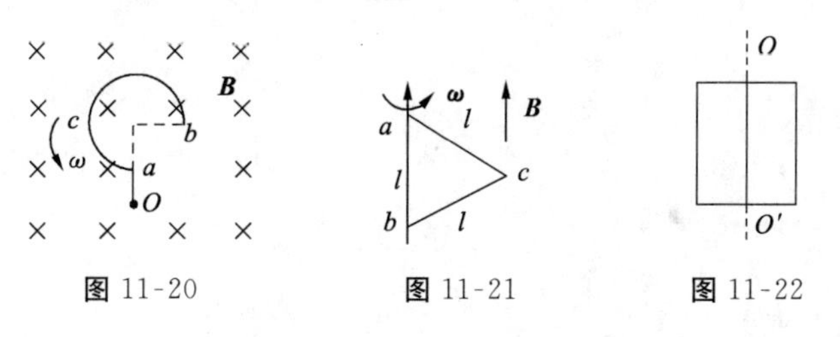

图 11-20　　图 11-21　　图 11-22

7. 如图 11-23 所示,两根彼此紧靠的绝缘的导线绕成一个线圈,其 A 端用焊锡将两根导线焊在一起,另一端 B 处作为连接外电路的两个输入端.则整个线圈的自感系数为________.

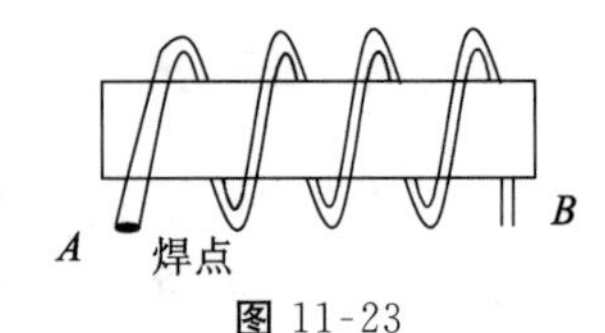

图 11-23

8. 真空中两只长直螺线管 1 和 2 长度相等,单层密绕匝数相同,直径之比$\dfrac{d_1}{d_2}=\dfrac{1}{4}$.当它们通以相同电流时,两螺线管贮存的磁能之比为$\dfrac{W_1}{W_2}=$________.

9. 面积为 S 的平面线圈置于磁感应强度为 $\boldsymbol{B}$ 的均匀磁场中.若线圈以匀角速度 ω 绕位于线圈平面内且垂直于 $\boldsymbol{B}$ 方向的固定轴旋转,在 $t=0$ 时 $\boldsymbol{B}$ 与线圈平面垂直.则任意时刻 t 通过线圈的磁通量为________,线圈中的感应电动势大小为________.若均匀磁场 $\boldsymbol{B}$ 由通有电流 I 的线圈所产生,且 $B=kI$(k 为常量),则旋转线圈相对于产生磁场的线圈最大互感系数为________.

10. 半径为 R 的无限长柱形导体上均匀流有电流 I,该导体材料的相对磁导率 $\mu_r=1$,则在导体轴线上一点的磁场能量密度为 $w_{m0}=$________,在与导体轴线相距 r 处($r<R$)的磁场能量密度 $w_{mr}=$________.

(三) 计算题

1. 如图 11-24 所示,一长直导线载有稳恒电流 I,附近有一个与它共面的矩形线圈,尺寸如图所示,线圈共有 N 匝,以速度 $\boldsymbol{v}$ 水平离开直导线.

(1) 试求在图示位置线圈中的感应电动势的大小和方向;

(2) 若线圈不动,长直导线通有交变电流 $I=I_0\cos\omega t$,求线圈中的感应电动势.

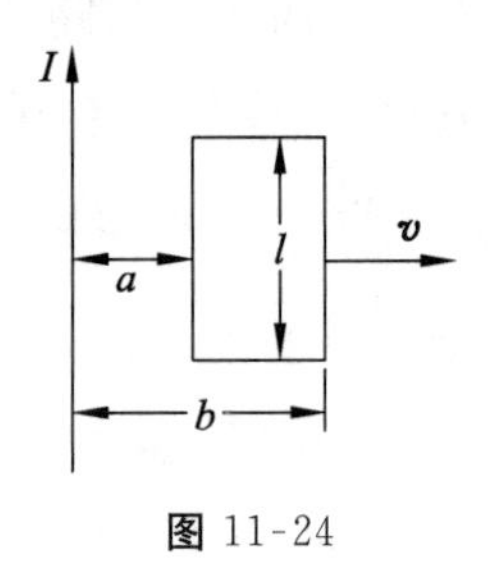

图 11-24

2. 如图 11-25 所示,在马蹄形磁铁的中间 A 点处放置一半径 $r=1\ \text{cm}$、匝数 $N=10$ 匝的小线圈,且线圈平面法线平行于 A 点的磁感应强度,今将此线圈移到足够远处,在这期间若线圈中流过的总电荷量为 $Q=\pi\times10^{-5}\ \text{C}$,试求 A 点处的磁感应强度.(已知线圈的电阻 $R=10\ \Omega$,线圈的自感忽略不计)

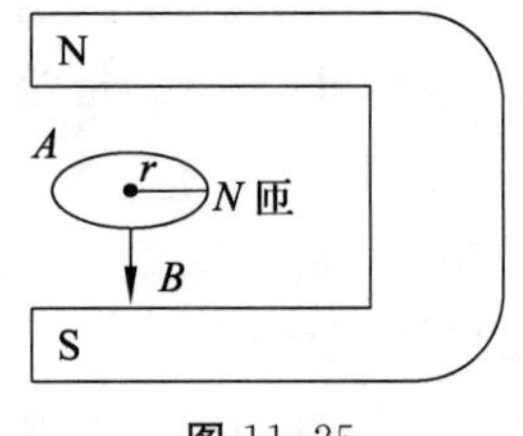

图 11-25

3. 一条无限长直导线载有稳恒电流 I,其旁有一梯形线圈与之共面,其尺寸与几何关系如图 11-26 所示.则

(1) 当线圈以速度 $\boldsymbol{v}$ 水平向右运动时,求线圈各边的动生电动势以及整个线圈的动生电动势;

(2) 若线圈以速度 $\boldsymbol{v}$ 竖直向上运动,情况如何?

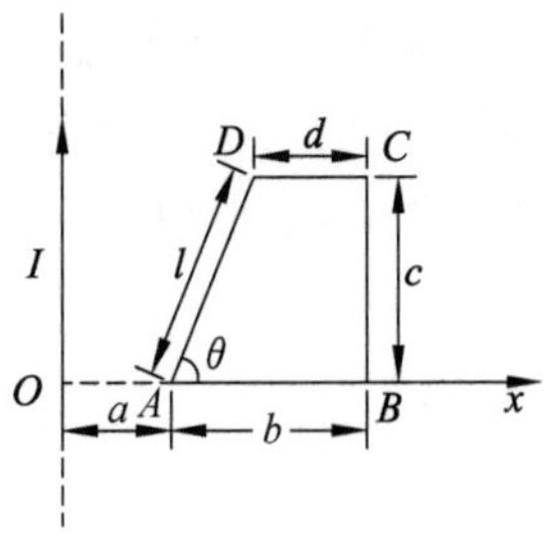

图 11-26

4. 如图 11-27 所示,两条平行长直导线和一个矩形导线框共面,且导线框的一条边与长直导线平行,其到两长直导线的距离分别为 r_1、r_2. 已知两导线中的电流都为 $I=I_0\sin\omega t$,其中 I_0 和 ω 为常数,t 为时间. 导线框长为 a 宽为 b,求导线框中的感应电动势.

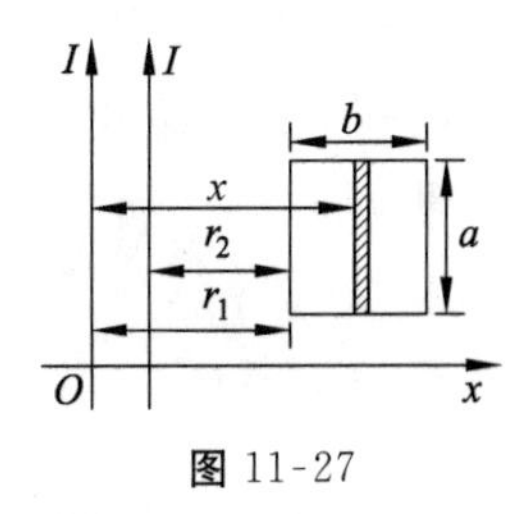

图 11-27

5. 两根很长的平行长直导线,其间距离为 d,导线横截面半径为 r ($r\ll d$),通有大小相等、方向相反的稳恒电流 I,若忽略导线内部的磁通,

(1) 计算此两导线组成的回路单位长度的自感系数 L;

(2) 若将导线距离拉大到 $2d$,磁场对导线单位长度做的功是多少?

(3) 拉大后,单位长度的磁能改变了多少? 是增加还是减少? 说明能量的来源.

6. 如图 11-28 所示,长直导线中通有电流为 i,矩形线框 $abcd$ 与长直导线共面,且 $ad\parallel AB$,dc 边固定,ab 边沿 da 及 cb 以速度 $\boldsymbol{v}$ 无摩擦地匀速平动. $t=0$ 时,ab 边与 cd 边重合. 设线框自感忽略不计.

(1) 如 $i=I_0$,求 ab 中的感应电动势,a、b 两点哪点电势高?

(2) 如 $i=I_0\cos\omega t$,求 ab 边运动到图示位置时线框中的总感应电动势.

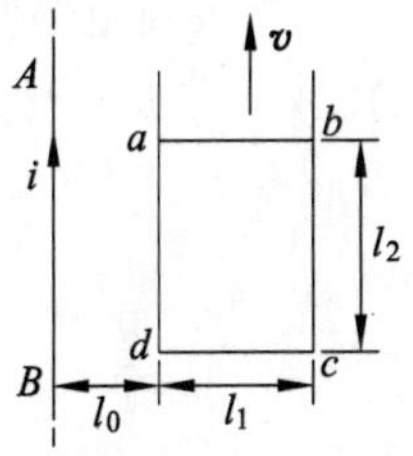

图 11-28

7. 一圆环环管横截面的半径为 a,中心线的半径为 R,$R\gg a$. 有两个彼此绝缘的导线圈都均匀地密绕在环上,一个为 N_1 匝,另一个为 N_2 匝,求:

(1) 两线圈的自感 L_1 和 L_2;

(2) 两线圈的互感 M;

(3) M 与 L_1 和 L_2 的关系.

8. 求长度为L的金属杆在均匀磁场$\boldsymbol{B}$中绕平行于磁场方向的定轴OO'转动时的动生电动势.已知杆相对于均匀磁场$\boldsymbol{B}$的方位角为θ,杆的角速度为ω,转向如图11-29所示.

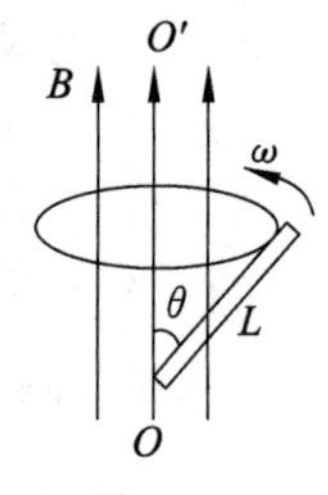

图 11-29

9. 如图11-30所示,长为L的导线以角速度ω绕固定端O在竖直长直电流I所在的平面内旋转,O到长直导线的距离为a,且$a>L$.求导线L在与水平方向成θ角时的动生电动势的大小和方向.

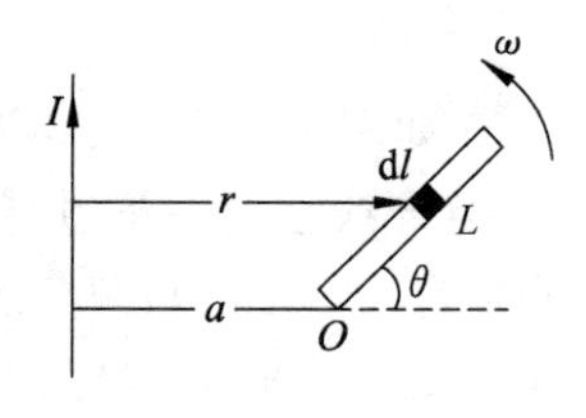

图 11-30

10. 一根电缆由半径为R_1和R_2的两个薄圆筒形导体组成,在两圆筒中间填充磁导率为μ的均匀磁介质.电缆内层导体通有电流I,外层导体作为电流返回路径,如图11-31所示.求长度为l的一段电缆内的磁场储存的能量.

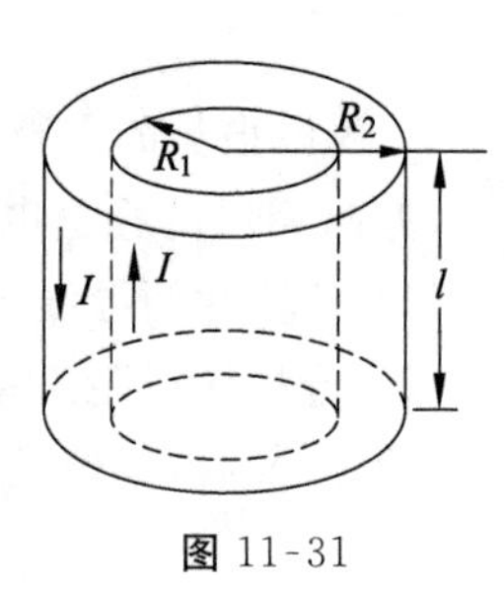

图 11-31

(四) 简答题

1. 当扳断电路时,开关的两触头之间常有火花发生,如在电路里串接一电阻小、电感大的线圈,在扳断开关时火花就发生得更厉害,为什么?

2. 如图11-32所示的电路中,电容C原来不带电荷,电池的内阻忽略不计.问:

(1) 将开关S扳向1的瞬间,电路中的电流为多大?电容C上的电压为多大?

(2) 电路稳定后,再将开关S扳向2,此瞬间电路中的电流为多大?电容C上的电压为多大?

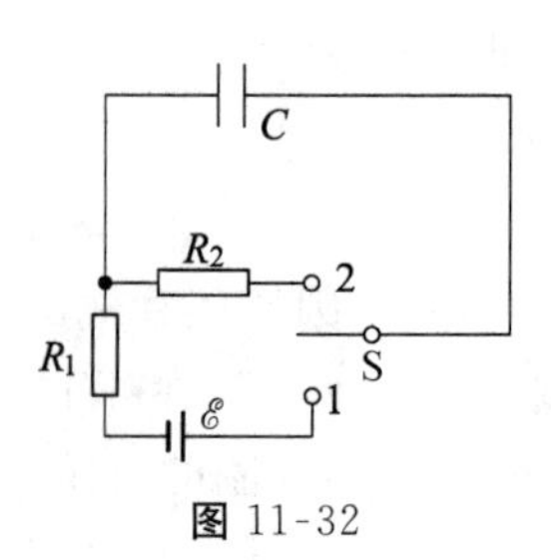

图 11-32

第12章 电磁场与电磁波

中学里电磁场和电磁波这部分内容偏重于简单介绍,要求学生定性了解麦克斯韦方程组和电磁波的一些基本知识.在大学物理中,通过感生电场和位移电流概念的引入,用统一的观点阐明了电场和磁场之间的联系,用麦克斯韦方程组全面描述了电磁场基本规律.电磁波是和麦克斯韦方程组紧密相连的内容,大学物理中,立足于基本模型的解释.以偶极振荡模型,说明了电磁波的产生、特性和传播等一系列的基本知识.这章内容具有高度的抽象性和概括性,是学生学习的难点.在这一章的学习中,关键要将麦克斯韦方程组和具体的物理现象相联系,从整体上把握电磁场内在的对称性.

一、基本要求

1. 理解位移电流密度矢量的概念,明确位移电流的实质,会用全电流安培环路定理求解位移电流.

2. 明确麦克斯韦方程组的积分形式的含义.

3. 理解偶极振荡产生电磁波的物理图像,掌握电磁波的特性.

4. 理解坡印廷矢量的概念,理解电磁波传播的过程就是能量的传播过程.

二、内容提要与重点提示

1. 位移电流及位移电流密度.

$$I_{\mathrm{d}}=\frac{\mathrm{d}\Phi_D}{\mathrm{d}t},\quad \boldsymbol{j}_{\mathrm{d}}=\frac{\partial \boldsymbol{D}}{\partial t}$$

2. 麦克斯韦积分方程及其物理内涵.

(1) $\oint_S \boldsymbol{D}\cdot\mathrm{d}\boldsymbol{S}=\sum q_0$,说明电场是有源场.

(2) $\oint_S \boldsymbol{B}\cdot\mathrm{d}\boldsymbol{S}=0$,说明磁场是无源的.

(3) $\oint_L \boldsymbol{E}\cdot\mathrm{d}\boldsymbol{l}=-\int\frac{\partial \boldsymbol{B}}{\partial t}\cdot\mathrm{d}\boldsymbol{S}$,指出变化的磁场可以激发电场.

(4) $\oint_L \boldsymbol{H}\cdot\mathrm{d}\boldsymbol{l}=\int_S\left(\boldsymbol{j}_{\mathrm{c}}+\frac{\partial \boldsymbol{D}}{\partial t}\right)\cdot\mathrm{d}\boldsymbol{S}$,指出变化的电场产生磁场.

上式中 $\boldsymbol{D}=\varepsilon\boldsymbol{E}$,$\boldsymbol{B}=\mu\boldsymbol{H}$,$\boldsymbol{J}=\sigma\boldsymbol{E}$.

3. 振荡电偶极子的辐射.

振荡电偶极子在各向同性介质中辐射的电磁波,在远离电偶极子的空间任一点处

$(r \gg l)$,t 时刻的电场 $\boldsymbol{E}$ 和磁场 $\boldsymbol{H}$ 的量值分别为

$$E(r,t)=\frac{\omega^2 p_0 \sin\theta}{4\pi\varepsilon u^2 r}\cos\omega\left(t-\frac{r}{u}\right),\quad H(r,t)=\frac{\omega^2 p_0 \sin\theta}{4\pi u r}\cos\omega\left(t-\frac{r}{u}\right)$$

振幅正比于$\frac{1}{r}$,是球面电磁波.

在更加远离电偶极子的地方,因 r 很大,在通常研究的范围内 θ 角的变化很小,$\boldsymbol{E}$、$\boldsymbol{H}$ 可看成是振幅恒定的矢量,电磁波可看做是平面电磁波.

$$E=E_0\cos\omega\left(t-\frac{r}{u}\right),\quad H=H_0\cos\omega\left(t-\frac{r}{u}\right)$$

4. 平面电磁波的性质.

(1) $\boldsymbol{E}$ 和 $\boldsymbol{H}$ 互相垂直,且均与传播方向垂直,即 $\boldsymbol{E}\perp\boldsymbol{H}$ 且 $\boldsymbol{E}\perp\boldsymbol{u}$,$\boldsymbol{H}\perp\boldsymbol{u}$. 平面电磁波是横波.

(2) $\boldsymbol{E}$ 和 $\boldsymbol{H}$ 分别在各自平面上振动,电磁波是偏振波,在同一点 $\boldsymbol{E}$ 和 $\boldsymbol{H}$ 的量值间关系为 $\sqrt{\varepsilon}E=\sqrt{\mu}H$.

(3) $\boldsymbol{E}$ 和 $\boldsymbol{H}$ 同相位,且 $\boldsymbol{E}\times\boldsymbol{H}$ 的方向在任意时刻都指向波的传播方向,即波速 $\boldsymbol{u}$ 的方向.

(4) 电磁波的传播速度 $\boldsymbol{u}$ 的大小为 $u=\frac{1}{\sqrt{\varepsilon\mu}}$,$u$ 只由媒质的介电常量和磁导率决定,

在真空中
$$u=c=\frac{1}{\sqrt{\varepsilon_0\mu_0}}=2.997\,9\times10^8\ \mathrm{m\cdot s^{-1}}$$

(5) 电磁波的能量密度 w 和坡印廷矢量 $\boldsymbol{S}$.

能量密度
$$w=\frac{1}{2}\varepsilon E^2+\frac{1}{2}\mu H^2$$

坡印廷矢量 $\boldsymbol{S}$
$$\boldsymbol{S}=\boldsymbol{E}\times\boldsymbol{H}$$

重点提示:

(1) 位移电流的理解及计算.

(2) 麦克斯韦积分方程组中每个方程的物理内涵.

三、疑难分析与问题讨论

1. 位移电流、位移电流密度.

在把安培环路定理应用于非稳恒电流情况时出现了矛盾,为此,麦克斯韦根据此时电荷变化引起电场变化,提出不仅变化的磁场可产生电场,而且变化的电场也能产生磁场,这个磁场称为涡旋磁场,而产生该磁场的电流假设为位移电流,用 I_d 来表示,$I_d=\frac{\mathrm{d}\Phi_D}{\mathrm{d}t}$,可见位移电流的大小等于通过电场中某截面的电位移通量随时间的变化率. 像电流密度一样,为了反映位移电流的分布,引入位移电流密度的概念,$\boldsymbol{j}_d=\frac{\partial\boldsymbol{D}}{\partial t}$.

如图 12-1 所示,平板电容器在外接电源接通或断开过程中,外电路中有传导电流,但到两极板处就断开了,在位移电流的假设之下,可认为由两极板间的位移电流接上,从而维持了电流的连续性,保证了安培环路定理继续成立.

设电容器两极板的面积为 S,如果某时刻两极板的电荷量分别为 $+Q$ 及 $-Q$,设两极

板间的电场为均匀电场，则

$$D=\frac{Q}{S}$$

于是

$$j_{\mathrm{d}}=\frac{1}{S}\cdot\frac{\mathrm{d}Q}{\mathrm{d}t}$$

可见，两极板间的电流密度处处相等.

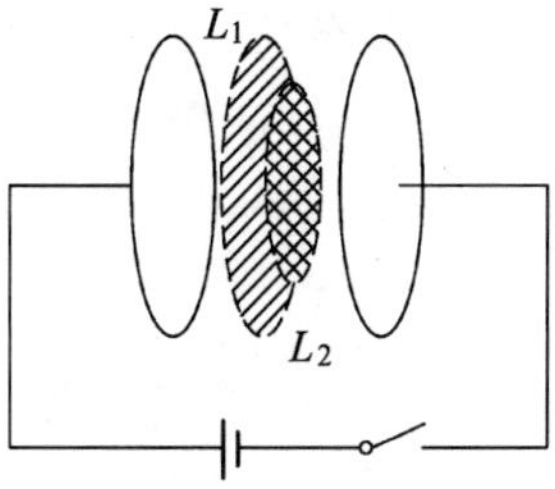

那两极板间的位移电流又如何呢？如图12-1所示，设通过 L_1 和 L_2 圆形回路面积的位移电流分别是 I_{d1} 和 I_{d2}，则

图12-1

$$I_{\mathrm{d1}}=\frac{\mathrm{d}\Phi_{D1}}{\mathrm{d}t}=\frac{\mathrm{d}(DS)}{\mathrm{d}t}=\frac{\mathrm{d}Q}{\mathrm{d}t}$$

$$I_{\mathrm{d2}}=\frac{\mathrm{d}\Phi_{D2}}{\mathrm{d}t}=\frac{\mathrm{d}(DS_2)}{\mathrm{d}t}=\frac{\mathrm{d}D}{\mathrm{d}t}S_2=\frac{\mathrm{d}Q}{\mathrm{d}t}\frac{S_2}{S}<I_{\mathrm{d1}}$$

可见，穿过不同回路的位移电流大小并不一定相同.

位移电流的磁效应与传导电流一样，但它不像传导电流那样具有焦耳热效应.

[问题12-1]　根据麦克斯韦方程组，变化的电场所产生的磁场是否也随时间变化？反之，变化的磁场所产生的电场是否也一定随时间而变化？

答：根据全电流安培环路定理，有

$$\oint_L \boldsymbol{H}\cdot\mathrm{d}\boldsymbol{l}=I=\int_S\left(\boldsymbol{j}_{\mathrm{c}}+\frac{\partial\boldsymbol{D}}{\partial t}\right)\cdot\mathrm{d}\boldsymbol{S}$$

变化的电场所激发的感生磁场正比于电场的变化率，若电场的变化率为常数，则这时的感生磁场也是一常数，它不随时间变化；若电场变化率随时间改变，则感生磁场也随时间变化. 但是实际的电场不可能随时间始终以同一变化率变化，因此，要用这种方法来产生不随时间变化的磁场，实际上是不可能的. 同理，变化的磁场所激发的电场也有类似的情况.

2. 坡印廷矢量 $\boldsymbol{S}$.

单位时间内，通过垂直于传播方向单位面积的辐射能 $\boldsymbol{S}=\boldsymbol{E}\times\boldsymbol{H}$.

[问题12-2]　用坡印廷矢量定性分析鞭状天线接收平面电磁波的过程.

答：对平面电磁波，调整天线角度，总可以使天线和平面电磁波的电场 $\boldsymbol{E}$ 平行相切，在电场 $\boldsymbol{E}$ 的激发下，天线产生电流 I. 这个电流在天线周围建立涡旋磁场. 相对于电磁波来波一侧，这个磁场和电磁波的磁场同向叠加，总磁场 $\boldsymbol{H}$ 增加，和电场 $\boldsymbol{E}$ 构成的坡印廷矢量也增加并指向天线内部，如图12-2所示，即电磁波进入天线；而在电磁波离开天线的一侧(图中天线的右侧)，电流 I 的磁场和电磁波的磁场反向叠加，总磁场 $\boldsymbol{H}$ 减少，和电场 $\boldsymbol{E}$ 构成的坡印廷矢量也减小并离开天线；这样，离去的能量总是小于进入的能量，使天线接收了来波的能量.

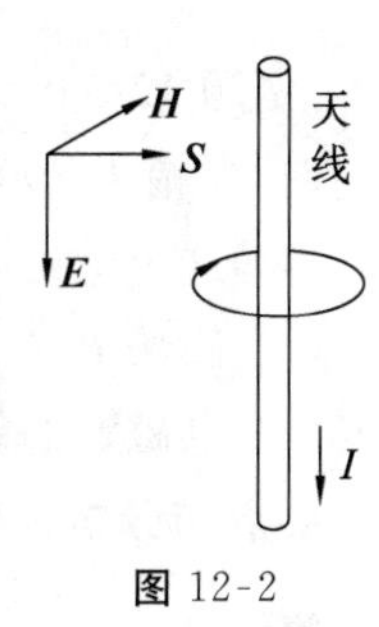

图12-2

四、解题示例

[例题12-1]　试证明平行板电容器中的位移电流可写为 $I_{\mathrm{d}}=C\frac{\mathrm{d}U}{\mathrm{d}t}$，式中 C 是电容器的电容，U 是两极板间的电势差.

要点与分析：本题讲述位移电流的一般方法.

解：根据高斯定理，有

$$D=\sigma=\frac{q}{S}=\frac{CU}{S}$$

代入 $I_d=\frac{d\Phi_D}{dt}=S\frac{dD}{dt}$，有

$$I_d=S\frac{dD}{dt}=S\frac{d}{dt}\left(\frac{CU}{S}\right)=C\frac{dU}{dt}$$

这个公式是从高斯定理出发的，对其他类型的电容器也适用. 但是，由于$j_d=\frac{\partial \boldsymbol{D}}{\partial t}$，不同类型的电容器中，$\boldsymbol{D}$ 具体情形不同，所以 $\boldsymbol{j}_d$ 会有变化. 对平行板电容器，电容器中是均匀的电场，有 $j_d=\frac{d\sigma}{dt}=\frac{1}{S}\frac{dq}{dt}$；而对圆柱形电容器，电场随离轴线的距离变化，$D=\frac{\lambda}{2\pi r}$，$j_d=\frac{1}{2\pi r}\frac{d\lambda}{dt}$.

［**例题 12-2**］ 有一平行板电容器，极板是半径为 R 的圆形板，现将两极板由中心处用长直引线连接到一远处的交变电源上，使两极板上的电荷量按 $q=q_0\sin\omega t$ 规律变化. 略去极板边缘效应，试求两极板间任一点的磁场强度.

要点与分析：本题运用了位移电流的概念和安培环路定理.

解：由上题知，位移电流密度为 $j_d=\frac{d\sigma}{dt}=\frac{1}{\pi R^2}\frac{dq}{dt}$，极板的磁场是由位移电流产生的，极板间的空间是关于两极板中心的连线对称的，设极板间任一点距该连线的距离为 r，则过该点作和连线垂直的圆，半径为 r，圆上各点的磁场强度 $\boldsymbol{H}$ 大小相等. 由安培环路定理，有

$$\oint_L \boldsymbol{H}\cdot d\boldsymbol{l}=2\pi rH=I_d=j_d\pi r^2=\frac{r^2}{R^2}\frac{dq}{dt}$$

$$H=\frac{r}{2\pi R^2}\frac{dq}{dt}=\frac{r}{2\pi R^2}\frac{d(q_0\sin\omega t)}{dt}=\frac{r\omega q_0}{2\pi R^2}\cos\omega t$$

［**例题 12-3**］ 一平面电磁波的波长为 3 m，在自由空间沿 x 轴方向传播，电场 $\boldsymbol{E}$ 沿 y 轴方向，振幅为 300 V·m^{-1}. 试求：

(1) 这个电磁波的频率 ν、角频率 ω 以及波数 k；

(2) 磁场 $\boldsymbol{B}$ 的方向和振幅 B_m；

(3) 电磁波的能流密度及其对时间周期的平均值.

要点与分析：本题测试的是电磁波为横波和坡印廷矢量的含义.

解：(1) $\nu=\frac{c}{\lambda}=10^8$ Hz，$\omega=2\pi\nu=2\pi\times10^8$ rad·s^{-1}，$k=\frac{2\pi}{\lambda}=\frac{2\pi}{3}$ rad·m^{-1}.

(2) 根据电磁波传播的特性，$\boldsymbol{S}=\boldsymbol{E}\times\boldsymbol{H}$，$\boldsymbol{H}$ 沿 z 轴方向.

$$\sqrt{\varepsilon_0}E_m=\sqrt{\mu_0}H_m,\ B_m=\mu_0H_m=\frac{E_m}{c}=10^{-6}\ \text{T}$$

(3) $$\boldsymbol{E}=E_m\cos(\omega t-kx)\boldsymbol{j},\ \boldsymbol{H}=\sqrt{\frac{\varepsilon_0}{\mu_0}}E_m\cos(\omega t-kx)\boldsymbol{k}$$

$$S=E\times H=\sqrt{\frac{\varepsilon_0}{\mu_0}}E_m{}^2\cos^2(\omega t-kx)\boldsymbol{i}=239\cos^2(\omega t-kx)\boldsymbol{i}$$

平均能流密度为

$$\overline{S}=\frac{1}{2}E_mH_m=\frac{239}{2}\ \mathrm{W\cdot m^{-2}}$$

[例题 12-4] 氦氖激光器发出的圆柱形激光束功率为 10 mW，光束截面直径为 2 mm，求该激光的最大电场强度和磁感应强度.

要点与分析：本题要求学生熟悉电磁波传播的一些基本概念和两者之间的关系.

解：激光平均辐射强度

$$\overline{S}=\frac{\overline{P}}{\frac{1}{4}\pi d^2}=\frac{4\overline{P}}{\pi d^2}=3.2\times10^3\ \mathrm{W\cdot m^{-2}}$$

又

$$\overline{S}=\frac{1}{2}E_mH_m=\frac{1}{2}\varepsilon_0cE_m{}^2$$

$$E_m=\sqrt{\frac{2\overline{S}}{\varepsilon_0c}}=1.55\times10^3\ \mathrm{V\cdot m^{-1}}$$

$$B_m=\frac{E_m}{c}=5.17\times10^{-6}\ \mathrm{T}$$

自测练习 12

（一）选择题

1. 对位移电流，下列说法正确的是　　[　　]

(A) 位移电流是由变化的电场产生的

(B) 位移电流是由线性变化的磁场产生的

(C) 位移电流的热效应服从焦耳—楞次定律

(D) 位移电流的磁效应不服从安培环路定理

2. 在感应电场中电磁感应定律可写成$\oint_L \boldsymbol{E}_K\cdot \mathrm{d}\boldsymbol{l}=-\frac{\mathrm{d}\Phi}{\mathrm{d}t}$，式中$\boldsymbol{E}_K$为感应电场的电场强度. 此式表明：

(A) 闭合曲线 L 上 $\boldsymbol{E}_K$ 处处相等

(B) 感应电场是保守力场

(C) 感应电场的电场线不是闭合曲线

(D) 在感应电场中不能像静电场那样引入电势的概念

（二）填空题

1. 一平行板空气电容器的两极板都是半径为 R 的圆形导体片，在充电时，板间电场强度的变化率为$\frac{\mathrm{d}E}{\mathrm{d}t}$. 若略去边缘效应，则两板间的位移电流大小为________.

2. 反映电磁场基本性质和规律的积分形式的麦克斯韦方程组为

$$\oint_S \boldsymbol{D}\cdot \mathrm{d}\boldsymbol{S}=\int_V \rho \mathrm{d}V, \quad ①$$

$$\oint_L \boldsymbol{E}\cdot \mathrm{d}\boldsymbol{l}=-\int_S \frac{\partial \boldsymbol{B}}{\partial t}\cdot \mathrm{d}\boldsymbol{S}, \quad ②$$

$$\oint_S \boldsymbol{B}\cdot \mathrm{d}\boldsymbol{S}=0, \quad ③$$

$$\oint_L \boldsymbol{H}\cdot \mathrm{d}\boldsymbol{l}=\int_S\left(\boldsymbol{J}+\frac{\partial \boldsymbol{D}}{\partial t}\right)\cdot \mathrm{d}\boldsymbol{S}. \quad ④$$

试判断下列结论是包含于或等效于哪一个麦克斯韦方程式的.将你确定的方程式用代号填在相应结论后的空白处.

(1) 变化的磁场一定伴随有电场：________；

(2) 磁感线是无头无尾的：________；

(3) 电荷总伴随有电场：________.

3. 在真空中沿着 z 轴的正方向传播的平面电磁波，O 点处电场强度 $E_x=900\cos\left(2\pi\nu t+\frac{\pi}{6}\right)$(SI)，则 O 点处磁场强度 H_y 为________.

($\varepsilon_0=8.85\times10^{-12}\ \mathrm{F\cdot m^{-1}}$，$\mu_0=4\pi\times10^{-7}\ \mathrm{H\cdot m^{-1}}$)

4. 一广播电台的平均辐射功率为 20 kW，假定辐射的能量均匀分布在以电台为球心的球面上.那么，距离电台为 10 km 处电磁波的平均辐射强度为________.

(三) 计算题

1. 如图 12-3 所示，电路中直流电源的电动势为 $\mathscr{E}$(电源无内阻)，电阻为 R，平行板电容器的电容为 C，试求：

(1) 接通电源的瞬时传导电流和电容器极板间的位移电流；

(2) $t=t_0$ 时，电容器极板间的位移电流.

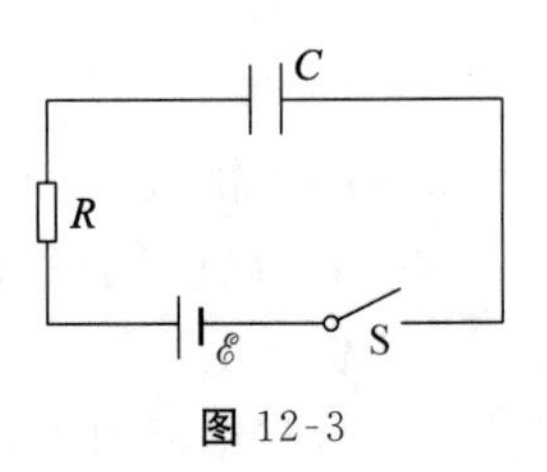

图 12-3

2. 一圆形极板电容器，极板的面积为 S，两极板的间距为 d. 一根长为 d 的极细的导线在极板间沿轴线与两极板相连. 已知细导线的电阻为 R，两极板外接交变电压 $U=U_0\sin\omega t$，求：

（1）细导线中的电流；

（2）通过电容器的位移电流；

（3）通过极板外接线中的电流；

（4）极板间离轴线为 r 处的磁场强度（设 r 小于极板的半径）.

3. 在地面上测得太阳光的能流约为 $1.4\ \mathrm{kW\cdot m^{-2}}$.

（1）求 E 和 B 的最大值；

（2）从地球到太阳的距离约为 $1.5\times10^{11}\ \mathrm{m}$，试求太阳的总辐射功率.

第13章 光　　学

在中学里,作为选学内容,光学部分主要说明了光的折射、全反射规律,介绍了光的干涉、衍射、偏振和色散现象等,但除了给出了杨氏双缝干涉的定量计算外,其余只作了定性说明.在大学物理中,主要学习波动光学,即光的干涉、衍射、偏振内容,与高中的区别是:在干涉部分,不仅要求学生掌握杨氏双缝干涉,而且要求掌握薄膜干涉、劈尖干涉、牛顿环和迈克耳孙干涉仪的理论计算;在衍射部分,要求学生掌握单缝夫琅和费衍射、光栅衍射等的理论计算;在偏振部分,要求学生掌握通过偏振片的透射光强计算、反射光偏振的基本规律等.大学的内容是在高中定性了解的基础上上升到理论计算的定量分析的高度.其最根本的分析方法就是通过计算光程差并由干涉条件去分析干涉和衍射的光强的空间分布特征,因此,光程差的计算、半波损失问题、光强分布特征分析等成为难点.

一、基本要求

1. 了解光源的发光特点,理解光的单色性和相干性,知道获取相干光的一些方法.
2. 理解光程和光程差的概念,理解半波损失及其条件,掌握光的干涉加强和减弱的条件.
3. 掌握杨氏双缝干涉、薄膜干涉原理,掌握劈尖干涉和牛顿环的基本特征,会计算条纹间距或条纹半径,掌握迈克耳孙干涉仪的基本原理.
4. 了解惠更斯-菲涅耳原理.
5. 掌握单缝夫琅和费衍射基本特征,能用半波带法分析和计算衍射条纹的规律.
6. 掌握圆孔夫琅和费衍射规律,了解影响光学仪器分辨率的因素.
7. 了解光栅衍射图样的特点及其成因,能用光栅公式分析和计算光栅衍射的规律.
8. 了解X射线的衍射.
9. 理解自然光、线偏振光和部分偏振光.
10. 理解起偏器和检偏器的原理与作用,掌握马吕斯定律及其应用.
11. 理解光在反射和折射时偏振状态的变化,掌握布儒斯特定律及其应用.
12. 了解双折射现象.

二、内容提要与重点提示

1. 相干光及相干光的获得.

(1) 光是一种电磁波,可见光的波长范围为400～760 nm.

(2) 相干光及相干条件:干涉现象是波动过程中的基本特征之一.由频率相同、振动方向相同、相位相同或相位差恒定的两个相干波源所发出的波是相干波,两束相干波在空间相遇会产生干涉现象.能产生干涉现象的两束光称为相干光.

(3) 相干光的获得：构成光源的大量原子或分子，各自相互独立地发出一个个波列，它们的发射是偶然的，彼此间没有联系，故不能构成相干光源.如果使一光源上同一点发出的光，沿两条不同路径传播，然后再使它们相遇.这时，每一个波列都分成两个频率相同、振动方向相同、相位差恒定的波列，这两个波列在它们相遇的区域内就会产生干涉.

分振幅法：利用反射、折射把波面上某处的振幅分成两部分.

分波面法：在光源发出的某一波阵面上，取出两部分面元作为相干光源.

2. 光程、光程差.

(1) 光程：光在媒质中通过的几何路程 r 与媒质的折射率 n 的乘积 nr 称为光程.

若光穿过多个介质，则光程为

$$n_1 r_1 + n_2 r_2 + \cdots = \sum_{i=1}^{N} n_i r_i$$

(2) 光程差：两束相干光的光程之差，用 Δ 表示.

光程差与相位差的关系为

$$\Delta\varphi = 2\pi \frac{\Delta}{\lambda}$$

注意：这里 λ 为真空中的波长.

(3) 干涉加强和减弱的条件：

$$\Delta = \begin{cases} \pm k\lambda, & k=0,1,2,\cdots \quad (\text{加强}) \\ \pm(2k+1)\dfrac{\lambda}{2}, & k=0,1,2,\cdots \quad (\text{减弱}) \end{cases}$$

(4) 附加光程差.

① 透镜不引起附加光程差：观察干涉现象时，使用透镜不会引起附加光程差，称为透镜的等光程性.

② 因半波损失导致的$\dfrac{\lambda}{2}$附加光程差：当两束相干光中仅有一束有半波损失时，需计入$\dfrac{\lambda}{2}$的附加光程差.半波损失是指在掠射(入射角接近 90°)或正射(入射角接近 0°)情况下，当光线由光疏媒质(折射率相对较小)射向光密媒质(折射率相对较大)在界面上发生反射时，反射光的相位较之入射光的相位有 π 的突变，这种现象称为半波损失.

3. 杨氏双缝干涉.

(1) 干涉条件(实验装置在真空中)：

$$\Delta = \begin{cases} d\dfrac{x}{D} = \pm k\lambda, & k=0,1,2,\cdots \quad (\text{明条纹}) \\ d\dfrac{x}{D} = \pm(2k+1)\dfrac{\lambda}{2}, & k=0,1,2,\cdots \quad (\text{暗条纹}) \end{cases}$$

这里 d 为双缝间的距离，D 为双缝到接受屏之间的距离，k 为级数.

(2) 干涉图样：是明暗相间等距分布的直条纹.

(3) 干涉条纹的线位置与间距.

明条纹中心的位置　　$x=\pm k\dfrac{D}{d}\lambda\quad(k=0,1,2,\cdots)$

暗条纹中心的位置　　$x=\pm(2k+1)\dfrac{D}{2d}\lambda\quad(k=0,1,2,\cdots)$

相邻两明条纹(或暗条纹)间的距离　　$\Delta x=x_{k+1}-x_k=\dfrac{D}{d}\lambda$

(4) 白光产生的干涉.

若 d、D 一定,则 x 与 λ 成正比,故用白光做实验时,除中央明条纹是白色的外,其他明条纹均呈现由紫到红的彩色条纹.

4. 菲涅尔双镜、劳埃德镜.

实验装置图和原理见教材,其理论计算同杨氏双缝干涉. 注意:劳埃德镜中半波损失问题.

5. 薄膜干涉.

(1) 干涉条件(有$\dfrac{\lambda}{2}$附加光程差).

光程差　　$\Delta=2d\sqrt{{n_2}^2-{n_1}^2\sin^2 i}+\dfrac{\lambda}{2}$

于是,干涉条件为

$$\Delta=2d\sqrt{{n_2}^2-{n_1}^2\sin^2 i}+\frac{\lambda}{2}=\begin{cases}k\lambda, & k=1,2,\cdots\quad(\text{加强})\\(2k+1)\dfrac{\lambda}{2}, & k=0,1,2,\cdots\quad(\text{减弱})\end{cases}$$

相同倾角的条纹特点相同,此时为等倾干涉.

(2) 当光垂直照射($i=0$)时,有

$$\Delta=2n_2 d+\frac{\lambda}{2}=\begin{cases}k\lambda, & k=1,2,\cdots\quad(\text{加强})\\(k+\dfrac{1}{2})\lambda, & k=0,1,2,\cdots\quad(\text{减弱})\end{cases}$$

6. 劈尖干涉.

(1) 干涉条件(垂直入射,且有$\dfrac{\lambda}{2}$附加光程差).

$$\Delta=2nd+\frac{\lambda}{2}=\begin{cases}k\lambda, & k=1,2,\cdots\quad(\text{加强})\\\left(k+\dfrac{1}{2}\right)\lambda, & k=0,1,2,\cdots\quad(\text{减弱})\end{cases}$$

(2) 干涉图样:明暗相间的等距直条纹.

劈尖上厚度相同的地方,两相干光的光程差相同,因此,劈尖的干涉条纹是一系列平行于劈尖棱边的明暗相间的直条纹,每一明、暗条纹都与劈尖的一定厚度相对应,称为等厚干涉. 在空气劈尖棱边处为暗条纹.

(3) 相邻条纹厚度差:$\Delta d=\dfrac{\lambda_n}{2}$,$\lambda_n$ 为媒质中的波长.

7. 牛顿环.

一曲率半径 R 很大的平凸透镜,置于一平板玻璃上,两者之间形成一劈形空气薄层.

(1) 干涉条件(垂直入射,且有$\dfrac{\lambda}{2}$附加光程差).

$$\Delta=2d+\frac{\lambda}{2}=\begin{cases}k\lambda, & k=1,2,\cdots \quad (\text{加强})\\ \left(k+\frac{1}{2}\right)\lambda, & k=0,1,2,\cdots \quad (\text{减弱})\end{cases}$$

(2) 干涉图样：是以接触点为中心的许多明暗相间的同心圆环，称为牛顿环，是一种等厚干涉.

(3) 明、暗环的条件.

$$r=\begin{cases}\sqrt{\frac{(2k-1)R\lambda}{2}}, & k=1,2,\cdots \quad (\text{明环半径})\\ \sqrt{kR\lambda}, & k=0,1,2,\cdots \quad (\text{暗环半径})\end{cases}$$

牛顿环中心接触处由于 $d=0$，所以为暗斑.

8. 迈克耳孙干涉.

当两平面镜不严格垂直时，为等厚干涉，相当于劈尖干涉. 在应用时，利用干涉条纹移动进行相关测量.

干涉条纹移动数 Δk 与光程差改变量之间的关系为

$$\Delta_2-\Delta_1=\Delta k\cdot\lambda$$

9. 惠更斯-菲涅尔原理.

利用波动中的惠更斯原理(波面上各点都可以看成为产生子波的新的波源)可以说明波的传播方向，定性地解释波的衍射，但它不能准确地说明不同方向传播的振动的振幅和相位，因此就不能定量地给出衍射波在各方向上的强度.

菲涅尔利用波的叠加和干涉的原理，对惠更斯原理作了补充，他认为：从同一波面上各点发出的子波，在传播到空间某一点时，各个子波间也可以相叠加而产生干涉现象，这就是惠更斯-菲涅尔原理.

10. 单缝夫琅和费衍射.

(1) 衍射图像.

中央明条纹(零级明条纹)最亮，也最宽(为其他明条纹宽度的 2 倍)，其他各级明条纹亮度要小很多，且随级数增大而减小. 白光照射时，中央明条纹仍为白色，其他各级明条纹呈彩色光带，波长短的靠近内侧.

(2) 衍射条件.

由半波带法可确定衍射条件：

$b\sin\theta=\pm k\lambda$，　　暗条纹($k=1,2,3,\cdots$)，$2k$ 个半波带

$b\sin\theta=\pm(2k+1)\frac{\lambda}{2}$，　　明条纹($k=1,2,3,\cdots$)，$2k+1$ 个半波带

两第 1 级暗条纹之间是中央明条纹.

(3) 条纹宽度.

中央明条纹线宽度　　$l_0=2x_1=\frac{2\lambda f}{b}$

中央明条纹角宽度　　$2\theta_1=2\frac{\lambda}{b}$

任意两相邻暗条纹(或明条纹)之间的距离为

$$l=x_{k+1}-x_k=(\theta_{k+1}-\theta_k)f=\frac{\lambda f}{b}$$

11. 圆孔夫琅和费衍射.

(1) 爱里斑.

屏上会出现中央为亮圆斑,周围为明暗交替的圆环衍射花纹. 中央的圆形光斑很亮,称为爱里斑.

若爱里斑的直径为 d,透镜的焦距为 f,圆孔的直径为 D,单色光的波长为 λ,则爱里斑对透镜光心的张角 2θ 为

$$2\theta=\frac{d}{f}=2.44\frac{\lambda}{D}$$

(2) 光学仪器的分辨率.

最小分辨角 $$\theta_0=\frac{d}{2f}=1.22\frac{\lambda}{D}$$

将光学仪器最小分辨角的倒数称为该仪器的分辨率,用符号 R 表示,即

$$R=\frac{1}{\theta_0}=\frac{D}{1.22\lambda}$$

12. 光栅衍射.

大量等间距、等宽度的平行透光缝组成透射光栅,透光缝的宽度为 b,相邻缝间不透光的宽度为 a,相邻两缝的间距为 $d=a+b$,d 叫做光栅常数. 若光栅每毫米刻有 n 条缝,则其光栅常数为$\frac{1}{n}$ mm.

(1) 光栅方程(主极大条件).

$$d\sin\theta=\pm j\lambda,\quad j=0,1,2,\cdots$$

(2) 缺级现象.

$$\begin{cases}d\sin\theta=\pm j\lambda\\ b\sin\theta=\pm k\lambda\end{cases}$$

缺级的级次为 $$j=k\frac{d}{b},\quad k=\pm1,2,\cdots$$

j 也要为整数,也就是说,只有$k\dfrac{d}{b}$为整数时才会发生缺级现象.

(3) 衍射图样($d=4b$).

光栅衍射是多缝干涉和单缝衍射的综合效果,即单缝衍射调制下的多缝干涉. 单色光照射时,屏上会出现许多又细又亮的条纹,缝越多,条纹越细越亮.

在主极大亮条纹之间有许多暗条纹和次级明条纹,如图 13-1 所示.

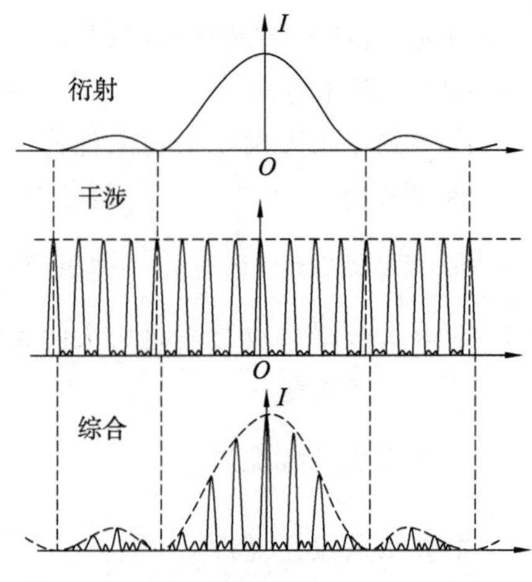

图 13-1

(4) 光栅光谱.

白光照射光栅时，每级光极大会出现由紫到红连续的彩色光带，称为光谱. 除第 1 级光谱外，其他各级光谱会出现重叠现象.

13. X 射线衍射.

X 射线在本质上是一种波长极短的电磁波，因而也有干涉、衍射现象. 当一束 X 射线以掠射角 φ 入射到晶面上时，若两束反射线的光程差

$$\Delta = 2d\sin\varphi = k\lambda \quad (k=0,1,2,\cdots)$$

各层晶面的反射都相互加强，形成亮点. 上式称为布拉格公式.

14. 光的偏振性，马吕斯定律.

(1) 自然光与偏振光.

垂直于传播方向的光矢量，没有哪一个方向比其他方向更占优势，即在所有可能的方向上，E 的振幅相等，这样的光称为自然光.

自然光经某些物质反射、折射或吸收后，可能只保留某一方向的光振动，这种光振动只在某一固定方向的光称为线偏振光(平面偏振光).

如果某一方向的光振动比与之相垂直的方向上的光振动占优势，这种光称为部分偏振光.

图 13-2(a)、(b)、(c)分别为自然光、线偏振光、部分偏振光的表示.

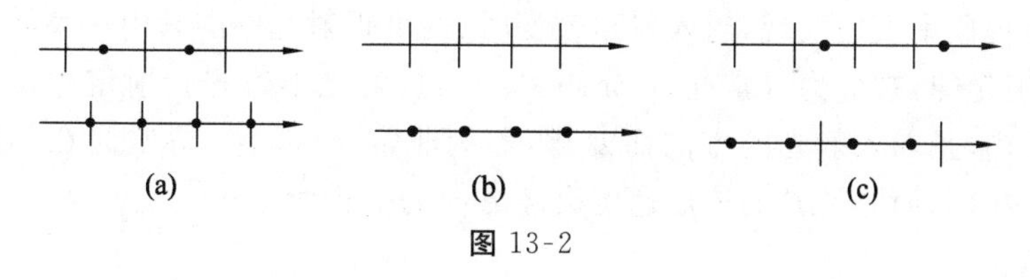

图 13-2

(2) 起偏与检偏.

某些物质能吸收某一方向的光振动，而让与该方向垂直的光振动通过，将具有这种性质的物质涂敷于透明薄片上，就成为偏振片.

自然光照射在偏振片上时，透过偏振片的就是线偏振光，其光振动的方向与偏振化方向平行，其透过光强为原来的$\frac{1}{2}$.

偏振片用来产生偏振光时称为起偏器，用来检验光的偏振状态时称为检偏器. 检偏的方法是：让光束垂直照射检偏器，并让检偏器绕轴旋转，若透射光强不变，则为自然光；若只有某个方向透射光光强最大，而与该方向垂直的透射光强为零，则为线偏振光；若透射光强发生变化，但始终有透射光通过，则为部分偏振光.

(3) 马吕斯定律.

线偏振光通过检偏器时，若不考虑吸收，则透射光强为

$$I = I_0\cos^2\alpha$$

其中，I_0 为透过前的线偏振光的光强，I 为透过后的光强，α 为偏振光的振动方向与检偏器的偏振化方向的夹角，这就是马吕斯定律.

15. 反射光和折射光的偏振.

在一般情况下，当自然光入射到折射率分别为 n_1 和 n_2 的两种透明媒质的分界面上时，

反射光和折射光都是部分偏振光[图 13-3(a)]. 在特殊情况下($i=i_0$),反射光会成为线偏振光[图 13-3(b)].

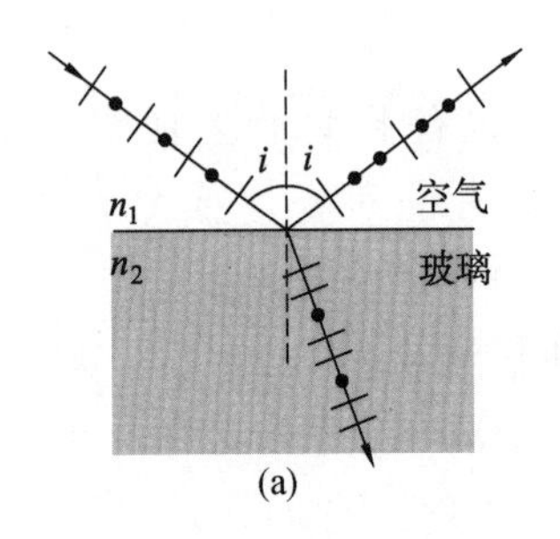

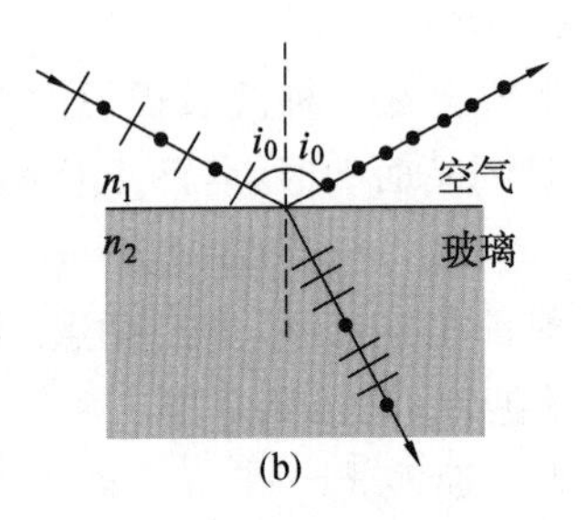

图 13-3

当入射角 i_0 满足 $\tan i_0=\frac{n_2}{n_1}$时,反射光为线偏振光,其振动方向垂直入射面,这就是布儒斯特定律. 此时,反射光与折射光之间的夹角为$\frac{\pi}{2}$.

16. 光的双折射.

如果媒质的光学性质是各向异性的(如方解石、石英晶体等),一束入射光会被分解为两束折射光,这种现象称为双折射.

在双折射现象中人们发现,当入射角改变时,两束折射光中的其中一束始终在入射面内,并遵守折射定律,被称为寻常光(o 光);另一束折射光不遵守折射定律,一般情况下,也不在入射面内,且随入射光的方向而变化,称为非常光(e 光). 寻常光在晶体内各方向上的传播速度相同,而非常光的传播速度会随方向的变化而变化.

重点提示:

(1) 光程差及其干涉加强和减弱的条件. 特别要注意是否有附加光程差项$\frac{\lambda}{2}$.

(2) 杨氏双缝干涉的基本特征,干涉条纹位置及间距等问题.

(3) 薄膜干涉、劈尖干涉和牛顿环的基本特征,相邻条纹厚度差、劈尖角或条纹半径等问题.

(4) 迈克耳孙干涉仪干涉条纹移动数与光程差改变量的关系,利用干涉仪测量的一些计算问题.

(5) 单缝夫琅和费衍射及半波带法确定的衍射条件,明纹宽度、间距等问题.

(6) 爱里斑对透镜光心张角及光学仪器的分辨率.

(7) 光栅衍射的基本特征,光栅方程、缺级现象及光栅光谱等问题.

(8) 起偏与检偏、马吕斯定律.

(9) 布儒斯特定律及反射光和折射光偏振的一些基本规律.

三、疑难分析与问题讨论

1. 关于光的干涉形成条件.

[问题 18-1] 杨氏双缝实验的干涉图样是明暗相间的平行直条纹,亮条纹的光强大小分布相同,而在实际的实验中干涉条纹却并不是很清晰,暗条纹光强不为零,原因何在?

要点与分析：要求深入地理解光的干涉形成条件.

答：因为在理论计算时，使用了多个理想化条件：① 光源S是没有宽度的理想线（或点）光源；② 光源是理想的单色光源，发出光波的波列长度为无限长；③ 双缝（或双孔）S_1、S_2 是理想的线（或点）. 在实际实验中上述理想化条件都不能得到完全满足，必然会影响实验结果. 光源S有一定的宽度时，将光源分为多个线光源，每个线光源产生一组干涉图样，多组干涉图样在接收屏上非相干叠加，光源的宽度较大时，就会造成干涉图样模糊. 只有当光源的宽度很小时，才能获得清晰的干涉图样，这一特性称为空间相干性.

普通光源发出的波列长度 l 是有限的，如果相干光波的光程差大于波列长度，那么由同一波列分裂成的两部分在经历不同的路径传播后将不可能再相遇，因此也就不可能产生相干叠加. 波列长度 l 又称为相干长度. 光源的单色性越好，相干长度 l 越长，相干性越好，这一特性称为时间相干性.

［问题 18-2］　在阳光下观察肥皂泡，会看到彩色图样；而当肥皂泡吹大后，会看到彩色图样逐渐变为黑色，然后破裂. 为什么会发生这些现象？

要点与分析：了解等厚干涉、光的干涉条件及半波损失.

答：太阳光可看成是平行光，因肥皂膜厚度不均匀，故产生等厚干涉；又因太阳光是白光，其不同波长的光产生干涉条纹对应的膜厚不同，故而形成彩色干涉图样. 当肥皂膜厚度趋向零时，因半波损失，各种波长的光都相消干涉，故彩色图样渐变为黑色，此时肥皂膜即将破裂.

2. 关于劈尖干涉的应用.

［问题 18-3］　一光学平板玻璃A与B之间形成空气劈尖，用波长为 λ 的单色光垂直照射，若相邻明条纹间距为 Δl，则劈尖角等于多少？A与B接触处是亮条纹还是暗条纹？

要点与分析：理解空气劈尖形成等厚干涉的特点，掌握相邻条纹之间的厚度差为 $\frac{\lambda}{2}$.

答：劈尖干涉是等厚干涉，形成平行等距的直条纹. 相邻条纹的高度差为 $\frac{\lambda}{2}$，于是劈尖角为

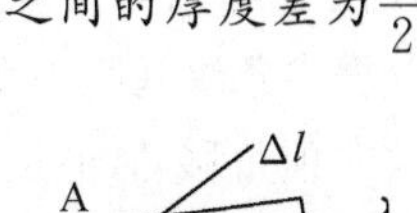

$$\alpha \approx \frac{\frac{\lambda}{2}}{\Delta l}\quad（劈尖角很小）$$

图 13-4

如图 13-4 所示. 由于半波损失，A与B接触处是暗条纹.

［问题 18-4］　如果将问题 18-3 中平行板玻璃B换成待测工件，且 $\lambda = 680\ \mathrm{nm}$，看到的反射光的干涉条纹如图 13-5 所示，有些条纹弯曲部分的顶点恰好与其右边条纹的直线部分的切线相切，那么工件的上表面缺陷处是凸起还是下凹？其缺陷对应的最大高度为多少？

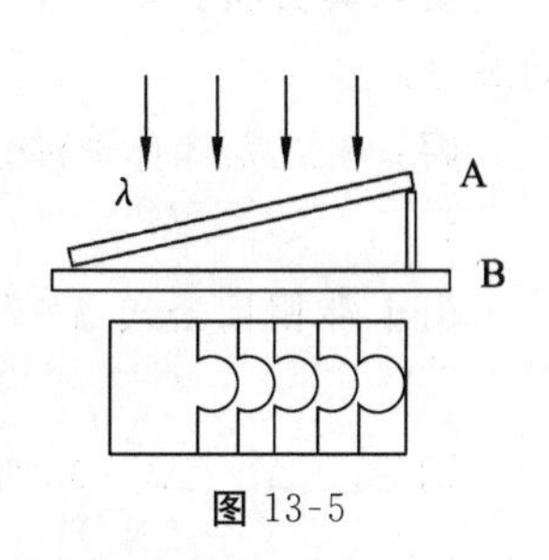

图 13-5

答：因本题是等厚干涉，故同级条纹对应的空气膜高度相同，而条纹向右弯曲，即下一级条纹靠近本级位置，故高度是增加的，因此工件表面在此附近凸起. 又因相邻条纹对应的高度差为 $\frac{\lambda}{2}$，故凸起最大高度为 340 nm.

3. 干涉条纹的移动.

杨氏双缝干涉中,当点(线)光源偏离原位置时,会看到屏上条纹移动,中央明条纹位置也发生移动;而在劈尖干涉中劈尖角度变化或两平板间间距变化时,均有条纹移动.

[问题 18-5] 杨氏双缝干涉中,单色线光源向上偏离时,中央明条纹位置如何移动,条纹间距有何变化?又将双缝与屏距离缩小,或双缝间距缩小,或单色光波长增大,或整个装置浸入水中,条纹如何变化?

要点与分析:掌握利用光程差计算杨氏双缝干涉的条纹特征.

答:由干涉条件及光路分析,可得中央明条纹位置向下移动,条纹间距不变;由 $\Delta x=\frac{D}{d}\lambda$ 知,双缝与屏距离 D 缩小,条纹间距缩小,中央明条纹位置不变;双缝间距 d 缩小,条纹间距增大,中央明条纹位置不变;单色光波长 λ 增大,条纹间距增大,中央明条纹位置不变;整个装置浸入水中,$\Delta=nd\frac{x}{D}$,$\Delta x=\frac{D}{d}\cdot\frac{\lambda}{n}=\frac{D}{d}\lambda_n$,于是条纹间距缩小,中央明条纹位置不变.

[问题 18-6] 劈尖干涉实验中,单色光垂直照射,当劈尖角变小时,干涉条纹将如何变化?若劈尖角不变,上面的玻璃片向上极缓慢地平移,干涉条纹将如何变化?

要点与分析:掌握相邻条纹对应的厚度差,并利用其与条纹间距及劈尖角的关系,判断条纹的移动方式.

答:相邻条纹间的厚度差为 $\Delta d=\frac{\lambda}{2n}$,条纹间距与劈尖角的关系式为$\frac{\Delta d}{\Delta l}=\tan\alpha\approx\alpha$,得 $\Delta l=\frac{\Delta d}{\alpha}$,故当劈尖角变小时,条纹间距增大;而当上面的玻璃片向上极缓慢地平移时,膜厚发生变化,由干涉条件可知条纹也发生变化,条纹级次增加,但相邻条纹的厚度差不变,劈尖角不变,故空气劈尖条纹间距不变,而原顶角处膜厚不为零,故不再始终为暗条纹.整体表现为高级次的条纹向顶角移动,但条纹间距不变.

[问题 18-7] 迈克耳孙干涉仪一光路中插入一折射率为 n、厚度为 d 的透明介质片,条纹移动多少条?

要点与分析:会计算光程差,掌握迈克耳孙干涉仪干涉条纹移动数与光程差改变量的关系.

解:在迈克耳孙干涉仪一光路中插入一介质片后,光程差改变

$$\Delta_2-\Delta_1=2(n-1)d$$

由干涉相长公式 $\Delta=k\lambda$ 可知

$$\Delta_1=k\lambda,\ \Delta_2=(\Delta k+k)\lambda$$

则 $\Delta_2-\Delta_1=\Delta k\cdot\lambda$,所以条纹移动的条数为

$$\Delta k=\frac{2(n-1)d}{\lambda}$$

4. 关于等厚干涉是否计入附加光程差$\frac{\lambda}{2}$的问题.

在等厚干涉中,可理解成经过薄膜上表面反射的光和从下表面反射并透射出去的光

形成相干光，在它们相遇的地方发生干涉现象．根据薄膜媒质的折射率与薄膜上下媒质的折射率的大小关系，我们可以判断是否需计入附加光程差$\frac{\lambda}{2}$．

如图 13-6 所示，设光从折射率为 n_1 的媒质中垂直（或近于垂直）入射到折射率为 n_2 的薄膜上，薄膜下面的媒质的折射率为 n_3，则是否计入附加光程差$\frac{\lambda}{2}$如表 13-1 所示．

表 13-1

	$n_1 > n_2 > n_3$ 或 $n_1 < n_2 < n_3$	$n_1 > n_2, n_2 < n_3$ 或 $n_1 < n_2, n_2 > n_3$
反射光干涉	无须附加$\frac{\lambda}{2}$	须附加$\frac{\lambda}{2}$
透射光干涉	须附加$\frac{\lambda}{2}$	无须附加$\frac{\lambda}{2}$

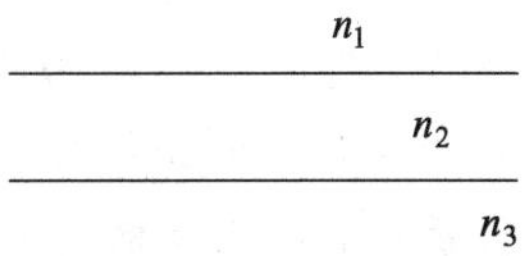

n_1

n_2

n_3

图 13-6

注意：这里 λ 是真空中的波长．

5．半波带法．

如单缝恰好能划分为偶数个半波带，即 $b\sin\theta = k\lambda\ (k=1,2,3,\cdots)$，则相邻两半波带对应位置的光束两两叠加干涉相消，整个单缝的衍射结果为暗条纹．

如单缝恰好能划分为奇数个半波带，即 $b\sin\theta = (2k+1)\frac{\lambda}{2}(k=1,2,3,\cdots)$，此时会剩下一个半波带无法抵消，结果出现的是明条纹．

注意：显然半波带的划分与衍射角 θ 有关．

由于明条纹仅为一个半波带的作用，所以 θ 越大，半波带的数目越多，每个半波带分得的能量越小，于是明条纹的亮度越小．另外，许多情况下不能划分偶数或奇数个半波带，则对应屏上的是不明不暗区域．

6．光栅衍射缺级现象与最大级数．

由于受单缝衍射"调制"作用，光栅衍射可以看成是单缝衍射背景上的多缝干涉．如果某主明纹刚好出现在单缝衍射的暗条纹位置，则主明纹不出现，即为缺级．缺级条件是光栅衍射主明纹公式和单缝衍射暗条纹公式同时满足，即

$$\begin{cases} d\sin\theta = \pm j\lambda \\ b\sin\theta = \pm k\lambda \end{cases}$$

即当$\frac{d}{b}$成简单的整数比时，将出现缺级现象．

由于 $\sin\theta \leqslant 1$，考虑到事实上在实验中不可能满足 $\sin\theta = 1$，于是有 $j < \frac{d}{\lambda}$，可求得能观察到的最大级次．注意：若要问最多能观察到多少条条纹，应考虑以中央亮纹为中心的对称分布特点，同时要考虑有没有缺级的问题．

7．反射光和折射光的光振动特点．

自然光在两种各向同性媒质的分界面上反射和折射时，一般情况下反射光和折射光均为部分偏振光，反射光中垂直入射面的光振动多，折射光中平行于入射面的光振动多．当入射角为起偏角时，反射光为线偏振光，光振动的方向垂直入射面，折射光为部分偏振

光,由入射光中的全部平行振动和绝大部分垂直振动组成,且此时反射光与折射光之间的夹角为$\frac{\pi}{2}$.

四、解题示例

[例题 13-1] 在双缝干涉实验中,波长$\lambda=550$ nm 的单色平行光垂直入射到间距$d=0.2$ mm 的双缝上,屏到双缝的距离$D=2$ m.求:

(1) 中央明条纹两侧的两条第 10 级明条纹中心的间距;

(2) 用一厚度为$t=6.6\times10^{-6}$ m、折射率为$n=1.58$ 的玻璃片覆盖一缝后,零级明条纹将移到原来的第几级明条纹处?

要点与分析:本题测试的是双缝干涉条纹特点,以及光程差及条纹移动等有关内容.

解:(1) 第 10 级明条纹中心的位置为

$$x_{10}=\pm\ k\frac{D}{d}\lambda\quad(k=10)$$

中央明条纹两侧的两条第 10 级明条纹中心的间距为

$$l=2x_{10}=\frac{20D\lambda}{d}=11\ \text{cm}$$

(2) 如图 13-7 所示,玻璃片厚度为t,则两相关光的光程差为

$$\Delta'=r_2-(r_1-t+n\cdot t)$$

当$\Delta'=0$,为零级明条纹.则

$$r_2-r_1=(n-1)t$$

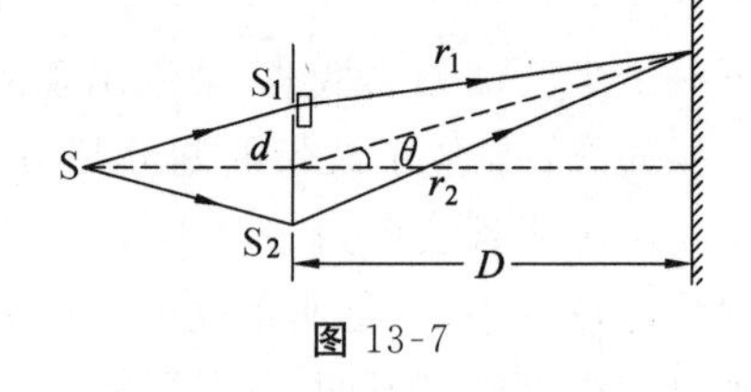

图 13-7

将n及t数据代入,得$r_2-r_1=7\lambda$.

由于原来的光程差为$\Delta=r_2-r_1$,由明条纹公式$\Delta=k\lambda$,可知零级明条纹移至原第 7 级明条纹处.

[例题 13-2] 一平板厚玻璃上有一层油膜,油膜的折射率为 1.2,厚度为 460 nm,在阳光下正面观察,问哪些波长的光反射最强?若从背面观察,哪些波长的光折射最强?

要点与分析:本题测试的是薄膜干涉,在可见光范围内,根据干涉加强条件找出对应波长的光即可,需要注意的是对应的级数.

解:因平板玻璃厚度较厚,故只考虑油膜的上、下两界面的反射、折射.

(1) 反射光上下两界面均有半波损失,故光程差为$\Delta=2nd$.

由干涉加强条件$\Delta=2nd=k\lambda$,得

$$\lambda=\frac{2nd}{k}$$

$$k=1,\lambda_1=\frac{2\times1.2\times460}{1}\ \text{nm}=1\ 104\ \text{nm}\quad(\text{舍去})$$

$$k=2,\lambda_2=\frac{2\times1.2\times460}{2}\ \text{nm}=552\ \text{nm}$$

$$k=3,\lambda_3=\frac{2\times1.2\times460}{3}\ \text{nm}=368\ \text{nm}\quad(\text{舍去})$$

可知只有 552 nm 的光反射最强.

(2) 折射光干涉的光路如图 13-8 所示.

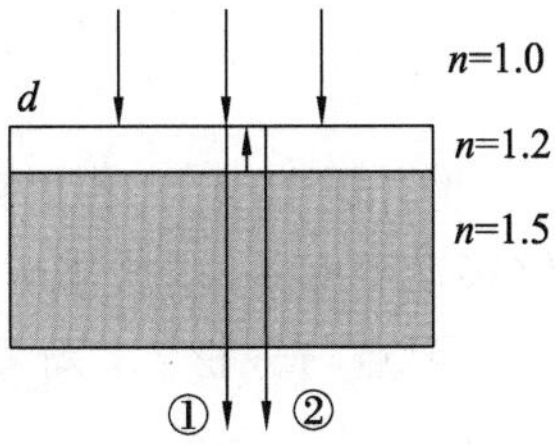

折射光①无半波损失,而光束②在油膜与玻璃界面反射有半波损失,故光程差为

$$\Delta=2nd+\frac{\lambda}{2}$$

图 13-8

由干涉加强条件 $\Delta=2nd+\frac{\lambda}{2}=k\lambda$,得

$$k=1,\ \lambda_1=(2\times1.2\times460)\times2\ \text{nm}=2\ 208\ \text{nm}\quad(\text{舍去})$$

$$k=2,\ \lambda_2=(2\times1.2\times460)\times\frac{2}{3}\ \text{nm}=736\ \text{nm}$$

$$k=3,\ \lambda_3=(2\times1.2\times460)\times\frac{2}{5}\ \text{nm}=441.6\ \text{nm}$$

$$k=4,\ \lambda_4=(2\times1.2\times460)\times\frac{2}{7}\ \text{nm}=315.4\ \text{nm}\quad(\text{舍去})$$

可知波长为 736 nm 和 441.6 nm 的光折射最强.

[例题 13-3] 有一劈尖,劈尖角 $\theta=10^{-4}$ rad,折射率 $n=1.4$,其末端的厚度为 $H=0.05$ mm,用单色光垂直照射,测得相邻明条纹间距为 0.25 cm. 求:

(1) 此单色光在真空中的波长;

(2) 此劈尖总共出现的明条纹数.

要点与分析: 本题测试的是劈尖干涉,相邻明条纹间距、厚度差及相互间关系的运用.

解: 相邻条纹间的厚度差为

$$\Delta d=\frac{\lambda}{2n}$$

于是相邻明条纹间的距离可表示为

$$\Delta l=\frac{\lambda}{2n\sin\theta}\approx\frac{\lambda}{2n\theta}$$

得

$$\lambda=2n\theta\cdot\Delta l=2\times1.4\times10^{-4}\times0.25\times10^{-2}\ \text{m}=700\ \text{nm}$$

(2) 设劈尖的总长度为 L,$\tan\theta=\frac{H}{L}$,总明纹数

$$N=\frac{L}{\Delta x}=\frac{H}{\Delta x\cdot\tan\theta}\approx\frac{H}{\Delta x\cdot\theta}=\frac{0.05\times10^{-3}}{0.25\times10^{-2}\times10^{-4}}\text{条}=200\ \text{条}$$

[例题 13-4] 用波长 $\lambda=500$ nm 的单色光作牛顿环实验,测得第 k 个暗环半径 $r_k=4$ mm,第 $k+10$ 个暗环半径 $r_{k+10}=6$ mm,求平凸透镜的凸面的曲率半径 R.

要点与分析: 本题要求学生掌握牛顿环公式,根据暗环的半径,就可以求出平凸透镜的凸面的曲率半径.

解: 根据暗环半径公式有

$$r_k=\sqrt{k\lambda R},\ r_{k+10}=\sqrt{(k+10)\lambda R}$$

由以上两式可得

$$R=\frac{r_{k+10}^{2}-r_{k}^{2}}{10\lambda}=4\ \text{m}$$

[例题 13-5] 若迈克耳孙干涉仪中的反射镜 M_2 移动距离为 0.240 mm,数得干涉条纹移动 800 条.求所用单色光的波长.

要点与分析:本题要求学生掌握迈克耳孙干涉仪干涉条纹移动数与光程差改变量的关系.

解:迈克耳孙干涉仪中的反射镜 M_2 移动 Δd 时,光程差改变量为

$$\Delta_2-\Delta_1=2\Delta d$$

由 $\Delta_2-\Delta_1=\Delta k\lambda$,可得

$$\lambda=\frac{2\Delta d}{\Delta k}=600\ \text{nm}$$

[例题 13-6] 平行单色光垂直照射单缝.已知单缝宽度 $b=0.6$ mm,缝后透镜焦距 $f=40$ cm,屏上离中央明条纹中心 1.44 mm 处的 P 点为一明条纹.

(1) 求入射光的波长;

(2) 求 P 点条纹的级数;

(3) 从 P 点看狭缝处可分为几个半波带?

要点与分析:本题测试的是关于单缝衍射条件,由此计算有关量,另外要求熟悉半波带的划分方法.

解:(1) 由明条纹公式 $b\sin\theta=\pm(2k+1)\frac{\lambda}{2}$,得

$$b\times\frac{x_k}{f}=\pm(2k+1)\frac{\lambda}{2}$$

将已知量代入,得

$$0.6\times10^{-3}\times\frac{1.44\times10^{-3}}{40\times10^{-2}}=\frac{2k+1}{2}\lambda$$

$$k=1,\ \lambda=1\,440\ \text{nm}\quad(\text{舍去})$$
$$k=2,\ \lambda=864\ \text{nm}\quad(\text{舍去})$$
$$k=3,\ \lambda=617.1\ \text{nm}$$
$$k=4,\ \lambda=480\ \text{nm}$$
$$k=5,\ \lambda=392.7\ \text{nm}\quad(\text{舍去})$$

(2) 由上解可得 P 点条纹的级数为 $k=3$,对应波长为 $\lambda=617.1$ nm,或 $k=4$,对应波长为 $\lambda=480$ nm.

(3) $k=3$,对应波长为 $\lambda=617.1$ nm,从 P 点看狭缝处可分为 $2k+1=7$ 个半波带;$k=4$,对应波长为 $\lambda=480$ nm,从 P 点看狭缝处可分为 $2k+1=9$ 个半波带.

[例题 13-7] (1) 在单缝夫琅和费衍射实验中,垂直入射的光有两种波长,$\lambda_1=400$ nm,$\lambda_2=760$ nm,已知单缝宽度 $b=1.0\times10^{-2}$ cm,透镜焦距 $f=50$ cm,求两种光第 1 级衍射明条纹中心之间的距离.

(2) 若用光栅常量 $d=1.0\times10^{-3}$ cm 的光栅替换单缝,其他条件和上一问相同,求两种光第 1 级主极大之间的距离.

要点与分析：本题测试的是单缝衍射条件及光栅方程.

解：(1) 由单缝衍射明条纹公式 $b\sin\theta=\pm(2k+1)\dfrac{\lambda}{2}$，对第1级衍射明条纹中心，取 $k=1$，得

$$\frac{bx_1'}{f}=\frac{3\lambda_1}{2},\quad \frac{bx_2'}{f}=\frac{3\lambda_2}{2}$$

$$x_2'-x_1'=\frac{3f}{2b}(\lambda_2-\lambda_1)=2.7\ \text{mm}$$

(2) 由光栅方程 $d\sin\theta=\pm j\lambda$，取 $j=1$，得

$$\frac{dx_1'}{f}=\lambda_1,\quad \frac{dx_2'}{f}=\lambda_2$$

$$x_2'-x_1'=\frac{f}{d}(\lambda_2-\lambda_1)=18\ \text{mm}$$

[例题 13-8] 波长为 $\lambda=600$ nm 的平行单色光垂直照射光栅，观察到第2、第3级明条纹分别出现在 $\sin\theta_2=0.20$ 与 $\sin\theta_3=0.30$ 的方向，第4级缺级.求：

(1) 光栅常数；

(2) 光栅上狭缝可能的最小宽度；

(3) 由上述确定的条件，求屏幕上可能出现的全部条纹的级数.

要点与分析：本题测试的是关于光栅衍射条件、缺级公式以及衍射条纹最大级数问题.

解：(1) 由光栅方程 $d\sin\theta=\pm j\lambda$，得

$$d\sin\theta_2=2\lambda$$

所以光栅常数为

$$d=\frac{2\times 600}{0.20}\ \text{nm}=6\,000\ \text{nm}$$

(2) 由缺级条件，即衍射角 θ 同时满足下列两式：

$$d\sin\theta=\pm j\lambda\quad (j=0,1,2,\cdots)\quad \text{主明条纹公式}$$

$$b\sin\theta=\pm\ k\lambda\quad (k=1,2,\cdots)\quad \text{单缝衍射暗条纹公式}$$

现已知 $k=4$，另外要求 $b<d$，所以可取 $k'=1,2,3$($k'=2$ 要舍去).

$k'=1$，光栅上狭缝可取最小宽度 $b=\dfrac{1}{4}d=1\,500$ nm.

(3) 由于衍射角 $\theta<\dfrac{\pi}{2}$，故 $k<\dfrac{d}{\lambda}=10$.在 $k<10$ 范围内，需注意第4及第8级缺级，所以，实际能出现的全部明条纹级次为 $k=0,\pm1,\pm2,\pm3,\pm5,\pm6,\pm7,\pm9$，共15条.

读者常见的错误是：上述求解中，若不指明 $k'=2$ 要舍去，那么实际的缺级就不单是第4级.

[例题 13-9] 已知某X射线含有从 0.095～0.130 nm 范围内的各种波长，晶体的晶格常数为 $d=0.275$ nm，X射线以45°角入射，求反射加强的波长.

解：由布拉格公式

$$2d\sin\varphi=k\lambda$$

得

$$\lambda=\frac{2d\sin\varphi}{k}$$

$$k=1,\quad \lambda_1=2\times 0.275\times \sin 45^\circ\ \text{nm}=0.3889\ \text{nm}\quad（舍去）$$

$$k=2,\quad \lambda_2=\frac{1}{2}\times 2\times 0.275\times \sin 45^\circ\ \text{nm}=0.1944\ \text{nm}\quad（舍去）$$

$$k=3,\quad \lambda_3=\frac{1}{3}\times 2\times 0.275\times \sin 45^\circ\ \text{nm}=0.1296\ \text{nm}$$

$$k=4,\quad \lambda_4=\frac{1}{4}\times 2\times 0.275\times \sin 45^\circ\ \text{nm}=0.0972\ \text{nm}$$

$\lambda=0.1296$、0.0972 nm 的射线能产生强反射.

[例题 13-10] 由强度相同的自然光和线偏振光混合而成的光束,垂直照射到两块叠放在一起的偏振片(P_1、P_2)上.已知穿过 P_1 后的光强为原光强的一半,穿过两偏振片后的光强为原光强的四分之一.

(1) 求线偏振光的偏振方向与 P_1 的偏振化方向的夹角;

(2) 求两偏振片的偏振化方向的夹角;

(3) 若考虑偏振片对透射光强的吸收率为 5%,则上述夹角又有何变化?

要点与分析:本题测试的是关于马吕斯定律、光强的吸收等.

解:(1) 设自然光光强为 I_0,则总入射光强为 $2I_0$,根据马吕斯定律,透过 P_1 后的光强应为

$$I_1=\frac{1}{2}I_0+I_0\cos^2\theta$$

由题意知 $I_1=I_0$,得 $\cos^2\theta=\frac{1}{2}$,所以 $\theta=45^\circ$,即线偏振光的偏振化方向与 P_1 的偏振化方向的夹角为 45°.

(2) 又已知穿过两偏振片后的光强为原光强的四分之一,得

$$I_2=I_0\cos^2\alpha=\frac{1}{4}\times 2I_0$$

所以 $\cos^2\alpha=\frac{1}{2}$,得 $\alpha=45^\circ$,即两偏振片的偏振化方向的夹角为 45°.

(3) 考虑偏振片对透射光强的吸收,则有

$$I_1=\left(\frac{1}{2}I_0+I_0\cos^2\theta\right)\times(1-5\%)=I_0$$

解得

$$\theta=42^\circ$$

另有

$$I_2=I_0\cos^2\alpha\times(1-5\%)=\frac{1}{2}I_0$$

解得

$$\alpha=43.5^\circ$$

[例题 13-11] 有三种透明介质,如图 13-9 所示,已知 $n_1=1.0$,$n_2=1.43$,一束自然光以 i 入射角入射,若在两个分界面上的反射光都是线偏振光,求:

(1) 入射角 i;

(2) 第三个介质的折射率 n_3.

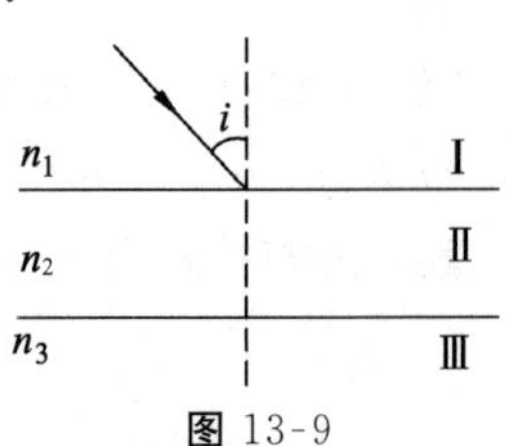

图 13-9

要点与分析:本题测试的是关于反射、折射光的偏振,重点是要求掌握布儒斯特定律.

解:(1) 根据布儒斯特定律,得

$$\tan i=\frac{n_2}{n_1}=1.43$$

可得　　　　　　　　$i=55.03°$

(2) 进入介质Ⅱ的折射角

$$\gamma=\frac{\pi}{2}-i$$

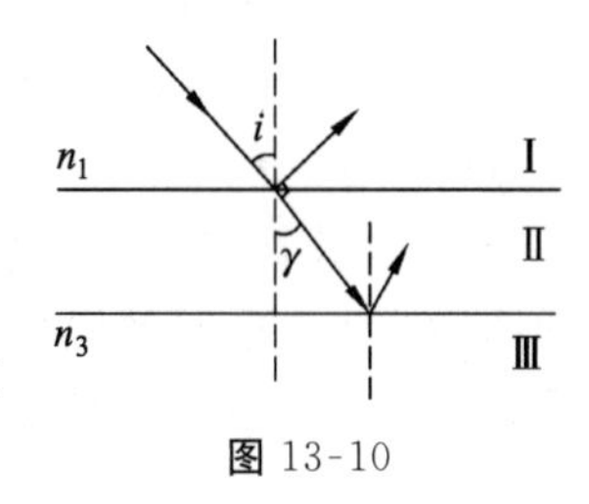

图 13-10

从图 13-10 可看出，入射到第二界面的入射角为 γ，再应用布儒斯特定律，有

$$\tan\gamma=\frac{n_3}{n_2}$$

所以　　　　　　　　$n_3=n_2\tan\gamma=1.43\times\tan\left(\frac{\pi}{2}-i\right)=1.0$

自测练习13

(一) 选择题

1. 在真空中波长为 λ 的单色光，在折射率为 n 的透明介质中从 A 点沿某路径传播到 B 点，若 A、B 两点相位差为 3π，则此路径 AB 的光程为　[　　]

(A) 1.5λ　　(B) $\frac{1.5\lambda}{n}$　　(C) $1.5n\lambda$　　(D) 3λ

2. 在双缝干涉实验中，屏幕 H 上的 P 点处是明条纹. 若将缝 S_2 盖着，并在 S_1 与 S_2 连线的垂直平分面处放一反射镜 M，如图 13-11 所示，则此时　[　　]

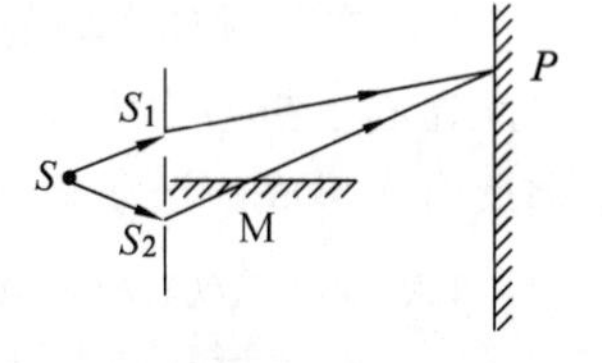

图 13-11

(A) P 点处仍为明条纹

(B) P 点处为暗条纹

(C) 无干涉条纹

(D) 不能确定 P 点处是明条纹还是暗条纹

3. 当用单色光垂直照射杨氏双缝时，下列说法正确的是　[　　]

(A) 减小缝屏间距，则条纹间距不变　(B) 减小双缝间距，则条纹间距变小

(C) 减小入射波长，则条纹间距不变　(D) 减小入射光强度，则条纹间距不变

4. 在双缝干涉实验中，光的波长为 600 nm($1\ \text{nm}=10^{-9}\ \text{m}$)，双缝间距为 2 mm，双缝与屏的间距为 300 cm. 在屏上形成的干涉图样的明条纹间距为　[　　]

(A) 0.45 mm　　(B) 0.9 mm　　(C) 1.2 mm　　(D) 3.1 mm

5. 将杨氏双缝实验放在水中进行，和在空气中的实验相比，相邻明条纹间距将　[　　]

(A) 不变　　(B) 增大　　(C) 减小　　(D) 干涉现象消失

6. 如图 13-12 所示，S_1、S_2 是两个相干光源，它们到 P 点的距离分别为 r_1 和 r_2. 路径 S_1P 垂直穿过一块厚度为 t_1、折射率为 n_1 的介质板，路径 S_2P 垂直穿过厚度为 t_2、折射率为 n_2 的另一介质板，其余部分可看作真空，这两条路径的光程差等于　[　　]

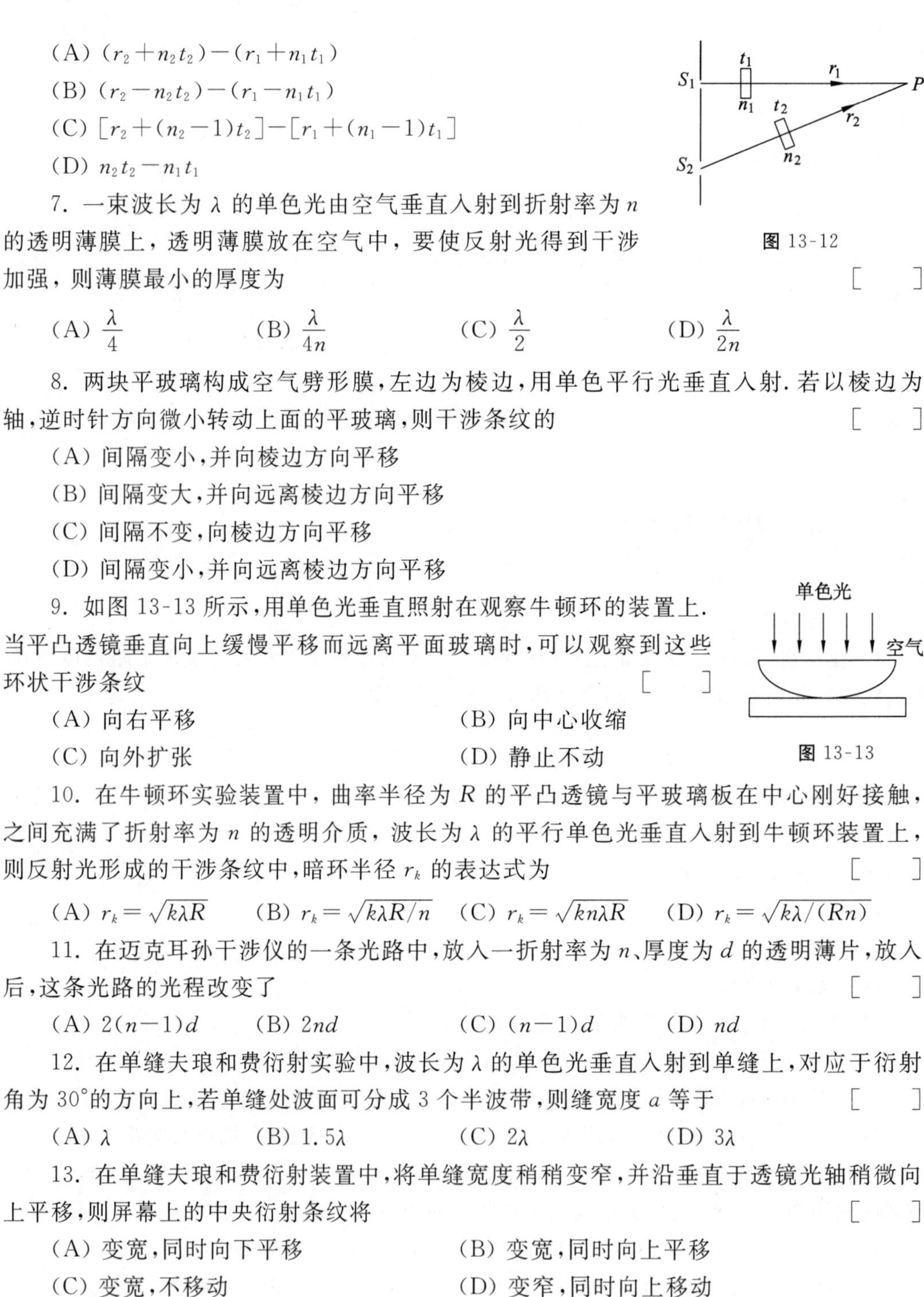

(A) $(r_2+n_2t_2)-(r_1+n_1t_1)$

(B) $(r_2-n_2t_2)-(r_1-n_1t_1)$

(C) $[r_2+(n_2-1)t_2]-[r_1+(n_1-1)t_1]$

(D) $n_2t_2-n_1t_1$

图 13-12

7. 一束波长为 λ 的单色光由空气垂直入射到折射率为 n 的透明薄膜上，透明薄膜放在空气中，要使反射光得到干涉加强，则薄膜最小的厚度为 [ ]

(A) $\frac{\lambda}{4}$ (B) $\frac{\lambda}{4n}$ (C) $\frac{\lambda}{2}$ (D) $\frac{\lambda}{2n}$

8. 两块平玻璃构成空气劈形膜，左边为棱边，用单色平行光垂直入射. 若以棱边为轴，逆时针方向微小转动上面的平玻璃，则干涉条纹的 [ ]

(A) 间隔变小，并向棱边方向平移

(B) 间隔变大，并向远离棱边方向平移

(C) 间隔不变，向棱边方向平移

(D) 间隔变小，并向远离棱边方向平移

9. 如图 13-13 所示，用单色光垂直照射在观察牛顿环的装置上. 当平凸透镜垂直向上缓慢平移而远离平面玻璃时，可以观察到这些环状干涉条纹 [ ]

(A) 向右平移 (B) 向中心收缩

(C) 向外扩张 (D) 静止不动

图 13-13

10. 在牛顿环实验装置中，曲率半径为 R 的平凸透镜与平玻璃板在中心刚好接触，之间充满了折射率为 n 的透明介质，波长为 λ 的平行单色光垂直入射到牛顿环装置上，则反射光形成的干涉条纹中，暗环半径 r_k 的表达式为 [ ]

(A) $r_k=\sqrt{k\lambda R}$ (B) $r_k=\sqrt{k\lambda R/n}$ (C) $r_k=\sqrt{kn\lambda R}$ (D) $r_k=\sqrt{k\lambda/(Rn)}$

11. 在迈克耳孙干涉仪的一条光路中，放入一折射率为 n、厚度为 d 的透明薄片，放入后，这条光路的光程改变了 [ ]

(A) $2(n-1)d$ (B) $2nd$ (C) $(n-1)d$ (D) nd

12. 在单缝夫琅和费衍射实验中，波长为 λ 的单色光垂直入射到单缝上，对应于衍射角为 30°的方向上，若单缝处波面可分成 3 个半波带，则缝宽度 a 等于 [ ]

(A) λ (B) 1.5λ (C) 2λ (D) 3λ

13. 在单缝夫琅和费衍射装置中，将单缝宽度稍稍变窄，并沿垂直于透镜光轴稍微向上平移，则屏幕上的中央衍射条纹将 [ ]

(A) 变宽，同时向下平移 (B) 变宽，同时向上平移

(C) 变宽，不移动 (D) 变窄，同时向上移动

(E) 变窄，不移动

14. 平行单色光垂直入射在缝宽 $a=0.15$ mm 的单缝上，缝后有焦距 $f=400$ mm 的凸透镜，在其焦平面上放置观察屏幕. 现测得屏幕上中央明条纹两侧的两个第三级暗条纹之间的距离为 8 mm，则入射光的波长为 [ ]

(A) 250 nm (B) 500 nm (C) 750 nm (D) 1 000 nm

15. 在光栅光谱中,假如所有偶数级次的主极大都恰好在每个透光缝衍射的暗条纹位置处,因而实际上不出现这些主极大,那么此光栅每个透光缝宽度 a 和相邻两缝间不透光部分宽度 b 的关系为 [ ]

(A) $a=b$ (B) $a=2b$ (C) $a=3b$ (D) $b=2a$

16. 一束白光垂直照射在一光栅上,在形成的同一级光栅光谱中,偏离中央明条纹最远的为 [ ]

(A) 紫光 (B) 绿光 (C) 黄光 (D) 红光

17. 晚上人眼瞳孔的直径可达 5.00 mm,迎面驶来汽车的两前灯之间的距离为 1.20 m.若车灯灯光的波长为 550 nm,当人恰能分辨两灯时,车与人的距离为 [ ]

(A) 0.733 km (B) 0.894 km (C) 7.33 km (D) 8.94 km

(E) 12.27 km

18. 三个偏振片 P_1、P_2 与 P_3 堆叠在一起,P_1 与 P_3 的偏振化方向相互垂直,P_2 与 P_1 的偏振化方向间的夹角为 30°.强度为 I_0 的自然光垂直入射于偏振片 P_1,并依次透过偏振片 P_1、P_2 与 P_3,则通过三个偏振片后的光强为 [ ]

(A) $\frac{I_0}{4}$ (B) $\frac{3I_0}{8}$ (C) $\frac{3I_0}{32}$ (D) $\frac{I_0}{16}$

19. 自然光以布儒斯特角由空气入射到一玻璃表面上,反射光是 [ ]

(A) 在入射面内振动的完全线偏振光

(B) 平行于入射面的振动占优势的部分偏振光

(C) 垂直于入射面振动的完全线偏振光

(D) 垂直于入射面的振动占优势的部分偏振光

20. 自然光以 60°的入射角照射到某两介质交界面时,反射光为完全线偏振光,则知折射光为 [ ]

(A) 完全线偏振光且折射角是 30°

(B) 部分偏振光且只是在该光由真空入射到折射率为 $\sqrt{3}$ 的介质时,折射角是 30°

(C) 部分偏振光,但须知两种介质的折射率,才能确定折射角

(D) 部分偏振光且折射角是 30°

21. 如果两个偏振片堆叠在一起,且偏振化方向之间的夹角为 60°,光强为 I_0 的自然光垂直入射在偏振片上,则出射光强为 [ ]

(A) $\frac{I_0}{8}$ (B) $\frac{I_0}{4}$ (C) $\frac{3I_0}{8}$ (D) $\frac{3I_0}{4}$

22. 一束光是自然光和线偏振光的混合光,让它垂直通过一偏振片.若以此入射光束为轴旋转偏振片,测得透射光强度最大值是最小值的 5 倍,那么入射光束中自然光与线偏振光的光强比值为 [ ]

(A) $\frac{1}{2}$ (B) $\frac{1}{5}$ (C) $\frac{1}{3}$ (D) $\frac{2}{3}$

（二）填空题

1. 一双缝干涉装置，在空气中观察时干涉条纹间距为 2.0 mm. 若将整个装置放在水中，干涉条纹的间距将为________ mm. $\left(设水的折射率为\frac{4}{3}\right)$

2. 在双缝干涉实验中，若使两缝之间的距离增大，则屏幕上干涉条纹间距将________；若使单色光波长减小，则干涉条纹间距将________.（选填“增大”或“减小”）

3. 在双缝干涉实验中，所用光波波长 $\lambda=5.461\times10^{-4}$ mm，双缝与屏间的距离 $D=300$ mm，双缝间距 $d=0.134$ mm，则中央明条纹两侧的两个第三级明条纹之间的距离为________ mm.

4. 一束波长为 λ 的单色光由空气垂直入射到折射率为 n 的透明薄膜上，透明薄膜放在空气中，要使反射光得到干涉减弱，则薄膜最小的厚度为________.

5. 在空气中有一劈形透明膜，其劈尖角 $\theta=1.0\times10^{-4}$ rad，在波长 $\lambda=700$ nm 的单色光垂直照射下，测得两相邻干涉明条纹间距 $\Delta l=0.25$ cm，由此可知此透明材料的折射率 $n=$________.

6. 在牛顿环装置的平凸透镜和平板玻璃间充以某种透明液体，观测到第 10 个明环的直径由充液前的 14.8 cm 变成充液后的 12.7 cm，则这种液体的折射率 $n=$________.

7. 用 $\lambda=600$ nm 的单色光垂直照射牛顿环装置时，从中央向外数第 4 个暗环对应的空气膜厚度为________ μm.

8. 若在迈克耳孙干涉仪的可动反射镜 M 移动 0.620 mm 的过程中，观察到干涉条纹移动了 2300 条，则所用光波的波长为 ________ Å.

9. 波长为 600 nm 的单色平行光，垂直入射到缝宽 $a=0.60$ mm 的单缝上，缝后有一焦距 $f'=60$ cm 的透镜，在透镜焦平面上观察衍射图样，则中央明条纹的宽度为________ mm，两个第三级暗条纹之间的距离为________ mm.

10. 在单缝夫琅和费衍射实验中，屏上第三级暗条纹对应于单缝处波面可划分为________个半波带.

11. 用物镜直径 $D=127$ cm 的望远镜观察双星，双星发的光其波长按 $\lambda=540$ nm 计算，能够分辨的双星对观察者的最小张角 $\theta_r=$________ rad.

12. 波长 $\lambda=550$ nm 的单色光垂直入射于光栅常数 $d=2\times10^{-4}$ cm 的平面衍射光栅上，可能观察到的光谱线的最大级次为________.

13. 在单缝夫琅和费衍射实验中，设第 1 级暗纹的衍射角很小，若钠黄光($\lambda_1\approx$ 589 nm)中央明条纹宽度为 4.0 mm，则 $\lambda_2=442$ nm 的蓝紫色光的中央明条纹宽度为________ mm.

14. 波长为 500 nm 的单色光垂直入射到光栅常数为 1.0×10^{-4} cm 的平面衍射光栅上，第 1 级衍射主极大所对应的衍射角 $\varphi=$________.

15. 自然光以 53°的入射角照射到不知折射率的透明介质表面时，反射光为线偏振光. 则知折射光为________偏振光，折射角＝________.

16. 将三个偏振片叠放在一起，第二个与第三个偏振片的偏振化方向分别与第一个偏振片的偏振化方向成 45°和 90°角. 强度为 I_0 的自然光垂直入射到这一堆偏振片上，则经第三个偏振片后的光强为________.

17. 要使一束线偏振光通过偏振片之后振动方向转过 90°，至少需要让这束光通过________块理想偏振片. 在此情况下，透射光强最大是原来光强的________倍.

18. 一束光垂直入射在偏振片 P 上，以入射光线为轴转动 P，观察通过 P 的光强的变化过程. 若入射光是________光，则将看到光强不变；若入射光是________，则将看到明暗交替变化，有时出现全暗；若入射光是________，则将看到明暗交替变化，但不会出现全暗.（选填“自然光”或“部分偏振光”或“线偏振光”）

（三）计算题

1. 在杨氏双缝实验中，双缝间距 $d=0.20$ mm，缝屏间距 $D=1.0$ m.

（1）若第 2 级明条纹离屏中心的距离为 6.0 mm，求所用单色光的波长；

（2）求相邻两明条纹间的距离.

2. 白色平行光垂直入射到间距为 0.25 mm 的双缝上，距离 50 cm 处放置屏幕，分别求第 1 级和第 5 级明条纹彩色带的宽度.（设白光的波长范围为 400～760 nm，这里说的“彩色带宽度”指两个极端波长的同级明条纹中心之间的距离）

3. 如图 13-14 所示，在双缝上分别覆盖了玻璃薄片，两玻璃薄片厚度相同，折射率分别为 1.4 和 1.6. 在玻璃插入前屏上原来的中央亮条纹移到第 5 级亮条纹处. 设入射单色光波波长为 600 nm，求玻璃片的厚度.

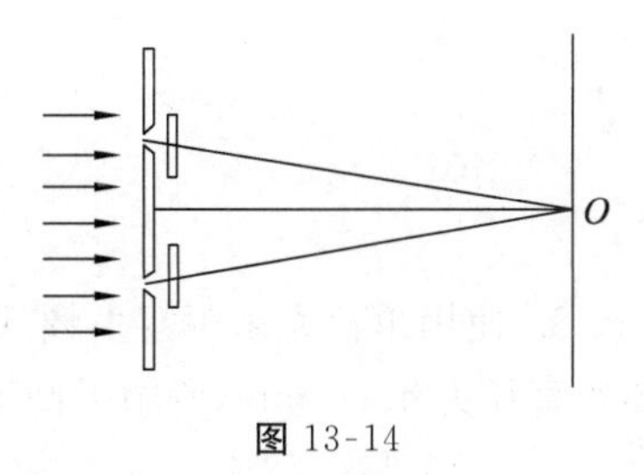

图 13-14

4. 在折射率为 $n=1.50$ 的玻璃上，镀上折射率为 $n'=1.35$ 的透明介质薄膜. 入射光垂直照射介质膜的表面，观察反射光的干涉，发现对 $\lambda_1=600$ nm 的光干涉相消，对 $\lambda_2=700$ nm 的光干涉相长，且在 600～700 nm 之间没有别的波长是最大限度相消或相长的情形，求所镀介质膜的厚度.

5. 制造半导体元件时,常常要精确测定硅片上二氧化硅薄膜的厚度,这时可把二氧化硅薄膜的一部分腐蚀掉,使其形成劈尖,利用等厚条纹测出其厚度. 已知 Si 的折射率为 3.42,SiO_2 的折射率为 1.5,入射光波长为 589.3 nm,观察到 7 条暗条纹,如图 13-15 所示. 问 SiO_2 薄膜的厚度 h 是多少?

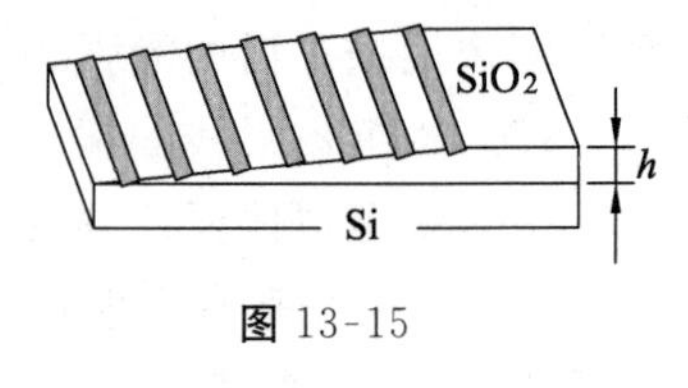

图 13-15

6. 折射率为 1.60 的两块标准平面玻璃板之间形成一个劈尖(劈尖角 θ 很小). 用波长 $\lambda=600$ nm 的单色光垂直入射,产生等厚干涉条纹. 假如在劈尖内充满 $n=1.40$ 的液体,则干涉条纹变密,相邻明条纹间距比原来缩小 $\Delta l=0.5$ mm,求劈尖楔角 θ.

7. 平板玻璃($n_2=1.5$)表面有一油滴($n_1=1.2$),油滴展开成表面为球冠形的油膜,用波长 $\lambda=600$ nm 的单色光垂直入射,如图 13-16 所示,从反射光观察油膜所形成的干涉条纹.

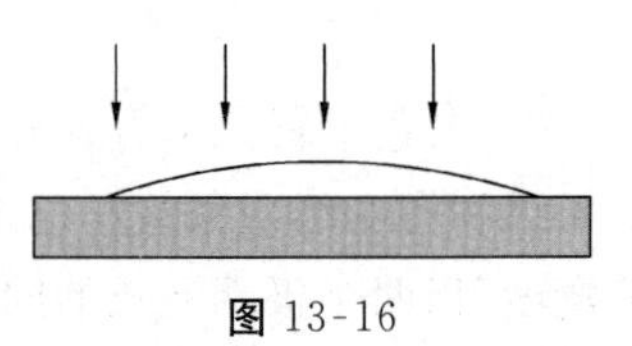
图 13-16

(1) 问看到的干涉条纹形状如何?

(2) 当油膜最高点与玻璃板上表面相距 1 200 nm 时,可以看到几条亮条纹? 亮纹所在处的油膜厚度为多少?

8. 使用单色光来观察牛顿环,测得某一明环的直径为 3.00 mm,在它外面第 5 个明环的直径为 4.60 mm,所用平凸透镜的曲率半径为 1.03 m,求此单色光的波长.

9. 用波长 $\lambda=632.8$ nm 的平行光垂直照射单缝,缝宽 $b=0.15$ mm,缝后用凸透镜把衍射光会聚在焦平面上,测得第 2 级与第 3 级暗条纹之间的距离为 1.7 mm,求此透镜的焦距.

10．一单色平行光垂直照射某个单缝，观察到其衍射第3级明条纹位置恰与用波长为700 nm的单色光垂直照射的第2级明条纹位置重合，求该单色光的波长．若以此波长的单色光照射时可能呈现的最大明条纹级数为8，求单缝最小宽度．

11．波长$\lambda=589.3$ nm的钠光垂直入射到一光栅上，已知每毫米刻有500条光栅，钠双线波长$\lambda_1=589.0$ nm，$\lambda_2=589.6$ nm，透镜焦距$f=2$ m．

（1）最多能看到第几级条纹？

（2）求钠双线最高级条纹在屏上的间距．

12．波长为600 nm单色光正入射到一光栅上，第2级明条纹出现在$\theta=30°$的方向，且第3级明条纹是缺级，求光栅常量和缝的最小宽度．

13．一束单色光由自然光和线偏振光混合而成，让其垂直通过一偏振片，当偏振片绕光的传播方向旋转时，发现透过偏振片的最大光强和最小光强之比为5∶1，求入射光中自然光和线偏振光的光强之比．

14．使自然光通过两个偏振化方向相交60°的偏振片，透射光强为I_1．若在这两个偏振片之间插入另一偏振片，它的偏振化方向与前两个偏振片均成30°角，则透射光强为多少？

第14章　量子物理

在中学里，作为选修内容，量子物理部分回顾了人类探索原子结构的历史，介绍了黑体辐射、光电效应实验和康普顿效应，说明了光、实物粒子的波粒二象性，讨论了不确定性关系，给出了氢原子光谱的实验定律．在大学物理中，将继续分析量子物理的主要实验和理论解释．就这部分内容来说，大学物理和高中物理的主要区别是：除了光电效应外，高中物理大多只是定性介绍，而大学物理则着重定量分析，即在高中定性了解的基础上提升到定量分析的高度．在该部分的学习中，单色辐出度的理解、波函数的统计解释和薛定谔方程的求解方法是难点．考虑到有部分读者在中学没有选修近代物理模块，我们也介绍了一些需要用到的中学物理知识．

一、基本要求

1．会定量分析黑体辐射的实验规律，掌握普朗克公式和普朗克能量量子化假设．

2．理解光电效应的实验规律及爱因斯坦光子理论，会用光子理论定量解释光电效应和康普顿效应的实验规律，会用康普顿散射公式计算散射光波长相对入射光波长的改变量，能从能量和动量的角度理解光的粒子性的一面．

3．理解氢原子光谱的实验定律，掌握氢原子的玻尔理论，理解能级的概念，会计算氢原子的定态能量和轨迹半径以及跃迁时的发光频率，了解玻尔理论的局限性和历史意义．

4．理解德布罗意波的概念，理解实物粒子的波粒二象性，会用德布罗意公式计算实物粒子的波长．正确理解不确定关系，会用不确定关系计算不确定量．

5．理解波函数及其统计解释，掌握波函数的标准条件，会用一维定态薛定谔方程处理一维问题，理解一维问题中粒子波函数及运动特征．

6．了解量子力学处理问题的一般方法，理解并掌握用量子力学方法处理氢原子问题的思路，能正确理解其处理结果，理解描述原子中电子运动状态的四个量子数及其物理意义，理解泡利不相容原理和能量最小原理，能够根据原子的壳层结构解释元素周期律．

7．了解自发辐射和受激辐射的区别，掌握实现粒子数反转的方法，理解激光器的工作原理，了解激光的特点及其应用．

二、内容提要与重点提示

1．黑体辐射的描述和实验规律．

(1) 单色辐出度和辐出度．

从温度为 T 的物体表面的单位面积上辐射出的波长介于 $\lambda\sim\lambda+\mathrm{d}\lambda$ 间的辐射功率 $\mathrm{d}M$

与 $d\lambda$ 的比值称为单色辐射出射度，简称单色辐出度，用 $M_\lambda(T)$表示；温度为 T 的物体单位面积上辐射出的包含各种波长在内的辐射功率，称为辐射出射度，简称辐出度，用 $M(T)$表示，两者的关系为

$$M(T) = \int_0^\infty M_\lambda(T)\mathrm{d}\lambda$$

（2）斯特藩-玻耳兹曼定律.

$$M=\sigma T^4,$$

式中，T 为黑体的热力学温度，$\sigma=5.670\times10^{-8}\ \mathrm{W\cdot m^{-2}\cdot K^{-4}}$，称为斯特藩常量.

（3）维恩位移定律.

$$\lambda_m T=b$$

式中，$b=2.898\times10^{-3}\mathrm{m\cdot K}$，称为维恩常量，$\lambda_m$ 为黑体最大单色辐出度对应的波长.

2. 普朗克能量子假设和普朗克公式.

（1）普朗克能量子假设：金属空腔壁中电子的振动可视为一维谐振子，对于频率为 ν 的谐振子，它吸收或者辐射的能量是不连续的，只能是 $h\nu$ 的整数倍，即

$$\varepsilon_n=nh\nu$$

式中，n 为正整数，称为量子数，$n=1$ 时的能量为

$$\varepsilon=h\nu$$

称为能量子. 式中，$h=6.626\,075\,5\times10^{-34}\ \mathrm{J\cdot s}$，称为普朗克常量，它是物质世界最基本的自然常量之一.

（2）普朗克公式.

$$M_\lambda(T)=\frac{2\pi hc^2\lambda^{-5}}{e^{\frac{hc}{k\lambda T}}-1}$$

3. 光电效应与爱因斯坦的光量子理论.

（1）光电效应.

光照射到某些金属表面时，有电子从金属表面逸出，这一现象称为光电效应.

（2）光电效应的实验规律.

光电子的最大初动能与入射光的频率呈线性关系，与光强无关；单位时间内离开阴极的光电子数与光强成比例；对于某种金属来说，只有入射光的频率大于截止频率才能产生光电效应；光电效应具有瞬间响应特性.

（3）爱因斯坦的光子假设和光电效应方程.

光束可以看成是由微粒构成的粒子流，这些粒子叫做光量子（光子）. 每个光子的能量为

$$\varepsilon=h\nu$$

式中，h 为普朗克常量. 产生光电效应时，光子的能量与最大初动能遵守光电效应方程：

$$h\nu=W+\frac{1}{2}mv^2$$

式中，$W=h\nu_0$ 是金属材料电子的逸出功，ν_0是金属产生光电效应的截止频率.

(4) 康普顿效应.

X射线被物质散射时,散射光中含有波长发生变化了的成分的现象叫做康普顿效应.散射光与入射光的波长之差

$$\Delta\lambda=\lambda-\lambda_0=\frac{2h}{m_0c}\sin^2\frac{\theta}{2}$$

此式称为康普顿散射公式,式中,$\frac{h}{m_0c}$具有波长的量纲,称为电子的康普顿波长,以 λ_c 表示

$$\lambda_c=\frac{h}{m_0c}=2.43\times10^{-12}\ \text{m}$$

(5) 光的波粒二象性.

根据光子假设,光子的质量为

$$m=\frac{h\nu}{c^2}$$

光子的动量为

$$p=\frac{h}{\lambda}$$

描述光子粒子性的量(ε 和 p)与描述光的波动性的量(ν 和 λ)通过普朗克常量 h 被联系起来,所以说,光具有波粒二象性.

4. 氢原子光谱及玻尔氢原子理论.

(1) 氢原子光谱.

实验表明,氢原子光谱中各谱线的波数可以用里德堡公式

$$\tilde{\nu}=R_{实验}\left(\frac{1}{m^2}-\frac{1}{n^2}\right)=T(m)-T(n)\quad(n>m,n、m\ 均为正整数)$$

表示,式中 $T(n)=\frac{R}{n^2}$称为光谱项,$R_{实验}$为里德伯常量.

(2) 玻尔理论的基本假设.

定态假设、频率假设和角动量量子化条件.

(3) 玻尔理论的计算结果.

氢原子的能级为

$$E_n=-\frac{m_0e^4}{8\varepsilon_0{}^2h^2n^2}=\frac{E_1}{n^2}=-\frac{13.6}{n^2}\ \text{eV}$$

式中,正整数 n 称为主量子数,$E_1=-13.6$ eV 为氢原子基态能量.

氢原子中电子的可能轨迹半径为

$$r_n=n^2\left(\frac{\varepsilon_0h^2}{\pi m_0e^2}\right)=n^2r_1$$

式中,$r_1=a_1=\frac{\varepsilon_0h^2}{\pi m_0e^2}=5.29\times10^{-11}$ m,称为玻尔半径.

根据玻尔理论的频率假设,可得氢原子光谱线的波数为

$$\tilde{\nu}=\frac{m_0e^4}{8\varepsilon_0{}^2h^3c}\left(\frac{1}{m^2}-\frac{1}{n^2}\right)=R_{理论}\left(\frac{1}{m^2}-\frac{1}{n^2}\right)$$

$R_{理论}=\frac{m_0 e^4}{8\varepsilon_0{}^2 h^3 c}=1.0967758\times10^7\ \mathrm{m}^{-1}$，与实验测得的里德伯常量 $R_{实验}$ 符合得很好.

5. 实物粒子的波粒二象性.

(1) 德布罗意公式.

德布罗意认为，实物粒子和光子一样具有波粒二象性. 按德布罗意假设，能量为 E、动量为 p 的实物粒子的频率 ν 和波长 λ 可表示为

$$\nu=\frac{E}{h}$$

$$\lambda=\frac{h}{p}$$

这种波称为物质波，又称为德布罗意波，λ 称为德布罗意波长.

(2) 不确定关系.

$$\Delta x\cdot\Delta p_x\geqslant\frac{\hbar}{2}\quad\left(\hbar=\frac{h}{2\pi}\right)$$

式中，$\hbar$ 也常称为普朗克常量.

6. 波函数和薛定谔方程.

(1) 波函数.

量子力学中，由于微观粒子的波动性，其状态可用波函数 $\psi(x,y,z,t)$ 来描述，例如，自由粒子的波函数为 $\psi=\psi_0\mathrm{e}^{-\frac{\mathrm{i}}{\hbar}(Et-\boldsymbol{p}\cdot\boldsymbol{r})}$，一维自由粒子的波函数是 $\psi=\psi_0\mathrm{e}^{-\frac{\mathrm{i}}{\hbar}(Et-px)}$.

(2) 波函数的统计意义及标准条件.

在空间某处波函数的平方跟粒子在该处出现的概率成正比，这就是波函数的统计意义. 也就是说，波函数本身没有直接的物理意义，而 $|\psi|^2$ 才表示粒子出现的概率密度分布. 由于德布罗意波是概率波，因此，波函数满足标准化条件，即是单值、有限、连续、归一化的. 波函数的归一化条件可表示为 $\int_V|\psi|^2\mathrm{d}V=1$.

(3) 薛定谔方程：量子力学中的薛定谔方程相当于力学中的牛顿第二定律，波函数遵守薛定谔方程. 例如：

$$-\frac{\hbar^2}{2m}\frac{\partial^2\psi(x,t)}{\partial x^2}=\mathrm{i}\hbar\frac{\partial\psi(x,t)}{\partial t}$$

是一维自由粒子波函数的薛定谔方程. 又如：

$$-\frac{\hbar^2}{2m}\frac{\partial^2\psi(x,t)}{\partial x^2}+V(x,t)\psi=\mathrm{i}\hbar\frac{\partial\psi(x,t)}{\partial t}$$

是势场中做一维运动的粒子的薛定谔方程，它描述了一个质量为 m、在势能为 $V(x,t)$ 的势场中运动的粒子，其状态(波函数)随时间而变化的规律.

(4) 定态薛定谔方程.

很多情况下，势场 V 与时间无关而只是坐标的函数，此时，粒子在空间出现的概率密度稳定不变，粒子的这种状态称为定态，可用分离变量的方法得到定态薛定谔方程

$$\left[-\frac{\hbar^2}{2m}\frac{\mathrm{d}^2}{\mathrm{d}x^2}+V(x)\right]\psi(x)=E\psi(x)$$

上式称为一维定态薛定谔方程,$\psi(x)$称为一维定态波函数.

(5) 一维定态薛定谔方程的求解.

如果质量为 m 的粒子在一维无限深方形势阱中沿 x 轴运动,其势能函数可表示为

$$V(x)=\begin{cases}0, & 0<x<a \\ \infty, & x\leqslant 0 \text{ 或 } x\geqslant a\end{cases}$$

则通过求解薛定谔方程可得到其定态波函数

$$\psi_n(x)=\begin{cases}\sqrt{\dfrac{2}{a}}\sin\left(\dfrac{n\pi}{a}x\right), & 0<x<a \\ 0, & x\leqslant 0, x\geqslant a\end{cases}$$

式中 $n=1,2,3,\cdots$.

粒子可能的能量(能级)为

$$E=E_n=\frac{\hbar^2 n^2 \pi^2}{2ma^2}=\frac{n^2 h^2}{8ma^2}\quad(n=1,2,3,\cdots)$$

7. 氢原子的定态.

在球坐标系下,氢原子的定态薛定谔方程可写成

$$\frac{1}{r^2}\frac{\partial}{\partial r}\left(r^2\frac{\partial\psi}{\partial r}\right)+\frac{1}{r^2\sin\theta}\frac{\partial}{\partial\theta}\left(\sin\theta\frac{\partial\psi}{\partial\theta}\right)+\frac{1}{r^2\sin^2\theta}\frac{\partial^2\psi}{\partial\phi^2}+\frac{2m_0}{\hbar^2}\left(E+\frac{e^2}{4\pi\varepsilon_0 r}\right)\psi=0$$

求解此方程可得出如下重要结论:

(1) 能量量子化.

通过求解氢原子的定态薛定谔方程可知氢原子的能级是量子化的,其值为

$$E_n=-\frac{m_0 e^4}{32\pi^2\varepsilon_0{}^2\hbar^2}\frac{1}{n^2}=\frac{E_1}{n^2}\quad(n=1,2,3,\cdots)$$

式中,n 称为主量子数,$E_1=-13.6$ eV.

(2) 角动量量子化.

同样,电子的角动量是量子化的,其可能值满足

$$L=\sqrt{l(l+1)}\,\hbar\quad(l=0,1,2,\cdots,n-1)$$

式中,l 称为角量子数,其可能值为 $0,1,2,\cdots,n-1$,一般用 $s,p,d,f,\cdots$字母分别表示 $l=0,1,2,3,\cdots$状态.

(3) 空间量子化.

电子轨迹角动量 L 在 z 轴方向的分量也是量子化的,即

$$L_z=m_l\hbar\quad(m_l=0,\pm1,\pm2,\cdots,\pm l)$$

式中,m_l 称为磁量子数.

当量子数 n,l,m_l 均确定之后,就可确定氢原子的波函数

$$\psi_{n,l,m_l}(r,\theta,\phi)=R_{n,l}(r)\Theta_{l,m_l}(\theta)\Phi_{m_l}(\phi)$$

及相应的概率密度$\left|\psi_{n,l,m_l}(r,\theta,\phi)\right|^2$.

8. 原子的壳层结构.

(1) 电子的自旋.

电子自旋角动量是电子的内禀性质,其大小

$$S=\sqrt{s(s+1)}\hbar=\sqrt{\frac{3}{4}}\hbar$$

式中，s 是电子的自旋量子数，只有一个值，即 $s=\frac{1}{2}$；电子的自旋在某一方向的投影为 $S_z=m_s\hbar$，只能取向上和向下两个值，即 $m_s=\pm\frac{1}{2}$，称为自旋磁量子数.

（2）泡利不相容原理.

多电子原子的核外电子的状态（量子态）可由四个量子数 n,l,m_l 和 m_s 来表征，即一组量子数 n,l,m_l 和 m_s 对应一个量子态. 不可能有两个或两个以上的电子占据同一个状态，即不可能有两个或两个以上的电子具有完全相同的四个量子数（n,l,m_l,m_s），这就是泡利不相容原理.

（3）能量最低原理. 原子系统处于正常态时，每个电子总是尽量先占据能量最低的能级.

（4）原子的壳层结构.

电子在核外的分布是多层次的，这种电子的分布层次叫做电子壳层. 这些壳层由主量子数 n 来区分. 一般说来，在多电子原子中，被电子占据的状态的主量子数是逐渐增大的. 壳层模型只确定了电子可能的分布情况，对一特定的原子系统，核外电子在填充各壳层及分壳层时还应遵循泡利不相容原理和能量最小原理. 主量子数为 n 的壳层上，可能有的最多电子数为 $Z_n=\sum_{l=0}^{n-1}2(2l+1)=2n^2$ 个.

9. 激光.

（1）激光产生的机制：激光是由原子的受激辐射产生的. 处于激发态的原子接收到入射光子时，如果入射光子的能量等于相应的能级差，就会引发受激辐射. 由受激辐射得到的光子可以引起其他激发态的原子的受激辐射，如此连续反应下去，将倍增大量的相位、频率、偏振方向和传播方向完全相同的光子，实现“光放大”的过程，获得一束单色性和相干性都很好的高强度光束，即激光.

（2）激光产生的条件：粒子数反转是实现“光放大”过程的基本条件.

（3）实现粒子数反转的条件：要有实现粒子数反转分布的物质，这种物质要有适当的能级结构，只有具有亚稳态的工作物质才能实现粒子数反转.

（4）激光的特点：方向性好，亮度高，单色性好，能量密度集中和相干性好等.

（5）激光的应用：材料激光淬火、激光唱片、激光手术刀、激光炸弹、激光雷达等.

重点提示：

（1）绝对黑体（黑体）模型及辐射的两条实验规律.

（2）光电效应实验规律及光电效应方程.

（3）氢原子光谱的实验规律及玻尔氢原子理论，注意能级、谱线波长的计算.

（4）德布罗意波长的计算，注意在计算时是否要考虑相对论效应的问题.

（5）不确定关系的理解问题，不确定关系与经典力学的适用范围的关系问题.

（6）波函数的统计意义的理解问题.

三、疑难分析与问题讨论

1. 关于对黑体辐射的理解.

[问题 14-1] 绝对黑体就是黑色物体吗?

要点与分析:要求理解黑体是理想化的物理模型.

答:黑体是能吸收一切外来电磁辐射的物体.也就是说,黑体在任何温度下,它不反射来自外界的任何波长的辐射能.自然界并不存在真正的黑体,黑体是理想化的物理模型,如果在一个由任意不透明材料做成的空腔壁上开一个小孔,那么小孔表面就可近似地看做黑体.通常所认为最黑的煤烟,也只能吸收入射电磁辐射的95%左右,因此黑色的物体不能等同于黑体.黑体不反射一切外来电磁辐射,从这个意义说,它是"黑"的.但这并不足以说黑体的颜色就是黑色的.黑体的颜色由其自身在一定温度下的单色辐出度按波长的分布情况决定.温度很低时,黑体辐射的能量很少,单色辐出度与波长的关系曲线的峰值波长远大于可见光波长,此时用眼睛看起来黑体呈"黑"色;绝对黑体温度升高,相应峰值波长向短波方向移动,甚至进入可见光波段,此时看起来就不是黑色的了.大家知道,白天远处建筑物开着的窗户可看成黑体,这是由它的反射能力决定的,如果房间里发生了火灾,窗户就不再是黑色的了.

总之,之所以可以把某物体看成黑体,是说它不反射任何电磁辐射,而黑体的颜色则是由它的发射电磁辐射情况即温度决定的.

[问题 14-2] 既然任何物体都对外辐射能量,那漆黑的夜晚人们为什么看不见对方呢?

要点与分析:要求会用维恩位移定律进行相关计算.

答:人体的辐射情况可以根据黑体的单色辐出度按波长的分布规律来估算.设正常人体体温为310 K,根据维恩位移定律

$$\lambda_m T = b$$

可得

$$\lambda_m = 9.3\times10^{-6}\ \text{m}.$$

由于此波长处于远红外波段,因此漆黑的夜晚人们看不见对方.当然,也可以根据人体在可见光区的辐出度

$$M(T) = \int_{400}^{760} M_\lambda(T)\,d\lambda$$

很小来说明.式中 $M_\lambda(T)$ 可由普朗克公式给出.

2. 光电效应与康普顿效应的区别.

[问题 14-3] 光电效应和康普顿效应都包含有电子与光子的相互作用,这两过程有什么不同?

要点与分析:掌握决定光电效应与康普顿效应产生概率的因素.

答:光电效应和康普顿效应同为光子和电子的相互作用.光电效应是电子吸收光的能量,克服金属表面的约束而成为光电子的过程.康普顿效应是光子与电子发生完全弹性碰撞,光子被散射的过程,这一过程中能量、动量均守恒.两种效应产生的概率与光子的能量有关.光电效应中光子的能量相对较小,与原子外层电子的能量为同一数量级,电子不

能作为自由电子处理；而康普顿效应中 X 射线光子能量的数量级是 10^4 eV，相对来说，逸出功和电子热运动的能量都可忽略，原子外层电子可看做是自由的、静止的，可以把电子作为自由电子处理. 也就是说，光子被金属中的非自由电子吸收导致了光电效应，光子与自由电子的作用引起了康普顿效应.

顺便提一下，教材中关于康普顿效应的解释仍然是初步的，采用量子场论才能更圆满地解释康普顿效应，有兴趣的同学可以探究一下.

3. 物质波的传播速度问题.

［问题 14-4］ 德布罗意波的传播速度是否就是粒子的运动速度 v？

要点与分析： 正确理解德布罗意波.

答： 根据德布罗意公式

$$\lambda=\frac{h}{p}=\frac{h}{mv}=\frac{h}{m_0 v}\sqrt{1-\frac{v^2}{c^2}}$$

和

$$\nu=\frac{E}{h}=\frac{mc^2}{h}=\frac{m_0 c^2}{h\sqrt{1-\frac{v^2}{c^2}}}$$

如果认为德布罗意波和经典波一样，其频率、波长和传播速度（相速）三者的关系仍为

$$u=\lambda\nu$$

那就可以从形式上得到德布罗意波的传播速度（相速）

$$u=\lambda\nu=\frac{c^2}{v}$$

从这一点来看，德布罗意波的传播速度不是粒子的运动速度 v. 实际上，这种用经典的理论和模型去分析和套用量子概念下的波和粒子是不恰当的，量子概念下的粒子不同于经典的粒子，量子物理中的德布罗意波是概率波，它也不同于经典的波，讨论物质波的传播速度是没有什么实际意义的. 关于这一点，西安通信学院任文辉等人发表在《高等理科学刊》上的一文值得一看.

4. 概率波与经典波的区别.

［问题 14-5］ 物质波与机械波、电磁波有何异同？

要点与分析： 对德布罗意波的理解问题.

答： 物质波与机械波、电磁波一样，具有干涉、衍射等波动特性，但物质波并不像机械波、电磁波那样代表某些实在的物理量的波动. 物质波是一种概率波，只有波函数的平方才有确定的物理意义，它描述粒子在空间的概率密度分布.

5. 不确定性关系与实验仪器的精度.

［问题 14-6］ 为什么说不确定关系与实验技术或仪器的精度无关？不确定关系对于宏观物体是否也是适用的？

要点与分析： 不确定量的理解问题.

答： 不确定关系的存在不是测量问题. 不确定关系是量子力学的一个基本关系，它可以从量子力学基本假设中推导出来. 实物粒子的同一方向上的坐标和动量不能同时有准

确值,不是由于测量仪器不完善或实验技术不高明所引起的,而是由微观粒子的波粒二象性导致的.对于微观粒子(如电子),它的位置不确定度可达毫米数量级,这与微观粒子本身的线度相比大得惊人.因此,不能用经典力学方法来处理微观粒子的运动.对于宏观物体(如弹丸),它的位置不确定度非常小,即使使用目前最精密的仪器也难以测出.因此,用经典力学方法处理宏观物体的运动就足够精确了.也就是说,不确定关系对于宏观物体也是适用的.关于对不确定关系的理解问题,新浪博客上有一篇很精彩的博文,其链接为 http://vip.book.sina.com.cn/book/chapter_37395_17748.html(2004-2-17).

6. 薛定谔方程的地位问题.

[问题 14-7] 薛定谔方程可以根据更基本的定理或定律推导出吗?

要点与分析:*薛定谔方程的理解问题.*

答:薛定谔方程在量子力学中的地位与牛顿运动定律在经典力学的地位相当.在量子力学中,薛定谔方程是作为基本假设提出的,决不是根据什么定理或定律推导出来的.教材中介绍薛定谔方程的建立过程主要是为同学们提供建立这一基本方程的思路和逻辑关系.

7. 薛定谔方程的求解方法.

[问题 14-8] 求解定态薛定谔方程的一般方法是怎样的?

要点与分析:*掌握薛定谔方程的求解思路.*

答:(1) 先根据题意写出粒子的势能函数.

(2) 根据势能函数列出相应的定态薛定谔方程.

(3) 求解定态薛定谔方程,写出波函数的通解.

(4) 根据波函数的标准条件和归一化条件求出归一化的波函数及相应的定态能量.

8. 氢原子波函数的理解.

[问题 14-9] "电子云"与"电子轨迹"有何不同?

要点与分析:*玻尔理论与量子力学结论的比较.*

答:电子云是关于原子中电子在核外空间出现的概率分布的形象描述.在量子力学理论中,电子运动状态用波函数来描述.由薛定谔方程只能得到电子在核外空间出现的概率密度分布,为了形象地描述这种分布状况,常将其想象为带负电荷的"云"."云层"浓密的地方代表电子在该处出现的概率密度大;反之,"云层"稀薄的地方,则电子在该处出现的概率密度小.而"电子轨迹"是玻尔理论中的概念.玻尔理论认为核外电子具有确定的轨迹,这些轨迹可以根据玻尔理论算出.实验证明,量子力学的说法才是正确的.当然,电子云只是一种形象化的表示方法,并不是说电子真的像"云"那样弥漫在原子核周围.

四、解题示例

[例题 14-1] 测得某炉壁小孔的辐出度为 M,求:

(1) 炉内温度 T;

(2) 单色辐出度极大值所对应的波长 λ_m.

要点与分析:*本题是关于斯特藩-玻耳兹曼定律和维恩位移定律的综合应用问题.*

解:假定该炉壁小孔可以看成黑体,则由斯特藩-玻耳兹曼定律

$$M=\sigma T^4$$

可得炉内温度为

$$T=\left(\frac{M}{\sigma}\right)^{\frac{1}{4}}$$

再根据维恩位移定律,即

$$\lambda_{\mathrm{m}} T=b$$

可求得其单色辐出度极大值所对应的波长为

$$\lambda_{\mathrm{m}}=\frac{b}{T}=b\left(\frac{\sigma}{M}\right)^{\frac{1}{4}}$$

［**例题 14-2**］　波长为 λ 的单色光照射某金属表面发生光电效应,已知金属材料的逸出功为 W,求遏止电势差 U_0;今让发射出的光电子经狭缝 S 后垂直进入磁感应强度为 $\boldsymbol{B}$ 的均匀磁场,如图 14-1 所示,求电子在该磁场中做圆周运动的最大半径 R.(电子电荷量绝对值为 e,质量为 m)

要点与分析:本题为爱因斯坦光电效应方程应用问题.

解:根据爱因斯坦光电效应方程,电子的最大初动能 E_{k} 满足

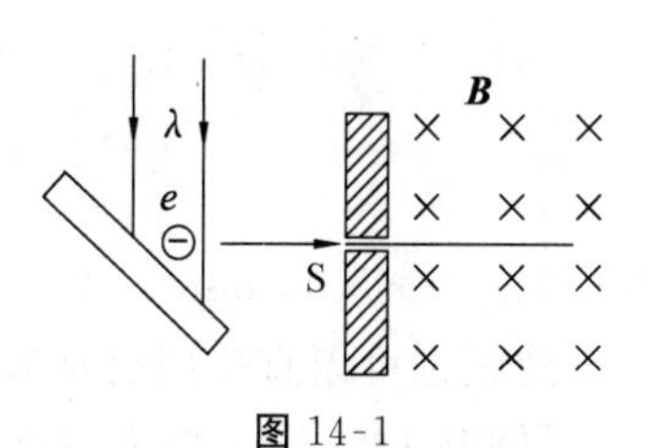

图 14-1

$$h\nu=E_{\mathrm{k}}+W=eU_0+W$$

即

$$E_{\mathrm{k}}=\frac{hc}{\lambda}-W$$

遏止电势差为

$$U_0=\frac{hc}{\lambda e}-\frac{W}{e}$$

一般地,光电子的速度较小,电子的最大动量为

$$p=mv=\sqrt{2mE_{\mathrm{k}}}=\sqrt{2m\left(\frac{hc}{\lambda}-W\right)}$$

其做圆周运动的最大半径为

$$R=\frac{mv}{qB}=\frac{\sqrt{2m\left(\frac{hc}{\lambda}-W\right)}}{eB}$$

［**例题 14-3**］　一个静止电子与一个能量为 4.0×10^3 eV 的光子碰撞后,电子获得的最大动能是多少?

要点与分析:本题为康普顿公式的应用问题.

解:这一碰撞过程中能量保持守恒,即

$$mc^2+h\nu=h\nu_0+m_0c^2$$

电子获得的动能为

$$E_{\mathrm{k}}=mc^2-m_0c^2=\frac{hc}{\lambda_0}-\frac{hc}{\lambda}$$

由康普顿效应公式

$$\lambda-\lambda_0=\frac{2h}{m_0c}\sin^2\frac{\theta}{2}$$

可得散射波的最大波长

$$\lambda_{\max}=\lambda_0+\frac{2h}{m_0c}$$

电子获得的最大动能为

$$E_{k,\max}=\frac{hc}{\lambda_0}-\frac{hc}{\lambda_{\max}}=h\nu_0-\frac{hc}{\lambda_{\max}}$$

把相关数据代入上面两式,得

$$E_{k,\max}=61.5\ \text{eV}$$

[例题 14-4] 试计算氢原子巴耳末系的长波极限波长和短波极限波长.

要点与分析:本题考查利用波数公式$\frac{1}{\lambda}=R\left(\frac{1}{m^2}-\frac{1}{n^2}\right)$解决问题的能力.

解:巴耳末系长波极限对应 $m=2,n=3$,即

$$\frac{1}{\lambda_{\max}}=R\left(\frac{1}{2^2}-\frac{1}{3^2}\right)$$

求得 $\lambda_{\max}=658.1$ nm.

同理,短波极限对应 $m=2,n=\infty$,即

$$\frac{1}{\lambda_{\min}}=\frac{R}{2^2}$$

求得 $\lambda_{\min}=365.16$ nm.

此题也可以直接用巴耳末公式求解.

[例题 14-5] α 粒子在磁感应强度为 $B=0.025$ T 的均匀磁场中沿半径为 $R=0.83$ cm 的圆形轨迹运动.

(1) 试计算其德布罗意波长(α 粒子的质量 $m_\alpha=6.64\times10^{-27}$ kg);

(2) 若使质量 $m=0.1$ g 的小球以与 α 粒子相同的速率运动,则其波长为多少?

要点与分析:本题考查德布罗意公式的应用.

解:(1) 由

$$R=\frac{mv}{qB}$$

并考虑到 α 粒子所带电荷量为 $2e$,可得

$$p_\alpha=qBR=2eBR$$

由德布罗意公式,得

$$\lambda_\alpha=\frac{h}{p_\alpha}=\frac{h}{2eBR}=9.98\times10^{-3}\ \text{nm}$$

(2) 如小球与 α 粒子速率相同,即

$$v=\frac{2eBR}{m_\alpha}$$

同理可得

$$\lambda=\frac{h}{p}=\frac{h}{mv}=\frac{hm_\alpha}{2eBRm}=6.62\times10^{-34}\ \text{m}$$

很显然,小球的波动性可以忽略不计.

[例题 14-6]　铀核的线度为 7.2×10^{-15} m，试用不确定关系估算铀核中 α 粒子（$m_\alpha=6.7\times10^{-27}$ kg）的动量值和动能值.

要点与分析：本题考查不确定关系的应用.

解：由不确定关系

$$\Delta p\Delta x\geqslant\frac{\hbar}{2}$$

可得动量的不确定量满足

$$\Delta p\geqslant\frac{\hbar}{2\Delta x}$$

作为估算，可取

$$p\approx\Delta p\geqslant\frac{\hbar}{2\Delta x}=7.3\times10^{-21}\ \mathrm{kg\cdot m\cdot s^{-1}}$$

相应的动能为

$$E_\mathrm{k}=\frac{p^2}{2m}\approx\frac{(\Delta p)^2}{2m}\approx2.5\times10^4\ \mathrm{eV}$$

[例题 14-7]　如果粒子在一维无限深势阱中的波函数为 $\psi(x)=A\sin\frac{4\pi x}{a}$ $(0\leqslant x\leqslant a)$，求：

(1) 归一化常数 A 和归一化波函数；

(2) 概率密度分布；

(3) 粒子在何处出现的概率密度最大；

(4) 粒子的能量.

要点与分析：本题为波函数的概念问题.

解：(1) 利用波函数归一化条件

$$\int_V|\psi|^2\mathrm{d}V=1$$

考虑到是一维问题，有

$$A^2\int_0^a\sin^2\frac{4\pi x}{a}\mathrm{d}x=1$$

可求得归一化常数

$$A=\sqrt{\frac{2}{a}}$$

相应的归一化波函数为

$$\psi(x)=\sqrt{\frac{2}{a}}\sin\frac{4\pi x}{a}$$

(2) 粒子在势阱中出现的概率密度为

$$p=|\psi(x)|^2=\frac{2}{a}\sin^2\frac{4\pi x}{a}$$

(3) 粒子出现的概率密度最大的位置可以通过对上式取极值条件，即令

$$\frac{\mathrm{d}p}{\mathrm{d}x}=\frac{16\pi}{a^2}\sin\frac{4\pi x}{a}\cos\frac{4\pi x}{a}=\frac{8\pi}{a^2}\sin\frac{8\pi x}{a}=0$$

得

$$\sin\frac{8\pi x}{a}=0$$

解得

$$x=\frac{a}{8}k,\ k=1,2,3,\cdots,7$$

再考虑到

$$\frac{d^2 p}{dx^2}=\frac{64\pi^2}{a^3}\cos\frac{8\pi x}{a}$$

因此,只有当 k 为奇数时才可使 $\frac{d^2 p}{dx^2}<0$,即

$$x=\frac{a}{8}k,\ k=1,3,5,7$$

处粒子出现的概率密度最大.

(4) 由粒子的定态薛定谔方程

$$-\frac{\hbar^2}{2m}\frac{d^2\psi}{dx^2}=E\psi\quad(0<x<a)$$

可得粒子对应的定态能量为

$$E=-\frac{\hbar^2}{2m\psi}\frac{d^2\psi}{dx^2}$$

把

$$\psi(x)=\sqrt{\frac{2}{a}}\sin\frac{4\pi x}{a}$$

代入可得

$$E=\frac{2h^2}{ma^2}$$

[例题 14-8] 氢原子电子的主量子数为 2,则

(1) 它可能具有的量子态的数目为多少?

(2) 试写出氢原子可能具有的量子态.

要点与分析: 本题考查学生对氢原子量子理论的掌握.

解: (1)根据泡利不相容原理,量子态的数目可根据

$$N=\sum_{l=0}^{n-1}2(2l+1)=2n^2$$

计算,对于 $n=2$,相应的量子态的数目为

$$N=2\times 2^2=8$$

(2) 氢原子的量子态可写成 ψ_{n,l,m_l,m_s},具体地,$n=2$ 时,$l=0,\pm1$.

$l=0$ 时,$m_l=0$;

$l=1$ 时,$m_l=0,\pm1$;

$l=-1$ 时,$m_l=0,\pm1$.

m_s 取 $\frac{1}{2},-\frac{1}{2}$.

因此,8 个量子态可写成

$\psi_{2,0,0,\frac{1}{2}}$,$\psi_{2,0,0,-\frac{1}{2}}$,$\psi_{2,1,1,\frac{1}{2}}$,$\psi_{2,1,1,-\frac{1}{2}}$,$\psi_{2,1,0,\frac{1}{2}}$,$\psi_{2,1,0,-\frac{1}{2}}$,$\psi_{2,1,-1,\frac{1}{2}}$,$\psi_{2,1,-1,-\frac{1}{2}}$

自测练习14

(一) 选择题

1. 黑体辐射、光电效应和康普顿效应皆突出表明了光的 [ ]

(A) 波动性 (B) 粒子性 (C) 单色性 (D) 偏振性

2. 测得某炉壁小孔(可视为黑体)的辐出度为 M,则炉内温度为(σ 为斯特藩常量) [ ]

(A) $T=\left(\frac{M}{\sigma}\right)^{\frac{1}{4}}$ (B) $T=\left(\frac{M}{\sigma}\right)^{\frac{1}{3}}$ (C) $T=\left(\frac{M}{\sigma}\right)^{\frac{1}{2}}$ (D) $T=\frac{M}{\sigma}$

3. 白炽灯工作时,灯丝的温度约为 2 400 K. 如果灯丝可看作黑体,其功率为 100 W,则灯丝的表面积约为________ m^2. [ ]

(A) 5.3×10^{-8} (B) 1.00×10^{-6} (C) 5.3×10^{-5} (D) 7.4×10^{-2}

4. 爱因斯坦根据光电效应的实验规律,猜测光具有粒子性,从而提出光子说. 从科学研究的方法来说这属于 [ ]

(A) 等效代替 (B) 控制变量 (C) 科学假说 (D) 数学归纳

5. 金属的光电效应的红限依赖于 [ ]

(A) 入射光的频率 (B) 入射光的强度

(C) 金属的逸出功 (D) 入射光的频率和金属的逸出功

6. 从铝中移出一个电子需要 4.2 eV 的能量,今有波长为 200 nm 的光投射到铝表面,则由此发射出来的光电子的最大动能为 [ ]

(A) 2.0 eV (B) 1.0 eV (C) 4.2 eV (D) 8.4 eV

7. 入射光照射到金属表面上发生了光电效应,若入射光的强度减弱,但频率保持不变,那么下列说法正确的是 [ ]

(A) 从光照射到金属表面到发射出光电子之间的时间间隔明显增加

(B) 逸出的光电子的最大初动能减小

(C) 单位时间内从金属表面逸出的光电子的数目减少

(D) 有可能不再产生光电效应

8. 某激光器能发射波长为 λ 的激光,发射功率为 P,c 表示光速,h 为普朗克常量. 则激光器每秒发射的光子数为 [ ]

(A) $\frac{\lambda P}{hc}$ (B) $\frac{hP}{\lambda c}$ (C) $\frac{c\lambda P}{h}$ (D) λPhc

9. 康普顿实验说明在电子与光子的相互作用过程中,以下定律严格适用的是 [ ]

(A) 动量守恒、动能守恒 (B) 牛顿运动定律、动能定理

(C) 动能守恒、机械能守恒 (D) 动量守恒、能量守恒

10. 在康普顿散射中,若散射光子与原来入射光子方向成 θ 角,当 θ 等于多少时,散射

光子的波长增大最多? [ ]

(A) 180° (B) 90° (C) 45° (D) 30°

11. 氢原子巴耳末系的长波极限波长约为 [ ]

(A) 656 nm (B) 486 nm (C) 434 nm (D) 365 nm

12. 若外来单色光把氢原子激发至第三激发态,则当氢原子跃迁回低能态时,可发出的可见光光谱线的条数为 [ ]

(A) 1 (B) 2 (C) 3 (D) 6

13. 按照玻尔理论,电子绕核做圆周运动时,电子的动量矩 L 的可能值为 [ ]

(A) 任意值 (B) nh, $n=1,2,3,\cdots$

(C) $2nh$, $n=1,2,3,\cdots$ (D) $\dfrac{nh}{2\pi}$, $n=1,2,3,\cdots$

14. 氢原子光谱的巴耳末系中波长最大的谱线波数(波长的倒数)为(设 R 为里德伯常量) [ ]

(A) $\dfrac{5R}{36}$ (B) $\dfrac{R}{4}$ (C) $\dfrac{R}{9}$ (D) $\dfrac{R}{6}$

15. 氢原子的基态电子吸收一个能量为 15 eV 的光子而成为光电子,它的德布罗意波长为(设普朗克常量 $h=6.63\times10^{-34}$ J·s,基本电荷 $e=1.60\times10^{-19}$ C,电子质量 $m_e=9.11\times10^{-31}$ kg) [ ]

(A) 1.04 nm (B) 0.104 nm (C) 104 nm (D) 0.320 nm

16. 一个光子和一个电子具有同样的波长,则 [ ]

(A) 光子具有较大的动量 (B) 电子具有较大的动量

(C) 它们具有相同的动量 (D) 光子的动量为零

17. 下列关于不确定关系 $\Delta x\Delta p_x\geqslant\dfrac{\hbar}{2}$ 的说法正确的是 [ ]

(A) 粒子的动量不可能确定,但坐标可以被确定

(B) 粒子的坐标不可能确定,但动量可以被确定

(C) 粒子的动量和坐标不可能同时被确定

(D) 不确定关系仅适用于电子和光子,不适用于其他粒子

18. 戴维孙—革末实验中以电子射向晶体镍的表面,此实验 [ ]

(A) 测定了电子的荷质比 (B) 确认了光电效应的真实性

(C) 表明了电子的波动性 (D) 观察到了原子能级的不连续性

19. 已知粒子在宽为 a 的一维矩形无限深势阱中运动,其波函数为 $\Psi(x)$,那么粒子在 x 处出现的概率密度为 [ ]

(A) $|\Psi(x)|$ (B) $|\Psi(x)|^2$ (C) $|\Psi(x)|a$ (D) $|\Psi(x)|^2a$

20. 根据泡利不相容原理,原子中主量子数为 n 的壳层最多可以容纳的电子数为 [ ]

(A) n (B) $2n$ (C) n^2 (D) $2n^2$

(二) 填空题

1. 一绝对黑体在温度 $T_1=1\,450$ K 时,单色辐出度峰值所对应的波长为 λ_1,当温度

降为 725 K 时，单色辐出度峰值所对应的波长为 λ_2，则$\frac{\lambda_1}{\lambda_2}$等于________.

2. 汞的截止频率为 1.09×10^{15} Hz，现用波长为 220 nm 的单色光照射，汞放出光电子的最大初动能为________ eV，遏止电压为________ V.

3. 在光电效应实验中，如果实验仪器及线路完好，当光照射到光电管上时，灵敏电流计中没有电流通过，可能的原因是________或者是________.

4. 康普顿实验结果表明，波长的改变量 $\Delta\lambda=\lambda-\lambda_0$ 随散射角 θ 的增加而________；波长为 λ 的散射光强度随散射物质原子序数的增加而________.

5. 质量为 60 kg 的运动员，百米赛跑的成绩为 10 s，运动员的德布罗意波的波长约为________m.

6. 在某处德布罗意波的强度与粒子在该处附近出现的概率成________，这就是德布罗意波的________解释.

7. 若中子的德布罗意波的波长为 0.2 nm，则它的动能为________ J.（普朗克常量 $h=6.63\times10^{-34}$ J·s，中子质量 $m=1.67\times10^{-27}$ kg）

8. 海森伯不确定关系说明，粒子位置测量得越准确（Δx 越小），则________越不能准确测量，反之亦然.

9. 在电子的单缝实验中，加速电压 $U=100$ V，若电子垂直穿过 $a=2$ nm 的单缝，则电子加速后的速率为________ $\text{m}\cdot\text{s}^{-1}$，电子相应的波长为________nm.

10. 已知一个光子沿 x 方向传播，其波长 $\lambda=500$ nm，对波长的测量是相当准确的，$\Delta\lambda=5\times10^{-4}$ nm，求该光子 x 坐标的不确定度为 ________ m.

11. 1897 年，________发现电子并确认电子是原子的组成部分.

12. 若氢原子的玻尔半径为 a_1，则它处于第一激发态时电子所处的轨道半径就是________.

13. 在氢原子光谱中，赖曼系（由各激发态跃迁到基态所发射的各谱线组成的谱线系）的最短波长的谱线所对应的光子能量为______ eV.（里德伯常量 $R=1.097\times10^{7}\ \text{m}^{-1}$，普朗克常量 $h=6.63\times10^{-34}$ J·s，1 eV$=1.6\times10^{-19}$ J，真空中光速 $c=3\times10^{8}\ \text{m}\cdot\text{s}^{-1}$）.

14. 设描述微观粒子运动的波函数为 $\Psi(r,\ t)$，则 $\Psi(r,\ t)$须满足的标准条件为________，其归一化条件是________.

15. 利用电子的________，1981 年宾尼希和罗雷尔制成了扫描隧道显微镜（STM）.

16. 1921 年，________和________从实验上证实了的角动量空间取向是量子化的.

17. 1925 年，乌仑贝克和高德斯密特提出了________的假说.

18. ________方程是量子力学的基本方程，它是不能由其他基本原理推导出来的.

（三）计算与证明题

1. 设某黑体的温度为 6 000 K，试问：

（1）最大单色辐出度对应的波长 λ_m 为多大？

（2）当 λ_m 增加 5 nm 时，辐出度的改变量与原辐出度之比为多大？

2. 铝的逸出功为 4.2 eV，今用波长为 100 nm 的光照射到铝表面上，发射的光电子的最大初动能为多少？遏止电势差为多少？铝的红限波长是多少？

3. 试证明，静止的自由电子不可能产生光电效应.

4. 用波长 $\lambda_0=0.32$ nm 的射线做康普顿散射实验，在散射角 $\theta=67^\circ$ 方向上康普顿散射波的波长是多少？反冲电子所获得的速度为多少？

5. 处于激发态的原子很不稳定，它会很快返回低能态而放出光子. 如某光谱线频率的宽度为 $\Delta\nu=8\times10^6$ Hz，试根据不确定关系估算激发态的寿命.

6. 在宽度为 a 的一维矩形无限深势阱中运动的粒子，其质量为 m，能量量子化公式 $E_n=\dfrac{n^2h^2}{8ma^2}$ $(n=1,2,3,\cdots)$，试证明粒子的德布罗意波长与势阱宽度 a 有如下关系：

$$\lambda=\frac{2a}{n}(n=1,2,3,\cdots)$$

7. 设一粒子沿 x 轴方向运动，相应的波函数(复数)为

$$\psi(x)=\frac{1}{\sqrt{\pi}(1+\mathrm{i}x)}$$

(1) 求粒子的概率密度分布；

(2) 概率密度在何处最大？

模拟试卷(上)

一、选择题(24 分,每题 3 分)

1. 对于一个物体系来说,在下列的哪种情况下系统的机械能守恒? [　　]

(A) 合外力为 0

(B) 合外力不做功

(C) 外力和非保守内力都不做功

(D) 外力和保守内力都不做功

2. 关于刚体对轴的转动惯量,下列说法正确的是 [　　]

(A) 只取决于刚体的质量,与质量的空间分布和轴的位置无关

(B) 取决于刚体的质量和质量的空间分布,与轴的位置无关

(C) 取决于刚体的质量、质量的空间分布和轴的位置

(D) 只取决于转轴的位置,与刚体的质量和质量的空间分布无关

3. 在某地发生两件事,静止位于该地的甲测得时间间隔为 3 s,若相对于甲做匀速直线运动的乙测得时间间隔为 5 s,则乙相对于甲的运动速度是(c 表示真空中的光速) [　　]

(A) $\frac{4}{5}c$　　(B) $\frac{3}{5}c$　　(C) $\frac{2}{5}c$　　(D) $\frac{1}{5}c$

4. 一个电子的运动速度 $v=0.99c$,它的动能是(电子的静止能量为0.51 MeV) [　　]

(A) 4.0 MeV　　(B) 3.5 MeV　　(C) 3.1 MeV　　(D) 2.5 MeV

5. 劲度系数分别为 k_1 和 k_2 的两个轻质弹簧串联在一起,下面挂着质量为 m 的物体,构成一个竖挂的弹簧振子,如图 1 所示,则该系统的振动周期为 [　　]

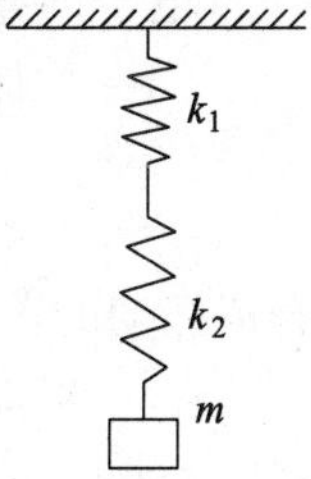

(A) $T=2\pi\sqrt{\frac{m(k_1+k_2)}{2k_1k_2}}$　　(B) $T=2\pi\sqrt{\frac{m(k_1+k_2)}{k_1k_2}}$

(C) $T=2\pi\sqrt{\frac{m}{k_1+k_2}}$　　(D) $T=2\pi\sqrt{\frac{2m}{k_1+k_2}}$

k_1 k_2 m

图 1

6. 一平面简谐波在弹性媒质中传播,在媒质质元从平衡位置运动到最大位移处的过程中 [　　]

(A) 它的动能转换成势能

(B) 它的势能转换成动能

(C) 它从相邻的一段质元获得能量,其能量逐渐增大

(D) 它把自己的能量传给相邻的一段质元,其能量逐渐减小

7. 设声波通过理想气体的速率正比于气体分子的热运动平均速率,则声波通过具有相同温度的氧气和氢气的速率之比 v_{O_2}/v_{H_2} 为 [ ]

(A) 1 (B) $\frac{1}{2}$ (C) $\frac{1}{3}$ (D) $\frac{1}{4}$

8. 根据热力学第二定律可知 [ ]

(A) 功可以全部转换为热,但热不能全部转换为功

(B) 热可以从高温物体传到低温物体,但不能从低温物体传到高温物体

(C) 不可逆过程就是不能向相反方向进行的过程

(D) 一切自发过程都是不可逆的

二、填空题(30 分,每空 2 分)

1. 设质点的运动学方程为 $\boldsymbol{r}=R\cos\omega t\boldsymbol{i}+R\sin\omega t\boldsymbol{j}$(式中 R,ω 皆为常量),则该质点运动的轨迹是________.

2. 一颗速率为 700 $\mathrm{m\cdot s^{-1}}$ 的子弹,打穿一块木板后,速率降到 500 $\mathrm{m\cdot s^{-1}}$. 如果让它继续穿过厚度和阻力均与第一块完全相同的第二块木板,则子弹的速率将降到________ $\mathrm{m\cdot s^{-1}}$.(空气阻力忽略不计)

3. 一飞轮以角速度 ω_0 绕光滑固定轴旋转,飞轮对轴的转动惯量为 J_1;另一静止飞轮突然和上述转动的飞轮啮合,绕同一转轴转动,该飞轮对轴的转动惯量为前者的 2 倍. 啮合后整个系统的角速度 $\omega=$________.

4. 一个以恒定角加速度转动的圆盘,如果在某一时刻的角速度为 $\omega_1=20\pi\ \mathrm{rad\cdot s^{-1}}$,再转 60 r 后角速度为 $\omega_2=30\pi\ \mathrm{rad\cdot s^{-1}}$,则角加速度 $\alpha=$________ $\mathrm{rad\cdot s^{-2}}$,转过上述 60 r 所需的时间 $\Delta t=$________ s.

5. 某人测得一静止棒长为 l,质量为 m,则此棒的线密度为________;若此棒以 $\frac{3}{5}c$ 的速度(c 为真空中的光速)在棒长方向上运动,则此人测得此棒的密度为________.

6. 某加速器将电子加速到能量 $E=2\times10^6$ eV 时,该电子的动能 $E_k=$________ eV.(电子的静止质量 $m_e=9.11\times10^{-31}$ kg,1 eV=1.60×10^{-19} J)

7. 一物体同时参与同一直线上的两个简谐运动:

$$x_1=0.05\cos\left(4\pi t+\frac{1}{3}\pi\right)\ (\mathrm{SI}),\quad x_2=0.03\cos\left(4\pi t-\frac{2}{3}\pi\right)\ (\mathrm{SI})$$

合成振动的振幅为________ m.

8. 一平面简谐波沿 x 轴正方向传播,波速 $u=100\ \mathrm{m\cdot s^{-1}}$,$t=0$ 时刻的波形曲线如图 2 所示. 可知频率 $\nu=$________ Hz.

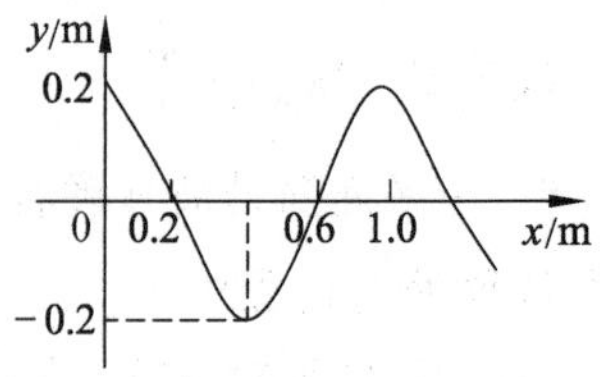

图 2

9. 已知波源的振动周期为 4.00×10^{-2} s,波的传播速度为 300 $\mathrm{m\cdot s^{-1}}$,波沿 x 轴正方向传播,则位于 $x_1=10.0$ m 和 $x_2=16.0$ m 的两质点振动相位差为________.

10. 现有两条气体分子速率分布曲线(1)和(2),如图 3 所示. 若两条曲线分别表示同一种气体处于不同温度下的速率分布,则曲线________

表示气体的温度较高.若两条曲线分别表示同一温度下的氢气和氧气的速率分布,则曲线__________表示的是氧气的速率分布.

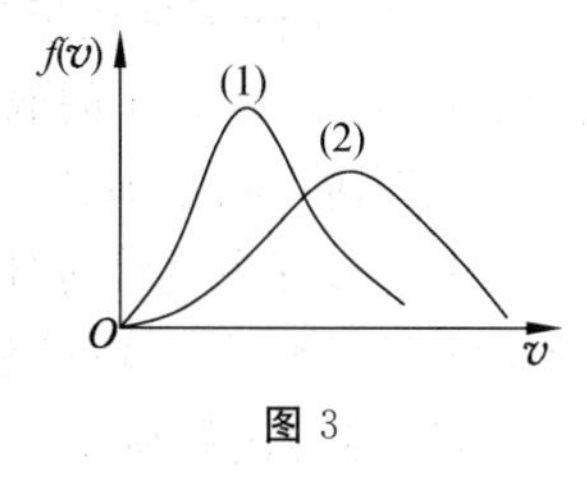

图 3

11. 一卡诺热机(可逆的),低温热源的温度为 27 ℃,热机效率为 40%,其高温热源温度为__________K.今欲将该热机效率提高到 50%,若低温热源保持不变,则高温热源的温度应增加__________K.

三、计算题(40 分,每题 10 分)

1. 一质点做圆周运动,$R=0.1\ \text{m}$,$\theta=2+4t^3$,t 的单位为 s,θ 为弧度.求:

(1) 该质点的角速度和角加速度;

(2) $t=2\ \text{s}$ 时的法向加速度与切向加速度.

2. 一飞轮以 $600\ \text{r}\cdot\text{min}^{-1}$ 的转速旋转,转动惯量为 $2.5\ \text{kg}\cdot\text{m}^2$,现加一恒定的制动力矩使飞轮在 1 s 内停止转动,则求该恒定制动力矩的大小 M 以及在制动过程中制动力矩所做的功.

3. 如图 4 所示,S_1 和 S_2 为两相干波源,振幅均为 A,强度为 I_0,相距$\dfrac{\lambda}{4}$,S_2 较 S_1 相位落后$\dfrac{\pi}{2}$,求:

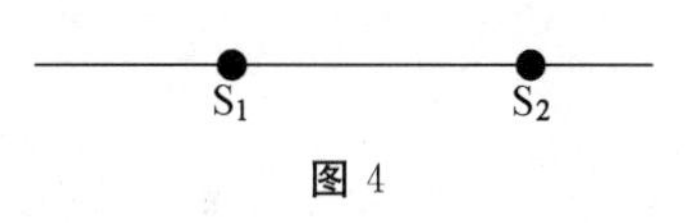

图 4

(1) S_1 左侧各点的合振幅和强度;

(2) S_2 右侧各点的合振幅和强度.

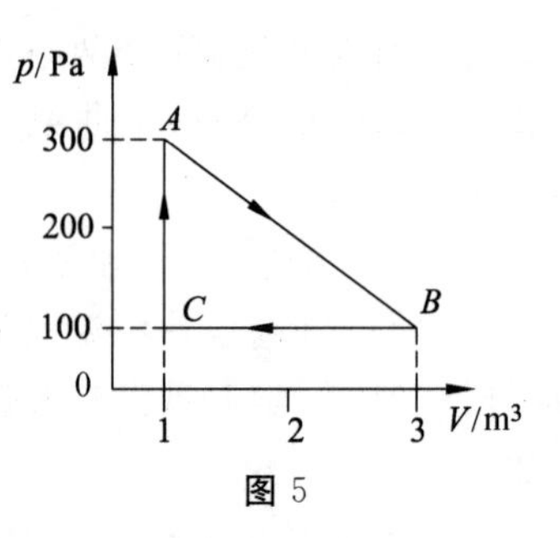

图 5

4. 一定量的某种理想气体进行如图 5 所示的循环过程. 已知气体在状态 A 的温度为 $T_A=300$ K,求:

(1) 气体在状态 B、C 的温度;

(2) 各过程中气体对外所做的功;

(3) 经过整个循环过程,气体从外界吸收的总热量(各过程吸热的代数和).

四、问答题(6 分)

有温度相同的氢和氧两种气体,它们各自的算术平均速率 $\bar{v}$、方均根速率$(\overline{v^2})^{1/2}$、分子平均动能 $\bar{\varepsilon}$、平均平动动能 $\overline{\varepsilon_k}$ 是否相同?

模拟试卷(下)

一、选择题(24 分,每题 3 分)

1. 一电场强度为 $\boldsymbol{E}$ 的均匀电场,$\boldsymbol{E}$ 的方向沿 x 轴正向,如图 1 所示. 则通过图中一半径为 R 的半球面的电场强度通量为 [ ]

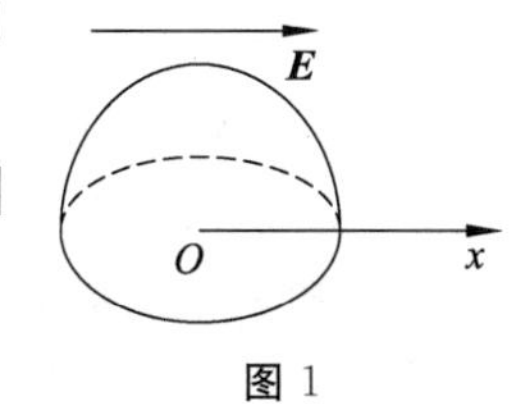

图 1

(A) $\pi R^2 E$　　(B) $\frac{1}{2}\pi R^2 E$

(C) $2\pi R^2 E$　　(D) 0

2. 如图 2 所示,半径为 R 的均匀带电球面,总电荷量为 Q,设无穷远处的电势为零,则球内距离球心为 r 的 P 点处的电场强度的大小和电势为 [ ]

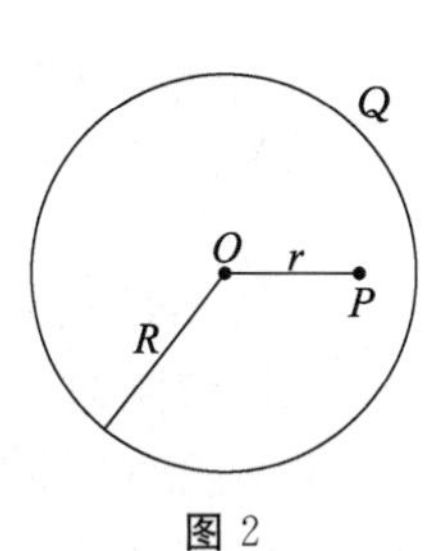

图 2

(A) $E=0, U=\frac{Q}{4\pi\varepsilon_0 r}$

(B) $E=0, U=\frac{Q}{4\pi\varepsilon_0 R}$

(C) $E=\frac{Q}{4\pi\varepsilon_0 r^2}, U=\frac{Q}{4\pi\varepsilon_0 r}$

(D) $E=\frac{Q}{4\pi\varepsilon_0 r^2}, U=\frac{Q}{4\pi\varepsilon_0 R}$

3. 一个平行板电容器,充电后与电源断开(即电荷量 Q 不变),当用绝缘手柄将电容器两极板间距离拉大,则两极板间的电势差 U_{12}、电场强度的大小 E、电场能量 W 将如何变化? [ ]

(A) U_{12}减小,E 减小,W 减小　　(B) U_{12}增大,E 增大,W 增大

(C) U_{12}减小,E 不变,W 不变　　(D) U_{12}增大,E 不变,W 增大

4. 对位移电流,下述说法正确的是 [ ]

(A) 位移电流是由变化的电场产生的

(B) 位移电流是由线性变化的磁场产生的

(C) 位移电流的磁效应不服从安培环路定理

(D) 位移电流的热效应服从焦耳-楞次定律

5. 自然光以 60°的入射角照射到某两介质交界面时,反射光为完全线偏振光,则知折射光为 [ ]

(A) 完全线偏振光且折射角是 30°

(B) 部分偏振光且折射角是 30°

(C) 部分偏振光,但须知两种介质的折射率才能确定折射角

(D) 部分偏振光且只是在该光由真空入射到折射率为$\sqrt{3}$的介质时折射角是 30°

6. 如图 3 所示,S_1、S_2 是两个相干光源,它们到 P 点的距离分别为 r_1 和 r_2. 路径 1 垂直穿过一块厚度为 t_1、折射率为 n_1 的介质板,路径 2 垂直穿过厚度为 t_2、折射率为 n_2 的另一介质板,其余部分可看做真空,这两条路径的光程差等于 [ ]

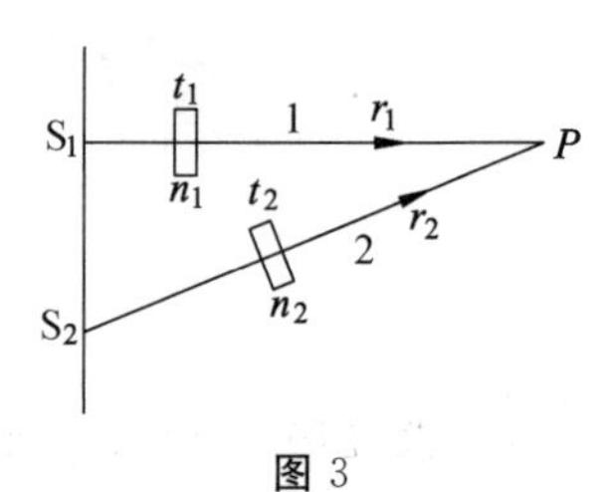

图 3

(A) $(r_2+n_2t_2)-(r_1+n_1t_1)$

(B) $(r_2-n_2t_2)-(r_1-n_1t_1)$

(C) $[r_2+(n_2-1)t_2]-[r_1+(n_1-1)t_1]$

(D) $n_2t_2-n_1t_1$

7. 已知氢原子从基态激发到某一定态所需能量为 10.19 eV,当氢原子从能量为-0.85 eV 的状态跃迁到上述定态时,所发射的光子的能量为 [ ]

(A) 2.56 eV (B) 3.41 eV (C) 4.25 eV (D) 9.95 eV

8. 若粒子(电荷量为 $2e$)在磁感应强度为 B 的均匀磁场中沿半径为 R 的圆形轨迹运动,则粒子的德布罗意波长是 [ ]

(A) $\dfrac{h}{2eRB}$ (B) $\dfrac{h}{eRB}$ (C) $\dfrac{1}{2eRBh}$ (D) $\dfrac{1}{eRBh}$

二、填空题(26 分,每空 2 分)

1. 在相对介电常量 $\varepsilon_r=4$ 的各向同性均匀电介质中,与电能密度 $w_e=2\times10^6\ \text{J}\cdot\text{cm}^{-3}$ 相应的电场强度的大小 $E=$__________ $\text{V}\cdot\text{m}^{-1}$.(真空介电常量 $\varepsilon_0=8.85\times10^{-12}\ \text{C}^2\cdot\text{N}^{-1}\cdot\text{m}^{-2}$)

2. 图 4 为四个带电粒子在 O 点沿相同方向垂直于磁感线射入均匀磁场后的偏转轨迹的照片. 磁场方向垂直纸面向外,轨迹所对应的四个粒子的质量相等,电荷大小也相等,则其中动能最大的带负电的粒子的轨迹是__________.

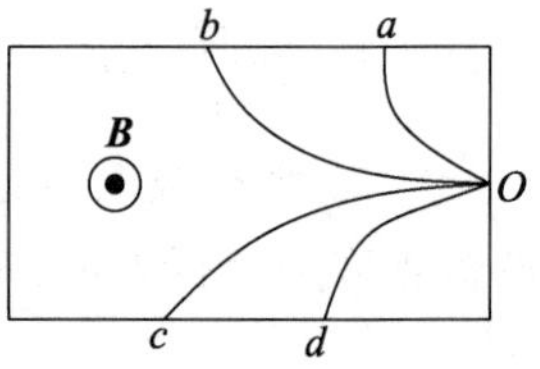

图 4

3. 在磁场中某点放一很小的试验线圈. 若线圈的面积增大一倍,且其中电流也增大一倍,该线圈所受的最大磁力矩将是原来的__________倍.

4. 有一根无限长直导线绝缘地紧贴在矩形线圈的中心轴 OO' 上(图 5),则直导线与矩形线圈间的互感系数为__________.

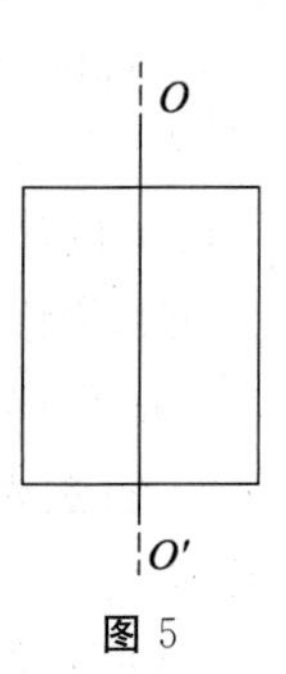

图 5

5. 在双缝干涉实验中,若使两缝之间的距离增大,则屏幕上干涉条纹间距__________;若使单色光波长减小,则干涉条纹间距__________.

6. 将三个偏振片叠放在一起,第二个偏振片与第三个偏振片的偏振化方向分别与第一个偏振片的偏振化方向成 45°和 90°角. 强度为 I_0 的自然光垂直入射到这一堆偏振片上,经第三个偏振片后的光强为__________.

7. 用单色光照射某一金属产生光电效应,如果入射光的波长从 $\lambda_1=$

400 nm 减到 $\lambda_2=360$ nm(1 nm$=10^{-9}$ m),遏止电压将________(填"增大"、"减小"或"不变"),数值为________V.(普朗克常量 $h=6.63\times10^{-34}$ J·s,基本电荷 $e=1.60\times10^{-19}$ C)

8. 康普顿效应中,散射光波长的改变量随散射角的增大而________(填"增大"、"减小"或"不变").1927 年,戴维孙-革末用________实验证实了电子波动性.

9. 设描述微观粒子运动的波函数为 $\psi(\boldsymbol{r},t)$,则 $\psi\psi^*$ 表示________________,其归一化条件是____________.

三、计算题(50 分,每题 10 分)

1. 均匀带电金属球壳所带电荷量为 Q,半径为 R,求:

(1) 球壳内外的场强分布;

(2) 金属球壳的电势.

2. 一边长为 a 的正方形闭合线圈,通有电流 I,线圈放在均匀外磁场 $\boldsymbol{B}$ 中,$\boldsymbol{B}$ 的方向与线圈平面平行,如图 6 所示.设线圈有 N 匝,问:

(1) 线圈每边所受的安培力为多少?

(2) 线圈的磁矩是多少?

(3) 此时线圈所受力矩的大小和方向如何?

(4) 线圈从图示位置转至平衡位置时,磁力矩做功多少?

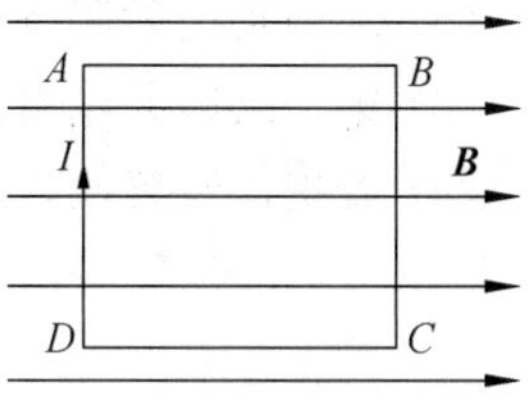

图 6

3. 载有电流 I 的长直导线附近,放一导体半圆环 MeN 与长直导线共面,且端点 MN 的连线与长直导线垂直,如图 7 所示.半圆环的半径为 b,环心 O 与导线相距 a.设半圆环以速度 $\boldsymbol{v}$ 平行于导线平移,求半圆环内感应电动势的大小和方向以及 MN 两端的电压 U_M-U_N,并指出 M 和 N 两点哪点的电势高.

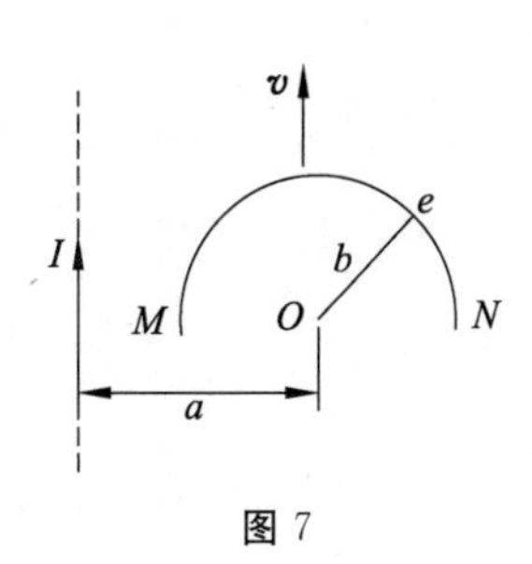

图 7

4. 用波长 $\lambda=500$ nm($1\ \mathrm{nm}=10^{-9}$ m)的单色光垂直照射在由两块玻璃板(一端刚好接触成为劈棱)构成的空气劈形膜上,劈尖角 $\theta=2\times10^{-4}$ rad. 求:

(1) 相邻两明条纹间空气膜的厚度差;

(2) 相邻两暗条纹的间距;

(3) 第 5 级明条纹处薄膜的厚度;

(4) 如果劈形膜内充满折射率为 $n=1.40$ 的液体,此时第 5 级明条纹所对应的薄膜的厚度.

5. 波长为 600 nm ($1\ \mathrm{nm}=10^{-9}$ m)的单色光垂直入射到宽度为 $a=0.10$ mm 的单缝上,观察夫琅和费衍射图样. 透镜焦距 $f=1.0$ m,屏在透镜的焦平面处.

(1) 求中央衍射明条纹的角宽度 $\Delta\varphi$ 与线宽度 Δx_0;

(2) 第 2 级暗条纹离透镜焦点的距离 x_2,此条纹在单缝处波面可分成几个半波带?

(3) 若把此装置浸入水中($n=1.33$),中央明条纹的角宽度又是多少?

自测练习与模拟试卷答案

自测练习 1

(一) 选择题

1. (B) 2. (B) 3. (C) 4. (D) 5. (A) 6. (B) 7. (C) 8. (D) 9. (C) 10. (C) 11. (A) 12. (D)

(二) 填空题

1. 2、6

2. $(2-t)\boldsymbol{i}+(4+t^2)\boldsymbol{j}$、$-\boldsymbol{i}+4\boldsymbol{j}$

3. $x=\frac{y^2}{9}+3$

4. $v_0+\frac{1}{3}Ct^3$、$x_0+v_0t+\frac{1}{12}Ct^4$

5. $\frac{\mathrm{d}\mathbf{r}}{\mathrm{d}t}=R\omega(-\sin\omega t)\boldsymbol{i}+R\omega\cos\omega t\boldsymbol{j}$、0、圆

6. 4.8、3.15

7. $R\alpha$、$R\omega^2=R(\alpha t)^2=\frac{8}{3}\pi R\alpha$

8. 6.28、0、0、8.04

9. 小

10. $y=\frac{gx^2}{2(v_0+v)^2}$

11. $\sqrt{{v_1}^2+{v_2}^2+2v_1v_2\cos\alpha}$

12. 17.3、20

(三) 计算题

1. 解：(1) $\bar{v}=\frac{\Delta x}{\Delta t}=-0.5\ \mathrm{m}\cdot\mathrm{s}^{-1}$.

(2) $v=\frac{\mathrm{d}x}{\mathrm{d}t}=9t-6t^2$，$v(2)=-6\ \mathrm{m}\cdot\mathrm{s}^{-1}$.

(3) $s=|x(1.5)-x(1)|+|x(2)-x(1.5)|=2.25\ \mathrm{m}$.

2. 因为 $$a=\frac{\mathrm{d}v}{\mathrm{d}t}=4+3t$$

分离变量，得 $$\mathrm{d}v=(4+3t)\mathrm{d}t$$

积分，得 $$v=4t+\frac{3}{2}t^2+c_1$$

由题意知，$t=0$ 时 $v_0=5\ \mathrm{m}\cdot\mathrm{s}^{-1}$，故 $c_1=5$. 则

$$v=4t+\frac{3}{2}t^2+5\quad(\mathrm{SI})$$

又因为 $$v=\frac{dx}{dt}=4t+\frac{3}{2}t^2+5$$

分离变量,得 $$dx=\left(4t+\frac{3}{2}t^2+5\right)dt$$

积分,得 $$x=2t^2+\frac{1}{2}t^3+5t+c_2$$

由题意知,$t=0$ 时 $x_0=2$ m,故 $c_2=2$. 则

$$x=2t^2+\frac{1}{2}t^3+5t+2 \quad \text{(SI)}$$

所以 $t=10$ s 时

$$v_{10}=\left(4\times10+\frac{3}{2}\times10^2+5\right)\ \text{m}\cdot\text{s}^{-1}=195\ \text{m}\cdot\text{s}^{-1}$$

$$x_{10}=\left(2\times10^2+\frac{1}{2}\times10^3+5\times10+2\right)\ \text{m}=752\ \text{m}$$

3. 解:由 $a=\frac{dv}{dt}$ 可得 $\int_{v_0}^{v}dv=\int_0^t a\,dt$,所以

$$v-v_0=\int_0^t -A\omega^2\cos\omega t\,dt=-A\omega\sin\omega t,\text{即 } v-v_0=-A\omega\sin\omega t,$$

再由 $v=\frac{dx}{dt}$可得 $\int_{x_0}^{x}dx=\int_0^t v\,dt$,所以 $x-A=\int_0^t -A\omega\sin\omega t\,dt=-A+A\cos\omega t$,即 $x=A\cos\omega t$.

4. 解:取水面为坐标原点,竖直向下为 x 轴,跳水运动员入水速度为 $v_0=\sqrt{2gh}=14\ \text{m}\cdot\text{s}^{-1}$,

$$-kv^2=\frac{dv}{dt}=v\frac{dv}{dx},\quad \int_{v_0}^{\frac{v_0}{10}}\frac{1}{v}dv=\int_0^x -k\,dx$$

$$x=\frac{1}{k}\ln10\ \text{m}=5.76\ \text{m}$$

5. 解:$\omega=4t^2$,$v=R\omega=4Rt^2$. $t=0.5$ s 时,

$$v=4Rt^2=2\ \text{m}\cdot\text{s}^{-1}$$

$$a_t=\frac{dv}{dt}=8Rt=8\ \text{m}\cdot\text{s}^{-2},\quad a_n=\frac{v^2}{R}=2\ \text{m}\cdot\text{s}^{-2}$$

$$a=(a_t{}^2+a_n{}^2)^{\frac{1}{2}}=8.25\ \text{m}\cdot\text{s}^{-2}$$

6. 解:由 $\theta=2+4t^3$,可得 $\omega=12t^2$,$\alpha=24t$.

答:(1) $a_n=R\omega^2$,$a_t=\frac{dv}{dt}=R\alpha$. 故 $a_n=R\omega^2=0.1\times(12t^2)^2$,$a_t=\frac{dv}{dt}=R\alpha=0.1\times24t$.

当 $t=2$ s 时,$a_n=230.4\ \text{m}\cdot\text{s}^{-2}$,$a_t=4.8\ \text{m}\cdot\text{s}^{-1}$.

当 $t=4$ s 时,$a_n=3\,686.4\ \text{m}\cdot\text{s}^{-2}$,$a_t=9.6\ \text{m}\cdot\text{s}^{-1}$.

(2) 当切向加速度的大小恰好是总加速度大小的一半时,$t=0.66$ s,$\theta=3.15$ rad.

(3) 当 $a_n=a_t$ 时,可得 $t=0.55$ s.

7. 设小球所作抛物线轨迹如右图所示.

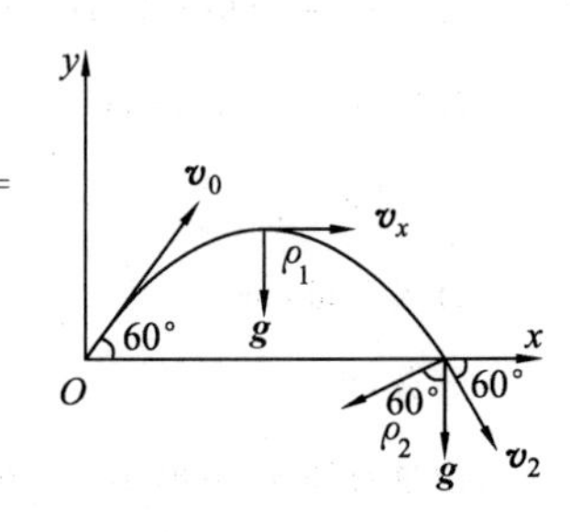

(1) 在最高点,$v_1=v_x=v_0\cos60°$,$a_{n_1}=g=10\ \text{m}\cdot\text{s}^{-2}$. 又因为 $a_{n_1}=\frac{v_1{}^2}{\rho_1}$,故

$$\rho_1=\frac{v_1{}^2}{a_{n_1}}=\frac{(10\times\cos60°)^2}{10}\ \text{m}=2.5\ \text{m}$$

(2) 在落地点,$v_2=v_0=10\ \text{m}\cdot\text{s}^{-1}$,而 $a_{n_2}=g\cos60°$,故

$$\rho_2=\frac{v_2{}^2}{a_{n_2}}=\frac{10^2}{10\times\cos 60^\circ}\ \text{m}=20\ \text{m}$$

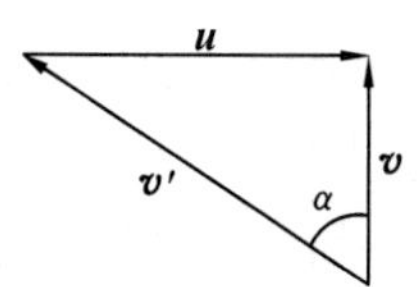

8. 解：(1) 船到达对岸所需时间是由船相对于岸的速度 $\boldsymbol{v}$ 决定的，由于水流速度 $\boldsymbol{u}$ 的存在，$\boldsymbol{v}$ 与船在静水中的滑行速度 $\boldsymbol{v}'$ 的关系为 $\boldsymbol{v}=\boldsymbol{u}+\boldsymbol{v}'$，如右图所示.

$$\alpha=\arcsin\frac{u}{v'},\ t=\frac{d}{v}=\frac{d}{v'\cos\alpha}=1.05\times10^3\ \text{s}$$

(2) 由于 $v=v'\cos\alpha$，在滑速一定的条件下，只有当 $\alpha=0$ 时，v 最大，此时船过河的时间为 $t'=\frac{d}{v'}$，船将到达距正对岸为 l 的下游处，且有

$$l=ut'=u\frac{d}{v'}=500\ \text{m}$$

(四) 思考题

提示：本题测试的是曲线运动中加速度的概念：总加速度 $\boldsymbol{a}=\frac{\mathrm{d}\boldsymbol{v}}{\mathrm{d}t}$.

若 $\boldsymbol{a}$ 与曲线法线方向的夹角为 θ，则 $a_t=a\sin\theta$，$a_n=a\cos\theta$. 切向加速度为 $\frac{\mathrm{d}v}{\mathrm{d}t}$，负责改变速度的大小；法向加速度为 $\frac{v^2}{\rho}$，负责改变速度的方向.

答：(1) $\frac{\mathrm{d}v}{\mathrm{d}t}$ 指的是切向加速度的大小，抛体的总加速度 $a=g$，而物体是在一条曲线上运动，其曲线方向不断改变，即 θ 在不断地改变，所以切向加速度也在不断地变化.

(2) $\frac{\mathrm{d}\boldsymbol{v}}{\mathrm{d}t}$ 是指总的加速度，是重力加速度 $\boldsymbol{g}$，所以不变.

(3) 法向加速度变化，法向加速度 $a_n=\frac{v^2}{\rho}=g\cos\theta$.

(4) 在轨迹起点和终点 a_n 值最小，$v=v_0$ 值最大. 在最高点 a_n 值最大，$v=v_0\cos\theta_0$ 最小. 因此在起点和终点曲率半径的值一定最大，在最高点值最小.

最大值：$\rho=\frac{v^2}{a_n}=\frac{v_0{}^2}{g\cos\theta_0}$.

自测练习 2

(一) 选择题

1. (C) 2. (A) 3. (C) 4. (D) 5. (C) 6. (C) 7. (B) 8. (A) 9. (C) 10. (A) 11. (D) 12. (B) 13. (B) 14. (C)

(二) 填空题

1. $v=-\frac{\alpha}{2m}t^2+v_0=30\ \text{m}\cdot\text{s}^{-1}$、$x=-\frac{\alpha}{6m}t^3+v_0t=467\ \text{m}$

2. $\frac{F-m_2g}{m_1+m_2}$、$\frac{m_2}{m_1+m_2}(F+m_1g)$

3. $1:\cos^2\theta$

4. $\sqrt{\frac{\mu g}{r}}$

5. $5\ \text{m}\cdot\text{s}^{-1}$

6. 140、24

7. $M\sqrt{6gh}$、垂直于斜面指向斜面下方

8. 10、北偏东 36.87°

9. 18、6

10. −42.4

11. −9

12. $\frac{2GmM}{3R}$、$\frac{-GmM}{3R}$

13. $kx_0^{\ 2}$、$-\frac{1}{2}kx_0^{\ 2}$、$\frac{1}{2}kx_0^{\ 2}$

14. $\frac{m_2}{m_1}$、$\left(\frac{m_1}{m_2}\right)^{\frac{1}{2}}$

(三)计算题

1. 解：人受力如下页图(a)所示.

$$T_2+N-m_1g=m_1a$$

底板受力如右图(b)所示.

$$T_1+T_2-N'-m_2g=m_2a$$

$$T_1=2T_2$$

$$N'=N$$

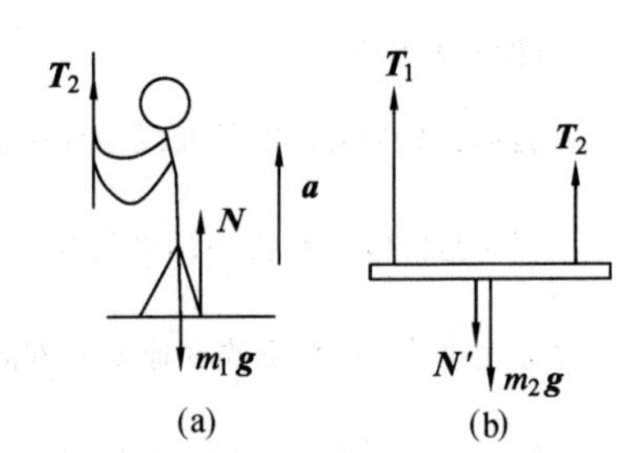

(a) (b)

由以上四式可解得

$$4T_2-m_1g-m_2g=(m_1+m_2)a$$

$$T_2=\frac{(m_1+m_2)(g+a)}{4}=247.5\ \text{N},N'=N=m_1(g+a)-T_2=412.5\ \text{N}$$

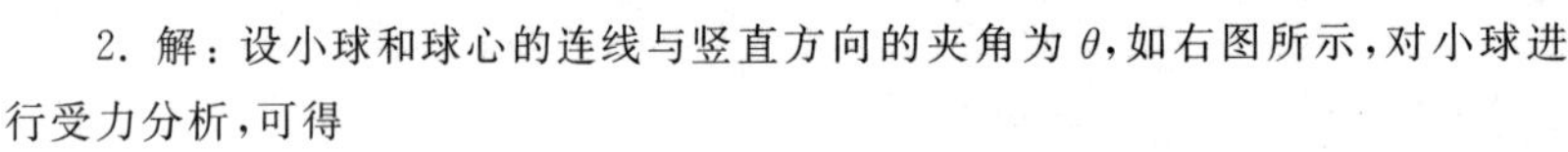

2. 解：设小球和球心的连线与竖直方向的夹角为 θ，如右图所示，对小球进行受力分析，可得

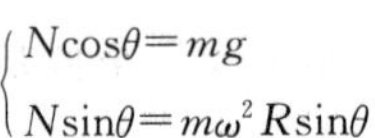

$$\begin{cases}N\cos\theta=mg\\ N\sin\theta=m\omega^2R\sin\theta\end{cases}$$

得

$$\cos\theta=\frac{g}{\omega^2R}$$

所以，可得

$$h=R-R\cos\theta=R-\frac{g}{\omega^2}$$

3. 解：(1) 由冲量定义，有

$$I=\int_0^2F\text{d}t=\int_0^2(3+4t)\text{d}t=3t+2t^2\Big|_0^2=14\ \text{N}\cdot\text{s}$$

(2) 由动量定理 $I=\Delta P=m\Delta v$，有

$$14\ \text{N}\cdot\text{s}=1\ \text{kg}\times(v-v_0)$$

得

$$v=24\ \text{m}\cdot\text{s}^{-1}$$

4. 解：因第一块爆炸后落在其正下方的地面上，说明它的速度方向是沿竖直方向的. 利用 $h=v_1t'+\frac{1}{2}gt'^2$，可解得 $v_1=14.7\ \text{m}\cdot\text{s}^{-1}$，方向竖直向下. 式中 t' 为第一块在爆炸后落到地面的时间.

取 y 轴正向向上，有 $v_{1y}=-14.7\ \text{m}\cdot\text{s}^{-1}$.

设炮弹到最高点时($v_y=0$)，经历的时间为 t，则有

$$S_1=v_xt \quad ①$$

$$h=\frac{1}{2}gt^2 \quad ②$$

由① 、② 得

$$t=2\ \mathrm{s},\ v_x=500\ \mathrm{m\cdot s^{-1}}$$

以$\boldsymbol{v}_2$表示爆炸后第二块的速度，则爆炸时的动量守恒关系式为

$$\frac{1}{2}mv_{2x}=mv_x \qquad ③$$

$$\frac{1}{2}mv_{2y}+\frac{1}{2}mv_{1y}=mv_y=0 \qquad ④$$

解得

$$v_{2x}=2v_x=1\ 000\ \mathrm{m\cdot s^{-1}},\ v_{2y}=-v_{1y}=14.7\ \mathrm{m\cdot s^{-1}}$$

再由斜抛公式：

$$x_2=s_1+v_{2x}t_2 \qquad ⑤$$

$$y_2=h+v_{2y}t_2-\frac{1}{2}gt_2^{\ 2} \qquad ⑥$$

落地时 $y_2=0$，可得 $t_2=4$ s，$t_2=-1$ s(舍去). 故 $x_2=5\ 000$ m.

5. 解：(1) 因穿透时间极短，故可认为物体未离开平衡位置. 因此，作用于子弹、物体系统上的外力均在竖直方向，故系统在水平方向上动量守恒. 令子弹穿出时物体的水平速度为$\boldsymbol{v}'$，有

$$m\boldsymbol{v}_0=m\,\boldsymbol{v}+M\,\boldsymbol{v}'$$

$$v'=\frac{m(v_0-v)}{M}\approx3.13\ \mathrm{m\cdot s^{-1}}$$

$$T=Mg+\frac{Mv^2}{l}=26.5\ \mathrm{N}$$

(2) $$f\Delta t=mv-mv_0=-4.7\ \mathrm{N\cdot s}\ (\text{设}\boldsymbol{v}_0\text{方向为正方向})$$

负号表示冲量方向与$\boldsymbol{v}_0$方向相反.

6. 解：由题意知，人匀速提水，所以人所用的拉力 F 等于水桶的重量，即

$$F=P=P_0-ky=mg-0.1gy=49-0.98y\ (\mathrm{SI})$$

人的拉力所做的功为

$$W=\int \mathrm{d}W=\int_0^H F\mathrm{d}y=\int_0^5(49-0.98y)\mathrm{d}y=233\ \mathrm{J}$$

7. 解：根据功能原理，木块在水平面上运动时，摩擦力所做的功等于系统(木块和弹簧)机械能的增量. 由题意有

$$-f_rx=\frac{1}{2}kx^2-\frac{1}{2}mv^2$$

而

$$f_r=\mu mg$$

由此得木块开始碰撞弹簧时的速率为 $v=\sqrt{2\mu gx+\dfrac{kx^2}{m}}=5.83\ \mathrm{m\cdot s^{-1}}$.

8. 解：取木块压缩弹簧至最短处的位置为重力势能零点，弹簧原长处为弹性势能零点. 则由功能原理，有

$$-fs=\frac{1}{2}kx^2-\left(\frac{1}{2}mv^2+mgs\sin37^\circ\right)$$

$$k=\frac{\frac{1}{2}mv^2+mgs\sin37^\circ-fs}{\frac{1}{2}x^2}$$

式中，$s=(4.8+0.2)\ \mathrm{m}=5\ \mathrm{m}$，$x=0.2\ \mathrm{m}$，再代入有关数据，解得 $k=1\ 390\ \mathrm{N\cdot m^{-1}}$.

再次运用功能原理，求木块弹回的高度 h'.

$$-fs'=mgs'\sin37°-\frac{1}{2}kx^2$$

代入有关数据，得 $s'=1.4$ m，则木块弹回高度 $h'=s'\sin37°=0.84$ m.

自测练习 3

(一) 选择题

1. (C) 2. (C) 3. (B) 4. (A) 5. (D) 6. (B) 7. (B) 8. (A) 9. (C) 10. (D) 11. (C) 12. (B)

(二) 填空题

1. 15.2、500

2. $6.54\ \text{rad}\cdot\text{s}^{-2}$、4.8 s

3. $J=3m(2l)^2+2ml^2=14ml^2$

4. 4.0

5. $\frac{3g}{4l}$、$\frac{3g}{2l}$

6. $2\omega_0$

7. $\frac{m_Bg}{m_A+m_B+\frac{1}{2}m_C}$

8. $\frac{g}{l}$、$\frac{g}{2l}$

9. 6.3

10. $\frac{1}{2}mr_1^2\omega_1^2\left(\frac{r_1^2}{r_2^2}-1\right)$

11. $J_B=\frac{J_A(\omega-\omega_A)}{\omega_B-\omega}$

12. $\frac{3mv}{2ML}$

(三) 计算题

1. 解：初角速度 $\omega_0=2\pi n=\frac{2\pi\times1500}{60}=50\pi$，由 $\omega=\omega_0+\alpha t=0$，得

$$\alpha=-\frac{\omega_0}{t}=-10\pi\ \text{rad}\cdot\text{s}^{-2}=-31.4\ \text{rad}\cdot\text{s}^{-2}$$

又 $\omega^2-\omega_0^2=2\alpha\theta$，故 $\theta=-\frac{\omega_0^2}{2\alpha}=125\pi\ \text{rad}=392.5\ \text{rad}$.

2. 解：根据运动学公式

$$\omega=\omega_0+\alpha t \quad ①$$

$$\theta=\omega_0t+\frac{1}{2}\alpha t^2 \quad ②$$

$$\alpha=2(\omega t-\theta)/t^2 \quad ③$$

代入数据 $\omega=15\ \text{rad}\cdot\text{s}^{-1}$，$t=10$ s，$\theta=32\pi$ rad，得

$$\alpha=0.99\ \text{rad}\cdot\text{s}^{-2}$$

3. 解：

$$m_2g-T_2=m_2a \quad ①$$

$$T_1-m_1g=m_1a \quad ②$$

$$(T_2-T_1)r=J\alpha \quad ③$$

$$a=r\alpha \quad ④$$

$$y=\frac{1}{2}at^2 \quad ⑤$$

联列上述式子，计算可得 $J=1.39\times10^{-2}\ \text{kg}\cdot\text{m}^2$.

4. 解：(1) 设 a_1、a_2 和 α 分别为 m_1、m_2 和柱体的加速度及角加速度，方向如右图所示. m_1、m_2 和柱体的运动方程如下：

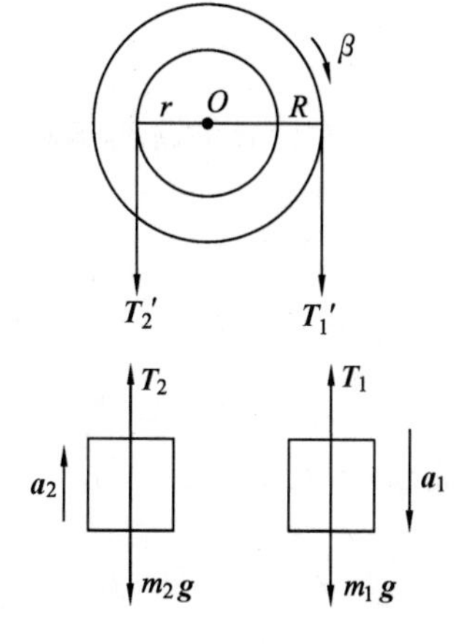

$$\begin{cases} T_2-m_2g=m_2a_2 & ① \\ m_1g-T_1=m_1a_1 & ② \\ T_1'R-T_2'r=J\alpha & ③ \end{cases}$$

式中，$T_1'=T_1$，$T_2'=T_2$，$a_2=r\alpha$，$a_1=R\alpha$.

而 $J=\frac{1}{2}MR^2+\frac{1}{2}mr^2$，由上式求得

$$\alpha=\frac{Rm_1-rm_2}{J+m_1R^2+m_2r^2}g$$

$$=\frac{0.2\times2-0.1\times2}{\frac{1}{2}\times10\times0.20^2+\frac{1}{2}\times4\times0.10^2+2\times0.20^2+2\times0.10^2}\times9.8\ \text{rad}\cdot\text{s}^{-2}$$

$$=6.13\ \text{rad}\cdot\text{s}^{-2}$$

(2) 由①式得

$$T_2=m_2r\alpha+m_2g=(2\times0.10\times6.13+2\times9.8)\ \text{N}\approx20.8\ \text{N}$$

由②式得

$$T_1=m_1g-m_1R\alpha=(2\times9.8-2\times0.20\times6.13)\ \text{N}\approx17.1\ \text{N}$$

5. 解：根据转动定律：

$$J\frac{d\omega}{dt}=-k\omega$$

则

$$\frac{d\omega}{\omega}=-\frac{k}{J}dt$$

两边积分：

$$\int_{\omega_0}^{\frac{\omega_0}{2}}\frac{1}{\omega}d\omega=-\int_0^t\frac{k}{J}dt$$

得

$$\ln2=\frac{kt}{J}$$

故

$$t=\frac{J\ln2}{k}$$

6. 解：(1) 对棒和子弹这个系统，相对于杆端点合外力矩为零，动量矩守恒. 故

$$mvL=\left(\frac{1}{3}ML^2+mL^2\right)\omega$$

得

$$\omega=15.4\ \text{rad}\cdot\text{s}^{-1}$$

(2) 在棒转动过程中，合外力矩为恒定的 4.0 N·m，系统遵循动能定理，则

$$\int_0^\theta Md\theta=\frac{1}{2}\left(\frac{1}{3}ML^2+mL^2\right)\omega^2$$

$$M\Delta\theta=\frac{1}{2}\left(\frac{1}{3}ML^2+mL^2\right)\omega^2$$

解得

$$\Delta\theta=15.4\ \text{rad}$$

7. 解：(1) 动量不守恒，动量矩守恒.

(2) 在子弹射入轮缘的过程中系统对 O 轴的动量矩守恒，即

$$R\sin\theta m_0v_0=(m+m_0)R^2\omega$$

$$\omega=\frac{m_0 v_0 \sin\theta}{(m+m_0)R}$$

(3)
$$\frac{E_k}{E_{k_0}}=\frac{\frac{1}{2}[(m+m_0)R^2]\left[\frac{m_0 v_0 \sin\theta}{(m+m_0)R}\right]^2}{\frac{1}{2}m_0 v_0{}^2}=\frac{m_0 \sin^2\theta}{m+m_0}$$

8. 解：(1) 按题意，子弹和棒碰撞时遵从动量矩守恒定律：

$$mv_0 l=\left(ml^2+\frac{1}{3}Ml^2\right)\omega$$

可得 $\omega=2\ \text{rad}\cdot\text{s}^{-1}$.

碰撞后，棒从竖直位置上摆到最大角度 θ，按机械能守恒定律可列式

$$\frac{1}{2}\left(ml^2+\frac{1}{3}Ml^2\right)\omega^2=mgl(1-\cos\theta)+Mg\,\frac{l}{2}(1-\cos\theta)$$

可得 $\theta=30.34°$.

自测练习 4

(一) 选择题

1. (B) 2. (D) 3. (C) 4. (C) 5. (B) 6. (A) 7. (C) 8. (C) 9. (B) 10. (B)

(二) 填空题

1. 绝对、相对

2. c

3. $\dfrac{1}{\sqrt{1-\left(\dfrac{u}{c}\right)^2}}$

4. 0.075

5. 3.25×10^{-8}

6. $\dfrac{\lambda}{1-\dfrac{v^2}{c^2}}$、$\dfrac{\lambda}{\sqrt{1-\dfrac{v^2}{c^2}}}$

7. $\dfrac{5}{4}$、9×10^{16}、11.25×10^{16}

8. $m_0 c^2(n-1)$

9. $c\sqrt{1-\left(\dfrac{l}{l_0}\right)^2}$、$m_0 c^2\left(\dfrac{l_0-l}{l}\right)$

10. $\dfrac{\sqrt{3}}{2}c$

(三) 计算题

1. 解：(1) 观测站测得飞船船身的长度为

$$L=L_0\sqrt{1-\left(\frac{v}{c}\right)^2}=54\ \text{m}$$

则

$$t_1=\frac{L}{v}=2.25\times10^{-7}\ \text{s}$$

(2) 宇航员测得飞船船身的长度为 L_0，则

$$t_2=\frac{L_0}{v}=3.75\times10^{-7}\ \text{s}$$

2. 解：它符合相对论的时间膨胀(或运动时钟变慢)的结论.

设 μ^+ 子相对于实验室的速度为 v，μ^+ 子的固有寿命为 $\tau_0=2.2\times10^{-6}$ s. μ^+ 子相对实验室做匀速运动时的寿命为 $\tau=1.63\times10^{-5}$ s. 按时间膨胀公式 $\tau=\dfrac{\tau_0}{\sqrt{1-\dfrac{v^2}{c^2}}}$，移项整理得

$$v=\frac{c}{\tau}\sqrt{\tau^2-{\tau_0}^2}=c\sqrt{1-\frac{{\tau_0}^2}{\tau^2}}\approx0.99c$$

3. 解：令 S'系与 S 系的相对速度为 u，有

$$\Delta t'=\frac{\Delta t}{\sqrt{1-\left(\dfrac{u}{c}\right)^2}},\quad \left(\frac{\Delta t}{\Delta t'}\right)^2=1-\left(\frac{u}{c}\right)^2$$

则

$$u=c\sqrt{1-\left(\frac{\Delta t}{\Delta t'}\right)^2}$$

那么，在 S'系中测得两事件之间的距离为

$$\Delta x'=u\Delta t'=c\Delta t'\sqrt{1-\left(\frac{\Delta t}{\Delta t'}\right)^2}=3\sqrt{5}\times10^8\ \text{m}$$

4. 解：(1) 从列车上观察，隧道的长度缩短，其他尺寸均不变. 隧道长度为

$$L'=L\sqrt{1-\frac{v^2}{c^2}}$$

(2) 从列车上观察，隧道以速率 v 经过列车，它经过列车全长所需时间为

$$t'=\frac{L'}{v}+\frac{l_0}{v}=\frac{L\sqrt{1-(v/c)^2}+l_0}{v}$$

这也即列车全部通过隧道的时间.

5. 解：根据相对论动能公式，有

$$E_k=mc^2-m_0c^2=E-m_0c^2,\ E=E_k+m_0c^2$$

又 $E^2=p^2c^2+{m_0}^2c^4$，有

$$(E_k+m_0c^2)^2=p^2c^2+{m_0}^2c^4$$

得静止能量为

$$m_0c^2=\frac{p^2c^2-{E_k}^2}{2E_k}$$

6. 解：碰撞前后能量守恒 $m_0c^2+mc^2=Mc^2$，M 是合成小球的动质量，有

$$m=\frac{m_0}{\sqrt{1-\beta^2}}=\frac{5}{3}m_0,\ M=\frac{8}{3}m_0$$

碰撞前后动量守恒 $mv=MV$，V 是合成小球的速率，有

$$V=\frac{mv}{M}=\frac{\dfrac{5}{3}m_0\times0.8c}{\dfrac{8}{3}m_0}=0.5c$$

静止质量为

$$M_0=M\sqrt{1-\frac{V^2}{c^2}}=\frac{4\sqrt{3}}{3}m_0$$

(四) 思考题

答：1. 没对准. 根据相对论同时性，如题所述，在 S'系中同时发生，但不同地点(x'坐标不同)的两事件(即 A'处的钟和 B'处的钟有相同示数)，在 S 系中观测并不同时；因此，在 S 系中某一时刻同时观测，这两个钟的示数必不相同.

2. 不对.因为要量度运动物体的长度,必须同时记下该运动物体两端的坐标.他所用的洛伦兹变换只保证了在 S 系中同时测量物体两端的坐标,并不能保证在 S' 系中同时测量,事实上,在 S 系中同时测量物体两端的坐标的"同时"是异地的同时.为保证在 S' 系中同时测量物体两端的坐标,必须利用包含 t' 在内的洛伦兹变换 $x=\frac{(x'+ut')}{\sqrt{1-\beta^2}}$,为保证在 S' 系中同时测量,假设同时测量的时刻为 t',这样可得

$$x_2-x_1=\frac{x_2'+ut}{\sqrt{1-\beta^2}}-\frac{x_1'+ut}{\sqrt{1-\beta^2}}$$

$$x_2'-x_1'=(x_2-x_1)\sqrt{1-\beta^2}$$

所以,物体的长度不是伸长,而是缩短.

3. 不是.对于有因果关系的两个事件,它们发生的顺序在任何惯性系中观察都是不可颠倒的,这是因果性的要求.由洛伦兹变换,有

$$t_1'=\frac{t_1-\frac{u}{c^2}x_1}{\sqrt{1-\beta^2}},\quad t_2'=\frac{t_2-\frac{u}{c^2}x_2}{\sqrt{1-\beta^2}}$$

$$t_2'-t_1'=\frac{(t_2-t_1)-\frac{u}{c^2}(x_2-x_1)}{\sqrt{1-\beta^2}}$$

该式说明,如果 $t_2>t_1$,即在 S 系中观察 B 事件迟于 A 事件,则对不同的 x_2-x_1 值,$t_2'-t_1'$ 可以大于、等于或小于零,即在 S' 系中观察,B 事件可迟于、同时或先于 A 事件发生.这就是说,两个事件发生的时间顺序,在不同参照系中观察有可能颠倒.但要注意,这只限于两个互不相关的事件,对于有因果关系的两个事件,就不可能是这样的.若 A、B 两个事件有因果关系,A 事件引起 B 事件的发生,必然是从 A 事件向 B 事件传递了一种"作用"或"信号",可看成是 A 事件在 t_1 时刻 x_1 处发生了,并传递了一种"作用",使 t_2 时刻 x_2 处 B 事件发生.作用的传递速度 $v_k=\frac{x_2-x_1}{t_2-t_1}\leqslant c$,这时,有

$$t_2'-t_1'=\frac{t_2-t_1}{\sqrt{1-\beta^2}}\left(1-\frac{u}{c^2}\frac{x_2-x_1}{t_2-t_1}\right)=\frac{t_2-t_1}{\sqrt{1-\beta^2}}\left(1-\frac{uv_k}{c^2}\right)$$

显然,$1-\frac{uv_k}{c^2}>0$,所以,t_2-t_1 和 $t_2'-t_1'$ 总是同号的,因果关系不会颠倒.

自测练习 5

(一) 选择题

1. (B) 2. (C) 3. (C) 4. (B) 5. (C) 6. (B) 7. (C) 8. (B) 9. (B) 10. (D) 11. (C) 12. (B)

(二) 填空题

1. 0.4 、$x=0.4\cos\left(\frac{\pi}{2}t+\pi\right)$ 或 $x=0.4\cos\left(\frac{\pi}{2}t-\pi\right)$

2. π、$-\frac{\pi}{2}$ $\left(\text{或}\frac{3\pi}{2}\right)$、$\frac{\pi}{3}$

3. $0.04\cos\left(4\pi t-\frac{1}{2}\pi\right)$ 或 $0.04\cos\left(4\pi t+\frac{3}{2}\pi\right)$

4. 0.1

5. π

6. 0、3π

7. $2\pi\sqrt{\frac{2m}{k}}$、$2\pi\sqrt{\frac{m}{2k}}$

8. $2\pi^2\ \frac{mA^2}{T^2}$

9. 200、$\frac{5}{\pi}$

10. 5×10^{-2}

11. 4×10^{-2}、$\frac{1}{2}\pi$

12. $0.04\cos\left(\pi t-\frac{1}{2}\pi\right)$

（三）计算题

1. 解：将 $F=-\pi^2 x$ 与 $F=-kx$ 比较，知质点做简谐运动，

$$k=\pi^2$$

又

$$\omega=\sqrt{\frac{k}{m}}=\frac{\pi}{\sqrt{m}}$$

$$T=\frac{2\pi}{\omega}=2\sqrt{m}$$

2. 解：(1) 因 $v_m=\omega A$，故 $\omega=\frac{v_m}{A}=1.5\ s^{-1}$，$T=\frac{2\pi}{\omega}=4.19$ s.

(2) $a_m=\omega^2 A=v_m\omega=4.5\times10^{-2}\ m\cdot s^{-2}$.

(3) $x=0.02\cos\left(1.5t+\frac{1}{2}\pi\right)$ (SI).

3. 解：(1) 设空盘时和物体落入盘中后的振动周期分别为 T、T'，有

$$T=\frac{2\pi}{\omega}=2\pi\sqrt{m_1/k}$$

$$T'=\frac{2\pi}{\omega'}=2\pi\sqrt{(m_1+m_2)/k}$$

可见 $T'>T$，即振动周期变大了.

(2) 取新系统的平衡位置为坐标原点 O，则初始位移为空盘时的平衡位置相对粘上物体后新系统平衡位置的位移，即

$$x_0=\frac{m_1 g}{k}-\frac{(m_1+m_2)g}{k}=-\frac{m_2 g}{k}$$

由动量守恒定律可得振动系统的初速度为

$$v_0=\frac{m_2}{m_1+m_2}v=\frac{m_2}{m_1+m_2}\sqrt{2gh}$$

故振动的振幅为

$$A=\sqrt{x_0{}^2+\left(\frac{v_0}{\omega'}\right)^2}=\frac{m_2 g}{k}\sqrt{1+\frac{2kh}{(m_1+m_2)g}}$$

4. 解：(1)

$$\omega=\sqrt{\frac{k}{m}}=10\ s^{-1},\ T=\frac{2\pi}{\omega}\approx0.63\ s$$

(2) $A=15$ cm，在 $t=0$ 时，$x_0=7.5$ cm，$v_0<0$

由

$$A=\sqrt{x_0{}^2+\left(\frac{v_0}{\omega}\right)^2}$$

得

$$v_0=-\omega\sqrt{A^2-x_0{}^2}=-1.3\ m\cdot s^{-1}$$

$$\varphi=\arctan\left(-\frac{v_0}{\omega x_0}\right)=\frac{\pi}{3}\text{或}\frac{4\pi}{3}$$

因为 $x_0>0$，所以 $\varphi=\frac{\pi}{3}$.

(3) $$x=15\times10^{-2}\cos\left(10t+\frac{1}{3}\pi\right)\ (\mathrm{SI})$$

5. 解：依合振动的振幅及初相位公式可得

$$A=\sqrt{A_1{}^2+A_2{}^2+2A_1A_2\cos\Delta\varphi}$$
$$=\sqrt{5^2+6^2+2\times5\times6\times\cos\left(\frac{3}{4}\pi-\frac{1}{4}\pi\right)}\times10^{-2}\ \mathrm{m}=7.81\times10^{-2}\,\mathrm{m}$$

$$\varphi=\arctan\frac{5\sin\frac{3\pi}{4}+6\sin\frac{\pi}{4}}{5\cos\frac{3\pi}{4}+6\cos\frac{\pi}{4}}=84.8^\circ=1.48\ \mathrm{rad}$$

则所求的合振动的运动方程为

$$x=7.81\times10^{-2}\cos(10t+1.48)(\mathrm{SI})$$

自测练习 6

(一) 选择题

1. (D)　2. (D)　3. (D)　4. (B)　5. (C)　6. (A)　7. (D)　8. (A)　9. (C)　10. (D)　11. (D)　12. (C)

(二) 填空题

1. π

2. 0.02、2π、4π、4π

3. 0.8、0.2、125

4. $-0.2\pi\sin\left(2\pi t-\frac{\pi}{2}\right)$

5. $-0.2\pi^2\cos\left(\pi t+\frac{3}{2}\pi\right)$

6. $0.02\cos\left[2\pi\left(t-\frac{x}{40}\right)+\frac{\pi}{2}\right]$

7. $0.1\cos\left[4\pi\left(t-\frac{x}{2}\right)\right]$

8. $0.1\cos(4\pi t-\pi)$、-0.4π

9. 减小

10. 5

11. $2A$

12. $\sqrt{A_1{}^2+A_2{}^2+2A_1A_2\cos\left(2\pi\frac{L-2r}{\lambda}\right)}$

(三) 计算题

1. 解：(1) 已知平面简谐波的波动方程为 $y=A\cos(Bt-Cx)$，

将上式与波动方程的标准形式 $y=A\cos\left[\omega\left(t-\frac{x}{u}\right)\right]$比较，可知：振幅为 A，$\omega=B$，所以 $T=\frac{2\pi}{\omega}=\frac{2\pi}{B}$，$\nu=\frac{B}{2\pi}$. 又$\frac{\omega}{u}=C$，故 $u=\frac{\omega}{C}=\frac{B}{C}$，$\lambda=uT=\frac{2\pi}{C}$.

(2) 将 $x=l$ 代入波动方程,即可得到该点的运动方程为 $y=A\cos(Bt-Cl)$.

2. 解:(1) $$y=0.1\cos\left(4\pi t-\frac{2}{10}\pi x\right)=0.1\cos4\pi\left(t-\frac{1}{20}x\right)\ \text{(SI)}.$$

(2) $t_1=\frac{T}{4}=\frac{1}{8}$ s, $x_1=\frac{\lambda}{4}=\frac{5}{2}$ m 处质点的位移为

$$y_1=0.1\cos4\pi\left(\frac{T}{4}-\frac{\lambda}{80}\right)=0.1\cos4\pi\left(\frac{1}{8}-\frac{1}{8}\right)\ \text{m}=0.1\ \text{m}$$

(3) 振动速度

$$v=\frac{\partial y}{\partial t}=-0.4\pi\sin4\pi\left(t-\frac{x}{20}\right)\text{(SI)}$$

$t_2=\frac{1}{2}T=\frac{1}{4}$ s,在 $x_1=\frac{\lambda}{4}=\frac{5}{2}$ m 处质点的速度为

$$v_2=-0.4\pi\sin\left(\pi-\frac{1}{2}\pi\right)\ \text{m}\cdot\text{s}^{-1}\approx-1.26\ \text{m}\cdot\text{s}^{-1}$$

3. 解:(1) 由 $T=0.02$ s, $u=100\ \text{m}\cdot\text{s}^{-1}$ 可得

$$\omega=\frac{2\pi}{T}=100\ \pi\ \text{s}^{-1},\ \lambda=uT=2\ \text{m}$$

当 $t=0$ 时,波源质点经平衡位置向正方向运动,由三角函数法或旋转矢量法可知 $\varphi=-\frac{\pi}{2}$(或$\frac{3\pi}{2}$).

若以波源为坐标原点,则波动方程为

$$y=A\cos\left[100\pi\left(t-\frac{x}{100}\right)-\frac{\pi}{2}\right]\quad\text{(SI)}$$

距波源 $x_1=15$ m 处和 $x_2=5$ m 处质点的运动方程分别为

$$y_1=A\cos(100\pi t-15.5\pi)\ \text{(SI)}$$
$$y_2=A\cos(100\pi t-5.5\pi)\ \text{(SI)}$$

它们的初相位分别为 -15.5π 和 -5.5π(若波源初相位取$\frac{3\pi}{2}$,则初相位分别为 -13.5π 和 -3.5π).

(2) 距波源为 16 m 和 17 m 处的两质点的相位差为

$$\Delta\varphi=\varphi_1-\varphi_2=\frac{2\pi}{\lambda}(x_2-x_1)=\pi$$

4. 解:(1) 平均能量密度为

$$\overline{w}=\frac{I}{u}=\frac{9\times10^{-3}}{300}\ \text{J}\cdot\text{m}^{-3}=3\times10^{-5}\text{J}\cdot\text{m}^{-3}$$

最大能量密度为

$$w_{\max}=\rho\omega^2A^2=2\overline{w}=6\times10^{-5}\text{J}\cdot\text{m}^{-3}$$

(2) 波长 $\lambda=\frac{u}{\nu}=1$ m,则总能量

$$W=\overline{w}V=\overline{w}\lambda\cdot\pi R^2=3\times10^{-5}\times1\times\pi\times\left(\frac{0.14}{2}\right)^2\ \text{J}\approx4.62\times10^{-7}\text{J}$$

5. 解:在$\triangle ABP$ 中,运用余弦定理,可得

$$BP=\sqrt{AP^2+AB^2-2AP\cdot AB\cdot\cos30^\circ}\approx2.94\ \text{m}$$

两波到达 P 点的波程差为

$$\Delta r=BP-AP=-0.06\ \text{m}$$

故两波通过 P 点的相位差为

$$\Delta\varphi=-2\pi\frac{\Delta r}{\lambda}=-2\pi\nu\frac{\Delta r}{u}=7.2\pi$$

6. 解:

$$\Delta\varphi=\varphi_2-\varphi_1-\frac{2\pi}{\lambda}(r_2-r_1)=\frac{\pi}{4}-\frac{2\pi r_2}{\lambda}+\frac{2\pi r_1}{\lambda}=-\frac{\pi}{4}$$

$$A=({A_1}^2+{A_2}^2+2A_1A_2\cos\Delta\varphi)^{1/2}=0.464\ \text{m}$$

自测练习 7

(一) 选择题

1. (B) 2. (A) 3. (C) 4. (A) 5. (B) 6. (A) 7. (B) 8. (C) 9. (D) 10. (B) 11. (B) 12. (D) 13. (B) 14. (D) 15. (A)

(二) 填空题

1. 宏观性质
2. 压强、温度、体积
3. 理想气体温标
4. 3.22×10^3
5. 1.33×10^5
6. 波意耳-马略特、盖-吕萨克、查理
7. 无规则运动
8. 7.73×10^3
9. 5、$\frac{3}{2}kT$、$\frac{5}{2}kT$
10. $\frac{1}{2}ikT$、RT
11. 3.44×10^{20}、1.6×10^{-5}、2
12. 750
13. 分布在速率 v 附近 dv 区间的分子数占总分子数的百分率
14. $\int_{100}^{\infty}f(v)dv$、$\int_{100}^{\infty}Nf(v)dv$
15. 最大
16. $\sqrt{\frac{3p}{\rho}}$
17. 5.42×10^7、6×10^{-5}
18. 粘滞

(三) 计算题

1. 解:氢原子的数密度可以表示为

$$n=\frac{m_S}{m_H V_S}=\frac{m_S}{m_H\cdot\frac{4}{3}\pi {R_S}^3}$$

由 $p=nkT$ 可得太阳温度为

$$T=\frac{p}{nk}=\frac{4\pi p m_H {R_S}^3}{3m_S k}=1.16\times10^7\ \text{K}$$

2. 解:(1) 单位体积内的分子数为

$$n=\frac{p}{kT}=2.44\times10^{25}\ \text{m}^{-3}$$

(2) 氧气的密度为

$$\rho=\frac{m}{V}=\frac{pM}{RT}=1.30\ \text{kg}\cdot\text{m}^{-3}$$

（3）氧气分子的平均平动动能为

$$\bar{\varepsilon}=\frac{3}{2}kT=6.21\times10^{-21}\ \text{J}$$

（4）氧气分子的平均距离为

$$\bar{d}=\sqrt[3]{\frac{1}{n}}=3.45\times10^{-9}\ \text{m}$$

3. 解：(1) 由 $E=\frac{m}{M}\frac{i}{2}RT$ 和 $pV=\frac{m}{M}RT$，可得气体的压强为

$$p=\frac{2E}{iV}=1.35\times10^{5}\ \text{Pa}$$

（2）由 $\frac{\bar{\varepsilon}}{\bar{E}}=\frac{\frac{3}{2}kT}{N\frac{5}{2}kT}$，得

$$\bar{\varepsilon}=\frac{3E}{5N}=7.5\times10^{-21}\ \text{J}$$

又 $\bar{E}=N\frac{5}{2}kT$，得

$$T=\frac{2\bar{E}}{5Nk}=362\ \text{K}$$

4. 解：(1) 由于分子所允许的速率在 $0\sim2v_0$ 的范围内，由归一化条件可知曲线下的面积为

$$S=\int_0^{2v_0}Nf(v)\mathrm{d}v=N$$

即曲线下的面积表示系统分子总数 N.

（2）从图中可知，在 $0\sim v_0$ 区间内，$Nf(v)=\frac{av}{v_0}$；而在 $v_0\sim2v_0$ 区间内，$Nf(v)=a$. 利用归一化条件，有

$$N=\int_0^{v_0}\frac{av}{v_0}\mathrm{d}v+\int_{v_0}^{2v_0}a\mathrm{d}v$$

可得 $a=\frac{2N}{3v_0}$.

（3）速率在 $\frac{v_0}{2}\sim\frac{3v_0}{2}$ 间隔内的分子数为

$$\Delta N=\int_{\frac{v_0}{2}}^{v_0}\frac{av}{v_0}\mathrm{d}v+\int_{v_0}^{\frac{3v_0}{2}}a\mathrm{d}v=\frac{7N}{12}$$

（4）分子速率平方的平均值按定义为 $\overline{v^2}=\int_0^{\infty}\frac{v^2\mathrm{d}N}{N}=\int_0^{\infty}v^2f(v)\mathrm{d}v$，故分子的平均平动动能为

$$\bar{\varepsilon}=\frac{1}{2}m\overline{v^2}=\frac{1}{2}m\left(\int_0^{v_0}\frac{a}{Nv_0}v^3\mathrm{d}v+\int_{v_0}^{2v_0}\frac{a}{N}v^2\mathrm{d}v\right)=\frac{31}{36}m{v_0}^2$$

5. 解：由压强公式 $p=\frac{1}{3}nm\overline{v^2}=\frac{1}{3}\rho\overline{v^2}$，可得

$$\rho=\frac{3p}{\overline{v^2}}=1.90\ \text{kg}\cdot\text{m}^{-3}$$

6. 解：平均碰撞频率为

$$\bar{Z}=\sqrt{2}\pi d^2n\bar{v}=\sqrt{2}\pi d^2\left(\frac{p}{kT}\right)\sqrt{\frac{8RT}{\pi M}}=3.81\times10^{6}\ \text{s}^{-1}$$

自测练习 8

(一) 选择题

1. (C) 2. (C) 3. (A) 4. (B) 5. (B) 6. (B) 7. (A) 8. (B) 9. (A) 10. (A) 11. (A) 12. (D) 13. (D) 14. (A)

(二) 填空题

1. 一个点、一条曲线、一条封闭曲线
2. (1) 气体内能的增加、(2) 气体对外做功、(3) 气体内能的增加和对外做功
3. $-|W_1|$、$-|W_2|$
4. 124.7、84.3
5. 1.67、1.4
6. S_1+S_2、$-S_1$
7. 单值、不变
8. 大于、陡
9. $\dfrac{3p_1V_1}{2}$、0
10. 1.62×10^4
11. 400
12. 320、20%
13. 热泵
14. 工质、大于
15. 开尔文、克劳修斯

(三) 计算题

1. 解:(1) 等温过程中气体对外做功为

$$W=\int_{V_0}^{3V_0}p\mathrm{d}V=\int_{V_0}^{3V_0}\frac{RT}{V}\mathrm{d}V=RT\ln3=8.31\times298\times1.0986\ \mathrm{J}=2.72\times10^3\ \mathrm{J}$$

(2) 绝热过程中气体对外做功为

$$W=\int_{V_0}^{3V_0}p\mathrm{d}V=p_0V_0^{\gamma}\int_{V_0}^{3V_0}V^{-\gamma}\mathrm{d}V$$

$$=\frac{3^{1-\gamma}-1}{1-\gamma}p_0V_0=\frac{1-3^{1-\gamma}}{\gamma-1}RT=2.20\times10^3\ \mathrm{J}$$

2. 解:(1)

$$\Delta E=C_{V,\mathrm{m}}(T_2-T_1)=\frac{5}{2}(p_2V_2-p_1V_1)$$

(2)

$$W=\frac{1}{2}(p_1+p_2)(V_2-V_1)$$

W 为梯形面积,根据相似三角形有 $p_1V_2=p_2V_1$,则

$$W=\frac{1}{2}(p_2V_2-p_1V_1)$$

(3)

$$Q=\Delta E+W=3(p_2V_2-p_1V_1)$$

(4) 以上计算对于 $A\to B$ 过程中任一微小状态变化均成立,故过程中

$$\Delta Q=3\Delta(pV)$$

由状态方程得

$$\Delta(pV)=R\Delta T$$

故

$$\Delta Q=3R\Delta T$$

摩尔热容 $$C_m=\frac{\Delta Q}{\Delta T}=3R$$

3. 解：(1) 等压膨胀

$$W_p=p_A(V_B-V_A)=\frac{\nu RT_A}{V_A}(V_B-V_A)=RT_A=2.49\times10^3\ \text{J}$$

$$Q_p=W_p+\Delta E=\nu C_{p,m}(T_B-T_A)=\nu C_{p,m}T_A=\frac{7R}{2}T_A=8.73\times10^3\ \text{J}$$

(2) 等温膨胀

$$W_T=\nu RT\ln\frac{V_C}{V_A}=RT_A\ln2=1.73\times10^3\ \text{J}$$

对等温过程 $\Delta E=0$,故

$$Q_T=W_T=1.73\times10^3\ \text{J}.$$

(3) 绝热膨胀

$$T_D=T_A\left(\frac{V_A}{V_D}\right)^{\gamma-1}=300\times(0.5)^{0.4}\ \text{K}=227.4\ \text{K}$$

对绝热过程 $Q=0$,故

$$W=-\Delta E=\nu C_{V,m}(T_A-T_D)=\frac{5}{2}R(T_A-T_D)=1.51\times10^3\ \text{J}$$

4. 解：系统经 ABC 过程所吸收的热量及对外所做的功分别为

$$Q_{ABC}=326\ \text{J},W_{ABC}=126\ \text{J}$$

则由热力学第一定律可得,由 A 到 C 过程中系统内能的增量为

$$\Delta E_{AC}=Q_{ABC}-W_{ABC}=200\ \text{J}$$

由此可得从 C 到 A,系统内能的增量为

$$\Delta E_{CA}=-200\ \text{J}$$

从 C 到 A,系统所吸收的热量为

$$Q_{CA}=\Delta E_{CA}+W_{CA}=-252\ \text{J},\text{系统放热}$$

5. 解：(1) 在 $A\to B$ 的等温过程中,$\Delta E_T=0$,故

$$Q_T=W_T=\int_{V_1}^{V_2}p\mathrm{d}V=\int_{V_1}^{V_2}\frac{p_1V_1}{V}\mathrm{d}V=p_1V_1\ln\frac{V_2}{V_1}$$

将 $p_1=1.013\times10^5$ Pa,$V_1=1.0\times10^{-2}\ \text{m}^3$ 和 $V_2=2.0\times10^{-2}\ \text{m}^3$ 代入上式,得 $Q_T\approx7.02\times10^2$ J.

(2) $A\to C$ 等体和 $C\to B$ 等压过程中,因为 A、B 两态温度相同,故 $\Delta E_{ABC}=0$.

$$Q_{ACB}=W_{ACB}=W_{CB}=p_2(V_2-V_1)$$

又 $$p_2=\frac{V_1}{V_2}p_1=0.5\ \text{atm}$$

故 $$Q_{ACB}=0.5\times1.013\times10^5\times(2.0-1.0)\times10^{-2}\ \text{J}\approx5.07\times10^2\ \text{J}$$

6. 解：由图得　$p_A=400$ Pa, $p_B=p_C=100$ Pa,$V_A=V_C=2\ \text{m}^3$,$V_B=6\ \text{m}^3$.

(1) $C\to A$ 为等体过程,根据方程$\frac{p_A}{T_A}=\frac{p_C}{T_C}$,得

$$T_C=\frac{T_Ap_C}{p_A}=75\ \text{K}$$

$B\to C$ 为等压过程,根据方程$\frac{V_B}{T_B}=\frac{V_C}{T_C}$,得

$$T_B=\frac{T_CV_B}{V_C}=225\ \text{K}$$

(2) 根据理想气体状态方程求出气体的物质的量(即摩尔数)为

$$\nu=\frac{p_A V_A}{RT_A}=0.321\ \text{mol}$$

由 $\gamma=1.4$ 知该气体为双原子分子气体，$c_V=\frac{5}{2}R$，$c_p=\frac{7}{2}R$.

$B\to C$ 等压过程吸热　　$Q_2=\frac{7}{2}\nu R(T_C-T_B)=-1\ 400\ \text{J}$

$C\to A$ 等体过程吸热　　$Q_3=\frac{5}{2}\nu R(T_A-T_C)=1\ 500\ \text{J}$

整个循环过程中 $\Delta E=0$，整个循环过程净吸热为

$$Q=W=\frac{1}{2}(p_A-p_C)(V_B-V_C)=600\ \text{J}$$

故 $A\to B$ 过程净吸热　　$Q_1=Q-Q_2-Q_3=500\ \text{J}$

7. 解：(1) 将 V-T 图转换为相应的 p-V 图，如右图所示. 图中曲线行进方向是正循环，即为热机循环.

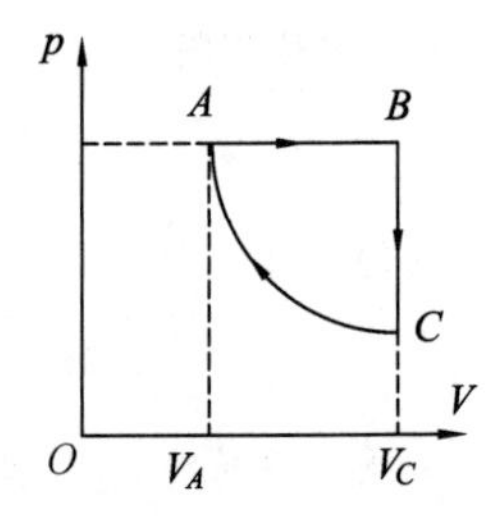

(2) 根据得到的 p-V 图可知，AB 为等压膨胀过程，为吸热过程. BC 为等体降压过程，CA 为等温压缩过程，均为放热过程. 故系统在循环过程中吸收和放出的热量为

$$Q_1=\frac{M}{M_{\text{mol}}}C_{p,\text{m}}(T_B-T_A)$$

$$Q_2=\frac{M}{M_{\text{mol}}}C_{V,\text{m}}(T_B-T_C)+\frac{M}{M_{\text{mol}}}RT_A\ln\left(\frac{V_C}{V_A}\right)$$

CA 为等温线，有 $T_A=T_C$；AB 为等压线，且因为 $V_C=2V_A$，故有 $T_A=\frac{T_B}{2}$. 对单原子理想气体，其摩尔定压热容 $C_{p,\text{m}}=\frac{5R}{2}$，摩尔定容热容 $C_{V,\text{m}}=\frac{3R}{2}$. 则循环效率为

$$\eta=1-\frac{Q_2}{Q_1}=1-\frac{\frac{3}{2}T_A+T_A\ln 2}{\frac{5T_A}{2}}=1-(3+2\ln 2)/5=12.3\%$$

8. 解：循环过程中系统做的净功为

$$W=W_{AB}+W_{CD}=\frac{M}{M_{\text{mol}}}RT_1\ln\frac{V_2}{V_1}+\frac{M}{M_{\text{mol}}}RT_2\ln\frac{V_1}{V_2}$$

$$=\frac{M}{M_{\text{mol}}}R(T_1-T_2)\ln\frac{V_2}{V_1}=5.76\times 10^3\ \text{J}$$

系统吸收的热量为

$$Q=Q_{AB}+Q_{DA}=W_{AB}+\Delta E_{DA}$$

$$=\frac{M}{M_{\text{mol}}}RT_1\ln\frac{V_2}{V_1}+\frac{M}{M_{\text{mol}}}C_{V,\text{m}}(T_1-T_2)$$

$$=\frac{M}{M_{\text{mol}}}RT_1\ln\frac{V_2}{V_1}+\frac{M}{M_{\text{mol}}}\frac{5}{2}R(T_1-T_2)=3.81\times 10^4\ \text{J}$$

则循环效率为

$$\eta=\frac{W}{Q}=15\%$$

自测练习 9

(一) 选择题

1.(C) 2.(A) 3.(D) 4.(B) 5.(D) 6.(B) 7.(A) 8.(B) 9.(C) 10.(A)
11.(C) 12.(D)

(二) 填空题

1. $\dfrac{q_2+q_4}{\varepsilon_0}$、"$q_1$、$q_2$、$q_3$、$q_4$"

2. $\dfrac{q}{\varepsilon_0}$、0、$-\dfrac{q}{\varepsilon_0}$

3. $\dfrac{Q}{\varepsilon_0}$、$\boldsymbol{E}_a=0$、$\boldsymbol{E}_b=\dfrac{5Q}{18\pi\varepsilon_0 R^2}\boldsymbol{r}_0$

4. $\dfrac{Q}{4\pi\varepsilon_0 R^2}$、0、$\dfrac{Q}{4\pi\varepsilon_0 R}$、$\dfrac{Q}{4\pi\varepsilon_0 r_2}$

5. Ed

6. $\dfrac{U_0}{2}+\dfrac{Qd}{4\varepsilon_0 S}$

7. $\dfrac{Qd}{2\varepsilon_0 S}$、$\dfrac{Qd}{\varepsilon_0 S}$

8. 5 400 V、3 600 V

9. $\dfrac{Q^2}{18\pi\varepsilon_0 R^2}$

10. $\sqrt{\dfrac{2Fd}{C}}$、$\sqrt{2FdC}$

11. $\dfrac{1}{2}(q_A-q_B)$、$(q_A-q_B)\dfrac{d}{2\varepsilon_0 S}$

12. 0、$\dfrac{Q}{4\pi\varepsilon_0 R}$、$\dfrac{Q}{4\pi\varepsilon_0 R}$

(三) 计算题

1. 解:以 O 点为坐标原点,建立坐标系.

上面的半无限长直线在 O 点产生的场强 $\boldsymbol{E}_1$ 为

$$\boldsymbol{E}_1=\frac{\lambda}{4\pi\varepsilon_0 R}(-\boldsymbol{i}-\boldsymbol{j})$$

下面的半无限长直线在 O 点产生的场强 $\boldsymbol{E}_2$ 为

$$\boldsymbol{E}_2=\frac{\lambda}{4\pi\varepsilon_0 R}(-\boldsymbol{i}+\boldsymbol{j})$$

半圆弧线段在 O 点产生的场强 $\boldsymbol{E}_3$ 为

$$\boldsymbol{E}_3=\frac{\lambda}{2\pi\varepsilon_0 R}\boldsymbol{i}$$

由场强叠加原理,O 点合场强为

$$\boldsymbol{E}=\boldsymbol{E}_1+\boldsymbol{E}_2+\boldsymbol{E}_3=\boldsymbol{0}$$

2. 解:(1) 一根无限长均匀带电直线在线外离直线距离 r 处的场强为

$$E=\frac{\lambda}{2\pi\varepsilon_0 r}$$

根据上式及场强叠加原理,可得两直线间的场强为

$$E=E_1+E_2=\frac{\lambda}{2\pi\varepsilon_0}\left[\frac{1}{\left(\frac{a}{2}-x\right)}+\frac{1}{\left(\frac{a}{2}+x\right)}\right]=\frac{2a\lambda}{\pi\varepsilon_0(a^2-4x^2)}$$

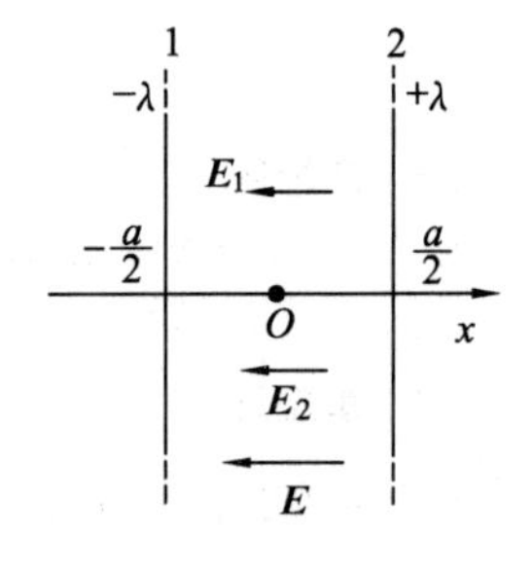

方向沿 x 轴的负方向,如右图所示.

(2) 两直线间单位长度的相互吸引力为

$$F=\lambda E=\frac{\lambda^2}{2\pi\varepsilon_0 a}$$

3. 解:电荷面密度为 σ 的无限大均匀带电平面在任意点的场强大小为

$$E=\frac{\sigma}{2\varepsilon_0}$$

以图中 O 点为圆心,取半径为 $r\to r+\mathrm{d}r$ 的环形面积,其电荷量为

$$\mathrm{d}q=\sigma\cdot 2\pi r\mathrm{d}r$$

它在距离平面为 a 的一点处所产生的场强为

$$\mathrm{d}E=\frac{\sigma a r\mathrm{d}r}{2\varepsilon_0(a^2+r^2)^{3/2}}$$

则半径为 R 的圆面积内的电荷在该点的场强为

$$E=\frac{\sigma a}{2\varepsilon_0}\int_0^R\frac{r\mathrm{d}r}{(a^2+r^2)^{3/2}}=\frac{\sigma}{2\varepsilon_0}\left(1-\frac{a}{\sqrt{a^2+R^2}}\right)$$

由题意,令 $E=\frac{\sigma}{4\varepsilon_0}$,得到 $R=\sqrt{3}a$.

4. 解:(1) 设地球所带电荷量为 Q,并把地球看做是表面均匀带电的导体球,贴近地球表面作与地球同心的高斯球面,半径为 $R\approx R_E$,由高斯定理,可得

$$\oint_S \boldsymbol{E}\cdot\mathrm{d}\boldsymbol{S}=-E\cdot 4\pi R_E{}^2=\frac{Q}{\varepsilon_0}$$

式中负号是由于场强方向与高斯面的法线方向相反.

$$Q=-4\pi\varepsilon_0 ER_E{}^2=-4.52\times10^5\ \mathrm{C}$$

(2) 设在离地球表面 $h=1\ 500$ m 高度以下的大气层均匀带电,所带电荷量为 q,以地心为球心,以 $r=h+R_E$ 为半径作高斯球面 S',该高斯面上电场强度为 $\boldsymbol{E}'$. 由高斯定理,得

$$\oint_S \boldsymbol{E}'\cdot\mathrm{d}\boldsymbol{S}=-E'\cdot 4\pi(h+R_E)^2=\frac{Q+q}{\varepsilon_0}$$

$$E'=-\frac{1}{4\pi\varepsilon_0}\frac{Q+q}{r^2}$$

所以 $$q=-[Q+4\pi\varepsilon_0(R_E+h)^2E']=3.44\times10^5\ \mathrm{C}$$

大气层体积 $$V=\frac{4}{3}\pi(r^3-R_E{}^3)=\frac{4}{3}\pi[(R_E+h)^3-R_E{}^3]=7.65\times10^{17}\ \mathrm{m}^3$$

大气层平均电荷密度 $$\bar{\rho}=\frac{q}{V}=4.5\times10^{-13}\ \mathrm{C\cdot m^{-3}}$$

5. 解:取半径为 r 的同心球面为高斯面,由高斯定理 $\oint_S \boldsymbol{E}\cdot\mathrm{d}\boldsymbol{S}=\frac{\sum q}{\varepsilon_0}$,可得

$$E\cdot 4\pi r^2=\frac{\sum q}{\varepsilon_0}$$

$r<R_1$,该高斯面内无电荷,$\sum q=0$,故 $E_1=0$.

$R_1<r<R_2$,高斯面内的电荷 $\sum q=\frac{Q_1(r^3-R^3)}{R_2{}^3-R_1{}^3}$,故 $E_2=\frac{Q_1(r^3-R^3)}{4\pi\varepsilon_0(R_2{}^3-R_1{}^3)r^2}$.

$R_2<r<R_3$,高斯面内的电荷为 Q_1,故 $E_3=\dfrac{Q_1}{4\pi\varepsilon_0 r^2}$.

$r>R_3$,高斯面内电荷为 Q_1+Q_2,故 $E_4=\dfrac{Q_1+Q_2}{4\pi\varepsilon_0 r^2}$.

6. 解:(1) 由静电感应,金属球壳的内表面上有感生电荷 $-q$,外表面上带电荷 $q+Q$.

(2) 不论球壳内表面上的感生电荷是如何分布的,因为任一电荷元离 O 点的距离都是 a,所以由这些电荷在 O 点产生的电势为

$$U_{-q}=\frac{\int \mathrm{d}q}{4\pi\varepsilon_0 a}=-\frac{q}{4\pi\varepsilon_0 a}$$

(3) 球心 O 点处的总电势为分布在球壳内、外表面上的电荷和点电荷 q 在 O 点产生的电势的代数和,即

$$\begin{aligned}U_O&=U_q+U_{-q}+U_{Q+q}\\&=\frac{q}{4\pi\varepsilon_0 r}-\frac{q}{4\pi\varepsilon_0 a}+\frac{Q+q}{4\pi\varepsilon_0 b}=\frac{q}{4\pi\varepsilon_0}\left(\frac{1}{r}-\frac{1}{a}+\frac{1}{b}\right)+\frac{Q}{4\pi\varepsilon_0 b}\end{aligned}$$

7. 解:设导体球带电荷量为 q,取无穷远处为电势零点,则

导体球电势 $$U_0=\frac{q}{4\pi\varepsilon_0 r}$$

内球壳电势 $$U_1=\frac{Q_1-q}{4\pi\varepsilon_0 R_1}+\frac{Q_2}{4\pi\varepsilon_0 R_2}$$

二者等电势,即 $$\frac{q}{4\pi\varepsilon_0 r}=\frac{Q_1-q}{4\pi\varepsilon_0 R_1}+\frac{Q_2}{4\pi\varepsilon_0 R_2}$$

解得 $$q=\frac{r(R_2Q_1+R_1Q_2)}{R_2(R_1+r)}$$

8. 解:以左边导线轴线上的一点为原点,x 轴通过两导线并垂直于导线. 两导线间 x 处的场强为

$$E=\frac{\lambda}{2\pi\varepsilon_0 x}+\frac{\lambda}{2\pi\varepsilon_0(d-x)}$$

两导线间的电势差为

$$U=\frac{\lambda}{2\pi\varepsilon_0}\int_R^{d-R}\left(\frac{1}{x}+\frac{1}{d-x}\right)\mathrm{d}x=\frac{\lambda}{2\pi\varepsilon_0}\left(\ln\frac{d-R}{R}-\ln\frac{R}{d-R}\right)=\frac{\lambda}{\pi\varepsilon_0}\ln\frac{d-R}{R}$$

设导线长为 L 的一段上所带电荷量为 Q,则有 $\lambda=\dfrac{Q}{L}$,故单位长度的电容为

$$C=\frac{Q}{LU}=\frac{\lambda}{U}=\frac{\pi\varepsilon_0}{\ln\dfrac{d-R}{R}}$$

9. 解:设圆柱形电容器单位长度上带有电荷量为 λ,则电容器两极板之间的场强分布为

$$E=\frac{\lambda}{2\pi\varepsilon r}$$

设电容器内、外两极板半径分别为 r_0、R,则两极板间电压为

$$U=\int_{r_0}^{R}\boldsymbol{E}\cdot\mathrm{d}\boldsymbol{r}=\int_{r_0}^{R}\frac{\lambda}{2\pi\varepsilon r}\mathrm{d}r=\frac{\lambda}{2\pi\varepsilon}\ln\frac{R}{r_0}$$

电介质中场强最大处在内柱面上,当场强达到 E_0 时电容器被击穿,这时应有

$$\lambda=2\pi\varepsilon r_0E_0$$

$$U=r_0E_0\ln\frac{R}{r_0}$$

适当选择 r_0 的值,可使 U 有极大值,即令

$$\frac{dU}{dr_0}=E_0\ln\left(\frac{R}{r_0}\right)-E_0=0$$

得
$$r_0=\frac{R}{e}$$

显然有$\frac{d^2U}{dr_0{}^2}<0$，故当$r_0=\frac{R}{e}$时电容器可承受的最高电压为

$$U_{max}=\frac{RE_0}{e}=147\ \text{kV}$$

10. 解：设电容器带电荷量为Q,应用高斯定理可求得介质内的场强.

$$D_1=\sigma_1,D_2=\sigma_2$$

$$E_1=\frac{D_1}{\varepsilon_1}=\frac{\sigma_1}{\varepsilon_1},E_2=\frac{D_2}{\varepsilon_2}=\frac{\sigma_2}{\varepsilon_2}$$

$$E_1=E_2$$

$$Q=\sigma_1S_1+\sigma_2S_2$$

根据题意,$S_1=3S_2$,并且$S=S_1+S_2$,可得$S_1=\frac{3}{4}S,S_2=\frac{1}{4}S$.

两极板间的电势差为 $U_{AB}=E_1d=E_2d$

解得
$$U_{AB}=\frac{4Qd}{S(3\varepsilon_1+\varepsilon_2)}$$

电容器的电容量为
$$C=\frac{Q}{U_{AB}}=\frac{S(3\varepsilon_1+\varepsilon_2)}{4d}$$

此题也可作为两个充满不同介质的平行板电容器的并联电容处理.

自测练习 10

(一) 选择题

1. (B) 2. (D) 3. (B) 4. (D) 5. (A) 6. (B) 7. (C) 8. (B) 9. (D) 10. (C) 11. (D) 12. (B)

(二) 填空题

1. 1.26×10^{-5} Wb

2. 1.71×10^{-5} T

3. $-\frac{S_2I}{S_1+S_2}$

4. $\frac{\mu_0\omega_0q}{2\pi}$

5. $\sqrt{2}BIR$、沿y轴正向

6. 1.0×10^{-2}、$\frac{1}{2}\pi$

7. 1∶2、3∶1

8. $\frac{2\pi mv\cos\theta}{eB}$、$\frac{mv\sin\theta}{eB}$

9. $\frac{\sqrt{3}}{2}aIB$

10. 0.226、300

(三) 计算题

1. 解：P处的$\boldsymbol{B}$可以看做是由两载流直导线所产生的,$\boldsymbol{B}_1$与$\boldsymbol{B}_2$的方向相同.

$$B = B_1 + B_2$$
$$= \frac{\mu_0 I}{4\pi r}[\sin 60° - \sin(-90°)] + \frac{\mu_0 I}{4\pi r}[\sin 90° - \sin(-60°)]$$
$$= 2\,\frac{\mu_0 I}{4\pi r}(\sin 90° + \sin 60°) = 3.73 \times 10^{-3}\ \mathrm{T}$$

方向垂直纸面向外.

2. 解：① 电子绕原子核运动的向心力是由库仑力提供的，即

$$\frac{1}{4\pi\varepsilon_0}\frac{e^2}{a_0{}^2} = m\,\frac{v^2}{a_0}$$

由此得 $v = \dfrac{e}{2\sqrt{\pi m \varepsilon_0 a_0}}$.

② 电子单位时间内绕原子核的周数即频率为

$$\nu = \frac{v}{2\pi a_0} = \frac{e}{4\pi a_0}\frac{1}{\sqrt{\pi m \varepsilon_0 a_0}}$$

由于电子的运动所形成的圆电流为

$$i = \nu e = \frac{e^2}{4\pi a_0}\frac{1}{\sqrt{\pi m \varepsilon_0 a_0}}$$

因为电子带负电，电流 i 的流向与 v 方向相反.

③ i 在圆心处产生的磁感应强度为

$$B = \frac{\mu_0 i}{2a_0} = \frac{\mu_0 e^2}{8\pi a_0{}^2}\frac{1}{\sqrt{\pi m \varepsilon_0 a_0}}$$

其方向垂直纸面向外.

3. 解：因半径 $R = \dfrac{m_e v}{eB}$，故 $B = \dfrac{m_e v}{eR}$. 磁通量为

$$\Phi = BS = B \cdot \pi R^2 = \frac{\pi m_e R v}{e} = 2.14 \times 10^{-8}\ \mathrm{Wb}$$

4. 解：现将半球面分割成无数个薄圆片，则任一薄圆片均可等效为一个圆电流，由于每个薄圆片上的电流在球心 O 点产生的磁感应强度方向一致，则球心 O 处的磁感应强度为 $B = \int \mathrm{d}B$.

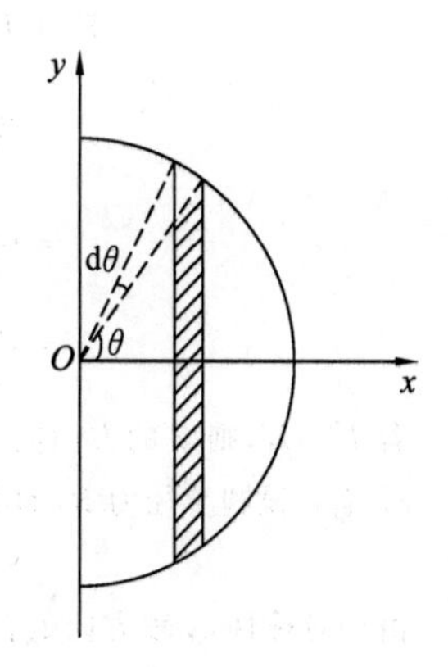

任一薄圆片中的电流为

$$\mathrm{d}I = I\mathrm{d}N = \frac{2N}{\pi R} \cdot R\mathrm{d}\theta \cdot I$$

该圆电流在球心 O 处激发的磁场为

$$\mathrm{d}B = \frac{\mu_0}{2}\frac{y^2}{(x^2+y^2)^{\frac{3}{2}}}\mathrm{d}I$$

球心 O 处总的磁感应强度 B 为

$$B = \int_0^{\frac{\pi}{2}} \frac{\mu_0}{2}\,\frac{y^2 I}{(x^2+y^2)^{\frac{3}{2}}} \cdot \frac{2N}{\pi R} R\,\mathrm{d}\theta$$

由图可知 $x = R\cos\theta, y = R\sin\theta$，得

$$B = \int_0^{\frac{\pi}{2}} \frac{\mu_0 NI}{\pi R}\sin^2\theta\mathrm{d}\theta = \frac{\mu_0 NI}{4R}$$

磁感应强度 $\boldsymbol{B}$ 的方向由电流的流向再根据右手定则确定.

5. 解：取 x 轴向右，有

$$B_1=\frac{\mu_0 R_1{}^2 I_1}{2[R_1{}^2+(b+x)^2]^{3/2}}$$,沿 x 轴正方向

$$B_2=\frac{\mu_0 R_2{}^2 I_2}{2[R_2{}^2+(b-x)^2]^{3/2}}$$,沿 x 轴负方向

$$B=B_1-B_2=\frac{\mu_0}{2}\left[\frac{R_1{}^2 I_1}{[R_1{}^2+(b+x)^2]^{3/2}}-\frac{R_2{}^2 I_2}{[R_2{}^2+(b-x)^2]^{3/2}}\right]$$

若 $B>0$,则 $\boldsymbol{B}$ 的方向为沿 x 轴正方向;若 $B<0$,则 $\boldsymbol{B}$ 的方向为沿 x 轴负方向.

6. 解:(1)
$$B=\frac{\mu_0 I_1}{2\pi x}$$

$$F_{CD}=B_1 I_2 a=\frac{\mu_0 I_1 I_2 a}{2\pi d}=9\times10^{-5}\ \text{N}$$,方向垂直导线向左

$$F_{FE}=B_2 I_2 a=\frac{\mu_0 I_1 I_2 a}{2\pi(d+b)}=4.3\times10^{-6}\ \text{N}$$,方向垂直导线向右

$$F_{CF}=\int_d^{d+b}BI_2\,\mathrm{d}x=\int_d^{d+b}\frac{\mu_0 I_1 I_2}{2\pi x}\,\mathrm{d}x=\frac{\mu_0 I_1 I_2}{2\pi}\ln\frac{d+b}{d}=3.04\times10^{-5}\ \text{N}$$,方向垂直导线向上

同理 $F_{ED}=\int_d^{d+b}BI_2\,\mathrm{d}x=\frac{\mu_0 I_1 I_2}{2\pi}\ln\frac{d+b}{d}=3.04\times10^{-5}\ \text{N}$,方向垂直导线向下

(2) 合力为

$$F=F_{CD}-F_{EF}=8.57\times10^{-5}\ \text{N}$$

由于线圈磁矩方向与磁感应强度方向一致,所以合力矩 $M=0$.

7. 解:载流导线 MN 上任一点处的磁感应强度大小为

$$B=\frac{\mu_0 I_1}{2\pi(r+x)}-\frac{\mu_0 I_2}{2\pi(2r-x)}$$

MN 上电流元 $I_3\mathrm{d}x$ 所受磁场力为

$$\mathrm{d}F=I_3 B\mathrm{d}x=I_3\left[\frac{\mu_0 I_1}{2\pi(r+x)}-\frac{\mu_0 I_2}{2\pi(2r-x)}\right]\mathrm{d}x$$

$$\begin{aligned}F&=I_3\int_0^r\left[\frac{\mu_0 I_1}{2\pi(r+x)}-\frac{\mu_0 I_2}{2\pi(2r-x)}\right]\mathrm{d}x\\&=\frac{\mu_0 I_3}{2\pi}\left[\int_0^r\frac{I_1}{r+x}\mathrm{d}x-\int_0^r\frac{I_2}{2r-x}\mathrm{d}x\right]\\&=\frac{\mu_0 I_3}{2\pi}\left[I_1\ln\frac{2r}{r}+I_2\ln\frac{r}{2r}\right]\\&=\frac{\mu_0 I_3}{2\pi}[I_1\ln2-I_2\ln2]=\frac{\mu_0 I_3}{2\pi}(I_1-I_2)\ln2\end{aligned}$$

若 $I_2>I_1$,则 $\boldsymbol{F}$ 的方向向下;若 $I_2<I_1$,则 $\boldsymbol{F}$ 的方向向上.

8. 解:设圆半径为 R,如右图所示,选一微分元 $\mathrm{d}l$,它所受磁场力大小为

$$\mathrm{d}F=I_1\mathrm{d}l\cdot B$$

由于对称性,y 轴方向的合力为零. 故

$$\begin{aligned}\mathrm{d}F_x&=\mathrm{d}F\cos\theta\\&=I_1 R\mathrm{d}\theta\frac{\mu_0 I_2}{2\pi R\cos\theta}\cos\theta=\frac{\mu_0 I_1 I_2}{2\pi}\mathrm{d}\theta\end{aligned}$$

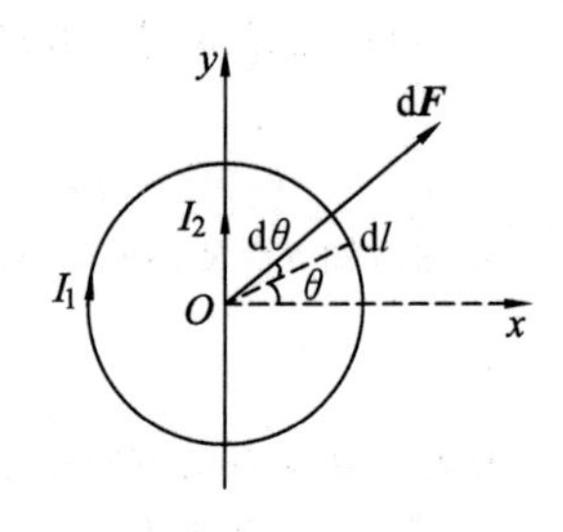

故 $F=F_x=\int_0^{2\pi}\frac{\mu_0 I_1 I_2}{2\pi}\mathrm{d}\theta=\mu_0 I_1 I_2$

9. 解:(1) 根据 $\boldsymbol{f}=q\boldsymbol{v}\times\boldsymbol{B}$ 可判断出电子束将偏向东.

(2)
$$E=\frac{1}{2}mv^2,v=\sqrt{\frac{2E}{m}}$$

$$f=qvB=ma$$

$$a=\frac{qvB}{m}=\frac{qB}{m}\sqrt{\frac{2E}{m}}=6.28\times10^{14}\ \text{m}\cdot\text{s}^{-1}$$

(3)
$$E_k=\frac{1}{2}mv^2,v=\sqrt{\frac{2E_k}{m}}$$

由 $qvB=m\dfrac{v^2}{R}$,得 $R=6.71$ m,则 $\Delta x=R-\sqrt{R^2-\Delta y^2}=2.98\times10^{-3}$ m.

10. 解:(1) $B=\mu_0 nI=\mu_0\dfrac{N}{L}I=4\pi\times10^{-7}\times\dfrac{200}{0.1}\times100\times10^{-3}\ \text{T}=2.5\times10^{-4}\ \text{T}$

$$H=\frac{B}{\mu_0}=200\ \text{A}\cdot\text{m}^{-1}$$

(2)
$$H=\frac{N}{L}I=200\ \text{A}\cdot\text{m}^{-1}$$

$$B=\mu H=\mu_0\mu_r H=4\pi\times10^{-7}\times4\ 200\times200\ \text{T}=1.05\ \text{T}$$

自测练习 11

(一) 选择题

1. (A) 2. (D) 3. (A) 4. (D) 5. (B) 6. (C) 7. (B) 8. (C) 9. (C) 10. (D)

(二) 填空题

1. $\dfrac{\mu_0 Qa^2\omega_0}{2RLt_0}$、$i$ 的流向与圆筒转向一致

2. 3.18 T·s^{-1}

3. $\dfrac{5}{2}B\omega R^2$、O 点

4. $\dfrac{3B\omega l^2}{8}$、$-\dfrac{3B\omega l^2}{8}$、0

5. 0.4 H

6. 0

7. 0

8. 1∶16

9. $BS\cos\omega t$、$BS\omega\sin\omega t$、kS

10. 0、$\dfrac{\mu_0 I^2 r^2}{8\pi^2 R^4}$

(三) 计算题

1. 解:(1)
$$\Phi=\int\boldsymbol{B}\cdot\mathrm{d}\boldsymbol{S}=\int_{a+vt}^{b+vt}\frac{\mu_0 I}{2\pi r}l\,\mathrm{d}r=\frac{\mu_0 Il}{2\pi}\ln\frac{b+vt}{a+vt}$$

$$\mathscr{E}=-N\frac{\mathrm{d}\Phi}{\mathrm{d}t}=\frac{N\mu_0 Ilv}{2\pi}\frac{(b-a)}{(a+vt)(b+vt)}$$

图示位置对应于 $t=0$,则

$$\mathscr{E}=\frac{N\mu_0 Ilv(b-a)}{2\pi ab}$$

方向为顺时针方向.

(2) 线圈不动,回路在任意 $t=0$ 时刻的磁通量为

$$\Phi=\int\boldsymbol{B}\cdot\mathrm{d}\boldsymbol{S}=\int_a^b\frac{\mu_0 I}{2\pi r}l\,\mathrm{d}r=\frac{\mu_0 Il}{2\pi}\ln\frac{b}{a}$$

则 $$\mathscr{E}=-N\frac{\mathrm{d}\Phi}{\mathrm{d}t}=-\frac{N\mu_0 l}{2\pi}\ln\frac{b}{a}\frac{\mathrm{d}I}{\mathrm{d}t}=\frac{N\mu_0 lI_0\omega}{2\pi}\ln\frac{b}{a}\sin\omega t$$

2. 解：由法拉第电磁感应定律可知感应电动势的大小为

$$\mathscr{E}=\left|\frac{\mathrm{d}\Phi}{\mathrm{d}t}\right|,\quad i=\frac{\mathscr{E}}{R}=\frac{1}{R}\left|\frac{\mathrm{d}\Phi}{\mathrm{d}t}\right|$$

而由 $i=\frac{\mathrm{d}q}{\mathrm{d}t}$,可得

$$\mathrm{d}q=i\mathrm{d}t=\frac{1}{R}|\mathrm{d}\Phi|$$

$$\int_0^Q \mathrm{d}q=\frac{1}{R}\int_0^\Phi \mathrm{d}\Phi$$

$$Q=\frac{1}{R}\Phi$$

所以 $$\Phi=RQ=\pi\times10^{-4}\ \mathrm{Wb}$$

因 $\Phi=N\pi r^2B$,故 $$B=\frac{\Phi}{\pi r^2N}=0.1\ \mathrm{T}$$

3. 解：(1) 电流 I 所产生的磁感应强度 $B=\frac{\mu_0 I}{2\pi x}$在线圈区域的方向垂直纸面向里. 这时,$(\boldsymbol{v}\times\boldsymbol{B})\perp \mathrm{d}\boldsymbol{x}$,线圈中各段的动生电动势为 $\mathscr{E}_i=\int_{\Delta x}(\boldsymbol{v}\times\boldsymbol{B})\cdot\mathrm{d}\boldsymbol{x}$,显然 $\mathscr{E}_{AB}=\mathscr{E}_{CD}=0$, 且

$$\mathscr{E}_{BC}=\int_{BC}(\boldsymbol{v}\times\boldsymbol{B})\cdot\mathrm{d}\boldsymbol{x}=\frac{vc\mu_0 I}{2\pi(a+b)}$$

电位 C 高 B 低.

$$\mathscr{E}_{AD}=\int_{AD}(\boldsymbol{v}\times\boldsymbol{B})\cdot\mathrm{d}\boldsymbol{l}=\int_a^{a+l\cos\theta}\frac{v\mu_0 I}{2\pi x}\sin\theta\frac{\mathrm{d}x}{\cos\theta}=\frac{v\mu_0 I}{2\pi}\tan\theta\ln\frac{a+l\cos\theta}{a}$$

电位 D 高 A 低.

整个线圈的电动势为

$$\mathscr{E}=\mathscr{E}_{AD}-\mathscr{E}_{BC}=\frac{v\mu_0 I}{2\pi}\left(\tan\theta\ln\frac{a+l\cos\theta}{a}-\frac{c}{a+b}\right)$$

(2) 这时,$\mathscr{E}_{BC}=0$,且

$$\mathscr{E}_{AB}=\int_{AB}(\boldsymbol{v}\times\boldsymbol{B})\cdot\mathrm{d}\boldsymbol{x}=\int_a^{a+b}-\frac{v\mu_0 I\mathrm{d}x}{2\pi x}=\frac{v\mu_0 I}{2\pi}\ln\frac{a}{a+b}$$

电位 A 高 B 低.

同理可得,

$$\mathscr{E}_{CD}=\frac{v\mu_0 I}{2\pi}\ln\frac{a+l\cos\theta}{a+b}$$

电位 D 高 C 低.

$$\mathscr{E}_{AD}=\frac{v\mu_0 I}{2\pi}\ln\frac{a}{a+l\cos\theta}$$

电位 A 高 D 低.

整个线圈的电动势为

$$\mathscr{E}=\frac{v\mu_0 I}{2\pi}\left(\ln\frac{a}{a+b}-\ln\frac{a+l\cos\theta}{a+b}-\ln\frac{a}{a+l\cos\theta}\right)=0$$

(求 $\mathscr{E}$ 也可根据线圈竖直向上运动时,磁通量不变,$\mathscr{E}=0$)

4. 解：两个载有同向电流的长直导线在坐标 x 处所产生的磁场为

$$B=\frac{\mu_0}{2\pi}\left(\frac{I}{x}+\frac{I}{x-r_1+r_2}\right)$$

选顺时针方向为线框回路正方向，则

$$\Phi=\int B\mathrm{d}S=\frac{\mu_0 Ia}{2\pi}\left(\int_{r_1}^{r_1+b}\frac{\mathrm{d}x}{x}+\int_{r_2}^{r_2+b}\frac{\mathrm{d}x}{x-r_1+r_2}\right)$$

$$=\frac{\mu_0 Ia}{2\pi}\ln\left(\frac{r_1+b}{r_1}\cdot\frac{r_2+b}{r_2}\right)$$

故
$$\mathscr{E}=-\frac{\mathrm{d}\Phi}{\mathrm{d}t}=-\frac{\mu_0 a}{2\pi}\ln\left[\frac{(r_1+b)(r_2+b)}{r_1r_2}\right]\frac{\mathrm{d}I}{\mathrm{d}t}$$

$$=-\frac{\mu_0 I_0 a\omega}{2\pi}\ln\left[\frac{(r_1+b)(r_2+b)}{r_1r_2}\right]\cos\omega t$$

5. 解：(1) 在导线回路平面内，两导线之间的某点的磁感应强度 $\boldsymbol{B}$ 的大小为

$$B=\frac{\mu_0 I}{2\pi x}+\frac{\mu_0 I}{2\pi(d-x)}$$

x 为某点到两根导线之中的一根轴线的距离，如右图所示. $\boldsymbol{B}$ 垂直于回路平面. 沿导线方向单位长度对应的回路面积上的磁通量为

$$\Phi=\int_r^{d-r}B\mathrm{d}x=\int_r^{d-r}\frac{\mu_0 I}{2\pi x}\mathrm{d}x+\int_r^{d-r}\frac{\mu_0 I}{2\pi(d-x)}\mathrm{d}x$$

$$=2\times\frac{\mu_0 I}{2\pi}\ln\frac{d-r}{r}\approx\frac{\mu_0 I}{\pi}\ln\frac{d}{r}$$

故
$$L=\frac{\Phi}{I}=\frac{\mu_0}{\pi}\ln\frac{d}{r}$$

(2) 当两导线之间的距离从 d 分开到 $2d$，磁场力对 l 长导线做的功为

$$W=\int_d^{2d}F\mathrm{d}x=\int_d^{2d}IlB\mathrm{d}x=\int_d^{2d}\frac{\mu_0 I^2 l}{2\pi x}\mathrm{d}x=\frac{\mu_0 I^2 l}{2\pi}\ln 2$$

磁场对导线单位长度做的功为

$$W_{单位}=\frac{W}{l}=\frac{\mu_0 I^2\ln 2}{2\pi}$$

(3) 导线在分开的过程中，自感系数从 L 增加到 L'，磁能增加，能量来自电源.

$$\Delta W=\frac{1}{2}L'I^2-\frac{1}{2}LI^2=\frac{\mu_0 I^2}{2\pi}\ln\frac{2d}{d}=\frac{\mu_0 I^2\ln 2}{2\pi}$$

6. 解：(1) ab 所处的磁场不均匀，建立坐标 Ox，x 沿 ab 方向，原点在长直导线处，则 x 处的磁场为

$$B=\frac{\mu_0 i}{2\pi x},\ i=I_0$$

沿 $a\to b$ 方向，有

$$\mathscr{E}=\int_a^b(\boldsymbol{v}\times\boldsymbol{B})\cdot\mathrm{d}\boldsymbol{l}=-\int_a^b vB\mathrm{d}l=-\int_{l_0}^{l_0+l_1}v\frac{\mu_0 I_0}{2\pi x}\mathrm{d}x=-\frac{\mu_0 vI_0}{2\pi}\ln\frac{l_0+l_1}{l_0}$$

故
$$U_a>U_b$$

(2) $i=I_0\cos\omega t$，以 $abcda$ 作为回路正方向，则

$$\Phi=\int Bl_2\mathrm{d}x=\int_{l_0}^{l_0+l_1}\frac{\mu_0 il_2}{2\pi x}\mathrm{d}x$$

上式中 $l_2=vt$，则有

$$\mathscr{E}=-\frac{\mathrm{d}\Phi}{\mathrm{d}t}=-\frac{\mathrm{d}}{\mathrm{d}t}\left(\int_{l_0}^{l_0+l_1}\frac{\mu_0 il_2}{2\pi x}\mathrm{d}x\right)=\frac{\mu_0 I_0}{2\pi}v\left(\ln\frac{l_0+l_1}{l_0}\right)(\omega t\sin\omega t-\cos\omega t)$$

7. 解：设在 N_1 匝的线圈 1 中通有电流 I_1，在 N_2 匝的线圈 2 中通有电流 I_2.

(1) 因 $R\gg a$，环中 B 可视为大小均匀.

线圈 1 中,电流 I_1 产生的磁场 $$B_1=\frac{\mu_0 I_1 N_1}{2\pi R}$$

线圈 1 的磁通量 $$\Phi_{11}=B_1 S=B_1\times\pi a^2=\frac{\mu_0 I_1 N_1 a^2}{2R}$$

线圈 1 的磁通链 $$\Psi_{11}=N_1\Phi_{11}=\frac{\mu_0 I_1 N_1{}^2 a^2}{2R}$$

线圈 1 的自感系数 $$L_1=\frac{\Psi_{11}}{I_1}=\frac{\mu_0 N_1{}^2 a^2}{2R}$$

同样可求出 $$L_2=\frac{\mu_0 N_2{}^2 a^2}{2R}$$

(2) 电流 1 在线圈 2 中产生的磁通量

$$\Phi_{21}=B_1 S=\frac{\mu_0 I_1 N_1 a^2}{2R}$$

磁通链 $$\Psi_{21}=N_2\Phi_{21}=\frac{\mu_0 I_1 N_1\ N_2 a^2}{2R}$$

互感系数 $$M=\frac{\Psi_{21}}{I_1}=\frac{\mu_0 N_1\ N_2 a^2}{2R}$$

(3) $$L_1\cdot L_2=\frac{\mu_0{}^2 N_1{}^2 N_2{}^2 a^4}{4R^2}=M^2$$

故 $$M=\sqrt{L_1 L_2}$$

8. 解:在距 O 点为 l 处的 $\mathrm{d}l$ 线元中的动生电动势为

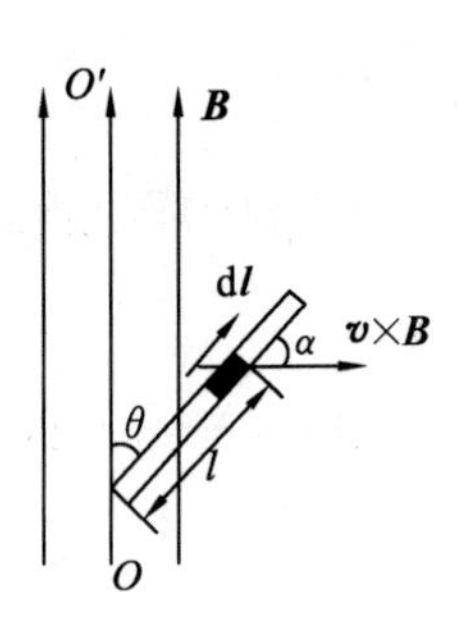

$$\mathrm{d}\mathscr{E}=(\boldsymbol{v}\times\boldsymbol{B})\cdot\mathrm{d}\boldsymbol{l},\ v=\omega\, l\sin\theta$$

则 $$\mathscr{E}=\int_L(\boldsymbol{v}\times\boldsymbol{B})\cdot\mathrm{d}\boldsymbol{l}=\int_L vB\sin\left(\frac{1}{2}\pi\right)\cos\alpha\mathrm{d}l$$

$$=\int_\Lambda\omega lB\sin\theta\mathrm{d}l\sin\theta=\omega B\sin^2\theta\int_0^L l\mathrm{d}l$$

$$=\frac{1}{2}\omega BL^2\sin^2\theta$$

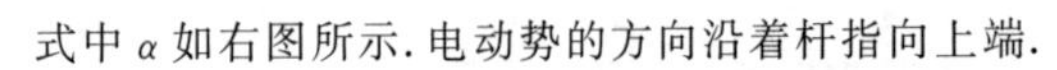
式中 α 如右图所示. 电动势的方向沿着杆指向上端.

9. 解:$r=a+l\cos\theta, v=l\omega, r$ 处的磁感应强度的大小为

$$B=\frac{\mu_0 I}{2\pi r}=\frac{\mu_0 I}{2\pi(a+l\cos\theta)}$$

电动势为

$$\mathscr{E}=\int_L Bv\mathrm{d}l=\frac{\mu_0 I\omega}{2\pi}\int_0^L\frac{l\mathrm{d}l}{a+l\cos\theta}=\frac{\mu_0 I\omega}{2\pi\cos^2\theta}\left(L\cos\theta-a\ln\frac{a+L\cos\theta}{a}\right)$$

方向为沿导线指向 O 点.

10. 解:$\oint\boldsymbol{H}\cdot\mathrm{d}\boldsymbol{l}=\sum I_i$, $2\pi rH=I\ (R_1<r<R_2)$

$$H=\frac{I}{2\pi r},\quad B=\mu H=\frac{\mu I}{2\pi r}$$

$$w_\mathrm{m}=\frac{B^2}{2\mu}=\frac{\mu^2 I^2}{2\mu(2\pi r)^2}$$

$$\mathrm{d}W_\mathrm{m}=w_\mathrm{m}\mathrm{d}V=w_\mathrm{m}2\pi r\mathrm{d}r\cdot l=\frac{\mu I^2}{2(2\pi r)^2}2\pi rl\mathrm{d}r$$

故 $$W_\mathrm{m}=\int_{R_1}^{R_2}\mathrm{d}W_\mathrm{m}=\frac{\mu I^2 l}{4\pi}\int_{R_1}^{R_2}\frac{\mathrm{d}r}{r}=\frac{\mu I^2 l}{4\pi}\ln\frac{R_2}{R_1}$$

(四) 简答题

1. 答：扳断电路时，电流从最大值骤然降为零，$\frac{\mathrm{d}I}{\mathrm{d}t}$很大，自感电动势就很大，在开关触头之间产生高电压，击穿空气发生火花. 若加上电感大的线圈，自感电动势就更大，所以扳断开关时，火花也更厉害.

2. 答：(1) 开关未合上时，电路中的电流为零，开关合上瞬间，电容器充电，电路中的电流 $I_1=\frac{\mathscr{E}}{R_1}$（充电时 $I=\frac{\mathscr{E}}{R}\mathrm{e}^{-\frac{1}{R_1C}t}$，瞬间相当于 $t=0$），这说明“流过”电容器的电流是突变的；未合上开关时，电容器上的电压为零，合上开关瞬间，电压仍然为零，说明电容两端电压不能突变.（充电时 $u_C=\frac{q}{C}=\mathscr{E}(1-\mathrm{e}^{-\frac{1}{R_1C}t})$，瞬间相当于 $t=0$）

(2) 电路稳定后，$I_1=0$，$u_C=\mathscr{E}$，将开关拨向 2 的瞬间，此时电容放电. 电容上电压不能突变，仍为 $\mathscr{E}$（放电时 $u_C=\mathscr{E}\mathrm{e}^{-\frac{1}{R_2C}t}$），而电流发生突变，$I_2=\frac{\mathscr{E}}{R_2}$（放电时 $I_2=-\frac{\mathscr{E}}{R_2}\mathrm{e}^{-\frac{1}{R_2C}t}$）.

自测练习 12

(一) 选择题

1. (A)　2. (D)

(二) 填空题

1. $\varepsilon_0\pi R^2\frac{\mathrm{d}E}{\mathrm{d}t}$

2. ②；③；①

3. $2.39\cos\left(2\pi\nu t+\frac{\pi}{6}\right)\mathrm{A\cdot m^{-1}}$

4. $1.59\times10^{-5}\ \mathrm{W\cdot m^{-2}}$

(三) 计算题

1. 解：(1) $t=0$ 时，$q=0$，暂态过程方程为

$$R\frac{\mathrm{d}q}{\mathrm{d}t}+\frac{q}{C}-\mathscr{E}=0$$

$$q=C\mathscr{E}(1-\mathrm{e}^{-\frac{t}{RC}})$$

传导电流
$$I_c=\frac{\mathrm{d}q}{\mathrm{d}t}=\frac{\mathscr{E}}{R}\mathrm{e}^{-\frac{t}{RC}}$$

位移电流
$$I_d=\iint_S\boldsymbol{j}_d\cdot\mathrm{d}\boldsymbol{S}=\iint_S\frac{\partial\boldsymbol{D}}{\partial t}\cdot\mathrm{d}\boldsymbol{S}$$

对平行板电容器
$$D=\sigma=\frac{q}{S},\ j_d=\frac{\mathrm{d}D}{\mathrm{d}t}=\frac{1}{S}\frac{\mathrm{d}q}{\mathrm{d}t}$$

$\boldsymbol{D}$ 和 $\boldsymbol{S}$ 平行，所以
$$I_d=\iint_S\boldsymbol{j}_d\cdot\mathrm{d}\boldsymbol{S}=\frac{\mathrm{d}q}{\mathrm{d}t}=I_c$$

在合上开关的瞬间，即 $t=0$ 时，$I_c=I_d=\frac{\mathscr{E}}{R}$.

(2) $t=t_0$ 时，$I_d=\frac{\mathscr{E}}{R}\mathrm{e}^{-\frac{t}{RC}}\bigg|_{t=t_0}=\frac{\mathscr{E}}{R}\mathrm{e}^{-\frac{t_0}{RC}}$.

2. 解：(1) 细导线中的电流为

$$I_c=\frac{U}{R}=\frac{U_0}{R}\sin\omega t$$

(2) 电容器内的位移电流为

$$I_d=C\frac{\mathrm{d}U}{\mathrm{d}t}=\frac{\varepsilon_0S}{d}\frac{\mathrm{d}(U_0\sin\omega t)}{\mathrm{d}t}=\frac{\varepsilon_0S\omega U_0}{d}\cos\omega t$$

(3) 通过极板外接线中的电流是全电流，有

$$I=I_c+I_d=\frac{U_0}{R}\sin\omega t+\frac{\varepsilon_0S\omega U_0}{d}\cos\omega t$$

(4) 极板间的磁场是传导电流和位移电流产生的磁场的叠加. 在离轴线 r 处,传导电流产生的磁场为 $\boldsymbol{H}_c$,应用安培环路定理,有

$$2\pi r H_c = I_c = \frac{U_0}{R}\sin\omega t$$

$$H_c = \frac{U_0}{2\pi rR}\sin\omega t$$

在离轴线 r 处(r 小于极板的半径),由传导电流产生的磁场为 $\boldsymbol{H}_d$,应用安培环路定理,有

$$2\pi r H_d = \sum I_d = \frac{\pi r^2}{S}I_d$$

$$H_d = \frac{r}{2S}I_d = \frac{r}{2S}\frac{\varepsilon_0 S\omega U_0}{d}\cos\omega t = \frac{\varepsilon_0 r\omega U_0}{2d}\cos\omega t$$

离轴线 r 处的总磁场为

$$H = H_c + H_d = \frac{U_0}{2\pi rR}\sin\omega t + \frac{\varepsilon_0 r\omega U_0}{2d}\cos\omega t$$

3. 解:(1)

$$\overline{S} = \frac{1}{2}E_0 H_0 = \frac{E_0{}^2}{2c\mu_0}$$

$$E_0 = \sqrt{2\overline{S}c\mu_0} = 1.03\times10^3\ \mathrm{V\cdot m^{-1}}$$

$$B_0 = \frac{E_0}{c} = 3.43\times10^{-6}\ \mathrm{T}$$

(2)

$$P = \overline{S}4\pi r^2 = 3.96\times10^{26}\ \mathrm{W}$$

自测练习 13

(一) 选择题

1. (A) 2. (B) 3. (D) 4. (B) 5. (C) 6. (C) 7. (B) 8. (A) 9. (B) 10. (B) 11. (A) 12. (D) 13. (C) 14. (B) 15. (A) 16. (D) 17. (D) 18. (C) 19. (C) 20. (D) 21. (A) 22. (A)

(二) 填空题

1. 1.5
2. 减小、减小
3. 7.32
4. $\dfrac{\lambda}{2n}$
5. 1.40
6. 1.36
7. 1.2
8. 5 391
9. 1.2、3.6
10. 6
11. 5.2×10^{-7}
12. 3
13. 3.0
14. 30°
15. 部分、37°

16. $\frac{1}{8}I_0$

17. 2、$\frac{1}{4}$

18. 自然光、线偏振光、部分偏振光

(三) 计算题

1. 解：(1) 由杨氏双缝干涉明纹公式 $d\sin\theta=\pm k\lambda$，得

$$d\frac{x_k}{D}=k\lambda$$

$$\lambda=\frac{dx_k}{kD}=\frac{0.20\times10^{-3}\times6.0\times10^{-3}}{2\times1.0}\ \text{m}=600\ \text{nm}$$

(2)
$$\Delta x=x_{k+1}-x_k=\frac{D}{d}\lambda=\frac{1.0}{0.20\times10^{-3}}\times600\times10^{-9}\ \text{m}=3.0\ \text{mm}$$

2. 解：设波长范围为 400～ 760 nm，由杨氏双缝干涉明纹公式 $d\sin\theta=\pm k\lambda$ 得

$$x_k=k\frac{D}{d}\lambda$$

对第 1 级明纹

$$x_1'=1\times\frac{0.5}{0.25\times10^{-3}}\times400\times10^{-9}\ \text{m}=0.8\ \text{mm}$$

$$x_1''=1\times\frac{0.5}{0.25\times10^{-3}}\times760\times10^{-9}\ \text{m}=1.52\ \text{mm}$$

所以第 1 级明条纹彩色带的宽度为 0.72 mm.

对第 5 级明条纹，有

$$x_5'=5\times\frac{0.5}{0.25\times10^{-3}}\times400\times10^{-9}\ \text{m}=4\ \text{mm}$$

$$x_5''=5\times\frac{0.5}{0.25\times10^{-3}}\times760\times10^{-9}\ \text{m}=7.6\ \text{mm}$$

所以第 5 级明条纹彩色带的宽度为 3.6 mm.

3. 解：设玻璃片的厚度为 t. 在插入两玻璃片后，对原中央明条纹 O 点，两相干光的光程差为

$$\Delta=(n_2-1)t-(n_1-1)t=(n_2-n_1)t$$

该 O 点处现为第 5 级亮条纹，于是

$$\Delta=(n_2-n_1)t=5\lambda$$

得 $t=15\ \mu\text{m}$.

4. 解：设膜厚度为 d，两界面反射光均有半波损失，由干涉条件

$$2n'd=k\lambda(\text{明}),\ 2n'd=(2k+1)\frac{\lambda}{2}\quad(\text{暗})$$

得
$$2n'd=(2k+1)\frac{\lambda_1}{2}=k'\lambda_2$$

据题意可知 $k=k'$，有
$$\left(k'+\frac{1}{2}\right)\times600=k'\times700$$

解得 $k'=3$. 所以膜厚

$$d=\frac{k'\lambda_2}{2n'}=\frac{3\times700}{2\times1.35}\ \text{nm}=777.8\ \text{nm}$$

5. 解：两界面反射光均有半波损失，由暗条纹条件，得

$$2nh=(2k-1)\frac{\lambda}{2}$$

由已知题意知,k 最大为 7,所以

$$h=\frac{(2\times7-1)\times589.3}{4\times1.5}\ \text{nm}=1\ 276.8\ \text{nm}$$

6. 解:两界面反射光均有半波损失,劈尖相邻两明条纹对应的膜厚差为 $\Delta h=\frac{\lambda}{2n}$,由此得相邻两明条纹间距为 $\Delta l=\frac{\Delta h}{\sin\theta}$,可得

$$\Delta l=\frac{\Delta h_2}{\sin\theta}-\frac{\Delta h_1}{\sin\theta}=\frac{1}{\sin\theta}\times\frac{\lambda}{2}\left(1-\frac{1}{1.4}\right)$$

$$\theta=\arcsin\frac{600\times10^{-6}}{0.5\times2}\times\left(1-\frac{1}{1.4}\right)=\arcsin1.71\times10^{-4}$$

7. 解:(1)由于是等厚干涉,可知干涉条纹形状是明暗相间的同心圆环.

(2) 反射光干涉,两相干光的光程差为 $\Delta=2n_1h$.

对于亮条纹,有 $\Delta=2n_1h=k\lambda$.

在油膜最高点,$h=h_{\max}$,代入上式,得 $k=4.8$,k 最大只能取 4.

当 $h=0$ 时,$k=0$,也满足亮条纹条件. 于是,k 可取 4,3,2,1,0.

由 $h=\frac{k\lambda}{2n_1}$,得对应的油膜厚度分别为 1 000 nm、750 nm、500 nm、250 nm、0,共有 5 条亮条纹.

8. 解:明环满足条件 $2nd+\frac{\lambda}{2}=k\lambda$,得明环半径公式

$$r_k=\sqrt{\frac{(2k-1)R\lambda}{2}},\ r_k{}^2=\frac{(2k-1)R\lambda}{2}$$

已知 $2r_k=3$ mm,$2r_{k+5}=4.60$ mm,代入上式,解得 $\lambda=590$ nm.

9. 解:由单缝衍射暗纹条件 $b\sin\theta=\pm k\lambda$,有

对于第 2 级和第 3 级暗纹

$$b\sin\theta_2=\frac{bx_2}{f}=2\lambda,\ b\sin\theta_3=\frac{bx_3}{f}=3\lambda$$

得

$$f=\frac{b}{\lambda}(x_3-x_2)=403\ \text{mm}$$

10. 解:(1) 由单缝衍射明条纹条件 $b\sin\theta=\pm(2k+1)\frac{\lambda}{2}$,解得 $\lambda=500$ nm.

(2) $\sin\theta=\frac{2k+1}{2b}\lambda<1$,解得 $b>4\ 250$ nm.

11. 解:(1) 光栅常数 $d=\frac{1}{500}$ mm$=2\ 000$ nm.

由光栅公式 $d\sin\theta=k\lambda$,得 $\sin\theta=k\frac{\lambda}{d}<1$,解得,$k$ 最大取 3.

(2) 将 $k=3$ 及两波长代入光栅公式,得

$$x_1=k\frac{f}{d}\lambda_1,\ x_2=k\frac{f}{d}\lambda_2$$

所以 $$\Delta x=x_2-x_1=3\times\frac{2}{2\ 000\times10^{-9}}\times(589.6\times10^{-9}-589.0\times10^{-9})\ \text{m}=1.8\ \text{mm}$$

12. 解:(1) 由光栅公式 $d\sin\theta=k\lambda$,得 $d=2.4\ \mu$m.

(2) 由于第 3 级缺级,则 $\frac{d}{b}=\frac{3}{1},\frac{3}{2}$,由题意知,缝的最小宽度为 $b=\frac{d}{3}=0.8\ \mu$m.

13. 解:设总光强为 I_0,自然光光强为 I_1,线偏振光光强为 I_2,则

$$I_0=I_1+I_2$$

设透过偏振片后的最小光强为 I_3，透过偏振片后的最大光强为 I_4，由题意有

$$\frac{I_4}{I_3}=5$$

而根据马吕斯定律，透过偏振片后的光强为

$$I=\frac{1}{2}I_1+I_2\cos^2\alpha$$

所以

$$\cos\alpha=0,\ I_3=\frac{1}{2}I_1$$

$$\cos\alpha=1,\ I_4=\frac{1}{2}I_1+I_2$$

解得

$$I_1=\frac{1}{3}I_0,\ I_2=\frac{2}{3}I_0$$

$$\frac{I_1}{I_2}=\frac{1}{2}$$

即自然光和线偏振光的光强之比为$\frac{1}{2}$.

14. 解：设原光强为 I_0，则

$$I_1=\frac{1}{2}I_0\cos^2 60^\circ$$

$$I_2=\frac{1}{2}I_0\cos^2 30^\circ\cos^2 30^\circ$$

得

$$I_2=I_1\frac{\cos^2 30^\circ\cos^2 30^\circ}{\cos^2 60^\circ}=\frac{9}{4}I_1$$

自测练习 14

(一) 选择题

1. (B) 2. (A) 3. (C) 4. (C) 5. (C) 6. (A) 7. (C) 8. (A) 9. (D) 10. (A) 11. (A) 12. (B) 13. (D) 14. (A) 15. (A) 16. (C) 17. (C) 18. (C) 19. (B) 20. (D)

(二) 填空题

1. $\frac{1}{2}$

2. 1.13、1.13

3. 入射光波长太大、反向电压太大

4. 增加、减少

5. 1.1×10^{-36}

6. 正比、统计

7. 3.29×10^{-21}

8. 动量

9. 5.9×10^{6}、0.122 5

10. 0.5

11. 汤姆孙

12. $4a_1$

13. 13.6

14. 单值，有限，连续、$\int|\Psi|^2\mathrm{d}x\mathrm{d}y\mathrm{d}z=1$

15. 隧道效应

16. 斯特恩、盖拉赫

17. 电子自旋

18. 薛定谔

(三) 计算和证明题

1. 解：(1) 设 T 表示原来温度，则根据维恩位移定律

$$\lambda_m T = b$$

可得 $\lambda_m = 483$ nm.

(2) 要使黑体辐射最强的波长向长波方向移动，必须使黑体的温度降低. 设 T_1 表示降低后的温度，则 $\lambda_{m1} T_1 = b$，有

$$T_1 = \frac{b}{\lambda_{m1}} = \frac{b}{\lambda_m + \Delta\lambda} = \frac{2.898\times10^{-3}}{4.83\times10^{-7}+0.05\times10^{-7}}\ \text{K} = 5\ 939\ \text{K}$$

根据斯特藩-玻耳兹曼定律，黑体降温前辐出度 $M=\sigma T^4$，降温后单位时间内总辐射能 $M_1=\sigma {T_1}^4$，故

$$\frac{M_1-M}{M} = \frac{\sigma {T_1}^4 - \sigma T^4}{\sigma T^4} = \frac{{T_1}^4 - T^4}{T^4} = \frac{(5\ 939)^4-(6\ 000)^4}{(6\ 000)^4} = -4\%$$

2. 解：由爱因斯坦方程 $h\nu = \frac{1}{2}mv^2 + W$，得逸出的光电子的最大初动能为

$$\begin{aligned} E_k &= \frac{1}{2}mv^2 = h\nu - W = h\frac{c}{\lambda} - W \\ &= \left(6.63\times10^{-34}\times\frac{3\times10^8}{100\times10^{-9}} - 4.2\times1.6\times10^{-19}\right)\ \text{J} = 1.3\times10^{-18}\ \text{J} = 8.2\ \text{eV} \end{aligned}$$

由动能定理 $qU=E_k$ 有遏止电势差 $U=\frac{E_k}{q}=8.2$ V.

由爱因斯坦方程 $h\nu = \frac{1}{2}mv^2 + W$ 得铝的红限频率 $h\nu_0 = W$，铝的红限波长为

$$\lambda_0 = \frac{c}{\nu_0} = h\frac{c}{W} = 6.63\times10^{-34}\times\frac{3\times10^8}{4.2\times1.6\times10^{-19}}\ \text{m} = 296\ \text{nm}$$

3. 用反证法证明：假定静止自由电子能吸收一个光子，则根据电子和光子系统的动量和能量守恒可以推得吸收前后系统的动量不相等的结论，从而可以断定假设的过程不可能发生.

4. 解：由康普顿散射公式

$$\Delta\lambda = \frac{2h}{m_0 c}\sin^2\frac{\theta}{2}$$

得康普顿散射波的波长为

$$\lambda = \lambda_0 + \Delta\lambda = \lambda_0 + \frac{2h}{m_0 c}\sin^2\frac{\theta}{2} = 0.321\ 48\ \text{nm}$$

根据相对论性动能公式，反冲电子增加的能量为

$$\Delta E = h\nu_0 - h\nu = hc\left(\frac{1}{\lambda_0} - \frac{1}{\lambda}\right) = m_0 c^2\left(\frac{1}{\sqrt{1-\frac{v^2}{c^2}}} - 1\right)$$

解得 $v = 2.51\times10^6\ \text{m}\cdot\text{s}^{-1}$.

5. 解：根据光谱线频率的宽度可得相应激发态原子能量的不确定量

$$\Delta E = h\Delta\nu$$

再由时间 t 和能量 E 的不确定关系

$$\Delta E \cdot \Delta t \geqslant \frac{\hbar}{2}$$

可得激发态的寿命 $$\tau \approx \Delta t \approx \frac{\hbar}{2\Delta E} = \frac{\hbar}{2h\Delta\nu} = 1\times 10^{-8}\ \mathrm{s}$$

6. 证明：考虑到 $E_n = \frac{n^2h^2}{8ma^2} = \frac{p^2}{2m}$，可得粒子的动量为

$$p = \frac{nh}{2a}$$

根据德布罗意公式，可得粒子的德布罗意波长为

$$\lambda = \frac{h}{p} = \frac{h}{\frac{nh}{2a}} = \frac{2a}{n}$$

7. 解：(1) 根据粒子出现的概率密度与波函数的关系，得概率密度为

$$p = |\psi(x)|^2 = \left|\frac{1}{\sqrt{\pi}(1+\mathrm{i}x)}\right|^2 = \frac{1}{\pi(1+x^2)}$$

(2) 显然 $x=0$ 时，p 最大，即粒子在 $x=0$ 处的概率密度最大.

模拟试卷(上)

一、选择题

1. (C)　2. (C)　3. (A)　4. (C)　5. (B)　6. (D)　7. (D)　8. (D)

二、填空题

1. 圆

2. 100

3. $\frac{1}{3}\omega_0$

4. 6.54、4.8

5. $\frac{m}{l}$、$\frac{25m}{16l}$

6. 1.49×10^6

7. 0.02

8. 125

9. π

10. (2)、(1)

11. 500、100

三、计算题

1. 解：(1) $$\theta = 2 + 4t^3$$

$$\omega = \frac{\mathrm{d}\theta}{\mathrm{d}t} = 12t^2,\ \alpha = \frac{\mathrm{d}\omega}{\mathrm{d}t} = 24t$$

(2) $t=2$ s 时，$\omega = \frac{\mathrm{d}\theta}{\mathrm{d}t} = 12t^2 = 48\ \mathrm{rad\cdot s^{-1}}$，$\alpha = \frac{\mathrm{d}\omega}{\mathrm{d}t} = 24t = 48\ \mathrm{rad\cdot s^{-2}}$. $a_t = R\alpha = 4.8\ \mathrm{m\cdot s^{-2}}$，$a_n = R\omega^2 = 230\ \mathrm{m\cdot s^{-2}}$.

2. 解：$$\omega_0 = \frac{600\times 2\pi}{60}\ \mathrm{rad\cdot s^{-1}} = 20\pi\ \mathrm{rad\cdot s^{-1}}$$

$$\alpha = \frac{\omega - \omega_0}{t} = \frac{0-20\pi}{1}\ \mathrm{rad\cdot s^{-2}} = -20\pi\ \mathrm{rad\cdot s^{-2}}$$

有 $$M = J\alpha = 50\pi\ \mathrm{N\cdot m} = 157\ \mathrm{N\cdot m}$$

$$W=\frac{1}{2}J\omega^2-\frac{1}{2}J\omega_0{}^2=-500\pi^2\ \text{J}=-4\ 930\ \text{J}$$

3. 解：由题意知，$\varphi_1-\varphi_2=\frac{\pi}{2}$.

(1) 在 S_1 左侧的点，如图(a)所示.

$$\Delta\varphi=\varphi_2-\varphi_1-2\pi\frac{r_2-r_1}{\lambda}=-\frac{\pi}{2}-2\pi\frac{\frac{1}{4}\lambda}{\lambda}=-\pi$$

所以 $A=A_1-A_2=0, I=0$.

(2) 在 S_2 右侧的点，如图(b)所示.

$$\Delta\varphi=\varphi_2-\varphi_1-2\pi\frac{r_2-r_1}{\lambda}=-\frac{\pi}{2}-2\pi\frac{-\frac{1}{4}\lambda}{\lambda}=0$$

所以 $A=A_1+A_2=2A, I=4I_0$.

(a)

(b)

4. 解：由图可知，$p_A=300\ \text{Pa}, p_B=p_C=100\ \text{Pa}; V_A=V_C=1\ \text{m}^3, V_B=3\ \text{m}^3$.

(1) $C\to A$ 为等体过程，有 $\frac{p_A}{T_A}=\frac{p_C}{T_C}$，得 $T_C=\frac{T_A p_C}{p_A}=100\ \text{K}$.

$B\to C$ 为等压过程，有 $\frac{V_B}{T_B}=\frac{V_C}{T_C}$，得 $T_B=\frac{T_C V_B}{V_C}=300\ \text{K}$.

(2) 各过程中气体所做的功分别为

$A\to B$：$W_1=\frac{1}{2}(p_A+p_B)(V_B-V_C)=400\ \text{J}$.

$B\to C$：$W_2=p_B(V_C-V_B)=-200\ \text{J}$.

$C\to A$：$W_3=0$.

(3) 整个循环过程中气体所做的总功为 $W=W_1+W_2+W_3=200\ \text{J}$.

因为循环过程中气体内能增量为 $\Delta E=0$，因此该循环过程中气体总吸热 $Q=W+\Delta E=200\ \text{J}$.

四、问答题

答：它们的分子平均动能 $\bar{\varepsilon}$、平均平动动能 $\overline{\varepsilon_k}$ 相等；氧气的 $\bar{v}$、$(\overline{v^2})^{1/2}$ 比氢气的小.

模拟试卷(下)

一、选择题

1. (D)　2. (B)　3. (D)　4. (A)　5. (B)　6. (C)　7. (A)　8. (A)

二、填空题

1. 3.36×10^{11}
2. Oc
3. 4
4. 0
5. 变小、变小
6. $\frac{1}{8}I_0$
7. 增大、0.345
8. 增大、电子衍射
9. 粒子于 t 时刻在 (x,y,z) 处出现的概率密度、$\int|\psi|^2\mathrm{d}x\mathrm{d}y\mathrm{d}z=1$

三、计算题

1. 利用高斯定理$\oint_S \boldsymbol{E}\cdot \mathrm{d}\boldsymbol{S}=\sum q, E\cdot 4\pi r^2=\sum q$.

(1) $r<R$ 处的场强：由于内部的电荷为0，所以 $E_{内}=0$.

$r>R$ 处的场强：由于 $q=Q, \boldsymbol{E}_{外}=\dfrac{Q\boldsymbol{r}}{4\pi\varepsilon_0 r^3}$.

(2) 金属球的电势 $U=\int_R^{\infty}\boldsymbol{E}_{外}\cdot \mathrm{d}\boldsymbol{r}=\int_R^{\infty}\dfrac{Q\mathrm{d}r}{4\pi\varepsilon_0 r^2}=\dfrac{Q}{4\pi\varepsilon_0 R}$.

2. 解：(1) $\boldsymbol{F}_{AB}=\boldsymbol{F}_{CD}=I\boldsymbol{l}\times\boldsymbol{B}=\boldsymbol{0}$.

$\boldsymbol{F}_{BC}=I\boldsymbol{l}\times\boldsymbol{B}$，方向垂直纸面向外，大小为 $F_{BC}=IlB=IBa$.

$\boldsymbol{F}_{DA}=I\boldsymbol{l}\times\boldsymbol{B}$，方向垂直纸面向里，大小为 $F_{ca}=IlB=IBa$.

(2) $p_{\mathrm{m}}=NIS=NIa^2$，方向垂直于纸面向里.

(3) $\boldsymbol{M}=\boldsymbol{p}_{\mathrm{m}}\times\boldsymbol{B}$，大小为 $M=NISB=NIa^2B$，方向向下.

(4) 磁力矩做功为 $W=I(\Phi_2-\Phi_1)$. 因 $\Phi_1=0, \Phi_2=Ba^2$，故 $W=IBa^2$.

3. 解：作辅助直线 MN，则在 $MeNM$ 回路中，沿$\boldsymbol{v}$方向运动时 $\mathrm{d}\Phi_{\mathrm{m}}=0$，故

$$\mathscr{E}_{MeNM}=0，即\ \mathscr{E}_{MeN}=\mathscr{E}_{MN}$$

又因为
$$\mathscr{E}_{MN}=\int_{a-b}^{a+b}vB\cos\pi\mathrm{d}x=\frac{\mu_0 Iv}{2\pi}\ln\frac{a-b}{a+b}<0$$

所以 $\mathscr{E}_{MeN}$ 沿 NeM 方向，大小为$\dfrac{\mu_0 Iv}{2\pi}\ln\dfrac{a+b}{a-b}$，$M$ 点电势高.

4. 解：(1) 相邻两明条纹空气膜的厚度差为 $\Delta d=\dfrac{\lambda}{2}=2.5\times10^{-7}$ m.

(2) 相邻两暗条纹间距 $\Delta l=\dfrac{\lambda}{2\theta}=\dfrac{5\ 000\times10^{-10}}{2\times2.0\times10^{-4}}$ m$=1.25\times10^{-3}$ m.

(3) 设第5级明条纹处膜厚为 d，则有

$$2ne+\frac{\lambda}{2}=5\lambda.$$

所以
$$d=\frac{4.5\lambda}{2}=1.125\times10^{-6}\ \mathrm{m}$$

(4)
$$n=1.40, d=\frac{4.5\lambda}{2n}=0.804\times10^{-6}\ \mathrm{m}$$

5. 解：(1) 对于第1级暗条纹，有 $a\sin\varphi_1\approx\lambda$. 因 φ_1 很小，故

$$\tan\varphi_1\approx\sin\varphi_1=\frac{\lambda}{a}$$

$$\Delta\varphi=2\frac{\lambda}{a}=1.2\times10^{-2}$$

故中央明条纹宽度
$$\Delta x_0=2f\tan\varphi_1=2f\frac{\lambda}{a}=1.2\ \mathrm{cm}$$

(2) 对于第2级暗条纹，有

$$a\sin\varphi_2\approx2\lambda$$

$$x_2=f\tan\varphi_2\approx f\sin\varphi_2=2f\frac{\lambda}{a}=1.2\ \mathrm{cm}$$

第2级暗条纹可在单缝处波面分成四个半波带.

(3)
$$\Delta\varphi=\frac{2\lambda}{na}=0.9\times10^{-2}$$

参考文献

1. 马文蔚.物理学.5版.北京:高等教育出版社,2006.

2. 黄海清,张孟,张远和. 物理学教程导教、导学、导考.西安:西北工业大学出版社,2006.

3. 赵近芳.大学物理学.北京:高等教育出版社,2002.

4. 胡盘新,汤毓骏. 普通物理学思考题分析与拓展.北京:高等教育出版社,2008.

5. 宋庆功.普通物理学学习辅导精析.北京:科学出版社,2009.

6. 毛骏健,顾牡.大学物理学.北京:高等教育出版社,2006.

7. 向义和.大学物理导论.北京:清华大学出版社,1999.

8. 倪光炯,王炎森,钱景华,等.改变世界的物理.2版.上海:复旦大学出版社,1999.